堤防工程设计计算

简明手册

顾慰慈 等 编著

中国水利水电出版社
www.waterpub.com.cn

内 容 提 要

本书讲述了堤防工程规划、设计和管理方面的基本原理和方法，全书共九章，内容包括：堤防工程的布置，波浪对堤防的作用，冰盖对堤防的作用，防护堤的渗透计算，堤防的沉降计算，土堤堤坡的稳定性计算，土堤的排水设备，防渗设备，边坡的防护和地基的处理，防洪墙的设计和计算，堤防的养护维修与观测等内容；书中还附有必要的图表和算例，可供读者参考和使用。

本书可供从事堤防工程规划、设计、施工和管理的科技人员，城市规划设计人员阅读和参考，并可供水利、海港、城市建设等专业的大专院校师生阅读和参考。

图书在版编目（CIP）数据

堤防工程设计计算简明手册 / 顾慰慈等编著. -- 北京 : 中国水利水电出版社，2014.3
ISBN 978-7-5170-1845-2

Ⅰ. ①堤… Ⅱ. ①顾… Ⅲ. ①堤防－设计计算－技术手册 Ⅳ. ①TV871-62

中国版本图书馆CIP数据核字（2014）第056225号

书　　名	**堤防工程设计计算简明手册**
作　　者	顾慰慈　等　编著
出版发行	中国水利水电出版社
	（北京市海淀区玉渊潭南路 1 号 D 座　100038）
	网址：www. waterpub. com. cn
	E - mail：sales@waterpub. com. cn
	电话：（010）68367658（发行部）
经　　售	北京科水图书销售中心（零售）
	电话：（010）88383994、63202643、68545874
	全国各地新华书店和相关出版物销售网点
排　　版	中国水利水电出版社微机排版中心
印　　刷	北京纪元彩艺印刷有限公司
规　　格	184mm×260mm　16 开本　25.5 印张　605 千字
版　　次	2014 年 3 月第 1 版　2014 年 3 月第 1 次印刷
印　　数	0001—2000 册
定　　价	**80.00 元**

前　言

我国地域辽阔，河流众多，水资源丰富。较大的河流有 1600 余条，海岸线长达 10000 多公里，正常的年径流达 2500km³ 以上。

但是由于我国地处东亚大陆，地形复杂，气候悬殊，雨量在时间和空间上的分布极不均匀。我国东部和东南部面临大海，气候受太平洋季风影响，湿润多雨；西部和北部地区受西风带东移气旋影响，气候干旱少雨。全国雨量从东南向西北递减，东南沿海在正常年份的降雨量大于 1600mm，淮河、秦岭以南大于 1000mm，华北和东北为 400～800mm 之间，西北地区少于 250mm，地区之间雨量的分布极不均匀，长江、珠江、东南沿海和西南的河流，年径流量占全国总径流量的 80%，而淮河、黄河、海河及东北、西北地区的河流，年径流量只占全国总径流量的 18%。

我国南方一带的河流，主汛期一般在 3 月至 6 月或 4 月至 7 月，这 4 个月的降水量约占全年降水量的 50%～60%，在这期间，暴雨多，历时长，范围广，一般可持续 1～2 天，有时达 5～6 天，梅雨季节甚至可连续发生多次暴雨，常常使江河形成极大的洪水，以致河槽容纳不下泛滥成灾。北方和西部地区，河流汛期多集中在 6 月至 9 月，这 4 个月的降雨量约占全年降雨量的 70%～80%，冬春季降雨很少，而且多集中以暴雨的形式出现，强度大，历时短，一般只有不足 1 天到数小时，这种暴雨常常在小流域内形成猛涨猛落、峰高量小的洪水，在小范围内形成破坏力较大的洪水灾害。

我国历史上是一个洪涝灾害频繁发生的国家，从公元前 206 年至 1949 年的 2155 年间，发生的较大洪水有 1062 次，平均约两年一次。黄河在历史上决口泛滥 1500 多次，重大改道 36 次，平均三年就有两次决口，一百年就改道一次。

因此我国人民在很早之前就开始与水害作斗争，在与洪水的斗争中总结出了许多成功的经验和方法，其中修建堤防工程就是一项重要的方法，用堤防来约束洪水、疏导洪水，防止洪水泛滥成灾。我国早在春秋战国时期就已普遍建筑堤防，西汉时期就曾利用"长四丈大七围"的竹笼填石进行堵口，北宋时期在黄河上就已修筑埽工，并已有成熟的经验。从汉代开始我国沿海地区就已开始修建海塘工程防止海潮的侵袭，其后历代又不断地进行了改进，如五代的竹笼填石海塘，宋代的柴塘，元代的石囤木柜塘、清代的鱼鳞大石塘等，都为我们积累了丰富的经验。

随着科学技术的不断发展、新技术的应用，在堤防工程的设计、施工和科学研究方面都已有进一步的发展，目前我国已建堤防的总长度达 28 万多公里，这对保障城镇、工矿企业和农田的安全生产，防止洪涝灾害起到了重要的作用。

我国最新制定的《国民经济和社会发展第十二个五年规划》中明确指出，要"加强生态保护和防灾减灾体系建设"，要"加强水利基础设施建设，推进大江大河支流、湖泊和中小河流治理，增强城乡防洪能力"。在这一计划和方针指引下，今后我国的防洪和堤防工程建设将会有更大的发展和取得更大的成绩。

本书讲述了堤防工程设计计算和管理方面的原理和方法，包括风浪对堤防的作用，堤防的渗透计算，稳定性计算，边坡的防护，堤防的防渗、排水和地基处理，堤防的维修管理和观测等内容，可供从事堤防工程设计、施工和管理的科技人员，以及大专院校师生阅读和参考。

本书由顾慰慈主编，蒋幼新、高红、马宁、蒋栩等参加了部分编写工作。

编者

2012 年 12 月于北京

目　录

第一章 概　述

第一节　堤防工程的布置

堤防工程是指防护堤和防洪墙，是保护防护区（城镇、工矿、农田等）免受河道洪水淹没和浸没的重要工程。

堤防工程的布置与防护区的特点（防护区的地形、地质、地貌、水文等条件）和防护标准有关，通常防护区的基本防护方式有两种，即整体防护和分片防护，但根据防护区内有无河流通过和防护区内的地形情况的不同，防护工程的布置有以下几种情况。

一、防护区内无河流通过

当防护区内无河流通过，防护对象为城镇、工矿、农田或重要文物时，防护工程的布置有下列几种方式。

1. 整体防护

根据河岸边地形情况的不同，堤防工程的布置又可分为以下两种情况：

（1）如果防护区位于河岸边，河道行洪断面并不宽阔，此时堤防多沿河岸布置，在堤防内侧坡脚处开挖排水沟渠（堤内边沟），用以汇集和截流地表水，并在排水沟的适当地点修建抽水站，将排水沟渠中的水抽出堤防外，如图 1-1 (a) 所示。

（2）如果河道岸边滩地宽阔平坦，为了使滩地仅在大洪水时才被淹没，而在其他年份洪水不大时仍可加以利用，则可在滩地靠河道的一侧修筑大的防护堤（防护堤长而低），以抵御一般洪水，而在重要的防护对象和经济用地周围，修建第二道小防护堤或围堤（堤身较高的局部防护堤或围堤），以防御较大的洪水。此时两层防护堤的内侧均需修建排水沟渠和抽水站，内层防护堤内排水沟渠中的水通过内层防护堤内的抽水站抽到外层防护堤内的汇水渠中，汇水渠（沟）与外层防护堤内的排水沟渠相连，并通过布置在外层防护堤内的抽水站将沟内积水抽入河道中，如图 1-1 (b) 所示。

2. 分片防护

当防护对象比较分散，并不集中在一起，例如某些工厂、矿山或企业的位置距城镇较远时，为了缩短堤防的长度，则可采用分片防护的方式，即对城镇和工矿企业分别修建堤防进行防护，如图 1-1 (c) 所示。

二、防护区内有河流通过

当防护区内有河流通过时，可根据河流流量的大小分别采用整体防护和分片防护的方式。

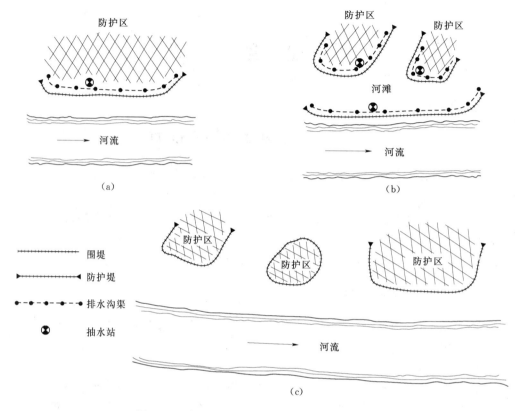

图 1-1 防护区内无河流通过时堤防工程的布置

1. 整体防护

（1）当通过防护区内的河流不大，流量较小时，可修建防护堤将防护区整片防护，并将通过防护区的河道截断，在防护堤内侧修建排水沟渠，将防护区内的地表水汇集到河沟内，并在河沟末端（即防护堤内坡脚处）设置抽水站，将河水和排水沟渠内的水抽出防护堤外，如图 1-2（a）所示。

（2）当通过防护区内的河沟流量不大，可在河沟进入防护区处筑坝，将河沟截断，而在防护区的一侧另外修筑一条人工河道，绕过防护区将河沟中的水排入河道中，沿防护区修建堤防，将防护区整片防护，并在堤防内侧设置排水沟渠和抽水站，将汇集的地面水排出堤防外，如图 1-2（b）所示。

（3）当通过防护区内的河沟流量不大时，可修建堤防将防护区整片防护，并将河沟在靠近堤防处改用压力输水管，穿过堤防将河沟中的水排出堤外河道中，如图 1-2（c）所示。

2. 分片防护

当通过防护区的河流较大时，则应沿河修建堤防，对防护区进行分片防护，在每个防护片内分别修建排水沟渠和抽水站，将地面水分别抽出堤防外，如图 1-2（d）所示。

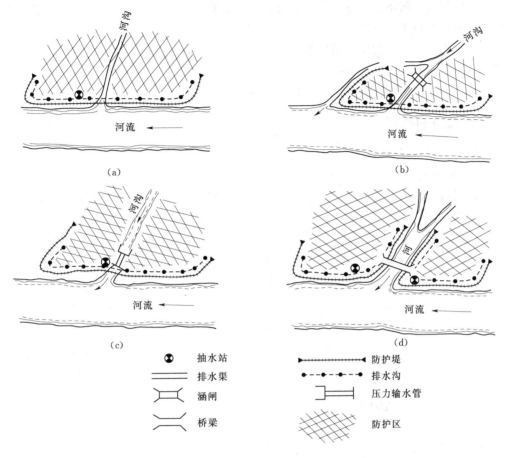

图 1-2　防护区内有河流通过时堤防工程的布置

第二节　堤防的线路选择和堤防的类型

一、堤防的线路选择

堤防的线路选择应注意以下几点。

（1）堤防应选择修建在层次单一、土质坚实的河岸上，尽量避开易液化的粉细砂地基和淤泥地带，以保证地基的稳定性。当河岸有可能产生冲刷时，应尽量选择在河岸稳定边线以外。

（2）堤防的线路应尽量布置在河岸地形较高的地方，以减小堤防的高度，同时线路也应尽量顺直，以缩短堤防的长度，从而减小堤防的工程量，缩减堤防的投资。此外，还应考虑到能够就地取材，便于施工。

（3）堤防的线路不应顶冲迎流，同时也不应使河道过水断面缩窄，影响河道的行洪。

（4）堤防的线路应尽量少占农田和拆迁民房，并应考虑到汛期防洪抢险的交通要求和对外联系。

（5）防护堤与所防护的城镇、工矿边沿之间应有足够宽阔的空地，以便于布置排水设施和方便堤防的施工与管理。

（6）当堤防同时作为交通道路的路基时，在堤防转折处的弯曲半径应根据堤防高度及道路等级要求来确定。

（7）堤防线路的选择最终应根据技术经济比较后确定。

二、堤防的类型

堤防的类型主要有防护堤和防洪墙两类。

（一）防护堤

防护堤通常都采用土料建造，根据堤身构造的不同，又可分为均质防护堤、斜墙式防护堤、心墙式防护堤和混合式防护堤4种，其中最常采用的是均质土料防护堤。

1. 均质防护堤

均质防护堤［图1-3（a）］是由单一的同一种土料修建的，这种形式的防护堤结构简单、施工方便。如果筑堤地点附近有足够的适宜土料，通常都采用这种形式的防护堤。

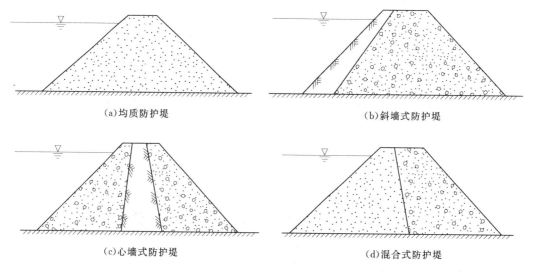

（a）均质防护堤　　　　　　　　　　（b）斜墙式防护堤

（c）心墙式防护堤　　　　　　　　　　（d）混合式防护堤

图1-3　防护堤的类型

2. 斜墙式防护堤

斜墙式防护堤［图1-3（b）］的上游面（迎水面）是用透水性较小的黏性土料填筑，以防堤身渗水，称为防渗斜墙。堤身的其余部分则用透水性较大的土料（如砂、砂砾石、砾卵石等）填筑。

3. 心墙式防护堤

心墙式防护堤［图1-3（c）］的堤身中部用透水性较小的黏性土料填筑，起到防渗的作用，称为防渗心墙，堤身的其余部分则用透水性较大的土料填筑。

4. 混合式防护堤

混合式防护堤［图1-3（d）］的堤身上游部分用透水性较小的土料填筑，堤身的下游部分则用透水性较大的土料填筑。

（二）防洪墙

由于地形条件限制，当河岸距城镇较近，无法布置防护堤时，可以修建防洪墙，以代替防护堤。

防洪墙布置在河岸边缘，底面应埋入地基内一定深度，为了防止波浪，特别是反射波的冲刷，防洪墙迎不侧附近的河底应用石块或铅丝笼等材料进行保护。

防洪墙的型式基本上可分为 3 类，即重力式墙、悬臂式墙和扶壁式墙。

1. 重力式墙

重力式防洪墙又可根据其所采用的材料和墙体结构的不同，分为混凝土防洪墙、砌石防洪墙、桩基式防洪墙。

（1）混凝土防洪墙。重力式混凝土防洪墙是防洪墙常用的一种型式。如图 1-4 所示，墙的迎水面通常为竖直面，背水面为倾斜面，但有时为了反射冲击墙面的波浪，也有将墙面做成曲线形的。

（2）砌石防洪墙。砌石防洪墙可用干砌石和浆砌石做成，图 1-5 所示为干砌石防洪墙，墙的顶部厚度为 1.0m，底部厚度为 1.5~2.0m，背面填土，砌石墙的顶部应高于河道的设计最高水位，其底部则伸入河底以下，以防水流和波浪的淘刷。

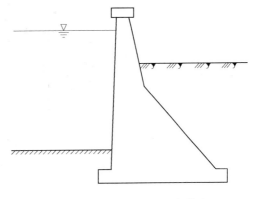

图 1-4 混凝土重力式防洪墙

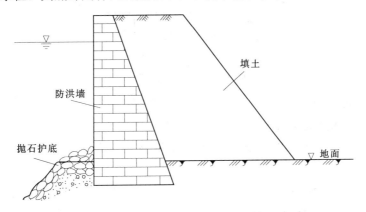

图 1-5 砌石防洪墙

（3）桩基式防洪墙。当地基为软土，承载力较低时，可将防洪墙修建在桩基上。图 1-6 所示为桩基防洪墙，墙体可用混凝土建筑，也可用浆砌石建筑；迎水面常做成直线形，也可做成曲线形，以反射冲击墙面的波浪。墙体内还可设排水孔，以平衡墙体前后的水压力。

2. 悬臂式防洪墙

悬臂式防洪墙的形式如图 1-7 所示，通常用钢筋混凝土建造，墙的迎水面一般为竖直面，常常是一块钢筋混凝土板，底部固定在钢筋混凝土底板上。

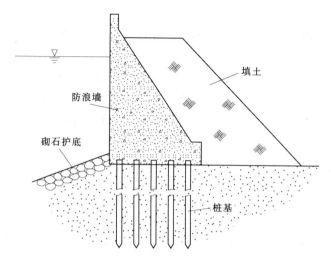

图 1-6 桩基式防洪墙

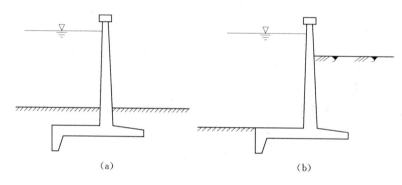

(a) (b)

图 1-7 悬臂式防洪墙

3. 扶壁式防洪墙

扶壁式防洪墙的形式如图 1-8 所示，是在悬臂式墙的背水面每隔一定距离增设一道扶壁（支墩），以支撑墙面。扶壁式墙通常也是用钢筋混凝土建造，适用于墙体较高的情况。

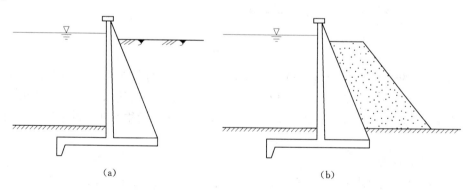

(a) (b)

图 1-8 扶壁式防洪墙

为了加强墙体的稳定性，在墙的迎水面可设置水平趾板。为了防止墙底受到风浪的淘刷，在悬臂式和扶壁式防洪墙迎水面的水平趾板的端部可增设垂直齿墙。

为了防止防洪墙因温度变化和沉陷影响而产生裂缝，沿防洪墙长度方向每隔 15～20m 应设一道伸缩缝，缝内应设止水，以防漏水。

堤防型式的确定首先应根据地形、地质条件，筑堤材料的性质、储量和运距，气候条件以及施工条件进行综合分析和比较，初步选择型式，拟定断面轮廓，然后再进一步分析和比较工程量、造价、工期，最后根据技术上可靠、经济上合理、施工方便的原则，选定堤防的型式。

第三节 筑 堤 土 料

一、筑堤土料的选择

筑堤土料的选择首先应遵循就近取材的原则，以利于运输。通常，在筑堤地点可能储藏有几种土料，选择哪一种土料来筑堤，这与土料的性质、化学成分和储量有关。

1. 均质土堤

均质土堤的土料一般要求具有一定的不透水性及可塑性，黏粒含量适宜，土中有机物和水溶性盐类的含量不超过允许的数值。

均质土堤的堤身要求具有一定的防渗能力，因此筑堤土料应具有一定的不透水性，通常采用渗透系数不超过 10^{-4}～10^{-5} cm/s、黏粒含量为 10%～25% 的壤土。黏粒含量过大，如黏粒达 50%～60% 的黏土，不仅开采困难，而且土块不易分散，含水量不易均匀，施工辗压也较困难。黏粒含量低的土，例如黏粒含量在 6% 以下的轻壤土、细砂和粉土，不仅防渗性能差，抗剪强度小，而且易发生液化。

土的可塑性不仅影响到土料填筑时的辗压效果，而且影响到堤体适应变形的能力，对堤体是否产生裂缝起着重要作用。对于均质土堤，通常以塑性指数在 7 以上的轻壤土和中壤土为最好。塑性指数过大，则黏粒含量过高，塑性指数小，则透水性增大。

土中含有适量的有机物对改进土的抗剪强度、压缩性和湿化性是有利的，根据我国的筑堤经验，有机物含量按质量计不超过 5% 是适宜的。

水溶性盐类通常是指氯化钠、氯化钾、氯化镁、氯化钙、磷酸钙、磷酸铁和石膏等物质，这些物质易于溶滤，溶滤后将增大土的压缩性，并降低土的强度。因此，通常要求水溶性盐类的含量按质量计不超过 3%～5%。

我国南方的棕、黄、红色的残积土和坡积土，虽然黏粒含量高，压实性能差，但是在容重较低和含水量较高的情况下，具有较高强度、较低压缩性和较小渗透性，因此也可用于填筑均质土堤。

西北地区的黄土，虽然其天然密度小、湿陷性大，但在适宜的填筑含水量情况下经压实后，仍为填筑均质土堤的良好材料。

2. 心墙和斜墙

用作心墙和斜墙等防渗体的土料，一般要求土的渗透系数应小于堤身材料渗透系数的

100倍，通常以不大于 $10^{-4} \sim 10^{-6}$ cm/s 为宜，渗透系数过大则防渗性能较差。土料的塑性指数一般要求在 $7 \sim 20$ 之间。黏粒含量在 $15\% \sim 30\%$、塑性指数在 $10 \sim 17$ 之间的中壤土和重壤土，是填筑心墙和斜墙的较理想的土料。黏粒含量在 $40\% \sim 60\%$、塑性指数在 $17 \sim 20$ 的砂质黏土和轻黏土，也可使用，但应该用非黏性土较好地保护，以免干裂和冰冻。对于塑性指数大于20，或者液限大于40的冲积黏土，以及浸水后膨胀软化较大的黏土，应避免使用，因为这些土不仅施工时开采和压实困难，而且稳定性差。

掺砂砾料的黏土可在较宽含水量的范围内压实，压实性能好，沉陷量小，具有自滤作用，一旦发生裂缝，容易自动愈合。

用作防渗体的土料要求有机质含量按质量计不超过 2%，水溶性盐类的含量按质量计不超过 3%。

3. 透水料

采用风化砂石筑坝也已取得很大的发展，白莲河、陆浑等水库即成功地采用了这种土料。

级配良好，不均匀系数 $\left(C_u = \dfrac{d_{60}}{d_{10}}\right)$ 在 $30 \sim 100$ 的砂卵石，易于压实，密实性好，是建造心墙土堤和斜墙土堤堤身的较理想材料。不均匀系数小于 $5 \sim 10$、级配均匀的砂，压实性能不好。但粒径大于5mm、含砾量为 $30\% \sim 60\%$ 的连续级配的砂砾料，压实性好，而且抵抗渗透破坏的能力强。颗粒细而均匀、天然孔隙率在 $43\% \sim 45\%$ 之间、有效粒径小于0.1，以及不均匀系数小于5的细砂，在动力荷载作用下易于液化，一般不宜采用。

用于填筑堤身的土石料，其有机质含量按质量计不应超过 5%，水溶性盐类含量按质量计不应超过 8%。

4. 排水料

用作土堤排水的材料，要求排水性能好、抗剪强度高，而且抗水性好，抗风化能力强。用于填筑反滤料的砂和砾石，其中粒径小于0.1mm的颗粒含量，按质量计不应超过 5%。风化砂和风化砾石一般不应用作反滤料。

用作排水和护坡的石料，除了应有较高的抗水性和抗风化能力（抗冻融作用）外，还应有足够的强度（抗压强度应在500MPa以上），软化系数不小于 $0.75 \sim 0.85$，岩石孔隙率不大于 3%，吸水率不大于0.8，而且不易受水的溶蚀。石料应没有尖角，以避免压碎后使堤体产生较大的沉降。石块应具有一定的容重（重力密度），一般应不小于22kN/m³，堆石压实后其容重应不小于 $18 \sim 21$ kN/m³。风化石料应避免使用。

二、土的工程分类

（一）按土的颗粒大小分类

天然状态的土是由不同大小的颗粒所组成的，但是要知道土的所有各种粒径实际上是不可能的，而且也没有必要。因此常将土的颗粒分成一定粒径的几组，叫做粒级（粒组）。根据粒级来划分土粒（用占土样质量的百分数表示），称为级配分析或机械分析。

表 1-1 中列出根据粒组来进行土的分类。

表 1-1 　　　　　　　　　　　　　按土的颗粒大小分类

粒 级 名 称		土 的 粒 径（mm）
漂石（光滑的）及块石（有棱角的）	大的	大于 800
	中的	800～400
	小的	400～200
卵石（光滑的）及碎石（有棱角的）	极大的	200～100
	大的	100～60
	中的	60～40
	小的	40～20
圆砾（光滑的）及角砾（有棱角的）	大的	20～10
	中的	10～4
	小的	4～2
砂粒	极粗的	2～1
	粗的	1～0.5
	中的	0.5～0.25
	细的	0.25～0.10
	极细的	0.10～0.05
粉粒（粉土）	大的	0.05～0.01
	小的	0.01～0.005
	黏粒	0.005～0.001
	胶粒	小于 0.001

　　为了使用方便起见，在工程实践中常常采用累计曲线的图表形式来表示土的颗粒级配，如图 1-9 所示。

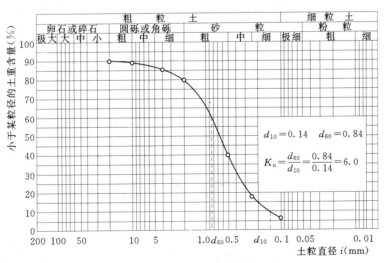

图 1-9　土的颗粒级配曲线

颗粒级配曲线可以用普通比例尺或半对数比例尺来绘制。当采用普通比例尺绘制时，纵坐标表示以百分数计的粒级的累计含量，而横坐标则表示以毫米计的颗粒直径。如采用半对数比例尺来绘制，此时纵坐标仍保持不变，而横坐标则表示颗粒直径的对数值。由于用普通比例尺绘制成的颗粒级配曲线往往拉得太长，因此多采用半对数比例尺来绘制。

根据颗粒级配曲线的形状可以看出土的不均匀程度，级配曲线越平缓，表示土的颗粒越不均匀；反之，颗粒级配曲线越陡，则表示土中所含有的相同的颗粒越多。如果曲线成了一条垂直线，则说明此种土是由完全相同粒径的颗粒所组成的。

土中粗颗粒含量的多少也影响到土的性质，因此也常根据粗颗粒的含量将土分为黏土、壤土和砂土。

（二）黏性土按塑性指数和液性指数的分类

黏土常常按塑性指数来分类。塑性指数是指液限（塑性上限）和塑限（塑性下限）两种状态时土中含水量的差值（以百分数计），即

$$I_P = \omega_L - \omega_P \tag{1-1}$$

式中　　I_P——塑性指数；

　　　　ω_L——液限，或称为流性限度，这种状态是土处于由塑态过渡到液态时的含水量；

　　　　ω_P——塑限，或称为塑性限度。这种状态是土处于由固态过渡到塑态的含水量。

根据塑性指数的大小，黏性土可分为表 1-2 中所列的几种。

表 1-2　　　　　　　　　　　　　黏　性　土　的　种　类

黏性土的名称	塑性指数 I_P	黏粒含量（按质量的百分比计）
砂壤土	$1 \leqslant I_P \leqslant 7$	3%～10%
黏壤土	$7 < I_P \leqslant 17$	10%～30%
黏土	$I_P > 17$	>30%
贫黏土	$17 < I_P \leqslant 30$	
正常黏土	$30 < I_P \leqslant 60$	
肥黏土	$60 < I_P \leqslant 100$	
极肥黏土	$I_P > 100$	

土的性质也可以用液性指数 I_L 来表征，液性指数 I_L 为

$$I_L = \frac{\omega - \omega_P}{I_P} \tag{1-2}$$

式中　　ω——土的含土量。

根据液性指数 I_L 的不同，黏性土可分为表 1-3 所列的几种。

表 1-3　　　　　　　　黏性土根据液性指数的分类

土　的　名　称		液性指数 I_L
砂壤土	固态	$I_L < 0$
	塑态	$0 \leqslant I_L \leqslant 1$
	流态	$I_L > 1$

土 的 名 称		液性指数 I_L
黏壤土及黏土	固态	$I_L < 1$
	半固态	$0 \leqslant I_L \leqslant 0.25$
	重塑态	$0.25 \leqslant I_L \leqslant 0.5$
	轻塑态	$0.5 < I_L \leqslant 0.75$
	塑流态	$0.75 < I_L \leqslant 1$
	流态	$I_L > 1$

对于含有腐殖质的土需要确定植物残渣的含量，如果植物残渣的含量不超过矿物部分干重的 10%（当温度为 100~105℃时），则这种土可以认为是含有有机物杂质成分的土；如果植物残渣的含量为 10%~60%，则这种土可以认为是半泥炭土；如果植物残渣含量超过 60%，则属于泥炭土。

（三）一般土按三角坐标分类

首先根据土的颗粒分析试验结果，确定土中砂粒、黏粒和粉粒含量的百分数，在三角坐标的三个边上定出三个点，从这三个点出发作坐标指示线的平行线，并相交于一点，根据交点所在的图中分区位置即可确定该土的名称，如图 1-10 所示。

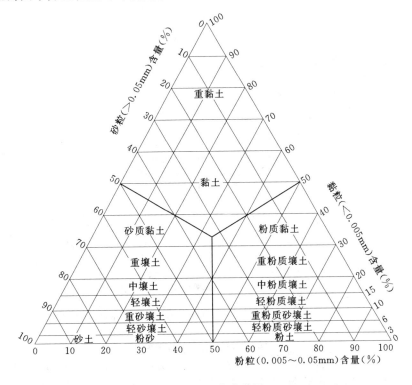

图 1-10 土的分类图

注 若土中含有砾，但其含量不超过 10%，在土名之前加"含少量砾的"五字。

（四）砂土的分类

砂土可按表 1-4 分为粗砂、中砂、细砂、极细砂。

表 1-4 砂 土 分 类 表

土 名	砂 粒 含 量 （2～0.05mm）%			
	>0.5mm	>0.25mm	>0.10mm	>0.10mm
粗砂	>50			
中砂		>50		
细砂			>75	
极细砂				<75

注 1. 上表适用于黏粒含量<3%，粉粒含量<20%的砂土。
　　2. 确定砂土的种类时，将土按大小粒径的重量百分比加以统计，首先为大于 0.5mm 的颗粒，其次为大于
　　　 0.25mm 的颗粒，余类推。按表中排列的次序，以最先适合的名称命名。

（五）砾质土的分类

首先根据土的颗粒分析试验结果，确定土中砾、砂粒、粉粒加黏粒含量的百分数，在三角坐标图的三个边上定出三个点，然后从这三个点出发作坐标指示线的平行线，并交于一点，根据交点所在图中分区的位置即可确定该砾质土的名称，如图 1-11 所示。

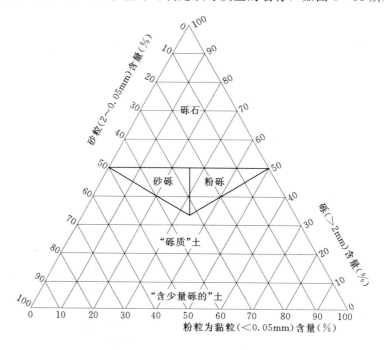

图 1-11 砾质土分类图

注 如果按上图查得为"砾质"土时，将粒径小于 2mm 的土作为整体，分别求出砂粒、粉粒及黏粒含量百分数，再根据图 1-10 分类；然后在所得土名之前，加"砾质"二字。例如：砾质砂土、砾质砂壤土等。

（六）砾石的分类

砾石可按表 1-5 进行分类。

表 1-5　　　　　　　　　　　　　砾 石 分 类 表

土　名	砾 的 含 量 （％）		
	＞20mm	＞10mm	＞2mm
卵石	＞50		
粗砾		＞50	
细砾			＞50

（七）土的野外分类

在野外进行工程地质勘查时，如果没有土工试验仪器，可根据手触的感觉、肉眼的鉴别以及少量简单易行的试验，按照表 1-6 进行土的野外分类。

表 1-6　　　　　　　　　　　　　　土 的 野 外 分 类

土类	用手搓捻的感觉	用放大镜及肉眼观察搓碎的土	干土的状态	潮湿土的状态	潮湿土搓捻情况	潮湿土用小刀切削的情况	其他特征
黏土	极细的均质土块很难用手捻碎	均质细粉末，看不见砂粒	坚硬，用锤能打碎，碎块不会散落	黏塑的，滑腻的，黏连的	很容易搓成细于 0.5mm 的长条，易滚成小土球	光滑表面，土面上看不见砂粒	干时有光泽有细狭条纹
壤土	没有均质的感觉，感到有些砂粒，土块容易被压碎	从它的粉末可以清楚地看到砂粒	用锤击和手压土块容易碎开	塑性的，弱黏的	能搓成比黏土较粗的短条，能滚成小土球	可以感觉到有砂粒的存在	干时光泽暗，条纹较粗而宽
粉质壤土	砂粒的感觉少，土块容易压碎	砂粒很少，可以看见许多细粉粒	用锤击和手压土块容易碎开	塑性的，弱黏的	不能搓成很长的土条，而且搓成的土条容易破裂	土面粗糙	干时光泽暗，条纹较粗而宽
砂壤土	土质不均匀，能清楚地感觉到砂粒的存在，稍一用力土块即被捻碎	砂粒多于黏粒	土块容易散开，用手压或用铲子铲起丢掷，土块散落成土屑	无塑性	几乎不能搓成土条，滚成的土球容易开裂和散落		
砂土	只有砂粒的感觉，没有黏粒的感觉	只能看见砂粒	松散的，缺乏胶结	无塑性，或流体状	不能搓成土条和土球		
粉土	有干面似的感觉	砂粒少，粉粒多	土块极易散落	成流体状	不能搓成土条和土球		
砾质土	大于 2mm 的土粒很多，当其含量超过 50% 时，称为砾石（圆磨的称为圆砾，棱角的称为角砾）						

三、土的物理力学性质

土的容重（重力密度）、比重（相对密度）、含水量、孔隙率（孔隙比）、粒度（级配）、压缩性和渗透性能等均属于土的基本的物理力学性质，因为这些指标决定着土的变形情况、强度和稳定性。

1. 比重（相对密度）

将土在温度 100～105℃ 下烤干达恒重时，土粒重量与 4℃ 时同体积水的重量之比值。土的比重 G 决定于土中矿物成分和有机物的含量。如果土中不含有植物残渣，则均具有恒比重。土的一般比重列于表 1-7 中。

表 1-7　　　　　　　　　　　　　　不 同 种 类 土 的 比 重 值

土 的 名 称	范 围 值	常 用 值
黏土	2.6～2.8	2.72
壤土	2.6～2.75	2.68
粉质壤土	2.6～2.7	2.65
黄土类壤土	2.6～2.7	2.68
砂壤土	2.6～2.7	2.65
黄土	2.65～2.7	2.68
黑土（腐殖质含量 10%）		2.37
黑土（腐殖质含量小于 10%）	2.4～2.5	2.45
黑土（黄土类黑土）		2.57
黑土（壤土类黑土）		2.60
灰化黑土（腐殖质含量 3%）		2.65
细砂	2.55～2.7	2.66
中砂	2.55～2.68	2.65
粗砂	2.55～2.68	2.65
重矿物土		≤3.10
泥炭土		1.5～1.8

2. 容重（重力密度、简称重度）

单位体积的土的重量（重力）称为容重。（重力密度）因为一般情况下的土都是三相的，所以同一种土的容重并非是固定不变的，而是随着含水量的变化而变化的，因此干土和湿土的容重是不同的。

当将土在温度 100～105℃ 的情况下烤干到恒重时，这时干土（土骨架）的容重称为干容重，用 γ_d 表示，并可按下式计算：

$$\gamma_d = G(1-n) \tag{1-3}$$

式中　n——单位体积的土的孔隙率。

湿土（自然含水量情况下）的容重称为湿容重 γ，其值决定于孔隙中的含水量，可按下式计算。

$$\gamma = \gamma_d (1 + \omega) \tag{1-4}$$

式中　ω——土的含水量。

在工程建设中一般所指的土的容重，均系指土在自然含水量情况下的容重，即湿容重 γ，其值见表 1-8。

表 1-8　　　　　自然含水量情况下土的容重密度（重力密度）的平均值

土 的 名 称	孔 隙 比 ε	容重 γ_ρ（kN/m³）
黏土	0.5	18.0~21.0
	0.6	17.0~21.0
	0.8	17.0~19.0
	1.1	16.0~18.0
黏壤土	0.5	18.0~20.5
	0.7	17.5~19.5
	1.0	17.0~18.0
砂壤土	0.5	17.0~20.0
	0.7	15.0~19.0
砂		
粉状的		18.0~20.5
稍湿的细砂		16.0~20.0
中等粒度的		16.0~19.0
粗的和卵石类的		17.5~18.5
泥炭		5.5~10.2

土的天然干密度如表 1-9 所示。

表 1-9　　　　　土 的 天 然 干 密 度

土 类	天然干密度（g/cm³）		备 注
	范围值	平均值	
淤泥	0.81~1.36	1.05	指天然含水量大于流限，孔隙比大于1的灰黑色有机质的软土
重黏土	1.07~1.36	1.21	黏粒含量大于60%的土
黏土	1.14~1.65	1.38	黏粒含量30%~60%的土
含少量砾的黏土	1.20~1.74	1.50	黏粒含量30%~60%且并含砾10%的土
砾质黏土	1.31~1.70	1.51	黏粒含量30%~60%，且含砾大于10%且小于50%的土
重壤土	1.25~1.55	1.48	黏粒含量20%~30%的土
含少量砾的重壤土	1.26~1.65	1.51	
砾质重壤土	1.25~1.66	1.50	
中壤土	1.36~1.86	1.61	黏粒含量15%~20%的土
含少量砾的中壤土	1.36~1.85	1.59	

续表

土 类	天然干密度（g/cm³）		备 注
	范围值	平均值	
砾质中壤土	1.37～1.83	1.63	
轻壤土	1.36～1.74	1.58	黏粒含量10%～15%的土
含少量砾的轻壤土	1.36～1.86	1.60	
砾质轻壤土	1.37～1.86	1.65	
重砂壤土	1.35～1.65	1.49	黏粒含量6%～10%的土
含少量砾的重沙壤土	1.35～1.89	1.59	
砾质重砂壤土	1.36～1.75	1.59	
轻砂壤土	1.31～1.82	1.57	黏粒含量3%～6%的土
含少量砾的轻砂壤土	1.36～1.67	1.55	
砾质轻砂壤土	1.33～1.65	1.47	

对于浸没于水中的土（例如位于地下水位以下的土），其容重称为浸水容重或称为浮容重 γ'，根据阿基米德原理，其值等于土的干容重减去固体颗粒的同体积水重，即

$$\gamma' = (G-1)(1-n) \qquad (1-5)$$

或

$$\gamma' = \frac{G-\gamma_\omega}{1+e} \qquad (1-6)$$

式中　γ'——土的浸水容重；

　　　γ_ω——水的比重；

　　　e——土的孔隙比。

有时为了简化计算，可近似地取 $\gamma' = 1\text{g/cm}^3 = 10\text{kN/m}^3$，这种情况相当于土的孔隙率接近40%的情况。

3. 孔隙率和孔隙比

干土所占有的体积可以分成两部分：一部分是固体颗粒所占有的体积；另一部分是孔隙所占有的体积。对于单位体积的土来说，其关系是

$$V_s + V_v = 1 \qquad (1-7)$$

式中　V_s——土中固体颗粒所占有的体积；

　　　V_v——土中孔隙所占有的体积。

土的孔隙体积与土的总体积之比称为孔隙率，可以用体积比值表示或以百分数表示。以百分数表示的孔隙率可以按下式计算：

$$n = \left(1 - \frac{\gamma_d}{G}\right) \times 100 \qquad (1-8)$$

土的孔隙率决定于土的填筑密度，其近似值如下：

（1）砂：$25\% \sim 50\%$。

（2）黄土类：$25\% \sim 50\%$。

（3）软黏土：$50\% \sim 70\%$。

（4）硬黏土：$15\% \sim 30\%$。

由于孔隙率还不能充分表征土的性状，所以在计算中常常使用土的密度指标值——孔隙比 e。孔隙比是孔隙体积 V_v 与固体颗粒体积 V_s 之比值，对于单位体积的土，孔隙比 e 按下式计算：

$$e = \frac{V_v}{V_s} \qquad (1-9)$$

孔隙比 e 也可以用孔隙率 n 或固体颗粒体积 V_s 来表示，即

$$e = \frac{n}{1-n} \qquad (1-10)$$

或

$$e = \frac{1-V_s}{V_s} \qquad (1-11)$$

反之，土的孔隙率 n 和固体颗粒体积 V_s 也可以用孔隙比 e 来表示，即

$$n = \frac{e}{1+e} \qquad (1-12)$$

$$V_s = \frac{1}{1+e} \qquad (1-13)$$

随着孔隙比 e 的减小，土的密度增加，因而土的容重也就增大，所以根据孔隙比的大小可以判断土的密度。砂土的孔隙比与其密实度的关系见表 $1-10$。

表 1 - 10 　　　　　　　　　　砂土的孔隙比 e 与密实度的关系

砂 土	结 构 密 实 度		
	密实的	中等密实的	疏松的
卵石类的、粗的和中等粒度的	$e < 0.55$	$0.55 \leqslant e \leqslant 0.70$	$e > 0.70$
细的、粗的和中等粒度的	$e < 0.60$	$0.60 \leqslant e \leqslant 0.75$	$e > 0.75$
粉状的、粗的和中等粒度的	$e < 0.60$	$0.60 \leqslant e \leqslant 0.80$	$e > 0.80$

4．砂土的相对密度

砂土的密实度常常用相对密度 D_r 来表征，其值按下式决定：

$$D_r = \frac{e_{max} - e}{e_{max} - e_{min}} \qquad (1-14)$$

式中　e_{max} 及 e_{min}——土在最疏松的和最密实的状态下的孔隙比，根据试验来确定；

e——相应于 D_r 值时的孔隙比。

D_r 的数值系由 0 变化到 1，当土处在最疏松的状态下时，$D_r = 0$；当土处在最密实的

状态下时，$D_r = 1$。一般认为，当 D_r 为 $0 \sim 0.33$ 时，土是疏松的；D_r 为 $0.33 \sim 0.66$ 时，土是中等密实的；D_r 为 $0.66 \sim 1$ 时，土是密实的。

5. 含水量

土的孔隙含水的数量称为含水量 ω，可用重量指标和体积指标来表示。在用重量指标表征时，土的含水量是在一定体积的土中含水重量与矿物颗粒重量的比值，并用百分数来表示，即

$$\omega = \frac{\gamma - \gamma_d}{\gamma_d} \times 100 \qquad (1-15)$$

6. 饱和度

在用体积指标表征时，通常称为土的饱和设 S_r，是指在一定体积的土中充水部分的孔隙体积与孔隙总体积的比值，可以用分数值表示，也可以用百分数表示，即

$$S_r = \frac{V_\omega}{V_v} \qquad (1-16)$$

式中　S_r——土的含水程度，以分数值计；

　　　V_ω——水所占有的孔隙体积；

　　　V_v——孔隙的总体积。

土的饱和度也可以用下式表示：

$$S_r = \frac{\omega \gamma_d}{e \gamma_\omega} \qquad (1-17)$$

式中　γ_ω——水的容重；

　　　e——土的孔隙比。

土的饱和程度 S_r 由 0 变化到 1。当 $S_r = 1$ 时土的孔隙全部被水所充满（属于二相土），相应于这种状态时的含水量称为土的饱和含水量。

对于砂土，若 $S_r \leqslant 0.5$，则认为是稍含水的；若 $0.5 < S_r \leqslant 0.8$ 时是含水的；若 $S_r > 0.8$，则认为是饱和的。

土的孔隙中的水可以是气态的、固态的（在结冰的状态）和液态的。液态的水可以是土粒表面的吸着水和薄膜水，以及土粒孔隙中的自由水。自由水又可分为重力水和毛管水。在重力作用下重力水将沿着土的孔隙移动，而毛管水的移动则与表面张力有关。

毛管水对土堤的工作将产生一定的影响，因此在拟定土堤堤身剖面和结构时应该考虑它的作用。毛管水的平均升高值与土的种类有关，粗砂为 $5 \sim 10$cm，中砂为 $10 \sim 30$cm，细砂为 $30 \sim 60$cm，砂壤土为 $60 \sim 120$cm，黏壤土为 $120 \sim 160$cm，黏土达 400cm。

7. 透水性

土的透水性是指水通过土的自由孔隙进行渗透的能力。土的透水性用渗透系数来表示，各种土的渗透系数的平均值见表 $1-11$。

表 1-11　　　　　　　　　　各种土的渗透系数平均值

土 的 名 称	渗 透 系 数 值	
	cm/s	m/d
洁净的砾石	≥0.1	≥80
含砂的砾石	0.1～0.2	80～17
粗砂	0.05～0.01	40～8
细砂及粉状砂壤土	0.005～0.001	4～0.8
黏土质砂	0.002～0.0001	1.5～0.08
密实的砂壤土	0.0005～0.0001	0.4～0.08
黏壤土	≤0.0001	≤0.8
黏土	≤0.000001	≤0.0008

土的渗透系数通常用下列几种方法来确定：

（1）野外试验法。在天然土体的试坑和钻孔中抽水和注水。

（2）实验室法。用渗透仪等专门仪器对试验土样进行试验。

（3）分析法。用土的机械分析的资料根据一些经验公式进行计算。

在上述方法中，用野外试验的方法所得到的土的渗透系数的资料是最可靠的。实验室确定的土的渗透性能只能代表试验土样的，因此有一定的局限性。分析法主要是通过结构已扰动的土样取得的，因此多用于砂土。

水在土的孔隙中的运动主要是由下列基本因素引起的：重力、外压力、毛细管力、电流作用、温度梯度、蒸发、土的冻结、气体作用和蒸气压力等。在土堤中，水的运动主要是由于形成水头以后在重力作用下引起的。

从理论上说，所有的土都是透水的，其中最明显的是砂土。对于黏性土，由于孔隙中的大部分水是与土粒成黏结状态的，因此渗透性很小，所以与透水性较大的土比较，实际上可以认为是不透水的。但是当在黏土中水的压力逐渐增大时，则孔隙中水的运动就变得明显起来。研究证明，黏土中的水的运动只有在达到某一水力梯度的情况下才开始，这一梯度叫做渗透原始梯度，或叫做渗透起始梯度。

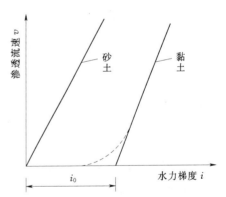

图 1-12　渗透流速与水力梯度的关系

黏土中的水的运动可近似地用图 1-12 中的一条直线来表示，这条直线有一段起始横坐标 i_0，它相当于原始水力梯度[注]。

8. 土的压缩性

若在土上附加外荷载，则土的孔隙就被压缩，土的体积也就随之减小，这种现象称为土的压缩。

[注]　严格地说应该是一条曲线，但是要反映出这条曲线是比较困难的，所以往往用直线来代替，这将不会产生大的误差。

根据土样在无侧向膨胀情况下进行压缩试验所得的资料，可以绘制出孔隙比与外荷载的关系曲线，称作土的压缩曲线（图1-13）。这一曲线可以用下列对数形式的方程式来表示：

$$e=-A\ln(P+P_c)+C_1 \tag{1-18}$$

式中 A，P_c，C_1——土样的三个常数值，它们是根据由试验求得的相应于三个荷载值 P_1、P_2、P_3 的孔隙比 e_1、e_2、e_3 按式（1-18）计算求得的。

由于确定上述三个常数是比较复杂的，所以在实用上可以采用下述简化方程：

$$e=e_1-\frac{2.3}{B}\lg P \tag{1-19}$$

式中 e——相应于计算压力的孔隙比；

e_1——相应于 $P=10\text{N/cm}^2$ 时的孔隙比；

B——无因次系数，它表示土的压缩性，与荷载无关。

根据式（1-19）绘制压缩曲线只需要确定 e_1 及 B 这两个参数值。由于 e_1 及 B 接近于常数，因此可以根据一些经验数值来确定，而不必进行土工试验。参数 e_1 及 B 的近似值列于表1-12。

表1-12　　　　　　　　　　　　参数 e_1 及 B 的近似值

土 料 名 称	e_1	B
大粒的及中等粒度的砂和砂壤土	<0.4	<100
细砂和砂壤土	0.4～0.5	25～75
粉土	0.5～0.65	10～25
中等密实度的黏壤土和黏性土；粉土含量大于50%的砂壤土及黏壤土	>0.65	10～15
压缩性较强的黏壤土和有砂土夹层的黏土	0.7～0.85	5～10
强压缩性土（泥炭、淤泥等）	>1	<5

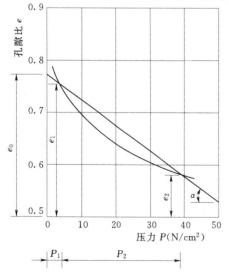

图1-13 压缩曲线

必须指出，采用对数坐标的压缩曲线只适用在压力变化很大的情况，或者是压缩性很强的土（泥炭、堆积土等）。在一般实际计算中，作用在土上的压力的变化幅度是不大的（10～30N/cm²），很少达到40～50N/cm²，因此若近似地将压缩曲线取为直线（在上述压力变化范围内），其计算精度几乎不会受多大影响。此时压缩曲线可采用下列公式计算：

$$e=e_0-\frac{e_1-e_2}{P_1-P_2}P \tag{1-20}$$

式中 e_0——压缩线（直线）在纵坐标上的截距（图1-13）。

为了简化起见，取 $\dfrac{e_1-e_2}{P_1-P_2}=\dfrac{\Delta e}{\Delta P}=a$，则得

$$e=e_0-aP \tag{1-21}$$

式中 a——土的压缩性系数（cm/N）。

a 值需通过对土样进行试验来确定，其近似值如下：

（1）实际上不压缩的土：$a<0.1$。

（2）低压缩性的土：a 为 $0.01\sim0.1$。

（3）中等压缩性的土：a 为 $0.1\sim0.5$。

（4）高压缩性的土：a 为 $0.5\sim1.0$。

（5）强压缩性的土：$a>1.0$。

9. 土的抗剪强度

在荷载作用下，土中将产生剪切应力，当剪应力超过土的抗剪强度时，土就会产生剪切破坏。土的抗剪强度通常用库仑（C. A. Coulomb）强度公式来表示。

库仑通过一系列剪切试验的结果提出土的抗剪强度的表达式如下。

（1）砂土。无黏性土的抗剪强度与作用在剪切面上的法向应力成正比，当法向应力等于零时，抗剪强度等于零，如图 1-13（a）所示，可用下式表示：

$$\tau_f = \sigma\tan\varphi \qquad\qquad (1-22)$$

式中　τ_f——土的抗剪强度（kPa 或 kN/m²）；

　　　σ——作用在剪切面上的法向应力（kPa 或 kN/m²）；

　　　φ——土的内摩擦角（°）。

由式（1-22）可知，无黏性土的抗剪强度是由剪切面上土粒之间的摩阻力所形成。

（2）黏性土。黏性土的抗剪强度由两部分组成，即由摩阻力和黏聚力所组成，可用下式表示：

$$\tau_f = \sigma\tan\varphi + c \qquad (1-23)$$

式中　c——土的黏聚力（或凝聚力，kPa 或 kN/m²）。

当剪切面上的法向应力等于零时（即 $\sigma=0$），抗剪强度等于抗剪强度线在纵坐标轴上向截距 c 值，如图 1-14（b）所示。

由图 1-13 可见，土的抗剪强度 τ_f 与法向应力 σ 之间成直线关系，直线起点处的纵坐标等于黏聚力 c，直线的倾角等于内摩擦角 φ。土的

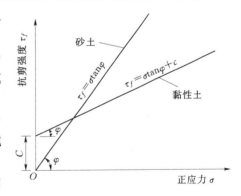

图 1-14　土的抗剪强度

黏聚力 c 的大小决定于土中含有的天然胶结物质（胶凝体和胶结盐类）、分子作用和毛细管压力等。c 和 φ 值均可通过土的剪切试验来确定，表 1-13 中列出土的黏聚力 c 和内摩擦角 φ 的初步值，可供参考。

表 1-13　　　　　　　　土的黏聚力 c、内摩擦角和变形模量 E_0 值

土 的 名 称	孔隙比 ε	单位黏聚力 c （kPa）	内摩擦角 φ （°）	变形模量 E_0 （kPa）
砂土				
粗的	$0.4\sim0.5$	0	42	46000
	$0.5\sim0.6$	0	40	40000
	$0.6\sim0.7$	0	38	33000

续表

土 的 名 称	孔隙比 ε	单位黏聚力 c （kPa）	内摩擦角 φ （°）	变形模量 E_0 （kPa）
中等粒度的	0.4～0.5	0	40	46000
	0.5～0.6	0	38	40000
	0.6～0.7	0	35	33000
细的	0.4～0.5	0	38	37000
	0.5～0.6	0	36	28000
	0.6～0.7	0	32	24000
粉状的	0.5～0.6	5	36	14000
	0.6～0.7	3	34	12000
	0.7～0.8	2	28	10000
黏性土				
粉状的和砂壤土	0.4～0.5	6	30	18000
	0.5～0.6	5	28	14000
	0.6～0.7	2	27	11000
砂壤土和黏壤土	0.4～0.5	7	25	23000
	0.5～0.6	5	24	16000
	0.6～0.7	3	23	13000
黏壤土和黏土	0.5～0.6	35	22	39000
	0.6～0.7	15	21	18000
	0.7～0.8	10	20	15000
	0.8～0.9	8	19	13000
	0.9～1.0	5	18	8000
黏土	0.7～0.8	6	18	28000
	0.8～0.9	3	17	16000
	0.9～1.0	2.5	16	11000

10. 土的变形模量和压缩模量

如果将土在无侧向膨胀的情况下加压，则土层中将既产生水平截面方向的应力，又产生竖直截面方向的应力，其相互关系如下式所示：

$$\sigma_x = \sigma_y = \xi \sigma_z \tag{1-24}$$

式中　σ_x，σ_y——竖直截面上的法向应力；

　　　　σ_z——水平截面上的法向应力；

　　　　ξ——比例常数，称为侧压力系数。

侧压力系数 ξ 与侧向膨胀系数 μ（泊松系数）有关，其函数关系如下：

$$\xi = \frac{\mu}{1-\mu} \qquad\qquad (1-25)$$

竖直截面上的应力也可以用水平截面上的应力和侧向膨胀系数来表示：

$$\sigma_x = \sigma_y = \frac{\mu}{1-\mu}\sigma_z \qquad\qquad (1-26)$$

土的泊松系数（侧向膨胀系数）μ 值通过试验来确定，在无试验资料的情况下可以根据表 1-14 中所列的数值采用，表 1-14 中也列出了相应的 ξ 值。

表 1-14 各种土的 μ 和 ξ 值

土 的 名 称	系数 μ 值	系数 ξ 值
硬黏土	0.2～0.3	0.25～0.43
黏壤土	0.33～0.37	0.49～0.59
塑性黏土	0.38～0.45	0.61～0.82
砂土	0.25～0.30	0.33～0.43

土的变形模量是指土在无侧向限制的条件下（能自由侧胀的情况下）进行压缩时，竖向压缩应力与竖向单位变形（应变）之比，通常用 E_0 来表示。

土的压缩模量是指土在侧向限制的条件下（无侧向变形的情况下）进行压缩时，竖向压缩应力与竖向单位变形（应变）之比，通常用 E_s 表示。

在三向受力的情况下，根据广义虎克定律可知，土的竖向应变可用下式表示：

$$\varepsilon_z = \frac{\sigma_z}{E_0} - \frac{\mu}{E_0}(\sigma_x + \sigma_y) \qquad\qquad (1-27)$$

式中　ε_z——竖向应变；

σ_x——沿 x 轴方向的应力；

σ_y——沿 y 轴方向的应力；

σ_z——沿 z 轴方向（竖向）的应力；

μ——土的泊松系数；

E_0——土的变形模量。

由于水平应力 $\sigma_x = \sigma_y$，故式（1-27）可写成：

$$\varepsilon_z = \frac{\sigma_z}{E_0} - \frac{2\mu}{E_0}\sigma_x \qquad\qquad (1-28)$$

将式（1-26）代入式（1-28），则得

$$\varepsilon_z = \frac{\sigma_z}{E_0}\left(1 - \frac{2\mu^2}{1-\mu}\right) \qquad\qquad (1-29)$$

如令

$$\beta = 1 - \frac{2\mu^2}{1-\mu} = \frac{(1+\xi)(1+2\xi)}{1+\xi} \qquad\qquad (1-30)$$

式中　ξ——土的侧压力系数。

将式（1-30）代入式（1-29），则得

$$\varepsilon_z = \frac{\sigma_z}{E_0}\beta$$

或

$$E_0 = \frac{\sigma_z}{\varepsilon_z}\beta$$

由于压缩模量

$$E_s = \frac{\sigma_z}{\varepsilon_z}$$

故得变形模量 E_0 与压缩模量之间的关系为

$$E_0 = E_s\beta \tag{1-31}$$

表 1-14 中所列 μ 的较小值是相应于土的密实度较大的情况，μ 的较大值相应于土的密实度较小的情况。

当已知 μ 及 ξ 值，并具有压缩曲线的情况下，土的变形模量可按下式计算：

$$E_0 = \frac{(1-\xi)(1+2\xi)}{1+\xi} \cdot \frac{1+e_1}{a} \tag{1-32}$$

或

$$E_0 = \left(1 - \frac{2\mu^2}{1-\mu}\right)\frac{1+e_1}{a} \tag{1-33}$$

或

$$E_0 = \frac{1+e_1}{a}\beta \tag{1-34}$$

表 1-15 中列出土的平均物理力学指标值。

表 1-15　　　　　　　　　　　土的平均物理、力学指标

土　类		孔隙比 e	天然含水量 ω（%）	塑限含水量 ω_P（%）	容重 γ（kN/m³）	黏聚力 c（kPa）		内摩擦角 φ（°）	变形模量 E_0（kPa）
						标准的	计算的		
砂土	粗砂	0.4~0.5	15~18	—	20.5	2	0	42	4600
		0.5~0.6	19~22	—	19.5	1	0	40	4000
		0.6~0.7	23~25	—	19.0	0	0	38	3300
	中砂	0.4~0.5	15~18	—	20.5	3	0	40	4600
		0.5~0.6	19~22	—	19.5	2	0	38	4000
		0.6~0.7	23~25	—	19.0	1	0	35	3300
	细砂	0.4~0.5	15~18	—	20.5	6	0	38	3700
		0.5~0.6	19~22	—	19.5	4	0	36	2800
		0.6~0.7	23~25	—	19.0	2	0	32	2400
	粉砂	0.5~0.6	15~18	—	20.5	8	5	36	1400
		0.6~0.7	19~22	—	19.5	6	3	34	1200
		0.7~0.8	23~25	—	19.0	4	2	28	1000

续表

土　类		孔隙比 e	天然含水量 ω（%）	塑限含水量 ω_P（%）	容重 γ（kN/m³）	黏聚力 c（kPa） 标准的	黏聚力 c（kPa） 计算的	内摩擦角 φ（°）	变形模量 E_0（kPa）
黏性土	轻亚黏土	0.4~0.5	15~18	<9.4	21.0	10	6	30	1800
		0.5~0.6	19~22		20.0	7	5	28	1400
		0.6~0.7	23~25		19.5	5	2	27	1100
		0.4~0.5	15~18	9.5~12.4	21.0	12	7	25	2300
		0.5~0.6	19~22		20.0	8	5	24	1600
		0.6~0.7	23~25		19.5	6	3	23	1300
	亚黏土	0.4~0.5	15~18	12.5~15.4	21.0	42	25	24	4500
		0.5~0.6	19~22		20.0	21	15	23	2100
		0.6~0.7	23~25		19.5	14	10	22	1500
		0.7~0.8	26~29		19.0	7	5	21	1200
	黏土	0.5~0.6	19~22	15.5~18.4	20.0	50	35	22	3000
		0.6~0.7	23~25		19.5	25	15	21	1800
		0.7~0.8	26~29		19.0	19	10	20	1500
		0.8~0.9	30~34		18.5	11	8	19	1300
		0.9~1.0	35~40		18.0	8	5	18	800
		0.6~0.7	23~25	18.5~22.4	19.5	63	40	20	3300
		0.7~0.8	26~29		19.0	34	25	19	1900
		0.8~0.9	30~34		18.5	28	20	18	1300
		0.9~1.0	35~40		18.0	19	10	17	900
		0.7~0.8	26~29	22.5~26.4	19.0	82	60	18	2800
		0.8~0.9	30~34		18.5	41	30	17	1600
		0.9~1.1	35~40		17.5	36	25	16	1100
		0.8~0.9	30~34	26.5~30.4	18.5	94	65	16	2400
		0.9~1.1	35~40		17.5	47	35	15	1400

注　1. 平均比重取：砂—2.66；轻亚黏土—2.70；亚黏土—2.74；饱和度 0.90。

2. 粗砂与中砂的 E_0 值适用于不均匀系数 $C_u = \dfrac{d_{60}}{d_{10}} = 3$ 时，当 $C_u > 5$ 时应按表中所列值减去 $\dfrac{2}{3}$，C_u 为中间值时 E_0 值按内插法确定。

3. 对于地基稳定计算，采用内摩擦角 φ 的计算值低于标准值 2°。

第四节　堤防的基本轮廓

堤防的基本轮廓是指堤防的顶部高程（即堤顶高）、堤顶宽度和堤的迎水面和背水面的边坡坡度。

一、堤顶高程

堤防的顶部应高于堤前水域（江、河、湖、海）的静水位，并能防止风浪溅越或溅上

堤顶，所以堤防的顶部高程应等于静水位加上风所引起的水位壅高，波浪的爬高和安全加高，即

$$B = G + h_d + h_B + \delta \qquad (1-35)$$

式中　B——堤防的顶部高程（m）；

G——堤前水域的计算静水位（m），计算静水位系指水域（江、湖、河、海）的设计洪水位（即正常运用情况）或最高洪水位（即非常运用情况）；

h_d——风所引起的水位壅高（m），即由于风的作用而使堤前静水位较原来的计算静水位产生的壅高值；

h_B——风浪沿堤防坡面的爬高值（m）；

δ——波浪面（指波浪爬高的顶面）以上的安全加高（m），根据堤防的等级及使用条件确定。

由于风的作用，堤防前面静水位产生的壅高值 h_d 可按下式计算：

$$h_d = \frac{K v^2 D}{2 g H} \cos\beta \qquad (1-36)$$

式中　h_d——风所引起的水位壅高（m）；

K——综合摩阻系数，可采用 3.6×10^{-6}；

g——重力加速度，$g = 9.81\text{m/s}$；

v——风速（m/s）；

D——风区长度（m）；

H——堤防迎水面前的水深（m）；

β——风向与堤防轴线的法线的夹角（°）。

风浪沿堤防上游坡面的爬高通常按下式计算：

$$h_B = 3.2 K_s h \tan\alpha \qquad (1-37)$$

式中　h_B——风浪沿边坡的爬高（m）；

h——波浪的高度（m）；

α——堤防的上游坡角（°）；

K_s——边坡的粗糙系数，与堤防边坡的护面形式有关：对于块石护面，K_s 为 0.75~0.80；对于混凝土护面，K_s 为 0.90~0.95；对于光滑的不透水护面（如沥青混凝土护面，K_s 为 1.0）。

波浪顶面以上的安全加高值 δ 可根据堤防的等级按表 1-16 采用。

表 1-16　　　　　　　　　　　堤顶的安全加高 δ 值

堤防的类型	堤 防 的 等 级				
	1	2	3	4	5
	安全加高（m）				
土石堤防	1.5	1.0	0.7	0.5	
圬工堤防	0.7	0.5	0.4	0.3	

根据堤防顶部是否允许波浪溅越的要求，堤顶的安全加高也可按表1－17采用。

表1－17　　　　　　　　　　　堤顶安全加高的最小值

堤防工程的级别		1	2	3	4	5
安全加高值（m）	不允许波浪溅越的堤防	1.0	0.8	0.7	0.6	0.5
	允许波浪溅越的堤防	0.5	0.4	0.4	0.3	0.3

对于水面比较开阔的水域，安全加高宜采用较大值，对于水面比较狭窄的水域，安全加高可采用较小值。

堤防工程的级别与防洪标准有关，防洪标准高，堤防的级别见表1－18。

表1－18　　　　　　　　　　　堤防工程的级别

防洪标准［重现期 T（a）］	$T \geqslant 100$	$50 \leqslant T < 100$	$30 \leqslant T < 50$	$20 \leqslant T < 30$	$10 \leqslant T < 20$
堤防工程级别	1	2	3	4	5

表1－19所列为我国某些江河堤防堤顶的安全加高值。

表1－19　　　　　　　　　　　国内某些堤防堤顶的安全加高值

河湖名称	堤防类别	堤防安全加高（m）	备　　注
长江	干堤	1.5～2.0	以1954年洪水为基础，部分河段适当提高标准
洞庭湖	湖堤	2.0	超当地20年一遇洪水
	河堤	1.5	
珠江	干堤	1.5～2.5	
黄河	干堤	2.1～2.5	艾山以上2.5m，艾山以下2.1m
淮河	干堤	2.0	
海河	干堤	1.5～2.0	

二、堤防顶部宽度

堤防的顶部宽度取决于交通要求和防汛要求，当堤顶作为交通道路时，堤顶的宽度应满足相应等级公路的有关规定。如无交通要求，仅为防汛和检修需要，则堤顶宽度应根据堤防的级别和重要性而定，级别高的和较重要的堤防，顶部宽度应略大一些，其他堤防的顶部宽度则可略小一些，但最小顶宽一般不小于3.0m。黄河大堤兼作交通道路，并且在防汛时有运土和储备土料的要求，堤顶宽度一般为7.0～10.0m，有些河段则达20.0m；荆江大堤的堤顶宽度为7.5～10.0m；淮北大堤的堤顶宽度平均为6.0～10.0m。

为了排除降雨时堤顶上的雨水，堤顶应做成向一侧倾斜或向两侧倾斜，使堤顶表面具有2%～3%的横向坡度。

三、堤防的边坡坡度

堤防的边坡坡度决定于堤防的高度、堤防的型式、筑堤的材料和堤防的运用条件。通常是根据上述条件初步选定防护堤的边坡坡度后，还要根据渗透计算和稳定性计算的结果并结合技术经济分析才能最后确定。

一般情况下，防护堤的迎水边坡的坡度要比背水边坡缓一些，这是因为迎水边坡经常淹没在水中，处于饱和状态，土的抗剪强度较低，同时还受到水位变化和风浪的作用，所以稳定性较差的缘故。但当防护堤的背水边坡坡脚处不设排水设施时，则背水坡的坡度应更缓一些。

在初步确定防护堤的边坡坡度时，可根据防护堤的高度和筑堤材料按表 1-20 和表 1-21 选用。

表 1-20　　　　　　　　　　　　防护堤的边坡坡率 m 值

堤体土料	堤　高（m）					
	4		7		10	
	迎水坡	背水坡	迎水坡	背水坡	迎水坡	背水坡
重黏壤土	2.00	1.50	2.50	1.75	3.00	2.25
粉质黏壤土	2.50	2.00	3.00	2.25	3.25	2.75
黄土	2.75	2.25	3.25	2.75	3.75	3.00
砂壤土	2.75	2.25	3.00	2.50	3.25	2.75
细粒砂土	3.00	2.50	3.25	2.75	3.50	3.00
杂粒砂土	2.75	2.25	2.75	2.25	3.00	2.50
粗粒砂土	3.00	2.00	2.50	2.00	2.75	2.25

表 1-21　　　　　　　　　　　　防护堤的边坡坡度值

筑堤材料	防护堤的高度（m）					
	<5	5～8	8～10	<5	5～8	8～10
	迎水坡			背水坡		
黏壤土和砂壤土	1:2.5	1:3.0	1:3.0①	1:2.0	1:2.0	1:2.5①
黏土和重砂壤土，堤坡有护面	—	1:3.0	1:3.0①	—	1:2.25	1:2.5①
堤身由一种或多种土料（砂土、砂壤土、轻黏壤土）筑成，并设有塑性心墙	—	1:3.0	1:3.0①	—	1:2.0	1:2.5①
堤身由一种或多种土料（砂土、砂壤土、轻黏壤土）筑成，并设有塑性斜墙	—	1:3.0	1:3.25①	—	1:2.0	1:2.5①
堤身由粉状土、黏壤土筑成，粉土含量不少于 70%	1:3.0	1:3.5	1:3.75①	1:2.5	1:2.5	1:3.0①

① 为最小值。

海堤临水坡的坡度可根据护坡的型式按表 1-22 采用。

表 1-23 中列出国内外部分防护堤的断面尺寸，可供参考。

防护堤的断面形状基本上是一个梯形，当堤身高度不大时，迎水坡和背水坡通常都采用单一的坡度；当防护堤的高度较大时，沿堤坡可采用不同的坡度，顶部坡度较陡，下部坡度逐步放缓。考虑到交通、检修、防汛、施工、防渗和稳定性的特殊需要，在防护堤的下游边坡上可增设马道（戗道、戗台），马道的宽度一般为 2.0～3.0m。在防护堤的堤坡变坡处，通常都设有马道。

图 1-15 所示为国内外部分防护堤的断面形状。

表 1-22　　　　　　　　　　　　海堤迎水坡的设计坡度

护坡型式	设计坡度	护坡型式	设计坡度
草皮护坡	(1:3.0) ～ (1:8.0)	浆砌石护坡	(1:2.0) ～ (1:2.5)
抛石护坡	缓于 (1:1.5) ～ (1:2.0)	陡墙	(1:0) ～ (1:0.7)
干砌石护坡	(1:2.0) ～ (1:3.0)		

表 1-23　　　　　　　　　　　国内外部分防护堤的断面尺寸

防护堤名称	国名	堤顶宽度（m）	马道宽（m）	迎水坡坡度	背水坡坡度
荆江大堤	中国	8.0		1:2.5～1:3.0	1:3.0～1:5.0
黄河大堤	中国	10.0～20.0		1:2.0～1:3.0	1:2.0～1:5.0
淮北大堤	中国	6.0～10.0	2.0	1:3.0	1:3.0～1:5.0
密西西比河河堤	美国	3.05		1:3.0～1:4.5	1:4.5～1:6.0
印度河河堤	巴基斯坦	3.60		1:3.0	1:4.0
伊洛瓦底江江堤	缅甸	2.40	6.0（设有两个6.0m马道）	1:3.0	1:3.0
马哈纳迪河河堤	印度	3.0	1.5	1:2.0～1:3.0	1:2.0～1:4.0
湄公河河堤	越南	2.50	3.0～6.0	1:2.0～1:3.0	1:3.0
红河河堤	越南	7.0	8.0	1:2.0	1:3.0
尼罗河河堤	埃及	6.0	2.0	1:1.5	1:2.0

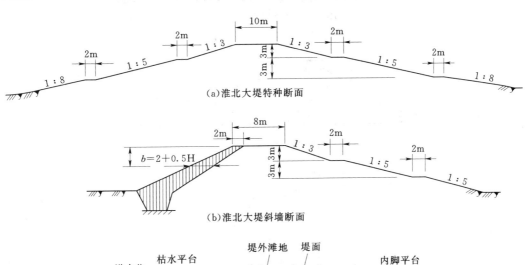

（a）淮北大堤特种断面

（b）淮北大堤斜墙断面

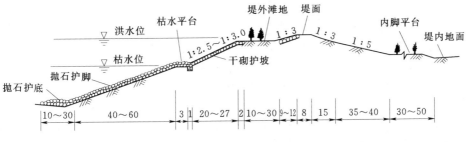

（c）荆江大堤标准断面

图 1-15（一）　国内外部分防护堤的断面形状

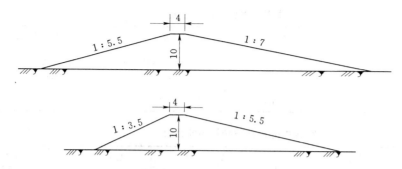

(d)美国密西西比河堤防标准断面

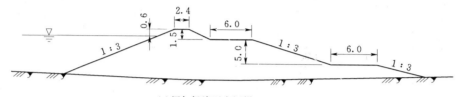

(e)缅甸伊洛瓦底河堤

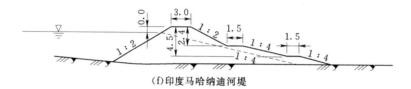

(f)印度马哈纳迪河堤

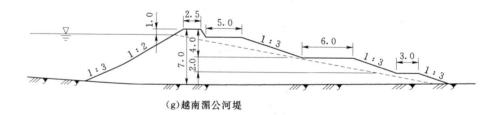

(g)越南湄公河堤

图 1-15（二） 国内外部分防护堤的断面形状

第二章　波浪对堤防的作用

第一节　波浪要素的计算

在风的作用下水域（江、河、湖泊、海洋）表面将产生波浪。在持续的风的作用下传播的浪，是属于强迫运动的；在风停止以后或者是在风的作用区以外传播的浪，是属于自由运动的（也称为余波或涌浪）。

风浪对堤防边坡将产生机械破坏作用，为了对此进行数量上的估计，就必须知道波浪产生的条件及其有关的要素。

图2-1中表示波浪的几何图形及其有关的各要素：

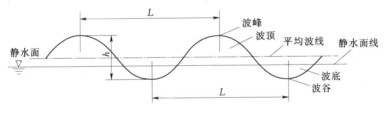

图2-1　波浪要素

波高 h——波峰到波底之间的垂直距离；

波长 L——两个波峰之间的水平距离；

浪的坡率（表示波浪的陡峭度）$\varepsilon = \dfrac{h}{L}$——波高与波长的比值，即相对波高；

波顶——位于静水面以上的波浪部分；

波谷——位于静水面以下的波浪部分；

平均波线——将波高平分为两半的水平线。

在开敞的水面上，浪的强度决定于风速、风作用的持续时间和波浪扩展区长度（也称风区长度），而水域的深度、沿扩展区方向上水域底部的糙率等都将影响到波浪的扩展与传播。

水域的深度 H 可分为两部分，即深水段，$\left(\text{当} H > \dfrac{L}{2} \text{时}\right)$ 和浅水段 $\left(\text{当} H < \dfrac{L}{2} \text{时}\right)$。

当 $H > \dfrac{L}{2}$ 时，波浪只是在水面处形成，并具有向前波动的性质。随着水深的减小而波浪也产生变形，波的高度及长度均减小。在行近堤防的某一深度处，波浪就被破坏，以后就产生前进运动——波浪沿坝坡向上滚动，然后又向下作相反的运动。

在研究波浪对土堤边坡的作用时，一般只针对两种水位情况来进行计算，即对于水域最高水位，确定波浪沿边坡滚动（爬升）高度，并据以确定堤防顶部的高程和计算堤坡护面的厚度；对于水域的最低水位，用以确定堤坡护面的底部边界。

在计算波浪的扩展长度（即风区长度）时，若沿风向两侧水域比较宽阔，则在任何水位情况下均应取由堤防轴线量至对岸水边线的直线距离。并按扩展的方向取开阔水面的最大距离（图 2 - 2）。

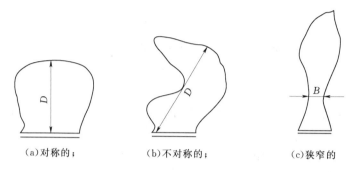

（a）对称的；　　　　　（b）不对称的；　　　　　（c）狭窄的

图 2 - 2　确定风区长度（受风距离）的水域轮廓形状

如果沿浪的扩展方向水域存在局部缩窄且缩窄处的宽度 B 小于12倍波长时 ［图 2 - 2（c）］，风区长度 D 取为

$$D \approx 5B \tag{2-1}$$

式中　B——水域的最小宽度。

式（2 - 1）由于 B 值不大于保证率为 1% 的波长的 5 倍，而 D 的计算值不小于由坝轴线到缩窄断面的长度。

风区长度 D 的极限计算值可按下式确定：

$$D \leqslant 30 v_{10}^2 \frac{h}{L} \tag{2-2}$$

式中　v_{10}——水面以上 10m 高度处 10min 内的平均风速（m/s）。

当沿风向两侧水域较狭窄或水域形状不规则（图 2 - 3）或有岛屿等障碍物时，应采用等效风区长度，即

$$D = \frac{\sum D_i \cos^2 \alpha_i}{\sum \cos \alpha_i} \tag{2-3}$$

其中　$\alpha_i = i \times \dfrac{45°}{6} = i \times 7.5°$

式中　D——等效风区长度；

$\quad\quad D_i$——计算点至水域边界的距离，i 取 0，± 1，± 2，± 3，± 4，± 5，± 6；

$\quad\quad \alpha_i$——第 i 条射线与主射线（主风向线）的夹角。

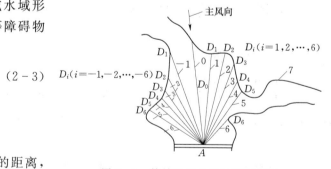

图 2 - 3　等效风区长度计算示意图

0—主射线；1，2，3，4，5，6—射线；—1，—2，—3，—4，—5，—6—射线；7—水域边界

沿风区长度方向的风速在下列条件下可以取其为常数：即风速的变化范围在 $\pm 10\%$

时，以及风速值小于 25～30m/s 和风区长度小于 100km 时。

风速是一个随时间而变化的数值，因此在计算波浪的要素时，需要根据风的长期观测资料确定各种频率下的风速值。

在确定风浪对水工建筑物的作用时，风速的频率可按下列数值采用：①对于Ⅰ级和Ⅱ级建筑物，取 2%；②对于Ⅲ级和Ⅳ级建筑物，取 4%；③对于Ⅴ级建筑物，取 10%。

在计算风浪的作用时，风速都采用水域水面以上 10m 处的风速值 v_{10}，其值可根据由其他高度处测量得的风速 v_H 按下式计算：

$$v_{10} = k_w v_H \tag{2-4}$$

式中　　k_w——修正系数，决定于距水域水面的高度 H 值。

表 2-1　　　　　　　　　　　修 正 系 数 k_w 值

H (m)	2	5	6.5	8	10	12	15	17	20	28
k_w	1.25	1.10	1.05	1.03	1.00	0.98	0.96	0.94	0.90	0.89

波的大小和强度与风速的大小、风的作用历时以及沿着风的作用方向水面的受风长度（通常称为风区长度）有关。而水域中的水深，底部的糙率和受风方向，则影响到波的发展和传播。一个水域，根据其水深 H 可划分为深水段（当 $H \geqslant \dfrac{L}{2}$ 时）和浅水段（当 $H < \dfrac{L}{2}$ 时）。在 $H > \dfrac{L}{2}$ 的深水中，水面波具有波动的性质，而随着水深的减小，波就发生变形，波高与波长随之减小。

通常水库和湖泊中的风波较海中的小，波高一般不超过 3.0～3.5m，相对波长约为 10～20；而海中的风波的最大波高可达 30m，波长可达 200m；相对波长的变化约为 15～40。

对风波的研究目前有理论方法、实验方法和原型观测方法 3 种，而实用的计算公式主要还是一些经验的和半经验的公式。

1. 莆田试验站公式

（1）波浪的平均高度按下式计算：

$$\frac{gh}{v^2} = 0.13\tanh\left[0.7\left(\frac{gH}{v^2}\right)^{0.7}\right]\tanh\left\{\frac{0.0018\left(\frac{gD}{v^2}\right)^{0.45}}{0.13\tanh\left[0.7\left(\frac{gH}{v^2}\right)^{0.7}\right]}\right\} \tag{2-5}$$

式中　　h——平均波高（m）；

　　　　g——重力加速度，取 $g=9.81\text{m/s}^2$；

　　　　v——计算风速（m/s）；

　　　　H——水域平均水深（m）；

　　　　D——风区长度（m）。

（2）波浪的平均波周期按下式计算：

$$T = 4.438h^{0.5} \tag{2-6}$$

式中　T——平均波周期（s）。

（3）波浪的平均长度按下式计算：

$$L = \frac{gT^2}{2\pi} \tanh\left(\frac{2\pi H}{L}\right) \tag{2-7}$$

对于深水波，即当水域水深 $H \geqslant 0.5L$ 时，可按下列简化公式计算平均波长：

$$L = \frac{gT^2}{2\pi} \tag{2-8}$$

式中　L——平均波长（m）；

　　　　T——平均波周期（s）；

　　　　H——堤防前水域中的水深（m）；

　　　　π——圆周率，取 $\pi = 3.1416$。

2. 鹤地公式

当水域位于丘陵、平原地区，且计算风速 $v < 26.5\text{m/s}$，风区长度 $D < 7500\text{m}$ 时，波浪的平均波高和平均波长可按下列鹤地公式计算：

$$\frac{gh_{2\%}}{v^2} = 0.00625 v^{1/6} \left(\frac{gD}{v^2}\right)^{1/3} \tag{2-9}$$

$$\frac{gL}{v^2} = 0.0386 \left(\frac{gD}{v^2}\right)^{1/2} \tag{2-10}$$

式中　$h_{2\%}$——累积频率为 2% 的波高（m）。

3. 官厅公式

对于内陆峡谷区的水域，当计算风速 $v < 20\text{m/s}$，风区长度 $D < 20000\text{m}$ 时，波浪的平均波高和平均波长可按下列官厅公式计算：

$$\frac{gh}{v^2} = 0.0076 v^{-\frac{1}{12}} \left(\frac{gD}{v^2}\right)^{\frac{1}{3}} \tag{2-11}$$

$$\frac{gL}{v^2} = 0.331 v^{-\frac{1}{2.15}} \left(\frac{gD}{v^2}\right)^{\frac{1}{3.75}} \tag{2-12}$$

式中　h——当 $\frac{gD}{v^2}$ 为 20～250 时，为累积频率 5% 的波高 $h_{5\%}$（m）；当 $\frac{gD}{v^2}$ 为 250～1000

　　　　时，为累积频率 10% 的波高 $h_{10\%}$（m）。

不同累积频率 P（%）下的波高 h_P 可由平均波高 h 与平均水深 H 的比值 $\frac{h}{H}$ 和相应的累积频率按表 2-2 中的系数计算。

表 2-2　　　　　不同累积频率下的波高与平均波高的比值 (h_P/h)

h/H ＼ P（%）	0.01	0.1	1	2	4	5	10	14	20	50	90
<0.1	3.42	2.97	2.42	2.23	2.02	1.95	1.71	1.60	1.43	0.94	0.37
0.1~0.2	3.25	2.82	2.30	2.13	1.93	1.87	1.64	1.54	1.38	0.95	0.43

4. 安德烈扬诺夫公式

$$h = 0.0208v^{5/4}D^{1/3} \qquad (2-13)$$

$$L = 0.304vD^{1/2} \qquad (2-14)$$

式（2-13）和式（2-14）适用于 D 为 3000～30000m 和 v 为 5～15m/s 的情况，而且水域属于深水区。

在按上述公式计算得深水区的波高和波长值以后，可按下列公式计算浅水区的波高及波长。

$$h_0 = hk_1 \qquad (2-15)$$

$$L_0 = Lk_2 \qquad (2-16)$$

式中 h_0，L_0——相应于浅水区的波高和波长；

h，L——相应于深水区的波高和波长；

k_1，k_2——考虑浅水区影响的系数，可根据计算点的水深 H 和波长 L 的比值 $\dfrac{H}{L}$ 查表 2-3 求得。

表 2-3　　　　　　　　　　　　　　影响系数 k_1 和 k_2 值

$\dfrac{H}{L}$	0.01	0.1	0.2	0.4	0.6	1.0
k_1	0.119	0.425	0.652	0.823	0.904	1.0
k_2	0.251	0.564	0.703	0.832	0.904	1.0

沿风区长度方向当遇到水深小于计算波高的情况时，风波即产生破坏，只有在波高小于或等于 0.7 倍的水深时风波才不会产生破碎。所以当遇到水深小于波高的情况时，该处的波高可令其等于 0.7 倍的水深。

观测证明，在风速不变的情况下，波的高度彼此也是不相同的。因此，从一系列实测的风波中可以取出一个最大的波，它在所观测的风波的系列中只发生过一次，例如从1000 个实测的风波中取出一个最大的波，则这一个波的频率即为 0.1%。

所观测的最大风速的频率可以用下式进行计算：

$$P = \frac{m}{n+1} \times 100 \qquad (2-17)$$

式中 P——计算的最大风速的频率（%）；

m——计算风速在按递减序列排列的实测风速系列中的顺序号；

n——实测风速系列的项数。

欲将频率为 P_1 的波高转换为频率是 P_2 的波高可按下式计算：

$$h_{P2} = k_P h_{P1} \qquad (2-18)$$

式中 h_{P1}——频率为 P_1 的波高（m）；

h_{P2}——频率为 P_2 的波高（m）；

k_P——转换系数，可查表 2-4。

表 2－4 　　将频率为 P_1 的波高转换为频率为 P_2 时的波高的转换系数 k_p 值

P_1 (%)	P_2 (%)											
	0	0.1	0.5	1	1.5	2.0	2.5	3	5	10	15	20
0	1.00	0.96	0.91	0.85	0.82	0.81	0.80	0.79	0.74	0.67	0.63	0.58
0.1	1.04	1.00	0.93	0.90	0.88	0.87	0.86	0.84	0.78	0.71	0.66	0.61
0.5	1.10	1.07	1.00	0.97	0.95	0.94	0.90	0.88	0.84	0.77	0.70	0.67
1.0	1.18	1.11	1.03	1.00	0.98	0.97	0.95	0.92	0.86	0.79	0.72	0.69
1.5	1.22	1.13	1.05	1.01	1.00	0.98	0.96	0.94	0.87	0.80	0.74	0.70
2.0	1.23	1.14	1.06	1.03	1.02	1.00	0.98	0.96	0.89	0.81	0.75	0.70
2.5	1.25	1.16	1.11	1.05	1.04	1.01	1.00	0.98	0.91	0.82	0.77	0.71
3.0	1.27	1.19	1.13	1.07	1.06	1.03	1.02	1.00	0.93	0.84	0.79	0.72
5.0	1.35	1.24	1.19	1.16	1.15	1.11	1.10	1.07	1.00	0.91	0.85	0.78
10	1.49	1.41	1.30	1.27	1.25	1.23	1.22	1.19	1.10	1.00	0.92	0.85
15	1.59	1.52	1.42	1.39	1.35	1.33	1.30	1.26	1.18	1.09	1.00	0.92
20	1.72	1.64	1.49	1.45	1.43	1.43	1.41	1.39	1.28	1.18	1.09	1.00

第二节　波浪压力和波浪的扬压力

一、波浪压力

　　风浪在行近堤防时在相当于某一临界水深的地方发生破坏，这一瞬间的风浪图形如图 2－4 所示。

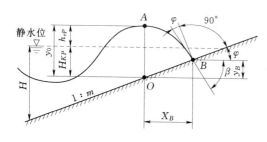

图 2－4　堤坡上波浪的作用图

　　此时计算的坐标原点在静水位以下临界水深（H_{KP}）线与堤坡的交点处，A 点表示波的顶点，此点的高度等于坐标轴起点的高度 y_0，即

$$y_0 = H_{KP} + h_{rP} \tag{2-19}$$

其中 $h_{rP} = \left[0.95 - (0.84m - 0.25)\dfrac{h}{L}\right]h$

$$\tag{2-20}$$

式中　H_{KP}——从静水位向下的临界深度；

　　　　h_{rP}——从静水位算起的浪峰高度；

　　　　m——堤坡坡率。

　　波浪发生破坏时的临界深度 H_{KP} 可按下式计算：

$$H_{KP} = h\left(0.47 + 0.023\frac{L}{h}\right)\frac{1+m^2}{m^2} ❶ \tag{2-21}$$

---

　　❶　临界深度的平均值可以近似采取 $H_{KP} \approx 2h$。

在浪顶 A 点处，浪流的水平速度为

$$v_A = n\sqrt{\frac{gL}{2\pi}\tanh\frac{2\pi H}{L}} + h\sqrt{\frac{\pi g}{2L}\coth\frac{2\pi H}{L}} \qquad (2-22)$$

其中

$$n = 4.7\frac{h}{L} + 3.4\left(\frac{m}{\sqrt{1+m^2}} - 0.85\right) \qquad (2-23)$$

式中 H——堤防前的水深；

n——经验系数。

浪流的最大速度发生在冲击堤坡的时候，即相当于 B 点的位置时，该点的坐标值为

$$y_B = \frac{x_B}{m} \qquad (2-24)$$

$$x_B = \frac{1}{g}\left(-\frac{v_A^2}{m} \pm v_A\sqrt{\frac{v_A^2}{m^2} + 2gy_0}\right) \qquad (2-25)$$

B 点处的最大速度 v_B 为

$$v_B = \sqrt{\eta\left[v_A^2 + \left(\frac{gx_B}{v_A}\right)^2\right]} \qquad (2-26)$$

其中

$$\eta = 1 - (0.017m - 0.02)h \qquad (2-27)$$

式中 η——考虑到浪流在堤坡上卷起而四下漫流时流速减小的系数。

风波在边坡上发生破坏，并对边坡护面产生水动压力，这一水动压力可用两条不对称的曲线所构成的压力图形来表示。为了使计算简化起见，在土堤边坡护面计算时曲线图形可用折线来代替，这将不会造成多大的误差。此时波压力图形可根据5个特征点——B、1、2、3 及 4 的压力强度来绘制（图 2-5）。

在波浪破坏的瞬间，由于浪流对堤坡的冲击所产生的最大波压力系位于 B 点，此点的压力可按下式确定：

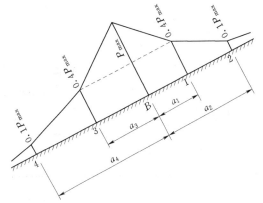

图 2-5 在风浪冲击瞬间堤坡上的波浪压力图

$$P_{\max} = 1.7\gamma_\omega\frac{v_B^2}{2g}\cos^2\varphi \qquad (2-28)$$

其中

$$\varphi = 90° - (\alpha - \beta) \qquad (2-29)$$

$$\tan\beta = -\frac{gx_B}{v_A^2} \text{❶} \qquad (2-30)$$

式中 v_B——在风波冲击堤坡时浪流的速度，按式（2-26）计算；

φ——B 点处浪流方向的切线与堤坡法线之间的夹角；

β——B 点处浪流方向的切线与水平线之间的夹角。

相应于 1 点和 3 点的压力等于 $0.4P_{\max}$，而 2 点和 3 点的压力等于 $0.1P_{\max}$。

---

❶ 式中负号表示读角系按逆时针方向。

沿堤坡从 B 点算起的 1、2、3 及 4 点的位置可由下列关系求得：

$$a_1 = 0.025S; a_2 = 0.065S; a_3 = 0.053S; a_4 = 0.135S \qquad (2-31)$$

其中

$$S = \frac{mL}{2\sqrt[4]{m^2-1}} \qquad (2-32)$$

在根据上述公式确定最大波压力和绘制压力图形时，需要完成复杂的计算工作，因此在设计一些不太重要的建筑物，或者是为了完成初步计算和取得初步判断值时，可以使用比较简单的近似公式。

《碾压式土石坝设计规范》SL 274—2001 中建议 B 点处的最大波压力强度按下式计算：

$$P_{\max} = K_P K_1 K_2 K_3 \gamma_\omega h_s \qquad (2-33)$$

其中

$$K_1 = 0.85 + 4.8\frac{h_s}{L} + m\left(0.028 - 1.15\frac{h_s}{L}\right) \qquad (2-34)$$

式中　$P_{\max}$——最大波压力强度（kPa）；

$\quad K_P$——频率换算系数，取其为 1.35；

$\quad \gamma_\omega$——水的容重（kN/m³）；

$\quad h_s$——有效波高（m），可取累积频率为 14% 的波高 $h_{14\%}$；

$\quad K_1$——系数；

$\quad L$——平均波长（m）；

$\quad m$——边坡坡率；

$\quad K_2$——系数，按表 2-5 确定；

$\quad K_3$——作用在 B 点的波浪压力相对强度系数，按表 2-6 确定。

表 2-5　　　　　　　　　　　　　　系　数　K_2　值

L/h_s	10	15	20	25	35
K_2	1.00	1.15	1.30	1.35	1.48

表 2-6　　　　　　　　　　　　波浪压力相对强度系数 K_3

h_s（m）	0.5	1.0	1.5	2.0	2.5	3.0	3.5	≥4
K_3	3.7	2.8	2.3	2.1	1.9	1.8	1.75	1.7

最大压力强度作用点（B 点）距静水面的距离 e_0 为

$$e_0 = A + \frac{1}{m^2}(1 - \sqrt{2m^2+1})(A+B) \qquad (2-35)$$

$$A = h_s\left(0.47 + 0.023\frac{L}{h_s}\right)\frac{1+m^2}{m^2} \qquad (2-36)$$

$$B = h_s\left[0.95 - (0.84m - 0.25)\frac{h_s}{L}\right] \qquad (2-37)$$

当计算得的 $e_0 < 0$ 时，取 $e_0 = 0$。

边坡面上各计算点 1、2、3、4 距 B 点的距离按下式计算：

$$\left.\begin{aligned} a_1 &= 0.0125S \\ a_2 &= 0.0325S \\ a_3 &= 0.0265S \\ a_4 &= 0.0675S \\ S &= \frac{mL}{2\sqrt[4]{m^2-1}} \end{aligned}\right\} \tag{2-38}$$

波浪压力作用区的上限点，在静水面以上的高度等于设计累积频率下的波浪爬高 h_B。

根据一些人的研究[1]，浪压力图可以采用图 2－6 所表示的简化图形，此时各特征点 1、2、3、4 的位置相对于 B 点来说是对称的。

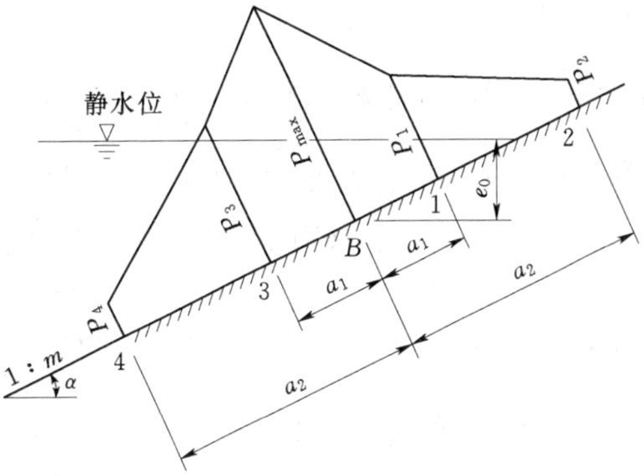

图 2－6 简化的压力计算图

B 点在静水位以下的深度为

$$e_0 \approx \left(0.20 + 0.018\frac{L}{h}\right)h \tag{2-39}$$

但是实际上 e_0 只是在下列范围内变化：

$$e_0 = (0.35 \sim 0.45)h \tag{2-40}$$

B 点处的最大压力值为

$$P_{max} = \gamma_B\left(0.35 + 0.023\frac{L}{h}\right)(8-m)h \tag{2-41}$$

在绘制压力图时，对称于 B 点的中间各点（即 1、2、3、4 点）的压力为

对于 1 点

$$P_1 = \frac{1.18}{8-m}P_{max} \tag{2-42}$$

对于 3 点

$$P_3 = \frac{2.36}{8-m}P_{max} \tag{2-43}$$

对于 2 点和 4 点，压力值相同，为

$$P_{2,4} = 0.1P_{max}\text{[2]} \tag{2-44}$$

1、3 点和 2、4 点相对于 B 点的距离为

$$\left.\begin{aligned} a_1 &= 0.032L \\ a_2 &= 0.016L \end{aligned}\right\} \tag{2-45}$$

在风波作用下，除了破坏波对堤坡产生水动压力外，由于前进波破碎而卷起的水流对堤坡也将产生静水压力。这一静水压力的图形可取三角形的形状，并由 O、B、C 三个点的压力值来决定，其值为

---

[1] П. А. 山金，水工建筑物边坡护面计算，苏联河运出版社，1961 年出版。

[2] П. А. 山金的试验指出，2 点和 4 点的压力约为 $0.05P_{max} \sim 0.1P_{max}$。

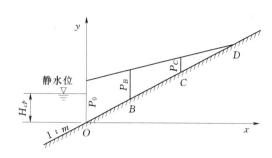

图 2-7　从堤坡上卷起的浪流所产生的静压力图

对于坐标原点 O 点，压力值为 [1]

$$P_0 = (m+2)h \qquad (2-46)$$

对于相当于最大动水压力的 B 点，压力值为

$$P_B = 0.55mh \qquad (2-47)$$

对于静水位与堤坡相交点的 C 点，压力值为

$$P_C = 0.6P_B \qquad (2-48)$$

因此，在计算边坡护面板的强度时需要考虑两个压力图，也就是对于同一点来说，应该将图 2-6 和图 2-7 中相应点的压力叠加。例如，对于 B 点（图 2-6），总的波压力为

$$P = P_{\max} + P_B \qquad (2-49)$$

式中 $P_{\max}$ 系根据式（2-41）计算，而 P_B 系根据式（2-47）计算。

二、波浪的扬压力

当波浪沿着用连续的不透水盖面护砌的堤坡滚动时，在波谷处于静水位以下的位置时，由于作用在护面板上、下面的水压力存在一差值，因此在护面板的背面将产生一个浪的扬压力。若护面板的接缝为明缝，则在风波沿堤坡坡面作爬升运动的同时，护面板底面的反滤层和坝体土料也为水饱和而形成一动水，因此护面板的背面在静水面以上将产生一动水面，动水面的高度决定于风波的爬升高度，可按下式计算：

$$\Delta h = h_B - \frac{2.6}{m}h \qquad (2-50)$$

式中　Δh——静水面以上动水面的高度；

　　　h_B——波浪沿堤坡的爬升高度，按本章第三节所述方法计算；

　　　m——波浪爬升段的堤坡坡率。

波浪的扬压力图决定于护面板接缝的透水性，可以分成下列 3 种基本情况：①护面板接缝为明缝的情况；②护面板接缝为暗缝的情况；③在风波作用区以上的边坡护面板为明缝，作用区以下的边坡护面板为暗缝。

在第一种情况下，扬压力图系由 2 个三角形所组成，一个三角形位于静水位以上，另一个三角形位于静水位以下 [图 2-8（a）]。在位于上部的扬压力三角形中，最大压力值位于 5 点处，其值为

$$P_{1-1} = 0.277\gamma_\omega \Delta h \qquad (2-51)$$

位于下部的扬压力三角形中，相应于点 2 处的最大扬压力值为

$$P_{1-2} = 0.4P_{1-1} \qquad (2-52)$$

扬压力图形中压力三角形的几个角点的位置，以静水面为标准，决定于波高 h 和动水面的高度 Δh，如图 2-8（a）所示，其中 ε_n 值按下式计算：

---

[1]　式（2-46）、式（2-47）和式（2-48）中水的重力密度均取其为 $10kN/m^3$。

$$\varepsilon_n = 0.1\frac{L}{h} \qquad\qquad (2-53)$$

在第二种情况下，扬压力图形成为一个三角形 [图 2-8（b）]，它的上部角点（点 4）位于静水位上。此时最大扬压力值 P_1（位于点 2 处）按下式计算：

$$P_1 = 0.085\gamma_w h\sqrt{\frac{m}{m^2+1}\left(1+\frac{L}{h}\right)} \qquad\qquad (2-54)$$

此时 ε_n 值为

$$\varepsilon_n = 0.15\frac{L}{h} \qquad\qquad (2-55)$$

在第三种情况下，总的扬压力图包括两个压力三角形 [图 2-8（c）]，其中上面的一个压力三角形与第一种情况下压力图中上面的一个压力三角形完全一致；而下面的一个压力三角形与第二种情况下的压力图形完全一致。最大压力值也与这两个图形的相应值一致。

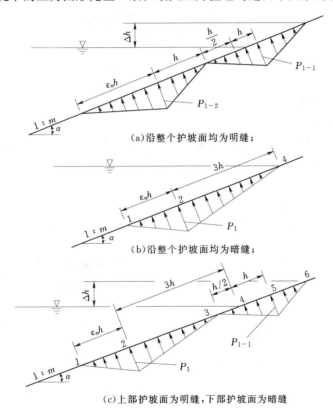

（a）沿整个护坡面均为明缝；

（b）沿整个护坡面均为暗缝；

（c）上部护坡面为明缝，下部护坡面为暗缝

图 2-8　波浪的扬压力

波浪的扬压力图可用来分析护面板的稳定性和强度。

第三节　波浪在边坡上的爬升高度

对于一般的堤防来说，是不允许水域的水漫过堤顶的，因此堤顶的高程应根据风浪在堤坡上的爬升高度来确定。

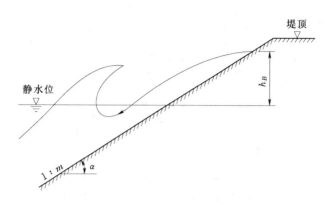

图 2-9　风浪在堤坡上的爬升图

波浪在边坡上的爬升高度决定于浪的各要素、边坡坡率、有无马道、边坡护面的糙率和不透水性，以及波浪的行进角度等条件。目前计算波浪在边坡上的爬升高度有许多经验公式，这些公式在不同程度上考虑到了上述这些影响因素。

一、正向来波

（一）单一直线边坡

1. 考虑波高影响

对于单一的直线边坡的防护堤，当风向从正面吹向防护堤，波浪在边坡上的爬高可按下式计算：

$$h_B = 3.2k \frac{h}{m} \tag{2-56}$$

式中　h_B——波浪在边坡上的爬高（m）；

　　　h——波高（m）；

　　　m——防护堤堤坡的坡率，$m = \cot\alpha$，α 为边坡与水平线的夹角（°）；

　　　k——系数，与边坡护面的糙率和不透水性有关，可按表 2-7 采用。

表 2-7　　　　　　　　　　　　系　数　k　值

边坡护面形式		系　数　k
堆石护面	乱石堆筑	0.72
	圆形石堆筑	0.82
	整齐的石块堆筑	0.77
砌石护面		1.00
混凝土护面		1.25

当 $\frac{L}{h} \geqslant 10$ 时，式中之系数 3.2 应该代之以 3.8。

2. 考虑波高及波长影响

对于单一的直线边坡，当风向从正面吹向防护堤时，在考虑波高及波长的影响下，波浪在边坡上的爬高可按下列公式计算。

（1）当边坡坡率 $m=1.5\sim5.0$ 时

$$h_B=\frac{K_aK_b}{\sqrt{1+m^2}}\sqrt{hL} \qquad (2-57)$$

式中　h_B——波浪在边坡上的爬高（m）；

　　　　m——防护堤的边坡坡率；

　　　　h——波浪的波高（m）；

　　　　L——波浪的波长（m）；

　　　　K_a——边坡的糙率及渗透性系数，根据护面的类型由表2-8查得；

　　　　K_b——经验系数，可根据比值 $\frac{v}{\sqrt{gH}}$ 由表2-9查得；

　　　　v——风速（m/s）；

　　　　H——防护堤前水域的水深（m）。

表 2-8　　　　　　　　　　　　　　边坡糙率及透水性系数 K_a

边 坡 护 面 类 型	K_a
光滑不透水护面（沥青混凝土）	1.00
混凝土或混凝土板	0.90
草皮	0.85~0.90
砌石	0.75~0.80
抛填两层块石（不透水基础）	0.60~0.65
抛填两层块石（透水基础）	0.50~0.55

表 2-9　　　　　　　　　　　　　　　　经 验 系 数 K_b

$\frac{v}{\sqrt{gH}}$	≤1	1.5	2.0	2.5	3.0	3.5	4.0	≥5
K_b	1.00	1.02	1.08	1.16	1.22	1.25	1.28	1.30

（2）当边坡坡率 $m\leqslant1.25$ 时

$$h_B=K_aK_bR_0h \qquad (2-58)$$

式中　R_0——无风的情况下，平均波高 $h=1.0$m 时，光滑不透水护面（$K_a=1$）的波浪
　　　　　　爬高值，可由表2-10查得。

表 2-10　　　　　　　　　　　　　　　　　　R_0 值

m	0	0.5	1.0	1.25
R_0	1.24	1.45	2.20	2.50

（3）当坡坡率 $1.25<m<1.5$ 时，可由 $m=1.25$ 和 $m=1.5$ 的计算值按内插法确定。

（二）折线边坡或带有马道的复式边坡

正向来波在折线边坡或带有马道的复式边坡上的平均波浪爬高可按下列方法确定。

（1）马道上、下边坡的坡度一致，且马道位于静水位上、下 $0.5h_{1\%}$（频率为1%的波高）范围内，其宽度为 $(0.5\sim2.0)h_{1\%}$ 时，波浪爬高可按单一直线边坡计算值的（0.9~

0.8）倍采用；当马道位于静水位上、下 $0.5h_{1\%}$ 以外，宽度小于 $(0.5\sim2.0)h_{1\%}$ 时，可不考虑马道的影响。

（2）马道上、下坡度不一致，且位于静水位上、下 $0.5h_{1\%}$ 范围内时，可先按式（2-59）确定折算的单坡坡率（或称为似坡率）m_0，再按上述单坡公式计算波浪爬高。

$$\frac{1}{m_0}=\frac{1}{2}\left(\frac{1}{m_u}+\frac{1}{m_d}\right) \tag{2-59}$$

式中　m_0——折算的单坡坡率或称似坡率；

　　　m_u——马道以上边坡坡率，$m_u\geqslant1.5$；

　　　m_d——马道以下边坡坡率，$m_d\geqslant1.5$。

（三）单一直线边坡或带有马道的复式边坡

既可计算单一直线边坡上波浪的爬高，又可计算带有马道的复式边坡上波浪爬高的公式有下列几种。

第一式：

$$h_B=0.565\frac{h}{m_0\sqrt{n}} \tag{2-60}$$

其中

$$\frac{1}{m_0}=\frac{1-0.2\sqrt{\frac{b}{h}}}{m_1}+2\frac{S}{L}\left[\frac{1}{m_2}-\frac{1-0.2\sqrt{\frac{b}{h}}}{m_1}\right] \tag{2-61}$$

式中　n——糙率值，根据刚古里-库特的糙率表决定；

　　　m_0——所谓的似坡率，决定于马道及马道上下的边坡坡率；

　　　b——马道宽度（m）；

　　　S——马道上水深（m）；

　　　m_1——马道以下的边坡坡率；

　　　m_2——马道以上的边坡坡率。

对于无马道的直线边坡，似坡率就等于实际的边坡坡率。

第二式：

$$h_B=\frac{K_0}{m+0.25}\left(1.35+0.585\sqrt{\frac{L}{h}}\right)h \tag{2-62}$$

式中　K_0——系数，用以考虑边坡护面的糙率及其不透水的影响，对于不同形式的护面其值如表 2-11 所示。

表 2-11　　　系　数　K_0　值

护面形式	系数 K_0	护面形式	系数 K_0
用乱石堆筑	0.72	块石护面或密实砌体	1.00
用圆形石块堆筑	0.82	由单个的板做成的混凝土护面	1.25
用整齐的石块堆筑	0.77	连续的不透水护面	1.40

在第二式中若引入一个系数 K_b 就可以考虑到马道对风浪爬高的影响，K_b 值可按下式计算：

$$K_b \approx e^{-0.32\sqrt{\frac{b}{h}}\left(1-\sqrt{\frac{S}{H}}\right)} \qquad (2-63)$$

式中 H 表示边坡底部处的水深；其他符号与前述计算公式相同。由式（2-63）可知，在没有马道时 $K_b=1$。

二、斜向来波

当来波方向线与堤防轴线的法线成 β 夹角时，波浪的爬高等于按正向来波计算得的爬高值乘以折减系数 K_β，即

$$h'_B = h_B K_\beta \qquad (2-64)$$

式中　h'_B——斜向来波在边坡上的爬高（m）；

　　　h_B——正向来波在边坡上的爬高（m）；

　　　K_β——斜向来波爬高的折减系数，可根据来波方向线与堤防轴线的法线的夹角 β 按表 2-12 查得。

表 2-12　　　　斜向来波爬高的折减系数 K_β

β（°）	0	10	20	30	40	50	60
K_β	1.00	0.98	0.96	0.92	0.87	0.82	0.76

三、当堤防迎水面竖直或接近竖直时

当堤防迎水面为竖直或接近竖直时（坡度大于 1:1 时），波浪在堤防前形成驻波，堤防前的波高将增大一倍，即波峰在静水面以上的高度为

$$h_H = h_0 + h \qquad (2-65)$$

其中

$$h_0 = \frac{\pi h^2}{L}\coth\frac{2\pi H}{L} \qquad (2-66)$$

式中　h_H——驻波的波峰在静水面以上的高度（m）；

　　　h_0——波浪平均高度线在静水面以上的高度（m）；

　　　h——波高（m）；

　　　L——波长（m）；

　　　H——堤防前水域的水深（m）。

四、不同累积频率下的波浪爬高

不同累积频率下的波浪爬高 h_P 可由平均波高 h 与堤防前迎水面前水深 H 的比值 $\frac{h}{H}$ 和相应的累积频率 P（%）按表 2-13 查的系数计算求得。

表 2－13　　　　　　不同累积频率下的爬高与平均爬高比值 $\left(\dfrac{h_P}{h_B}\right)$

h/H ＼ P（%）	0.1	1	2	4	5	10	14	20	30	50
<0.1	2.66	2.23	2.07	1.90	1.84	1.64	1.53	1.39	1.22	0.96
0.1~0.3	2.44	2.08	1.94	1.80	1.75	1.57	1.48	1.36	1.21	0.97
>0.3	2.13	1.86	1.76	1.65	1.61	1.48	1.39	1.31	1.19	0.99

五、边坡上浪流速度的分布

在波浪爬升的过程中，浪流各点的速度也是在变化的。为了确定护面的边界值，需要确定浪流速度的分布图。浪流速度分布图的简化形式如图 2－10 所示，其中特征点 B、1、2 及 3 点的速度可按下述方法进行计算，而各特征点之间的速度变化，则采取直线变化。

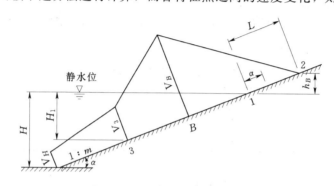

图 2－10　边坡上的流速分布图

最大速度位于 B 点，B 点的位置根据坐标 x_B 和 y_B 来确定（见图 2－4），而该点的速度则根据式（2－26）来计算。

对于 1 点（即静水位与边坡的交点），其速度值为

$$v_1 = \frac{10k_m\sqrt{g}}{2\pi + m}\sqrt[6]{h^2 L} \qquad (2-67)$$

式中　k_m——系数，决定于边坡护面的形式，其值可按表 2－14 采用。

表 2－14　　　　　　系　数　k_m　值

护　面　形　式	系　数　k_m　值
光滑的连续的不透水护面	1.0
混凝土护面	0.9
砌石护面	0.75~0.80
用圆石（鹅卵石）堆筑的护面	0.60~0.65
用整齐的石块堆筑的护面	0.55
用人工块体堆筑的护面	0.50

2 点的位置决定于浪的爬高值 h_H，该点的速度等于 0。1 点和 2 点之间的速度按直线

规律分布，可按下式计算：

$$vl = v_1\left(1 - \frac{l}{h_B\sqrt{1+m^2}}\right) \tag{2-68}$$

式中 l——沿边坡由静水位向上计算的距离。

3 点的位置按下式决定：

$$H_1 = \frac{1.22}{m^{0.8}}\sqrt{h\lambda} \tag{2-69}$$

式中 H_1——由静水位算起。

3 点处的速度为

$$v_3 = \frac{n\pi h}{\sqrt{\dfrac{\pi L}{g}\sinh\dfrac{4\pi H_1}{L}}} \tag{2-70}$$

式中 n——系数，根据比值 $\dfrac{L}{h}$ 按表 2-15 采用。

表 2-15　　　　　　　系 数 n 值

比值 L/h	8	10	15	20
系数 n	0.6	0.7	0.75	0.8

自 3 点以下，边坡上的速度值大大减小，其值仍可按式（2-61）进行计算，但此时式中的 H_1 值应该用 H 值代替，H 值系由静水位起算。显然 H 值较 H_1 值为大。

在绘制水域任何静水位情况下的浪流速度图时，计算浪速公式中的波浪要素值（波高、波长等）均应按所采用的计算静水位来计算。根据不进行护砌时边坡土壤的允许不冲速度值，以及水库最低水位时的浪流速度图，可以进行确定边坡护面的底部边界。

允许不冲速度值 v 可参考有关资料选用，也可以按下列公式估算：

$$v = 105 \times \sqrt{\frac{\pi - \gamma_B}{\gamma_B}}(\text{cm/s}) \tag{2-71}$$

或者

$$v = 0.55\sqrt[3]{d}(\text{m/s}) \tag{2-72}$$

式中 d——土粒直径（mm）。

当土粒直径 $d = 0.1\sim5\text{mm}$ 时，也可按下式计算：

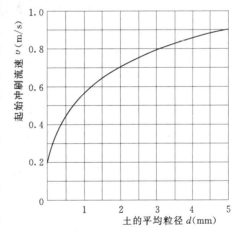

图 2-11 无黏性土的波浪起始冲刷速度与土的平均粒径的关系曲线

$$v = \sqrt{g(14d+6)}(\text{mm/s}) \tag{2-73}$$

在图 2-11 上列出砂土的允许不冲速度的计算曲线。

第三章 冰盖对堤防的作用

第一节 冰盖对堤防边坡护面的作用

冰盖对水工建筑物的作用决定于许多因素，如冰层的长度、冰的厚度、温度及温度变化（升高）的强度、冰与建筑物和岸坡之间的摩擦系数、冰的机械性质、水域中水位的变化、水域的形状、建筑物的外形等。

冰盖对防护堤边坡护面可能产生下列作用：

（1）静压力：由于周围介质的温度升高而引起冰盖的连续热膨胀，以及在风和水流作用下使冰盖对建筑物推挤等，这些作用都将使冰盖对建筑物产生静压力。

（2）动压力：由于浮冰对建筑物的冲击而引起的。

（3）对建筑物表面的磨蚀作用。

（4）在冰盖与建筑物冻结在一起时，若水域水位发生变化，则冰盖将对建筑物产生拔脱的作用。

第二节 冰盖的静压力和动压力

一、冰盖的静压力

由于周围介质（水和空气）的温度升高使冰盖连续膨胀而引起冰的水平静压力，这一水平静压力可以分成两个分力，如图 3-1 所示。

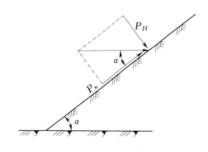

图 3-1 冰盖对边坡的作用

与堤坡面垂直的力

$$P_H = P_0 \sin\alpha \qquad (3-1)$$

与堤坡面平行的力

$$P_n = P_0 \cos\alpha \qquad (3-2)$$

式中 P_0——由于温度升高而产生的冰的最大静压力（kN/m²）。

当冰层长度 L 小于 50m 时，P_0 可按下式计算：

$$P_0 = 31 \frac{(t_{Hr}+1)^{1.67}}{t_{Hr}^{0.88}} \upsilon^{0.33} \qquad (3-3)$$

式中 t_{Hr}——冰的起始温度，可采用为 $0.35t_{HB}$，t_{HB} 为温度开始升高瞬间的气温值；

υ——冰的温度随时间变化的梯度，$\upsilon = \dfrac{\Delta t_r}{\tau}$（某一时段 τ 内冰盖温度的升高值为 Δt_r），根据气象资料采用，时段 τ 一般采用 6h。

当冰盖长度 L 为 50～150m 时，式（3-3）中应乘以系数 0.9～0.6；而当 $L>150$m 时，则系数取为 0.6。

作用在垂直于建筑物前缘的水平面上的冰盖的推挤力 P_{rH}，按下式计算：

$$P_{rH}=10A\left[\left(0.5v^2+50\frac{h_r}{L_m}v_0^2+920h_ri\right)\sin\alpha+(0.001+0.002)v^2\sin\beta\right] \quad (3-4)$$

式中　P_{rH}——冰盖的推挤力（N）；

　　　A——冰层的面积（m²）；

　　　v_0——冰盖下水的流速（m/s），其方向与建筑物前缘成 α 角；

　　　h_r——冰盖的厚度（m），取冬季保证率为 1% 的最大冰厚；

　　　L_m——沿水流方向冰盖的平均长度（m），根据观测资料而定，但不大于 3 倍的河道宽度；

　　　i——水流的压力坡降；

　　　v——最大风速（m/s），其方向与建筑物前缘成 β 角（$45°<\beta<135°$）。

二、冰盖的动压力

作用在建筑物垂直面上的冰的动压力，当其运动方向与建筑物前缘成 80°～90° 角的时候可以按下式计算：

$$P_{rd}=kv_rh_r\sqrt{v} \quad (3-5)$$

式中　P_{rd}——冰的动压力（kN）；

　　　k——系数，决定于冰的击碎强度极限 R_P，当 $R_P=1000$kN/m² 时，$k=4.3$；当 $R_P=500$kN/m² 时，$k=3$；当 $R_P=300$kN/m²，$k=2.36$；

　　　v_r——冰的运动速度（m/s），取河中水流的均匀流速；对于大型水域，则取风驱集冰块的速度，但不大于 0.6m/s。

第三节　水域水位变化时冰盖对堤防的作用

一、水域水位变化时冰盖对堤防的作用力

当水域水位抬高时，与建筑物冻结在一起的冰盖将给建筑物以自下向上的压力，直到冰盖与建筑物脱落为止。当水域水位降低时，冰盖对建筑物则产生一个由上而下的压力。

当水域水位抬高时，冰盖的垂直压力的近似值主要决定于冰的抗剪断强度 τ，即

$$P'_{rB}=h_rS\tau \quad (3-6)$$

式中　P'_{rB}——冰盖的竖直压力（kN）；

　　　h_r——冰盖的厚度（m）；

　　　S——冰盖与建筑物冻结平面内的接触面长度（m）；

　　　τ——冰的剪切强度（kN/m²）。

其次，冰盖的竖直压力也可以根据与建筑物冻结的冰盖面积和水位升高或降低的高度来确定：

$$P''_{rB} = \Omega \cdot \Delta H \tag{3-7}$$

式中 Ω——与建筑物冻结在一起的冰盖的面积（m²）；

ΔH——水域中水位的变化高度（m）。

与建筑物冻结在一起的冰盖，冻结面处的强度将比冰盖的其余断面的强度高，因此在水域水位发生变化时，冰盖将在距冻结面一定长度处断裂，这一长度决定于冰盖的抗弯曲强度 σ_u 和水域水位变化的高度 ΔH，可按下式计算：

$$l = h_r \sqrt{\frac{\sigma_u}{3\Delta H}} \tag{3-8}$$

将式（3-8）代入式（3-6）、式（3-7），则得1m长度建筑物上冰盖的压力为

$$P'_{rB} = h_r \tau \tag{3-9}$$

$$P''_{rB} = 0.6 h_r \sqrt{\Delta H \sigma_u} \tag{3-10}$$

式中 h_r——冰盖的厚度（m）；

σ_u——冰的弯曲强度（N/cm²）。

对护面板所产生的拔脱力为

$$P_B = P'_{rB} \cos\alpha \tag{3-11}$$

对护面板所产生的剪力为

$$P_C = P''_{rB} \sin\alpha \tag{3-12}$$

当水域水面形成冰盖，并与边坡护面板冻结在一起以后，在水域水面发生变化时，除产生上述可能的几种力之外，对边坡护面板还将产生拔脱力矩。

这一拔脱力矩的近似值可以根据临近建筑物处冰的极限强度来确定。

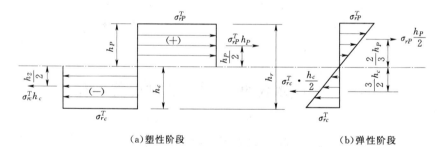

图 3-2 冰盖中的内力作用图

现在来分析冰盖截面内力的平衡情况。在冰盖处于塑性变形阶段，其正应力图如图3-2（a）所示，其中所用符号如下：

σ_{rP}^T——在周围介质温度下冰的抗拉屈服限度（kN/m²）；

σ_{rc}^T——在周围介质温度下冰的抗压屈服限度，（kN/m²）；

h_{rK}——从河岸一直到远处，冰盖结晶部分的厚度，取 $h_{rK} = (0.8 \sim 0.9) h_r$；

h_P——由截面中性轴到截面最外缘受拉纤维的距离（m）；

h_c——由截面中性轴到截面最外缘受压纤维的距离（m）。

根据 X 轴上作用力的投影之和等于0的条件，即 $\sum X = 0$ 的条件：

$$\sigma_{rP}^T h_P - \sigma_{rc}^T h_c = 0$$

即

$$\sigma_{rP}^T \cdot h_P = \sigma_{rc}^T \cdot h_c$$

则得

$$h_c = \frac{\sigma_{rP}^T}{\sigma_{rc}^T} h_P \qquad (3-13)$$

内力对中性轴的力矩（可能的拔脱力矩值）为

$$M_B = \sigma_{rP}^T h_P \frac{h_P}{2} + \sigma_{rc}^T h_c \frac{h_c}{2}$$

或

$$M_B = \frac{\sigma_{rP}^T h_P^2}{2} + \frac{\sigma_{rc}^T h_c^2}{2} \qquad (3-14)$$

由于

$$h_r = h_P + h_c \qquad (3-15)$$

将式（3-13）代入式（3-15），则得

$$h_r = h_P + \frac{\sigma_{rP}^T h_P}{\sigma_{rc}^T} = \frac{h_P}{\sigma_{rc}^T}(\sigma_{rP}^T + \sigma_{rc}^T) \qquad (3-16)$$

根据式（3-16）得

$$h_P = \frac{h_r \sigma_{rc}^T}{\sigma_{rP}^T + \sigma_{rc}^T} \text{和} h_c = \frac{h_r \sigma_{rP}^T}{\sigma_{rP}^T + \sigma_{rc}^T} \qquad (3-17)$$

将式（3-17）代入式（3-14），则得

$$M_B = \frac{\sigma_{rP}^T}{2}\left(\frac{h_r \sigma_{rc}^T}{\sigma_{rP}^T + \sigma_{rc}^T}\right)^2 + \frac{\sigma_{rc}^T}{2}\left(\frac{h_r \sigma_{rP}^T}{\sigma_{rP}^T + \sigma_{rc}^T}\right)^2 \qquad (3-18)$$

在 1m 长度上

$$M_B = \frac{h_r^2}{2} \cdot \frac{\sigma_{rP}^T \sigma_{rc}^T}{\sigma_{rP}^T + \sigma_{rc}^T} \qquad (3-19)$$

当面板的宽度等于 b 时：

$$M_B = \frac{h_r^2 b}{2} \cdot \frac{\sigma_{rP}^T \sigma_{rc}^T}{\sigma_{rP}^T + \sigma_{rc}^T} \qquad (3-20)$$

若取

$$\alpha = \frac{1}{2} \cdot \frac{\sigma_{rP}^T \sigma_{rc}^T}{\sigma_{rP}^T + \sigma_{rc}^T} \qquad (3-21)$$

则式（3-20）可简化为

$$M_B = \alpha b h_r^2 \qquad (3-22)$$

由式（3-22）可见，拔脱力矩值与冰厚的平方值和 α 值成比例，故其值系按抛物线规律变化。

如果研究冰盖在弹性阶段时截面中的内力［图 3-2（b）］，与塑性阶段相类似，内力矩值为

$$M_B' = \frac{h_r^2}{3} b \frac{\sigma_{rP}^T \sigma_{rc}^T}{\sigma_{rP}^T + \sigma_{rc}^T} \qquad (3-23)$$

或写成

$$M'_B = \beta b h_r^2 \tag{3-24}$$

其中
$$\beta = \frac{1}{3} \cdot \frac{\sigma_{rP}^T \sigma_{rc}^T}{\sigma_{rP}^T + \sigma_{rc}^T} \tag{3-25}$$

比较式（3-20）和式（3-24）可以看出，弹性变形阶段冰盖中形成裂缝的时候，较之塑性变形阶段，内力矩要小一些。

根据一些人对冰的强度所进行的试验研究，冰的计算强度极限（采用试验资料的算术平均值，周围介质的温度接近于 0℃）可采用表 3-1 所列的数值。

表 3-1 冰的计算强度极限值

受 力 情 况	冰的强度极限（N/cm²）		
	平 均	最 大	最 小
弯曲和压缩	80	140	30
剪切	50	90	20
拉伸	80	100	60

冰的强度极限值随日光辐射和水温的增高而减小，可用下列关系式表示：

$$\sigma_C = \sigma_{CH} - aT \tag{3-26}$$

$$\sigma_{CP} = \sigma_{PH} - bT \tag{3-27}$$

式中 σ_C，σ_{CP}——冰的受压和剪切的强度极限值（N/cm²）；

σ_{PH}，σ_{CH}——剪切和受压开始时冰的强度极限（N/cm²）；

a，b——系数，当很稳定地变缓时，$a=20$N/(cm²·d) 和 $b=4$N/(cm²·d)；

当缓慢地和不稳定地变暖时，$a=10$N/(cm²·d) 和 $b=2$N/(cm²·d)；

T——时间（d）。

表 3-2 和表 3-3 中列出了冰和混凝土之间冻结力的试验资料，可供设计计算中参考。

表 3-2 冰 冻 结 力 （一）

护面试件尺寸（cm）	冰 的 温 度 （℃）	冰 结 力 （N/cm²）
30.5×20.3	−1.1	138
	−1.1	161
	0	111
	0	81
2.5×2.5	−1.1	130

表 3-3 冰 冻 结 力 （二）

护面表面性质	冰的温度（℃）	冻结力（N/cm²）	试验次数
表面光滑的混凝土	−（5～10）	98	13
表面光滑的木（松）	−1	52	3
	−5	62	3
	−7	116	3
	−10	137	7
	−20	220	3

试验证明，在负温不大的情况下，冰和混凝土的冻结力大于冰的瞬时断裂强度，这就说明在水域水位变化时冰盖对建筑物的破坏作用。

冰的厚度可以根据下列经验公式来确定：

$$h_r = A\sqrt{\sum t} \qquad (3-28)$$

式中 $\sum t$——从成冰开始到确定冰厚时的日平均负气温之和（℃）；

A——系数，其值取 $1.56\sim2.0$。

冰的弹性模量决定于冰的结构、周围介质的温度和荷载的性质。在动力荷载的情况

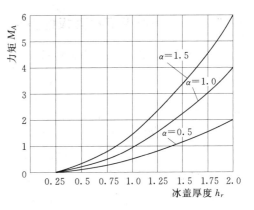

图 3-3 $M_B = f(\alpha, h_r)$ 关系曲线

下，冰的弹性模量 E_r 平均达到 $900\times10^3\,\mathrm{N/cm^2}$；在静荷载的情况下，冰的弹性模量平均约为 $400\times10^3\,\mathrm{N/cm^2}$。

根据表 3-3 的数据，考虑到松弛作用而采用 0.5 的折减系数，则由式（3-21）计算得系数 α 的最大值为 $\alpha_{\max}=1.5$，平均值为 $\alpha_{cp}=1.0$，最小值为 $\alpha_{\min}=0.5$。在这些资料的基础上可以绘制出图 3-3 所示的拔脱力矩 M_B 与 α 和 h_r 的关系曲线——$M_B = f(\alpha, h_r)$。根据这些曲线，当已知冰盖厚度 h_r 时即可查得相应的拔脱力矩 M_B 值。

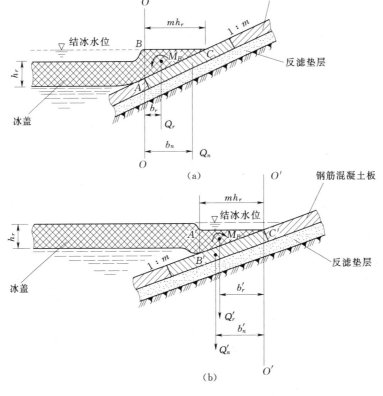

图 3-4 水域水位变化时冰盖对边坡护面板的作用图

二、在冰盖作用下护面板的稳定性

在冰盖作用下护面板的稳定性按下式校核：

$$K_y = \frac{\sum M_y}{\sum M_B} \geqslant 1.1 \sim 1.3 \tag{3-29}$$

式中　$\sum M_y$——稳定力矩之和；

　　　$\sum M_B$——拔脱力矩之和。

在计算中，稳定力系指护面板重（考虑浮力作用）、板上冰块重（ABC 和 $A'B'C'$）和板的接缝处（板的上下边）的摩阻力，并且考虑到板与垫层和土冻结的影响。当水域水位降低时，计算 $\sum M_y$ 时的计算轴取板的下缘 O—O 轴 ［图 3-4（a）］，当水域水位升高时，计算轴取板的上边缘 O'—O' 轴 ［图 3-4（b）］。

第四章　防护堤的渗透计算

第一节　防护堤渗透计算的方法

一、渗透计算的基本方法

水在压力的作用下，在防护堤堤身内将沿着土体的孔隙产生从迎水面到背水面的渗流。这种渗流符合一般松散介质中地下水运动的基本规律，也就是说渗透流速和水力坡降（测压管坡降）存在下列关系：

$$v = ki \qquad (4-1)$$

式中　v——渗透流速，等于渗透流量除以渗透的断面面积（包括土粒和孔隙）；

　　　i——渗流的水力坡降，也就是单位长度上的水头下降值；

　　　k——渗透系数，即水力坡降等于 1 时的渗透速度，因此它的计算单位和流速相同，当温度不变时一定土的渗透系数是一个常数。

渗透水流的上述关系也可以用下式表示：

$$q = khi \qquad (4-2)$$

式中　q——渗透水流的单宽流量；

　　　h——计算截面内的渗流深度。

如图 4-1 所示，沿着水平面流动并具有自由液面的渗透水流，如其通过 Ⅰ—Ⅰ 截面时的水深为 h_1，通过 Ⅱ—Ⅱ 截面时的水深为 h_2，则其平均截面处的水深 h_m 为

$$h_m = \frac{h_1 + h_2}{2}$$

在 Ⅰ—Ⅰ 截面和 Ⅱ—Ⅱ 截面之间的这一段长度的渗径 L 上，平均水力坡降为

$$i_m = \frac{h_1 - h_2}{L} \qquad (4-3)$$

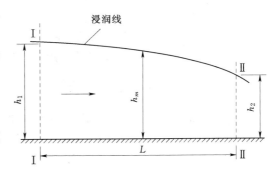

图 4-1　两竖直截面内的渗流

将上述 h_m 和 i_m 值代入式（4-2），则得通过平均断面的单宽渗透流量为

$$q = k \cdot \frac{h_1 + h_2}{2} \cdot \frac{h_1 - h_2}{L}$$

或者写成

$$\frac{q}{k} = \frac{h_1^2 - h_2^2}{2L} \qquad (4-4)$$

式（4-4）仅适用于层流状态下的渗流运动，对于紊流运动则不适用。但是试验表

明，在大孔隙的土中，由层流过渡到紊流的临界流速约为 432m/d，而具有这样大的渗透流速的土一般都不采用来建造均质土堤（均质防护堤）。所以防护堤中的渗流一般均属于层流，因而在渗透计算时式（4-4）还是适用的。

若观察防护堤堤身内的浸润线，可以看出，沿渗流方向水力坡降是变化的。在堤的横断面上、在渗流的入流段和出流段中，单位长度上的水头降落要比堤身中间部分大许多。堤身中间部分的水头降落主要是沿渗径长度方向水流受到土粒的摩阻所造成的，而在入流段和出流段上，由于存在其他的附加损失，因此使得这两段上的水力坡降增大。

防护堤渗透计算的方法有两类，即流体力学的方法和水力学方法。流体力学的方法是建立在比较精确的数字分析的基础上的，但是在大多数情况下这种方法的计算比较复杂，因此应用并不广泛。水力学方法的精度虽然较差一些，但是计算工作极为简单，在一般情况下计算结果在实践中也能满足要求。对于较复杂的渗流情况和较重要的堤防，常可通过试验的方法（如电模拟试验等方法）来进行渗流情况的分析。

在现有的渗透计算的水力学方法中，都是建立在式（4-1）和（4-4）所表示的基本渗流规律的基础上的。

防护堤的渗透计算在于确定通过堤身和堤基的渗透流量，绘制堤身内的浸润线，以及在必要的情况下计算渗透水力坡降，以检验土体的渗透稳定问题。

二、渗透计算的基本假定

在渗透计算中，要考虑到所有影响渗流的因素，目前是不可能的，因此在计算中常常作如下假定：

（1）渗流将作为平面问题来分析，垂直于计算平面的流速分量认为其等于 0。

（2）堤身土料认为是均质的各向同性的介质，各个方向的渗透系数值和渗流范围内任意点的渗透系数值是一常数。

（3）堤基内的不透水层在理论上被认为是完全不透水的。

（4）均质土堤内的浸润线位置不决定于土料的种类，而仅决定于堤身横断面的几何尺寸。

三、渗透计算时的水位组合

在进行堤防的渗透计算时，堤防迎水侧和背水侧的水位应考虑对堤防运用最不利的情况，通常采用下列水位组合。

1. 对于河、湖堤防

河、湖堤防渗透计算的水位组合是：

（1）迎水侧为设计洪水位，背水侧为相应水位。

（2）迎水侧为设计洪水位，背水侧为低水位或无水。

（3）洪水位降落时对迎水侧堤坡稳定最不利的情况。

2. 对于海堤（包括河口段堤防）

海堤（包括河口段堤防）渗透计算的水位组合是：

（1）以设计潮水位或台风潮大潮平均高潮位作为临海侧水位，背海侧水位为相应水位，或低水位或无水等。

（2）以大潮平均高潮位计算渗流浸润线。

（3）以平均潮位计算渗透流量。

（4）潮位降落时对临水侧堤坡稳定最不利的情况。

第二节 渗透计算的楔形体法

考虑到土堤堤身各部分渗透的特点，在进行防护堤的渗透计算时可以用两个竖直平面将堤体分成 3 个部分：迎水侧楔形体，中间部分和背水侧楔形体（图 4-2）。此时一个竖直平面通过迎水面堤肩，另一个竖直平面通过浸润线在背水面堤坡的逸出点。

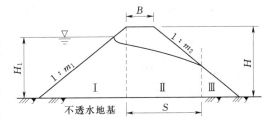

下面列出位于不透水地基上无排水设备和有内部排水设备的均质土堤、心墙土堤和斜墙土堤的渗透计算公式，以及透水地基上土堤渗透计算的计算公式。

图 4-2 渗透计算分段图

一、不透水地基上的土堤

（一）均质土堤

1. 下游有水的情况

如图 4-3 所示的堤内不设排水设备的均质土堤，当背水面有水时，可以得到堤身 3 个部分的计算方程［即方程式（4-5）中的（1）、（2）、（3）式］：

$$
\left.
\begin{array}{ll}
(1) & \dfrac{q}{k_D}=2.3\dfrac{a}{m_1}\lg\dfrac{H}{H-h_2} \\[3mm]
(2) & \dfrac{q}{k_D}=\dfrac{h_2^2-h_1^2}{2S} \\[3mm]
(3) & \dfrac{q}{k_D}=\dfrac{h_1-H_2}{m_2}\left(1+2.3\lg\dfrac{h_1}{h_1-H_2}\right) \\[3mm]
(4) & S=B+m_2(H-h_1)
\end{array}
\right\}
\qquad (4-5)
$$

其中

$$a=H_1-h_2$$

式中 q——渗流的单宽流量（m^3/s）；

k_D——堤身的渗透系数（m/s）；

a——浸润线与上游堤坡交点和与 Oy 轴交点之间的竖直距离（m）；

H——堤的高度（m）；

H_1——迎水面堤前水深（m）；

H_2——背水面堤后水深（m）；

h_1——浸润线与背水面堤坡交点的纵坐标（m）；

h_2——浸润线在 Oy 轴上的纵坐标值（m）；

m_1，m_2——迎水面和背水面堤坡的坡率；

B——堤顶宽度（m）；

S——坐标原点到浸润线与背水面堤坡交点的水平距离（m）。

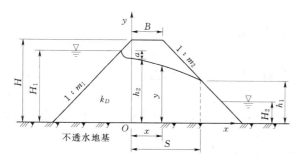

图 4-3 均质土堤的渗透计算图

由于式（4-5）中（1）、（2）、（3）式内共包含有 4 个未知量——q、h_2、S 和 h_1，所以还必须再加上第 4 个公式〔即方程式（4-5）中的（4）式〕——堤的几何尺寸的关系式，才能得解。解方程式（4-5）时需要用逐次渐近的试算方法。

2. 背水面无水

在无排水设备的均质土堤的情况下，背水面无水时的计算公式，只须令方程式（4-5）中的 $H_2=0$ 即可。

堤身中间部分的浸润线坐标按下式计算：

$$y^2 = h_2^2 - \frac{2q}{k_D}x \tag{4-6}$$

式中 y，x——浸润线上任意点的纵坐标和横坐标。

坐标原点布置在通过堤肩的竖直线与地基平面的交点处（图 4-3）。从迎水面水面与堤坡交点到 oy 轴之间的一段浸润线，可直接连成光滑曲线，但是浸润线的起点应该与迎水面堤坡面垂直。

【例 4-1】 某均质土堤高 $H=10\text{m}$，堤顶宽度 $B=7\text{m}$，堤前水深 $H_1=8.0\text{m}$，堤后水深 $H_2=0.5\text{m}$，土堤下游无排水设备，堤身的渗透系数 $K_D=0.25\text{m/d}$，地基为不透水黏性土，堤身上游边坡坡率 $m_1=3.5$，下游边坡坡率 $m_2=2.5$，计算该土堤的渗透流量和浸润线坐标。

【解】 （1）令式（4-5）中的第（2）式与第（3）式相等，可得

$$\frac{h_2^2-h_1^2}{2S} = \frac{h_1-H_2}{m_2}\left(1+2.3\lg\frac{h_1}{h_1-H_2}\right)$$

由此可得

$$h_2^2 = \left[\frac{h_1-H_2}{m_2}\left(1+2.3\lg\frac{h_1}{h_1-H_2}\right)\times 2S+h_1^2\right]$$

即

$$h_2 = \sqrt{\frac{2S(h_1-H_2)}{m_2}\left(1+2.3\lg\frac{h_1}{h_1-H_2}\right)+h_1^2} \tag{4-7}$$

（2）由式（4-5）中的第（1）式与第（2）式相等，可得

$$2.3\frac{a}{m_1}\lg\frac{H}{H-h_2} = \frac{h_2^2-h_1^2}{2S}$$

由此可得浸润线与上游堤坡交点和与 oy 轴交点之间的竖直距离为

$$a = \frac{m_1(h_2^2-h_1^2)}{2S\times 2.3\lg\left(\dfrac{H}{H-h_2}\right)} \tag{4-8}$$

（3）假定浸润线与下游堤坡交点的纵坐标为

$$h_1=0.7\text{m},1.0\text{m},1.5\text{m},2.0\text{m},2.5\text{m}$$

（4）根据假定的 $h_1=0.7\text{m}$，1.0m，1.5m，2.0m 和 2.5m，以及问题中给定的堤高 $H=10\text{m}$，堤顶宽度 $B=7\text{m}$，堤的下游边坡坡率 $m_2=2.5$，按式（4—5）中的第（4）式计算相应的从坐标原点到浸润线与下游堤坡交点的水平距离 S 值。

将 $H=10\text{m}$，$B=7\text{m}$，$m_2=2.5$ 代入式（4—5）中的第（4）式得

$$S=7+2.5(10-h_1) \tag{4-9}$$

根据所假定的不同的 h_1 值，按式（4—9）即可求得相应的 S 值，计算结果列于表4—1中。

表4—1 不同 h_1 值时相应的 S 值

h_1 （m）	0.7	1.0	1.5	2.0	2.5
S （m）	30.25	29.50	28.25	27.00	25.75

（5）根据问题给定的 $m_2=2.5$，$H_2=0.5\text{m}$，按式（4—7）计算不同 h_1（即假定的 h_1 值）和相应的 S 值情况下的 h_2 值。

将 $m_2=2.5$，$H_2=0.5$ 代入式（4—7）可得

$$h_2=\sqrt{\frac{2S(h_1-0.5)}{2.5}\left(1+2.3\lg\frac{h_1}{h_1-0.5}\right)+h_1^2} \tag{4-10}$$

根据表4—1中假定的 h_1 值和相应的 S 值，按式（4—10）计算相应的 h_2 值，计算结果列于表4—2中。

表4—2 不同 h_1 值和 S 值情况下相应的 h_2 值

h_1 （m）	0.7	1.0	1.5	2.0	2.5
S （m）	30.25	29.50	28.25	27.00	25.75
h_2 （m）	3.3754	4.5803	5.8321	6.7617	7.5262

（6）根据假定的 h_1 值和相应的 h_2 和 S 值，按式（4—8）计算浸润线与上游堤坡交点和 oy 轴交点之间的竖直距离 a。

将问题给定的 $m_1=3.5$，$H_1=8.0\text{m}$ 代入式（4—8）得

$$a=\frac{3.5(h_2^2-h_1^2)}{4.6S\lg\left(\dfrac{10}{10-h_2}\right)} \tag{4-11}$$

根据假定的 h_1 值及相应的 S 和 h_2 值，按式（4—11）计算 a 值，计算结果列于表4—3中。

表4—3 不同 h_1 和相应的 S、h_2 值情况下的 a 值

h_1 （m）	0.7	1.0	1.5	2.0	2.5
S （m）	30.25	29.50	28.25	27.00	25.75
h_2 （m）	3.3754	4.5803	5.8321	6.7617	7.5262
a （m）	1.1509	1.3945	1.5070	1.4494	1.2117

（7）将不同 h_1 情况下计算得的相应的 h_2 和 a 值相加，令其等于 H'，即

$$H' = h_2 + a \tag{4-12}$$

根据表 4-3，按式（4-12）计算相应的 H' 值，计算结果列于表 4-4 中。

表 4-4　　　　　　　　　　　　不同 h_1 值情况下相应的 H' 值

h_1 （m）	0.7	1.0	1.5	2.0	2.5
h_2 （m）	3.3754	4.5803	5.8321	6.7617	7.5262
a （m）	1.1509	1.3945	1.5070	1.4494	1.2117
H' （m）	4.5263	5.9748	7.3391	8.2111	8.7379

（8）根据表 4-4 的计算结果，以 h_1 为横坐标，以 H' 为纵坐标，将表 4-4 中的 h_1 及相应的 H' 值点绘在米厘格子纸上，并将各点（各交点）连接成关系曲线 h_1—H'，如图 4-4 所示。

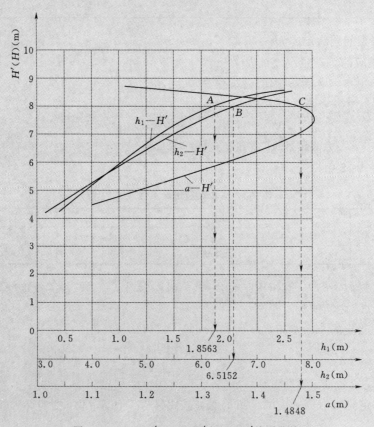

图 4-4　h_1—H'、h_2—H' 和 a—H' 关系曲线

同样，可根据表 4-4 的计算结果，以 h_2 为横坐标，以 H' 为纵坐标，绘制关系曲线 h_2—H'，以及以 a 为横坐标，以 H' 为纵坐标，绘制关系曲线 a—H'。

关系曲线 h_1—H'、h_2—H' 和 a—H' 可绘制在一张图纸上，如图 4-4 所示。

（9）在本例的情况下，$h_2 + a = H = 8$m，即 $H' = H = 8$m，故在图 4-4 的纵坐标 H'

上，$H'=8$m 的点上作水平线，分别与关系曲线 $h_1—H'$ 相交于点 A，与关系曲线 $h_2—H'$ 相交于点 B，与关系曲线 $a—H'$ 相交于点 C。

从交点 A 向下作竖直线与水平坐标 h_1 相交，该交点的读数为 1.8563m；从交点 B 向下作竖直线与水平坐标 h_2 相交，该交点的读数为 6.5152m；从交点 C 向下作竖直线与水平坐标 a 相交，该交点的读数为 1.4848m。

因此求得在本例的情况下，浸润线与下游堤坡交点处的纵坐标为

$$h_1 = 1.8563\text{m}$$

浸润线在 oy 轴上的纵坐标为

$$h_2 = 6.5152\text{m}$$

浸润线与上游堤坡交点和与 oy 轴交点之间的竖直距离为：

$$a = 1.4848\text{m}$$

在根据图 4-4 中关系曲线 $h_1—H'$ 求得 $h_1=1.8563$m 以后，也可以直接根据式（4-10）计算 h_2 值和根据式（4-11）计算 a 值。

（10）根据 $h_1=1.8563$m，按式（4-9）计算 S 值，即

$$S = 7 + 2.5(10 - 1.8563) = 27.3593\text{m}$$

（11）根据式（4-5）中的第一式，或第二式，或第三式即可计算得通过每米长度堤身的渗流量 q。

已知 $K_D=0.25$m/d，$h_1=1.8563$m，$h_2=6.1552$m，$S=27.3593$m 按式（4-5）中的第（2）式计算渗流量 q，即

$$q = K_D \cdot \frac{h_2^2 - h_1^2}{2S} = 0.25 \times \frac{(6.1552)^2 - (1.8563)^2}{2 \times 27.3593}$$

$$= 0.1574\text{m}^3/\text{d}$$

即每天通过 1 米长度堤身的渗流量为 0.1574m³。

（12）根据式（4-6）计算堤身的浸润线。

已知 $K_D=0.25$m/d，$q=0.1574$m³/d，$h_2=6.1552$m，代入式（4-6），可得下列方程：

$$y^2 = (6.1552)^2 - \frac{2 \times 0.1574}{0.25}x$$

得

$$y^2 = 37.8865 - 1.2592x$$

或

$$y = \sqrt{37.8865 - 1.2592x} \qquad (4-13)$$

设定 $x=0$m，5m，10m，15m，20m，25m，27.3593m。

按式（4-13）计算堤身内的浸润线坐标 x、y 值。计算结果列于表 4-5 中。

表 4-5　　　　　　　　　　　　　　堤身内浸润线坐标值

x (m)	0	5	10	15	20	25	27.3593
y (m)	6.1552	5.6205	5.0294	4.3587	3.5641	2.5311	1.8563

（13）绘制堤身内的浸润线

根据表4-5中所计算得的堤身内浸润线坐标值绘制堤身内的浸润线，如图4-5所示。

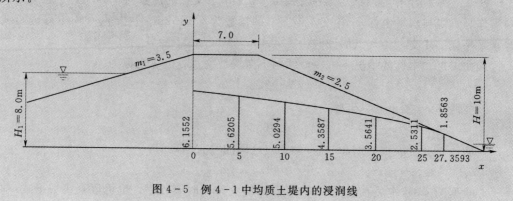

图4-5　例4-1中均质土堤内的浸润线

（二）心墙土堤

如果心墙的平均厚度为δ_R，渗透系数为k_R；堤身的渗透系数为k_D，则在进行渗透计算时可以将心墙土料折换成坝体土料来计算，也就是说将心墙变成平均厚度为L_R和渗透系数为k_D的均质土堤来计算（图4-6）。但此时浸润线通过心墙部分土体的水头损失在折换前后应该是保持不变的，即心墙上游面处的浸润线坐标为h_B，心墙下游面处的浸润线坐标为h_H[图4-6（b）]。

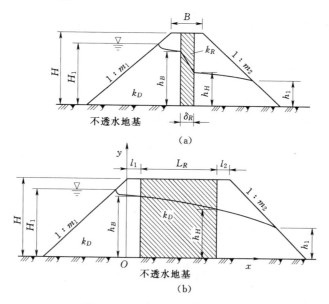

图4-6　心墙土堤的渗透计算图

因此在折换前通过心墙的渗透流量为

$$q = k_R \frac{h_B^2 - h_H^2}{2\delta_R}$$

折换后通过心墙的渗透流量为

$$q = k_D \frac{h_B^2 - h_H^2}{2L_R}$$

因为在折换前后通过心墙的渗透流量应该相等，即

$$k_R \frac{h_B^2 - h_H^2}{2\delta_R} = k_D \frac{h_B^2 - h_H^2}{2L_R}$$

简化以后可得心墙的折换厚度 L_R 为

$$L_R = \delta_R \frac{k_D}{k_R} \qquad (4-14)$$

根据式（4-14）将心墙厚度折换成 L_R 以后，就可以变成渗透系数为 k_D 的均质土堤，而按均质土堤的渗透计算公式来进行计算。

（三）斜墙土堤

不透水地基上的斜墙土堤（图4-7）可以分成4部分来计算，即斜墙部分、迎水侧楔形体、中间部分和背水侧楔形体。此时迎水侧楔形体与中间部分的分界线（也就是坐标轴 Oy 线）通过由上游水面与斜墙迎水面的交点 M 所作的法线与斜墙背水面的交点 N。对这4部分的渗流微分方程进行

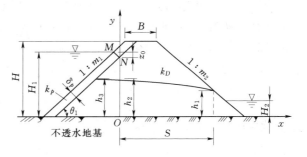

图4-7　斜墙土堤的渗透计算图

积分，则可得到4个计算公式，再加上堤身几何尺寸的计算公式，最后可得如下所示的5个计算式子：

$$
\left.
\begin{aligned}
(1)\quad & \frac{q}{k_D} = \frac{H_1^2 - h_3^2 - z_0^2}{2\delta_P n \sin\theta_1} \\[2mm]
(2)\quad & \frac{q}{k_D} = 2.3 \frac{h_3 - h_2}{m_1'} \lg \frac{H_1 - z_0}{H_1 - h_2 - z_0} \\[2mm]
(3)\quad & \frac{q}{k_D} = \frac{h_2^2 - h_1^2}{2S} \\[2mm]
(4)\quad & \frac{q}{k_D} = \frac{h_1 - H_2}{m_2}\left(1 + 2.3\lg\frac{h_1}{h_1 - H_2}\right) \\[2mm]
(5)\quad & S = m_1(H - H_1) + B + m_2(H - h_1) - \delta_P \sin\theta_1
\end{aligned}
\right\} \qquad (4-15)
$$

式中　δ_P——斜墙的平均厚度（m）；

$\quad\ \ h_3$——斜墙背水面处的浸润线高度（m）；

$\quad\ \ \theta_1$——斜墙背水面边坡与水平面的夹角（°）；

$m_1' = \cot\theta_1$——斜墙背水面的边坡坡率；

$\quad\ \ k_D$——堤身的渗透系数（m/s）；

$\quad\ \ z_0$——斜墙平均厚度在 Oy 轴上的投影高度 $z_0 = \delta_P \cos\theta_1$；

$\quad\ \ n$——渗透系数的比值，即 $n = k_D/k_P$；

$\quad\ \ k_P$——斜墙的渗透系数（m/s）；

其他符号与前面采用的相同。

联立解上述 5 个式子，即可解得 5 个未知值：q、h_1、h_2、h_3 和 S，从而求得单宽流量 q。此时堤身中间部分的浸润线可按下式计算：

$$\frac{q}{k_D} = \frac{h_2^2 - y^2}{2x}$$

或

$$y^2 = h_2^2 - \frac{2q}{k_D} x \qquad (4-16)$$

当背水面无水时，可令式（4-15）中的 $H_2 = 0$。

【例 4-2】 某斜墙土堤高度 $H=8$m，堤顶宽度 $B=10$m，迎水面边坡坡率 $m_1=3.0$，背水面边坡坡率 $m_2=2.5$，斜墙的平均厚度 $\delta_P=1$m，斜墙的内坡角 $\theta_1=18.4349° = 18°26'6''$，斜墙的渗透系数 $k_P=0.012$m/d，堤身的渗透系数 $k_D=1.22$m/d，堤身背水面未设排水体，地基为不透水黏土层，当迎水面水域的水深 $H_1=6.8$m，背水面的水深 $H_2=0.5$m 时，计算通过每米长度堤身的渗透流量 q，并计算堤身内的浸润线坐标值。

【解】 （1）令方程组（4-15）中的第（3）式和第（4）式的等号右部相等，得

$$\frac{h_2^2 - h_1^2}{2S} = \frac{h_1 - H_2}{m_2} \left(1 + 2.31\lg \frac{h_1}{h_1 - H_2} \right)$$

由此可得

$$h_2^2 = \frac{2S(h_1 - H_2)}{m_2} \left(1 + 2.31\lg \frac{h_1}{h_1 - H_2} \right) + h_1^2$$

即

$$h_2 = \sqrt{\frac{2S(h_1 - H_2)}{m_2} \left(1 + 2.31\lg \frac{h_1}{h_1 - H_2} \right) + h_1^2} \qquad (4-17)$$

（2）令方程组中的第（3）式和第（1）式的等号右部相等，得

$$\frac{h_2^2 - h_1^2}{2S} = \frac{H_1^2 - h_3^2 - z_0^2}{2\delta_P n \sin\theta_1}$$

由此可得

$$h_3^2 = (H_1^2 - z_0^2) - \frac{\delta_P n \sin\theta_1 (h_2^2 - h_1^2)}{S}$$

即

$$h_3 = \sqrt{(H_1^2 - z_0^2) - \frac{\delta_P n \sin\theta_1 (h_2^2 - h_1^2)}{S}} \qquad (4-18)$$

如令

$$F_1(h_1) = \sqrt{(H_1^2 - z_0^2) - \frac{\delta_P n \sin\theta_1 (h_2^2 - h_1^2)}{S}} \qquad (4-19)$$

则

$$h_3 = F_1(h_1) \qquad (4-20)$$

式中 $F_1(h_1)$ —— h_1 的函数。

（3）令方程组中第（3）式和第（2）式的右部相等，得

$$\frac{h_2^2 - h_1^2}{2S} = 2.3 \frac{h_3 - h_2}{m_1'} \lg \frac{H_1 - z_0}{H_1 - h_2 - z_0}$$

由此可得

$$h_3 = \frac{m_1'(h_2^2 - h_1^2)}{4.6S \cdot \lg \dfrac{H_1 - z_0}{H_1 - h_2 - z_0}} + h_2 \qquad (4-21)$$

如令

$$F_2(h_1)=\frac{m_1'(h_2^2-h_1^2)}{4.6S\cdot\lg\dfrac{H_1-z_0}{H_1-h_2-z_0}}+h_2 \tag{4-22}$$

则

$$h_3=F_2(h_1) \tag{4-23}$$

式中　$F_2(h_1)$——h_1 的函数。

(4) 计算比值 n：

$$n=\frac{k_D}{k_P}$$

将 $k_D=1.22\text{m/d}$ 和 $k_P=0.012\text{m/d}$ 代入上式，则得

$$n=\frac{1.22}{0.012}=101.6667$$

(5) 计算 z_0 值：

$$z_0=\delta_P\cos\theta_1$$

将 $\delta_P=1\text{m}$，$\theta_1=18.4349°$代入上式，得

$$z_0=1.0\times\cos18.4349°=0.9487\text{m}$$

(6) 将 $m_2=2.5$，$H_2=0.5\text{m}$，代入式（4-17）得

$$h_2=\sqrt{\frac{2S(h_1-0.5)}{2.5}\left(1+2.3\lg\frac{h_1}{h_1-0.5}\right)+h_1^2} \tag{4-24}$$

(7) 将 $H_1=6.8\text{m}$，$z_0=0.9487\text{m}$，$\delta_P=1.0\text{m}$，$n=101.6667$，$\theta_1=18.4349°$代入式
（4-19）得

$$F_1(h_1)=\sqrt{(6.8^2-0.9487^2)-\frac{1.0\times101.6667\times\sin18.4349°(h_2^2-h_1^2)}{S}}$$

$$=\sqrt{45.34-32.1498\times\frac{(h_2^2-h_1^2)}{S}} \tag{4-25}$$

(8) 将 $m_1'=m_1=3.0$，$H_1=6.8\text{m}$，$z_0=0.9487\text{m}$，代入式（4-22）得

$$F_2(h_1)=\frac{3(h_2^2-h_1^2)}{4.6S\cdot\lg\dfrac{6.8-0.9487}{6.8-h_2-0.9487}}+h_2$$

$$=\frac{3(h_2^2-h_1^2)}{4.6S\cdot\lg\dfrac{5.8513}{5.8513-h_2}}+h_2 \tag{4-26}$$

(9) 假定一系列 h_1 值。

假定 $h_1=0.7\text{m}$，1.0m，1.5m。

(10) 计算 S 值。

1) 将 $m_2=2.5$，$H_1=6.8\text{m}$，$B=10\text{m}$，$m_1=3.0$，$H=8.0\text{m}$，$\delta_P=1.0\text{m}$，$\theta_1=$
$18.4349°$，代入方程组（4-15）中的第（5）式，得

$$S=m_1(H-H_1)+B+m_2(H-h_1)-\delta_P\sin\theta_1$$

$$=3(8-6.8)+10+2.5(8-h_1)-1.0\times\sin18.4349°$$

$$=13.2828+2.5(8-h_1) \tag{4-27}$$

2）根据假定的 h_1 值，按式（4-27）计算相应的 S 值，计算结果列于表 4-6 中。

表 4-6 不同 h_1 值时的 S 值

h_1 (m)	0.6	0.7	1.0	1.5
S (m)	31.7828	31.6338	30.7828	29.5328

（11）计算 h_2 值。

根据假定的 h_1 值及其相应的 S 值，按式（4-24）计算 h_2 值，计算结果列于表 4-7 中。

表 4-7 不同 h_1 时的 h_2 值

h_1 (m)	0.6	0.7	1.0	1.5
S (m)	31.7828	31.6338	30.7828	29.5328
h_2 (m)	2.7301	3.4475	4.6732	5.9536

（12）计算函数 $F_1(h_1)$ 值。

根据假定的 h_1 值及其相应的 S 值，按式（4-25）计算相应的函数 $F_1(h_1)$ 值，计算结果列于表 4-8 中。

表 4-8 不同 h_1 时的 $F(h_1)$ 值

h_1 (m)	0.6	0.7	1.0	1.5
S (m)	31.7828	31.6338	30.7828	29.5328
h_2 (m)	2.7301	3.4475	4.6732	5.9536
$F_1(h_1)$ (m)	6.1778	5.8102	4.8555	3.0337

（13）计算函数 $F_2(h_1)$ 值。

根据假定的 h_1 值及其相应的 h_2 和 S 值，按式（4-26）计算相应的函数 $F_2(h_1)$ 值，计算结果列于表 4-9 中。

表 4-9 不同 h_1 时的 $F_2(h_1)$ 值

h_1 (m)	0.6	0.7	1.0	1.5
S (m)	31.7828	31.6338	30.7828	29.5328
h_2 (m)	2.7301	3.4475	4.6732	5.9536
$F_1(h_1)$ (m)	6.1778	5.8102	4.8555	3.0337
$F_2(h_1)$ (m)	3.0979	4.2455	5.4242	$\rightarrow \infty$

（14）绘制 h_1—$F_1(h_1)$ 关系曲线和 h_1—$F_2(h_1)$ 关系曲线。

选取一定的比例尺，以 h_1 为纵坐标，以 $F_1(h_1)$ 和 $F_2(h_1)$ 为横坐标，以表 4-9 中第 1 行和第 4 行、第 5 行的数据，绘制关系曲线 h_1—$F(h_1)$ 和 h_1—$F_2(h_1)$，如图 4-8 所示。

（15）绘制 h_1—h_2 关系曲线。

同样，在图 4-8 上，以 h_1 为纵坐标，并选取一定的比例尺，以 h_2 为横坐标，根据表 4-9 中第 1 行和第 3 行的数据绘制 h_1—h_2 关系曲线，如图 4-8 所示。

（16）求 h_1、h_2 和 h_3 值。

在图 4-8 上，关系曲线 h_1—$F_1(h_1)$ 和关系曲线 h_1—$F_2(h_1)$ 相关于 a 点。

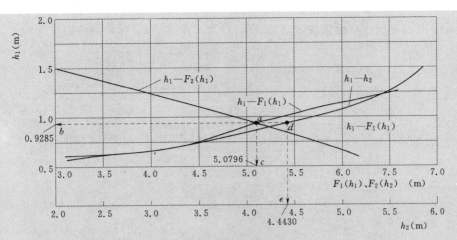

图 4-8　h_1—$F_1(h_1)$ 曲线、h_1—$F_2(h_1)$ 曲线和 h_1—h_2 曲线

1）求 h_1 值。在图 4-8 上，由 a 点作横坐标的平行线 ba，与纵坐标相交于 b 点，得 b 点的纵坐标值 $h_1 = 0.9285$m。

2）求 h_3 值。在图 4-8 上，由关系曲线 h_1—$F_1(h_1)$ 和关系曲线 h_1—$F_2(h_1)$ 的交点 a 向下作纵坐标的平行线 ac，与 $F_1(h_1)$ 和 $F_2(h_2)$ 的横坐标相交于 c 点，得 c 点的横坐标值 $F_1(h_1)$ $[F_2(h_1)] = 5.0796$m。

3）求 h_2 值。在图 4-8 上，从纵坐标上的 b 点（$h_1 = 0.9285$m）作横坐标的平行线 bd，与关系曲线 h_1—h_2 相交于 d 点，从交点 d 向下作纵坐标的平行线 de，与 h_2 的横坐标相交于 e 点，得 e 点的横坐标值 $h_2 = 4.4430$m。

因此求得

$$h_1 = 0.9285\text{m}$$

$$h_2 = 4.4430\text{m}$$

$$h_3 = 5.0796\text{m}$$

（17）计算通过每米长度土堤的渗流量 q。

1）计算 S 值。

将 $h_1 = 0.9285$m 代入式（4-27）得

$$S = 13.2828 + 2.5(8 - h_1) = 13.2828 - 2.5(8 - 0.9285)$$

$$= 30.9616\text{m}$$

2）计算渗流量 q。

将 $k_D = 1.22$m/d，$S = 30.9616$m，$h_2 = 4.4430$m，代入方程组（4-15）中的第 3 式，计算渗透流量 q，即

$$q = k_D \frac{h_2^2 - h_1^2}{2S}$$

$$= 1.22 \times \frac{(4.4430)^2 - (0.9285)^2}{2 \times 30.9616} = 0.3719\text{m}^3/\text{d}$$

（18）计算斜墙土堤堤身内的浸润线纵横坐标 x、y 值。

67

堤身内的浸润线坐标值按式（4-16）计算。由式（4-16）的浸润线方程

$$y^2 = h_2^2 - \frac{2q}{k_D}x$$

可得

$$y = \sqrt{h_2^2 - \frac{2q}{k_D}x} \qquad (4-28)$$

将 $k_D = 1.22 \text{m/d}$，$h_2 = 4.4430 \text{m}$，$q = 0.3719 \text{m}^3/\text{d}$，代入式（4-28）得

$$y = \sqrt{(4.4430)^2 - \frac{2 \times 0.3719}{1.22}x}$$

$$= \sqrt{19.7402 - 0.6097x} \qquad (4-29)$$

1）设定横坐标 x 值。

设定 $x = 0$，5m，10m，15m，20m，25m，30m，30.9616m

2）计算浸润线的纵坐标 y 值。

根据设定的浸润线横坐标 x 值，按式（4-29）计算相应的浸润线纵坐标 y 值，计算结果列于表4-10中。

表4-10　　　　　　　　例4-2中斜墙土堤堤身内的浸润线坐标 x、y 值

x(m)	0	5	10	15	20	25	30	30.9616
y(m)	4.4430	4.0855	3.6937	3.2550	2.7470	2.1208	1.2038	0.9285

（19）绘制斜墙土堤堤身内的浸润线。

1）选定一定的比例尺，绘制斜墙土堤，如图4-9所示。

2）以土堤地基面为横坐标 x 轴；由迎水面的水面线（$H_1 = 6.8 \text{m}$）与斜墙迎水面的交点作斜墙迎水面的法线，与斜墙的背水面相交（如图4-9中的 N 点），以通过该交点的竖直线为纵坐标 y 轴。

3）根据选定的比例尺，按表4-10中所列的 x、y 值绘制斜墙土堤内的浸润线，如图4-9所示。

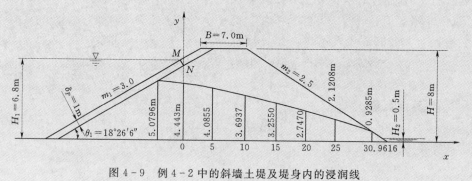

图4-9　例4-2中的斜墙土堤及堤身内的浸润线

（四）设有堤内排水的土堤

当土堤设有堤内排水（如管式排水、褥垫式排水等）时，如图4-10和图4-11所示。堤的背水面一般都无水（$H_2 = 0$），同时在这种堤内浸润线直接进入排水体，而不从

背水面堤坡逸出，因此 $h_1=0$。

所以在对设有堤内排水的土堤进行渗透计算时，仍可使用不透水地基上无排水土堤的计算公式，只须令这些公式中的 $H_2=h_1=0$。此外，在这种土堤内从 oy 轴到排水体（排水管）中心的距离 S_d 也是已知值。

1. 有堤内排水的均质土堤（图 4 - 8）

此时，单宽渗透流量 q 可由方程组（4 - 30）联立求解：

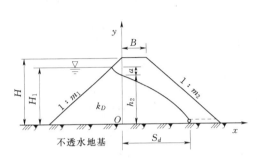

图 4 - 10　有堤内排水的均质土堤　　　　图 4 - 11　有堤内排水的斜墙土堤

$$(1)\quad \frac{q}{k_D}=2.3\frac{q}{m_1}\lg\frac{H}{H-h_2} \left.\begin{matrix}\\\\\\\\\end{matrix}\right\} \tag{4-30}$$

$$(2)\quad \frac{q}{k_D}=\frac{h_2^2}{2S_d}$$

堤内浸润线可按下式计算：

$$y^2=h_2^2-\frac{2q}{k_D}x \tag{4-31}$$

2. 有堤内排水的斜墙土堤（图 4 - 9）。

单宽渗透流量 q 可由方程式（4 - 32）联立求解：

$$(1)\quad \frac{q}{k_P}=\frac{H_1^2-h_3^2-z_0^2}{2\delta_P\sin\theta_1}$$

$$(2)\quad \frac{q}{k_D}=2.3\frac{h_3-h_2}{m_1^1}\lg\frac{H_1-z_0}{H_1-h_2-z_0} \left.\begin{matrix}\\\\\\\\\\\\\\\\\end{matrix}\right\} \tag{4-32}$$

$$(3)\quad \frac{q}{k_D}=\frac{h_2^2}{2S_d}$$

$$(4)\quad z_0=\delta_P\cos\theta_1$$

堤内浸润线按下式计算：

$$y^2=h_2^2-\frac{2q}{k_D}x \tag{4-33}$$

【例 4 - 3】　某均质土堤高 $H=8\text{m}$，堤顶宽 $B=7\text{m}$，迎水面的边坡坡率 $m_1=3.5$，背水面的边坡坡度 $m_2=2.5$，堤内设有排水管，从排水管中心到迎水面堤肩（oy 轴）处的水平距离为 $S_d=18\text{m}$，堤身的渗透系数 $k_D=0.21\text{m/d}$，当堤前水域水深 $H_1=6.8\text{m}$，堤后无水（水深 $H_2=0$）时，计算通过每米长度堤身的渗流量 q 和堤身内的浸润线坐标。

【解】 （1）令式（4-30）中的第（1）式和第（2）式相等，则得

$$\frac{h_2^2}{2S_d}=2.3\frac{a}{m_1}\lg\frac{H}{H-h_2}$$

由于 $a=H_1-h_2$，故上式可写成

$$\frac{h_2^2}{2S_d}=2.3\frac{H_1-h_2}{m_1}\lg\frac{H}{H-h_2}$$

由此可得

$$h_2^2=4.6\frac{S_d(H_1-h_2)}{m_1}\lg\frac{H}{H-h_2}$$

或

$$h_2=\sqrt{4.6\frac{S_d(H_1-h_2)}{m_1}\lg\frac{H}{H-h_2}} \qquad (4-34)$$

（2）将 $S_d=18\text{m}$，$H_1=6.8\text{m}$，$H=8$，$m_1=3.5$ 代入式（4-34），则得

$$h_2=\sqrt{4.6\times\frac{18(6.8-h_2)}{3.5}\lg\frac{8}{8-h_2}}$$

$$=\sqrt{23.6571\times(6.8-h_2)\lg\frac{8}{8-h_2}} \qquad (4-35)$$

假定 $h_2=6.0\text{m}$，5.5m，5.0m，4.5m，4.0m，代入式（4-35），计算相应的 h_2 值，并令按公式计算得的 h_2 值为 h_2'，计算结果列于表 4-11 中。

表 4-11　　　　　　根据假定的 h_2 按式（4-35）计算得的 h_2' 值

假定的 h_2(m)	6.0	5.5	5.0	4.5	4.0
计算得的 h_2'(m)	3.3756	3.9415	4.2590	4.4198	4.4654

（3）根据表 4-11 的计算结果，以 h_2 为横坐标，以 h_2' 为纵坐标，可绘制如图 4-12 所示的 h_2—h_2' 关系曲线，在该图上作 45°倾斜的直线 ab 与关系曲线 h_2—h_2' 相交于 A 点，由 A 点向下作竖直线与水平坐标相交于 B 点，则 B 点的横坐标值即为所要求的 h_2 值，由图中 B 点的坐标值可知：

$$h_2=4.4321\text{m}$$

（4）根据式（4-30）中的第（2）式计算通过每米堤身的渗流量 q，即

$$q=k_D\frac{h_2^2}{2S_d}$$

将 $k_D=0.21\text{m/d}$，$h_2=4.4321\text{m}$，$S_d=18\text{m}$ 代入上式，得渗流量为

$$q=0.21\times\frac{(4.4321)^2}{2\times18}=0.1146\text{m}^3/\text{d}$$

（5）计算堤身内的浸润线坐标值。

根据式（4-31）可知，堤身内的浸润线方程式为

$$y_2=h_2^2-\frac{2q}{k_D}x$$

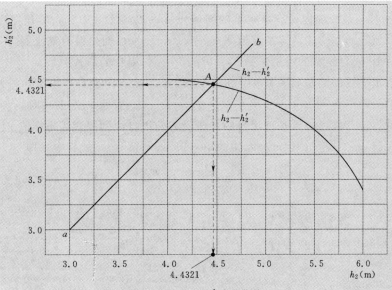

图 4-12　h_2—h_2' 关系曲线

或

$$y = \sqrt{h_2^2 - \frac{2q}{k_D}x}$$

将 $h_2 = 4.4321\text{m}$，$k_D = 0.21\text{m/d}$ 和 $q = 0.1146\text{m}^3/\text{d}$ 代入式（4-31），可得

$$y = \sqrt{19.6435 - 1.0914x} \qquad (4-36)$$

设定 $x = 0\text{m}$，5m，10m，15m，18m，按式（4-36）计算堤身内的浸润线纵坐标 y 值，计算结果列于表 4-12 中。

表 4-12　　　　　　　　　　例 4-3 所述均质土堤中的浸润线坐标值

x(m)	0	5	10	15	18
y(m)	4.4321	3.7665	2.9546	1.8090	0

（6）按一定的比例尺绘制堤身内的浸润线。

将纵坐标设在通过迎水面堤肩处，横坐标设在堤的地基平面上，然后根据表 4-12 中的纵横坐标值绘制堤身内的浸润线，如图 4-13 所示。

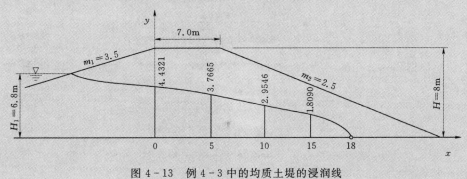

图 4-13　例 4-3 中的均质土堤的浸润线

【例4-4】 某一堤内设有排水管的斜墙土堤，堤高 $H=10\text{m}$，堤顶宽度 $B=10\text{m}$，迎水面边坡坡率 $m_1=3.0$，背水坡坡率 $m_2=2.5$，迎水坡面处设有黏土斜墙，斜墙的平均厚度 $\delta_P=1.0\text{m}$，斜墙的渗透系数 $k_P=0.015\text{m/d}$，堤身的渗透系数 $k_D=1.35\text{m/d}$，斜墙背水面与水平线的夹角 $\theta_1=18.4349°=18°26'6''$，堤身内设有排水管，排水管的中心距纵坐标轴的距离 $S_d=25\text{m}$。当堤前水深 $H_1=8.5\text{m}$，背水坡无水（即 $H_2=0$），地基为不透水时，计算通过每米长度堤身的渗流量 q 及堤身内的浸润线坐标值 x、y。

【解】（1）令方程组（4-32）中的第（1）式与第（3）式相等，即

$$\frac{H_1^2-h_3^2-z_0^2}{2n\delta_P\sin\theta_1}=\frac{h_2^2}{2S_d}$$

由此可得

$$h_3^2=(H_1^2-z_0^2)-\frac{n\delta_P\sin\theta_1}{S_d}h_2^2$$

或

$$h_3=\sqrt{(H_1^2-z_0^2)-\frac{n\delta_P\sin\theta_1}{S_d}h_2^2} \tag{4-37}$$

式（4-37）也可写成下列形式：

$$h_3=f_1(h_2) \tag{4-38}$$

其中

$$f_1(h_2)=\sqrt{(H_1^2-z_0^2)-\frac{n\delta_P\sin\theta_1}{S_d}h_2^2} \tag{4-39}$$

（2）令方程组（4-32）中的第（2）式与第（3）式相等，即

$$2.3\frac{h_3-h_2}{m_1'}\lg\frac{H_1-z_0}{H_1-h_2-z_0}=\frac{h_2^2}{2S_d}$$

由此可得

$$h_3=\frac{m_1'h_2^2}{4.6S_d\lg\dfrac{H_1-z_0}{H_1-h_2-z_0}}+h_2 \tag{4-40}$$

式（4-40）也可以写成下列形式：

$$h_3=f_2(h_2) \tag{4-41}$$

其中

$$f_2(h_2)=\frac{m_1'h_2^2}{4.6S_d\lg\dfrac{H_1-z_0}{H_1-h_2-z_0}}+h_2 \tag{4-42}$$

（3）根据 $\delta_P=2.5\text{m}$，$\theta_1=18.4349°$，按方程组（4-32）中的第（4）式计算 z_0 及 n 值，即

$$z_0=\delta_P\cos\theta_1=1.0\times\cos18.4349°=0.9487\text{m}$$

$$n=k_D/k_P=1.35/0.015=90$$

（4）将 $H_1=8.5\text{m}$，$z_0=2.3717\text{m}$，$\delta_P=2.5\text{m}$，$\theta_1=18.4349°$，$S_d=25\text{m}$ 代入式（4-39），得

$$f_1(h_2) = \sqrt{(H_1^2 - z_0^2) - \frac{n\delta_P \sin\theta_1}{S_d} h_2^2}$$

$$= \sqrt{(8.5^2 - 0.9487^2) - 90 \times \frac{1.0 \times \sin 18.4349°}{25} h_2^2}$$

$$= \sqrt{71.35 - 1.1384 h_2^2} \tag{4-43}$$

（5）将 $m_1' = 3.0$，$S_d = 25\text{m}$，$H_1 = 8.5\text{m}$，$z_0 = 0.9487\text{m}$，代入式（4-42），得

$$f_2(h_2) = \frac{m_1' h_2^2}{4.6 S_d \lg \dfrac{H_1 - z_0}{H_1 - h_2 - z_0}} + h_2$$

$$= \frac{3.0 \times h_2^2}{4.6 \times 25 \times \lg \dfrac{8.5 - 0.9487}{8.5 - h_2 - 0.9487}} + h_2$$

$$= \frac{h_2^2}{38.3333 \times \lg \dfrac{7.5513}{7.5513 - h_2}} + h_2 \tag{4-44}$$

（6）假定一系列 h_2 值。根据本例的具体情况，分别假定：

$$h_2 = 7.0\text{m}, 6.0\text{m}, 5.0\text{m}, 4.0\text{m}, 3.0\text{m}$$

（7）根据假定的 h_2 值，分别按式（4-43）计算相应的 $f_1(h_2)$ 值，计算结果列于表 4-13 中。

表 4-13　　　　　　　　　　　不同 h_2 值情况下的函数 $f_1(h_2)$ 值

h_2(m)	7.0	6.0	5.0	4.0	3.0
$f_1(h_2)$ (m)	3.9011	5.5107	6.5490	7.2894	7.8164

（8）根据假定的 h_2 值，分别按式（4-44）计算相应的 $f_2(h_2)$ 值，计算结果列于表 4-14 中。

表 4-14　　　　　　　　　　　不同 h_2 值情况下的函数 $f_2(h_2)$ 值

h_2(m)	7.0	6.0	5.0	4.0	3.0
$f_2(h_2)$ (m)	8.1246	7.3664	6.3839	5.2740	4.0677

（9）绘制关系曲线 $h_2 - f_1(h_2)$ 和 $h_2 - f_2(h_2)$。

选取一定的比例尺，以 h_2 为纵坐标，分别以 $f_1(h_2)$ 和 $f_2(h_2)$ 为横坐标，然后根据表 4-13 中的计算结果，按不同的 h_2 值和相应的 $f_1(h_2)$ 值绘制关系曲线 $h_2 - f_1(h_2)$；同时再根据表 4-13 中的计算结果，按不同的 h_2 值和相应的 $f_2(h_2)$ 值绘制关系曲线 $h_2 - f_2(h_2)$，如图 4-14 所示。

曲线 $h_2 - f_1(h_2)$ 和曲线 $h_2 - f_2(h_2)$ 相交于 a 点（见图 4-14），由交点 a 作横坐标的平行线 ba，与纵坐标相交于 b 点，b 点的纵坐标值 $h_2 = 5.0851\text{m}$；由交点 a 作纵坐标的平行线 ac；与横坐标相交于 c 点，c 点的横坐标值为 6.4738，也就是

$$h_3 = f_1(h_2) = f_2(h_2) = 6.4738\text{m}$$

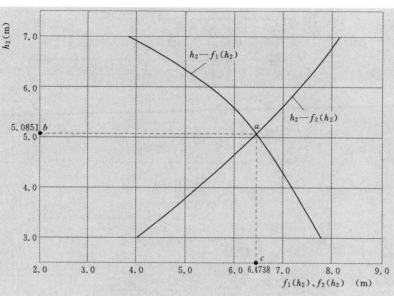

图 4-14　$h_2-f_1(h_2)$ 和 $h_2-f_2(h_2)$ 关系曲线

（10）将 $k_D=1.35\text{m/d}$，$m'_1=3.0$，$H_1=8.5\text{m}$，$z_0=0.9487\text{m}$，$h_2=5.0851\text{m}$，$h_3=6.4738\text{m}$ 代入式（4-32）中的第（2）式，计算通过每米长堤身的渗透流量 q，即

$$q=2.3k_D\frac{h_3-h_2}{m'_1}\lg\frac{H_1-z_0}{H_1-h_2-z_0}$$

$$=2.3\times1.35\times\frac{6.4738-5.0851}{3.0}\times\lg\frac{8.5-0.9487}{8.5-5.0851-0.9487}$$

$$=0.6985\text{m}^3/\text{d}$$

即每日通过每米长度堤身的渗透流量为 $q=0.6985\text{m}^3$。

（11）计算堤身内的浸润线坐标值。

将 $h_2=5.0851\text{m}$，$q=0.6985\text{m}^3/\text{d}$，$k_D=1.35\text{m/d}$ 代入式（4-33）得堤身内的浸润线方程为

$$y^2=(5.0851)^2-\frac{2\times0.6851}{1.35}x$$

即

$$y^2=25.8582-1.015x \qquad\qquad (4-45)$$

设定 $x=0$，5m，10m，15m，20m，25m，根据式（4-45）计算堤身内浸润线的纵坐标，计算结果列于表 4-15 中。

表 4-15　　　　　　　　例 4-3 中土堤堤身内浸润线坐标值

x(m)	0	5	10	15	20	25
y(m)	5.0851	4.5589	3.9634	3.2609	2.3576	0

（12）根据表 4-15 中计算得的浸润线坐标值，绘制堤身内的浸润线，如图 4-15 所示。

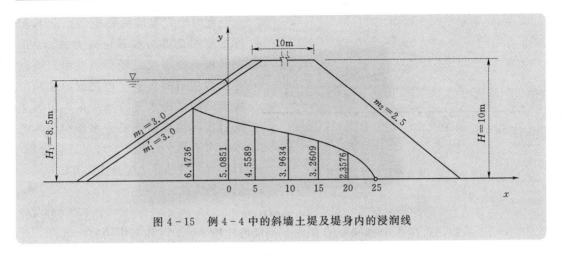

图 4-15　例 4-4 中的斜墙土堤及堤身内的浸润线

二、透水地基上的土堤

透水地基上均质土堤（图 4-16）的渗透计算，一般是将堤身和地基分开单独进行计算，也就是作如下两个假定：

（1）认为土堤是位于不透水地基上的，并据此计算堤身的单宽渗透流量 q_1 和浸润线位置。

（2）认为土堤是不透水的，并据此计算通过透水地基的单宽渗透流量 q_2。

因此通过堤身和地基的总的单宽渗透流量等于上述两部分渗透流量之和，即

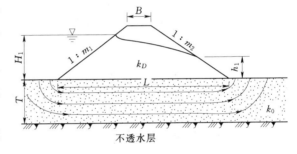

图 4-16　透水地基上均质土堤的渗透计算图

$$q = q_1 + q_2 \tag{4-46}$$

通过堤身的渗透流量 q_1 可按前面所述的式（4-5）计算，通过地基的渗透流量 q_2 为

$$q_2 = k_0 T \frac{H_1 - h_1}{L + 2 \times 0.441 T} \tag{4-47}$$

式中　k_0——地基的渗透系数（m/s）；

　　　T——透水地基的深度（m）；

　　　L——沿地基面的堤底面宽度（m）；

0.441——流线长度修正数，用以考虑地基内流线因弯曲而产生的增长作用。

第三节　渗透计算的竖直坡面法

为了简化渗透计算，常常用竖直的堤坡面来代替实际的倾斜的堤坡面，如图 4-17 所示。

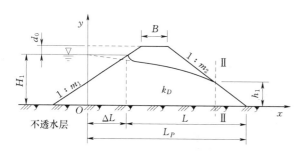

图 4-17 竖直面法的渗透计算图

此时竖直堤坡面距上游水面与实际堤坡的交点的水平距离为 ΔL，ΔL 的长度应使得流经竖直堤坡面到通过迎水面堤肩的竖直平面之间的这一段距离内的渗透水流的水头损失，等于通过实际堤坡面流经迎水侧楔形体的渗透水流的水头损失。通过试验分析，目前有两种估算 ΔL 的计算方法：

第一种方法：

$$\Delta L = \varepsilon H_1 \tag{4-48}$$

式中　ε——系数，约在 $0.3 \sim 0.4$ 的范围内，当堤坡比较平缓时采用其中的较大值；

　　　H_1——迎水面的堤前水深（m）。

第二种方法：

$$\Delta L = \beta H_1 \tag{4-49}$$

其中

$$\beta = \frac{m_1}{2m_1 + 1} \tag{4-50}$$

式中　β——系数，决定于迎水面堤坡坡率 m_1；

　　　m_1——迎水面堤坡坡率。

在一般情况下，按第二种计算方法所得的长度 ΔL 较按第一种计算方法所得的要小一些，因而按第二种方法计算得的浸润线位置也略高，单宽渗透流量也稍大。

一、不透水地基上的土堤

（一）无排水设备的均质土堤

根据图 4-9 所示渗流情况，通过 I—I 断面（竖直堤坡面，即 Oy 坐标轴所在断面）和 II—II 断面的渗透流量为

$$\frac{q}{k_D} = \frac{H_1^2 - h_1^2}{2(L_P - m_2 h_1)} \tag{4-51}$$

式中

$$L_P = L + \Delta L \tag{4-52}$$

其中　L——从堤身迎水面的水面与实际堤坡面的交点到背水面堤坡脚的水平距离。

通过背水侧楔形体的渗透流量，仍可用方程式（4-5）中的第（3）式计算：

$$\frac{q}{k_D} = \frac{h_1 - H_2}{m_2}\left(1 + 2.31\lg\frac{h_1}{h_1 - H_2}\right)。 \tag{4-53}$$

当背水面无水时（$H_2 = 0$），上式可简化为

$$\frac{q}{k_D} = \frac{h_1}{m_2} \tag{4-54}$$

将式（4-51）和式（4-54）联立求解，则得 h_1 值为

$$h_1 = \frac{L_P}{m_2} - \sqrt{\left(\frac{L_P}{m_2}\right)^2 - H_1^2} \tag{4-55}$$

因此，对于不透水地基上无排水的均质土堤，通过单宽堤身的渗透流量的计算公式可归结如下：

下游有水时：

$$\left.\begin{array}{l} \dfrac{q}{k_D} = \dfrac{H_1^2 - h_1^2}{2(L_P - m_2 h_1)} \\[3mm] \dfrac{q}{k_D} = \dfrac{h_1 - H_2}{m_2}\left(1 + 2.3\lg\dfrac{h_1}{h_1 - H_2}\right) \end{array}\right\} \tag{4-56}$$

下游无水时：

$$\left.\begin{array}{l} \dfrac{q}{k_D} = \dfrac{H_1^2 - h_1^2}{2(L_P - m_2 h_1)} \\[3mm] h_1 = \dfrac{L_P}{m_2} - \sqrt{\left(\dfrac{L_P}{m_2}\right)^2 - H_1^2} \end{array}\right\} \tag{4-57}$$

堤身内的浸润线坐标则按下式计算：

$$y^2 = H_1^2 - \frac{2q}{k_D}x \tag{4-58}$$

此时浸润线的纵坐标取在竖直堤坡面上，横坐标取在地基平面上。因为式（4-58）是根据虚拟的垂直堤坡面推导得到的。所以在迎水面楔形体范围内开始的一段浸润线，可从迎水面水面与实际堤坡的交点到计算得的浸润线，直接用光滑曲线连接。

【例 4-5】 某土堤高 $H=8\text{m}$，堤顶宽 $B=8\text{m}$，堤前水深 $H_1=6.5\text{m}$，堤后水深 $H_2=0.5\text{m}$，土堤为均质土堤，无排水设备，迎水面边坡坡率 $m_1=3.5$，背水面边坡坡率 $m_2=2.5$，地基为不透水层，计算该土堤的渗流量和浸润线坐标（堤身的渗透系数 $k_D=0.25\text{m/d}$）。

【解】 （1）计算 ΔL 和 L_P 值。

根据式（4-49），ΔL 为

$$\Delta L = \beta H_1$$

式中 β 按式（4-50）计算，即

$$\beta = \frac{m_1}{2m_1 + 1} = \frac{3.5}{2 \times 3.5 + 1} = 0.4375$$

故

$$\Delta L = \beta H_1 = 0.4375 \times 6.5 = 2.8438\text{m}$$

根据图 4-9 可知：

$$\begin{aligned} L_P &= \Delta L + m_1(H - H_1) + B + m_2 H \\ &= 2.8438 + 3.5 \times (8.0 - 6.5) + 8.0 + 2.5 \times 8.0 \\ &= 2.8438 + 5.25 + 8.0 + 20.0 = 36.0938\text{m} \end{aligned}$$

（2）计算 h_1 值。

令式（4-56）中的第（1）式与第（2）式相等，得

$$\frac{H_1^2-h_1^2}{2(L_P-m_2h_1)}=\frac{h_1-H_2}{m_2}\left(1+2.3\lg\frac{h_1}{h_1-H_2}\right)$$

或

$$\frac{H_1^2-h_1^2}{2(L_P-m_2h_1)}=\frac{h_1-H_2}{m_2}\left(1+\ln\frac{h_1}{h_1-H_2}\right)$$

将 $H_1=6.5\text{m}$，$L_P=36.0938\text{m}$，$m_1=3.5$，$m_2=2.5$，$H_2=0.5\text{m}$ 代入上式，则得

$$\frac{6.5^2-h_1^2}{2\times(36.0938-2.5h_1)}=\frac{h_1-0.5}{2.5}\left(1+\ln\frac{h_1}{h_1-0.5}\right)$$

或

$$\frac{42.25-h_1^2}{72.1876-5h_1}=(0.4h_1-0.2)\left(1+\ln\frac{h_1}{h_1-0.5}\right)$$

根据上式用试算法解得 $h_1=1.6324\text{m}$。

（3）根据式（4-56）中的第（1）式计算渗透流量。

$$q=k_D\frac{H_1^2-h_1^2}{2(L_P-m_2h_1)}$$

将 $k_D=0.25\text{m/d}$，$H_1=6.5\text{m}$，$h_1=1.6324\text{m}$，$L_P=36.0938\text{m}$，$m_2=2.5$ 代入上式，得

$$q=0.25\times\frac{6.5^2-(1.6324)^2}{2\times(36.0938-2.5\times1.6324)}=0.1546\text{m}^3/\text{d}$$

（4）根据式（4-58）计算堤身内的浸润线坐标值。

$$y^2=H_1^2-\frac{2q}{k_D}x$$

将 $H_1=6.5\text{m}$，$k_D=0.25\text{m/d}$，$q=0.1546\text{m}^3/\text{d}$ 代入上式得

$$y^2=6.5^2-\frac{2\times0.1546}{0.25}x=42.25-1.2368x$$

设定相应的水平坐标 x 值，即可根据上式计算得对应的浸润线纵坐标值 y，计算结果列于表 4-16 中。

表 4-16　　　　例 4-5 所述均质土堤堤身内浸润线坐标值

x(m)	0	5.0	10.0	15.0	20.0	25.0	30.0	32.0128
y(m)	6.50	6.0055	5.4664	4.8681	4.1850	3.3660	2.2685	1.6324

【例 4-6】　如例 4-5 所述的均质土堤，当堤后水深 $H_2=0$ 时，计算土堤的渗流量及堤身内浸润线的坐标。

【解】　（1）计算 ΔL 和 L_P 值。

根据式（4-50）计算 β 值，即

$$\beta=\frac{m_1}{2m_1+1}=\frac{2.5}{2\times3.5+1}=0.4375$$

根据式（4-49）计算 ΔL 值，即

$$\Delta L=\beta H_1=0.4375\times6.5=2.8438\text{m}$$

根据图 4-9 计算 L_P 值：

$$L_P = \Delta L + m_1(H - H_1) + B + m_2 H$$
$$= 2.8438 + 3.5 \times (8 - 6.5) + 8.0 + 2.5 \times 8.0$$
$$= 2.8438 + 5.25 + 8.0 + 20.0 = 36.0938\text{m}$$

（2）根据式（4-55）计算 h_1 值。

$$h_1 = \frac{L_P}{m_2} - \sqrt{\left(\frac{L_P}{m_2}\right)^2 - H_1^2}$$

$$= \frac{36.0938}{2.5} - \sqrt{\left(\frac{36.0938}{2.5}\right)^2 - 6.5^2} = 1.3990\text{m}$$

（3）根据式（4-30）计算通过堤身的渗透流量 q。

$$q = k_D \frac{H^2 - h_1^2}{2(L_p - m_2 h_1)} = 0.25 \times \frac{0.5^2 - 1.3990^2}{2(36.0938 - 2.5 \times 1.3990)} = 0.1545\text{m}^3/\text{d}$$

（4）根据式（4-58）计算堤身内浸润线的纵坐标值。

$$y^2 = H_1^2 - \frac{2q}{k_D}x$$

将 $H_1 = 6.5\text{m}$，$q = 0.1545\text{m}^3/\text{d}$，$k_D = 0.25\text{m/d}$ 代入上式，得

$$y^2 = 6.5^2 - \frac{2 \times 0.1545}{0.25}x = 42.25 - 1.236x$$

设定相应的水平坐标 x 值，即可根据上式计算得对应的浸润线纵坐标值 y，计算结果列于表 4-17 中。

表 4-17　　　　例 4-6 所述均质土堤堤身内浸润线坐标值

x(m)	0.0	5.0	10.0	15.0	20.0	25.0	30.0	32.0128
y(m)	6.50	6.0058	5.4672	4.8693	4.1869	3.3690	2.2737	1.3990

（二）无排水设备的心墙土堤

这种堤的渗透计算方法是将心墙土料换算成堤身土料，然后按均质土堤来进行计算。换算的方法是根据堤体土料和心墙土料渗透系数比值的大小，将心墙的平均厚度 δ_m 折换成堤身土料的厚度 L_R（见图 4-18）。折换后的堤身土料的厚度 L_R 按下式计算：

$$L_R = \frac{\delta_1 + \delta_2}{2} \cdot \frac{k_D}{k_R} \qquad (4-59)$$

式中　L_R——心墙的折算厚度（m）；

　　　δ_1——梯形断面的心墙的顶部厚度（m）；

　　　δ_2——梯形断面的心墙的底部厚度（m）；

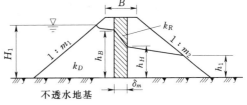

（a）实际断面

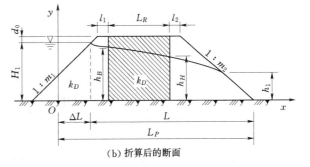

（b）折算后的断面

图 4-18　心墙土堤的渗透计算图

79

k_R——心墙土料的渗透系数（m/s）；

k_D——堤体土料的渗透系数（m/s）。

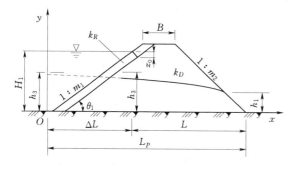

图 4-19 斜墙土堤的渗透计算图

此时浸润线仅绘制堤身部分，也就是只画到心墙的迎水面和背水面边坡处，心墙部分的浸润线可直接连成一条直线。

（三）无排水设备的斜墙土堤

这种堤的渗透计算是将堤前水头 H_1 扣除渗流通过斜墙的水头损失（剩余水头为 h_3），然后按照堤前水头为 h_3 的均质土堤来计算（图 4-19）。

因此，当堤的背水面有水时（水深为 H_2），渗透流量按下列方程计算：

$$
\left.
\begin{aligned}
&(1) \quad \frac{q}{k_D} = \frac{H_1^2 - h_3^2 - z_0^2}{2\delta_P n \sin\theta_1} \\
&(2) \quad \frac{q}{k_D} = \frac{h_3^2 - h_1^2}{2(L_P - m_2 h_1)} \\
&(3) \quad \frac{q}{k_D} = \frac{h_1 - H_2}{m_2}\left(1 + 2.3\lg\frac{h_1}{h_1 - H_2}\right) \\
&(4) \quad L_P = (m_1 + m_2)H + B - \frac{\delta_P}{\sin\theta_1} - m_1 H_1 + \Delta L
\end{aligned}
\right\}
\quad (4-60)
$$

其中
$$z_0 = \delta_P \cos\theta_1 , \quad n = k_D/k_P$$

当堤背水面无水时（$H_2 = 0$），则按下列方程计算：

$$
\left.
\begin{aligned}
&(1) \quad \frac{q}{k_D} = \frac{H_1^2 - h_3^2 - z_0^2}{2\delta_P n \sin\theta_1} \\
&(2) \quad \frac{q}{k_D} = \frac{h_1}{m_2} \\
&(3) \quad \frac{q}{k_D} = \frac{h_3^2 - h_1^2}{2(L_P - m_2 h_1)} \\
&(4) \quad h_1 = \frac{L_P}{m_2} - \sqrt{\left(\frac{L_P}{m_2}\right)^2 - h_3^2} \\
&(5) \quad L_P = (m_1 + m_2)H + B - \frac{\delta_P}{\sin\theta_1} - m_1 H_1 + \Delta L
\end{aligned}
\right\}
\quad (4-61)
$$

其中
$$z_0 = \delta_P \cos\theta_1 , \quad n = k_D/k_P$$

在单宽渗透流量 q 求得之后，浸润线可按下列公式计算：

$$y^2 = h_3^2 - \frac{2q}{k_D}x \quad (4-62)$$

浸润线坐标轴的原点设在折换的竖直堤坡面与地基平面的交点处。同时在堤身迎水侧楔形体范围内的一段浸润线，可直接用手连成光滑的曲线。

【例 4-7】 有一斜墙土堤高 $H=10\text{m}$，位于不透水地基上，堤前水深 $H_1=8.5\text{m}$，堤后水深 $H_2=0.5\text{m}$，斜墙平均厚度 $\delta_P=1.5\text{m}$，渗透系数 $k_P=0.02\text{m/d}$，堤顶宽度 $B=8.0\text{m}$，堤身迎水面边坡坡角 $\theta_1=18°26'$（边坡坡率为 $m_1=3$），背水面边坡坡率 $m_2=2.5$，堤身的渗透系数 $k_D=2.5\text{m/d}$，要求计算通过斜墙土堤的渗透流量 q 和堤身内的浸润线坐标值。

【解】（1）根据式（4-50）计算 ΔL 值，即

$$\Delta L = \frac{m_1 H_1}{2m_1+1} = \frac{3.0 \times 8.5}{2 \times 3.0+1} = 3.6231\text{m}$$

（2）根据式（4-60）中的第（4）式计算 L_P，z_0 及 n 值

$$L_P = (m_1+m_2)H + B - \frac{\delta_P}{\sin\theta_1} - m_1 H_1 + \Delta L$$

$$= (3.0+2.5) \times 10 + 8.0 - \frac{1.5}{\sin 18°26'} - 3.0 \times 8.5 + 3.6231$$

$$= 36.3793\text{m}$$

$$z_0 = \delta_P \cos\theta_1 = 1.5 \times \cos 18°26' = 1.4230\text{m}$$

$$n = \frac{k_D}{k_P} = \frac{2.5}{0.02} = 125$$

（3）令式（4-60）中的第（1）式和第（2）式相等，得

$$\frac{H_1^2 - h_3^2 - z_0^2}{2\delta_P n \sin\theta_1} = \frac{h_3^2 - h_1^2}{2(L_P - m_2 h_1)}$$

上式经整理后可得

$$h_3^2 = \frac{1}{1 + \dfrac{\delta_P n \sin\theta_1}{L_P - m_2 h_1}} \left(H_1^2 + \frac{\delta_P n \sin\theta_1}{L_P - m_2 h_1} h_1^2 - z_0^2 \right) \tag{4-63}$$

令式（4-60）中的第（2）式与第（3）式相等，得

$$\frac{h_3^2 - h_1^2}{2(L_P - m_2 h_1)} = \frac{h_1 - H_2}{m_2} \left(1 + \ln\frac{h_1}{h_1 - H_2} \right)$$

上式经整理后得

$$h_3^2 = 2(L_P - m_2 h_1) \frac{h_1 - H_2}{m_2} \left(1 + \ln\frac{h_1}{h_1 - H_2} \right) + h_1^2 \tag{4-64}$$

令式（4-63）和式（4-64）相等，即

$$\frac{1}{1 + \dfrac{\delta_P n \sin\theta_1}{L_P - m_2 h_1}} \left(H_1^2 + \frac{\delta_P n \sin\theta_1}{L_P - m_2 h_1} h_1^2 - z_0^2 \right) =$$

$$2(L_P - m_2 h_1) \frac{h_1 - H_2}{m_2} \left(1 + \ln\frac{h_1}{h_1 - H_2} \right) + h_1^2$$

得

$$h_1^2 = \frac{1}{1+A} (H_1^2 + A h_1^2 - z_0^2) - B(h_1 - H_2) \left(1 + \ln\frac{h_1}{h_1 - H_2} \right) \tag{4-65}$$

其中

$$A = \frac{\delta_P n \sin\theta_1}{L_P - m_2 h_1}$$

$$B = \frac{2(L_P - m_2 h_1)}{m_2}$$

根据式（4-65）用试算法求得 h_1 以后，代入式（4-63）或式（4-64）即可求得 h_3 值，然后根据式（4-60）即可求渗透流量 q。

假定 $h_1 = 1.069\text{m}$，则可计算得

$$A = \frac{\delta_P n \sin\theta_1}{L_P - m_2 h_1} = \frac{1.5 \times 125 \times \sin 18°26'}{36.3793 - 2.5 \times 1.069} = 1.758924$$

$$B = \frac{2(L_P - m_2 h_1)}{m_2} = \frac{2 \times (36.3793 - 2.5 \times 1.069)}{2.5} = 26.96544$$

根据式（4-65）可得

$$h_1^2 = \frac{1}{1 + 1.758924}(8.5^2 + 1.758924 \times 1.069^2 - 2.02929)$$

$$- 26.96544 \times (1.069 - 0.5) \times \left(1 + \ln\frac{1.069}{1.069 - 0.5}\right)$$

$$= 1.161945$$

故得

$$h_1 = \sqrt{1.161945} = 1.0779\text{m}$$

计算所得的 $h_1 = 1.0779\text{m}$，与假定值 $h_1 = 1.069$ 基本一致，故 $h_1 = 1.069\text{m}$。

将 $h_1 = 1.069\text{m}$ 代入式（4-64）得

$$h_3^2 = 2(L_P - m_2 h_1)\frac{h_1 - H_2}{m_2}\left(1 + \ln\frac{h_1}{h_1 - H_2}\right) + h_1^2$$

$$= 2 \times (36.3793 - 2.5 \times 1.069) \times \frac{1.069 - 0.5}{2.5} \times \left(1 + \ln\frac{1.069}{1.069 - 0.5}\right)$$

$$+ 1.069^2 = 26.16158027$$

所以

$$h_3 = \sqrt{26.16158027} = 5.1148\text{m}$$

（4）根据式（4-60）中的第（2）式计算通过堤身的渗透流量 q。

将 $k_D = 2.5\text{m/d}$，$m_2 = 2.5$，$L_P = 36.3793\text{m}$，$h_3 = 5.1148\text{m}$，$h_1 = 1.0690\text{m}$ 代入式（4-60）中的第（2）式得

$$q = k_D \frac{h_3^2 - h_1^2}{2(L_P - m_2 h_1)} = 2.5 \times \frac{(5.1148)^2 - (1.0690)^2}{2 \times (36.3793 - 2.5 \times 1.0690)} = 0.9278\text{m}^3/\text{d}$$

（5）根据式（4-62）计算堤身内的浸润线

$$y^2 = h_3^2 - \frac{2q}{k_D}x = (5.1148)^2 - \frac{1 \times 0.9278}{2.5}x$$

即

$$y^2 = 26.1618 - 0.74224x$$

根据上式设定不同的横坐标 x，即可计算得相应的浸润线纵坐标值 y，计算结果列于表 4-18 中。

表4－18		斜墙土堤下游有水时堤身内浸润线坐标值						
x(m)	0.0	5.0	10.0	15.0	20.0	25.0	30.0	33.9068
y(m)	5.1148	4.7382	4.3289	3.8766	3.3641	2.7579	1.9735	0.9974

【例4－8】 如例4－7所述的斜墙土堤，当堤的下游（即堤的背水面）无水时（H_2＝0），计算通过堤身的渗透流量 q 及堤身内的浸润线坐标。

【解】 （1）根据式（4－50）计算 ΔL 值。

$$\Delta L = \frac{m_1 H_1}{2m_1 + 1} = \frac{3.0 \times 8.5}{2 \times 3.0 + 1} = 3.6231\text{m}$$

（2）根据式（4－61）中的第（5）式计算 L_P 值。

$$L_P = (m_1 + m_2)H + B - \frac{\delta_P}{\sin\theta_1} - m_1 H_1 + \Delta L$$

$$= (3.0 + 2.5) \times 10 + 8.0 - \frac{1.5}{\sin 18°26'} - 3.0 \times 8.5 + 3.6231$$

$$= 36.3793\text{m}$$

（3）计算 h_3 和 h_1 值。

令式（4－61）中的第（1）式与第（2）式相等，得

$$\frac{h_1}{m_2} = \frac{H_1^2 - h_3^2 - z_0^2}{2\delta_P n \sin\theta_1}$$

即

$$h_1 = \frac{\dfrac{H_1^2 - h_3^2 - z_0^2}{2\delta_P n \sin\theta_1}}{m_2} \tag{4－66}$$

令

$$A_1 = \frac{2\delta_P n \sin\theta_1}{m_2}$$

则

$$h_1 = \frac{H_1^2 - z_0^2 - h_3^2}{A_1} \tag{4－67}$$

令式（4－67）与公式（4－61）中的第（4）式相等，得

$$\frac{H_1^2 - z_0^2 - h_3^2}{A_1} = \frac{L_P}{m_2} - \sqrt{\left(\frac{L_P}{m_2}\right)^2 - h_3^2}$$

上式经移项整理后得

$$h_3^2 = H_1^2 - z_0^2 - \frac{A_1 L_P}{m_2} + A_1\sqrt{\left(\frac{L_P}{m_2}\right)^2 - h_3^2}$$

令

$$B_1 = \frac{L_P}{m_2}$$

$$C_1 = H_1^2 - z_0^2 - A_1 B_1$$

则上式变为

$$h_3^2 = C_1 + A_1\sqrt{B_1^2 - h_3^2} \tag{4－68}$$

83

根据式（4-68），用试算法即可求得 h_3 值，然后将 h_3 代入式（4-66）或式（4-67）则可计算得 h_1 值。

1）根据式（4-68）计算 h_3 值。

第一步：计算 A_1、B_1、C_1 值。

$$A_1 = \frac{2\delta_P n \sin\theta_1}{m_2} = \frac{2 \times 1.5 \times 125 \times \sin 18°26'}{2.5} = 47.4302$$

$$B_1 = \frac{L_P}{m_2} = \frac{36.3793}{2.5} = 14.5517$$

$$C_1 = H_1^2 - z_0^2 - A_1 B_1$$
$$= 8.5^2 - (1.4230)^2 - 47.4302 \times 14.5517 = -622.05806$$

第二步：根据式（4-68），用试算法计算 h_3 值。

将 A_1、B_1、C_1 代入式（4-68）得

$$h_3^2 = -622.05806 + 47.4302 \times \sqrt{(14.5517)^2 - h_3^2}$$
$$= -622.05806 + 47.4302 \times \sqrt{211.75197 - h_3^2}$$

假定 $h_3 = 5.0406$m，根据上式得

$$h_3 = -622.05806 + 47.4302 \times \sqrt{211.75197 - (5.0406)^3} = 5.0405\text{m}$$

与假定的 $h_3 = 5.0406$ 完全吻合，故 $h_3 = 5.0406$m。

2）根据式（4-67）计算 h_1 值为

$$h_1 = \frac{H_1^2 - z_0^2 - h_3^2}{A_1} = \frac{8.5^2 - (1.4230)^2 - (5.0406)^2}{47.4302} = 0.9448\text{m}$$

（4）根据式（4-61）中第（3）式计算通过堤身的渗透流量为

$$q = k_D \times \frac{h_3^2 - h_1^2}{2(L_P - m_2 h_1)} = 2.5 \times \frac{(5.0406)^2 - (0.9448)^2}{2 \times (36.3793 - 2.5 \times 0.9448)}$$
$$= 0.9008\text{m}^3/\text{d}$$

（5）根据式（4-62）计算堤身内浸润线的坐标，即

$$y^2 = h_3^2 - \frac{2q}{k_D}x = (5.0406)^2 - \frac{2 \times 0.9008}{2.5}x$$
$$= 25.40765 - 0.72064x$$

根据上式，设定相应的横坐标 x 值，即可计算得对应的浸润线纵坐标 y 值，计算结果列于表 4-19 中。

表 4-19　　　　斜墙土堤下游无水（$H_2 = 0$）时堤身内浸润坐标值

x(m)	0.0	5.0	10.0	15.0	20.0	25.0	30.0	34.0173
y(m)	5.0406	4.6695	4.2663	3.8207	3.3158	2.7188	1.9464	0.9452

（四）有排水体的土堤

1. 均质土堤

如图 4-20 所示，在有排水体的均质土堤的情况下，浸润线坐标轴的原点放在浸润线与

地基平面的交点上（当背水面无水时），距排水体的迎水面堤坡脚点 E 的距离为 l_0（图 4 - 20）。

此时，若取垂直坡面 A—A 和 Oy 轴断面作为两个计算断面，则可得单宽渗透流量的计算公式如下：

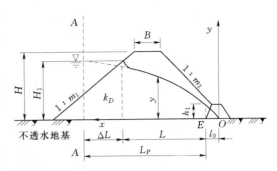

图 4 - 20　有排水体的均质土堤在下游无水时的渗透计算图

$$\frac{q}{k_D} = \frac{H_1^2}{2(L_P + l_0)} \qquad (4 - 69)$$

其中　　　　　$L_P = L + \Delta L \qquad (4 - 70)$

相对于 L_P 来说，l_0 值是很小的，如若忽略 l_0 值则式（4 - 69）可简化为

$$\frac{q}{k_D} \approx \frac{H_1^2}{2L_P} \qquad (4 - 71)$$

在有排水的土堤中浸润线接近于抛物线，并可按下列抛物线方程表示：

$$y^2 = 2h_1 x \qquad (4 - 72)$$

式中　h_1——距坐标原点为 l_0 处（排水体迎水面堤坡脚点）的 E 点的浸润线纵坐标值。

如果取通过 E 点和 O 点（坐标原点）的两个断面为计算断面，则可得通过这两个断面之间堤身的渗透流量为

$$\frac{q}{k_D} = \frac{h_1^2}{2l_0} \qquad (4 - 73)$$

若取通过 O 点的断面和距 O 点为 x 距离的 y 断面为计算断面，则得通过这两个断面之间的渗透流量为

$$\frac{q}{k_D} = \frac{y^2}{2x} \qquad (4 - 74)$$

由于式（4 - 73）和式（4 - 74）的等号右部相等，故可得

$$\frac{y^2}{x} = \frac{h_1^2}{l_0} \qquad (4 - 75)$$

或

$$y^2 = \frac{h_1^2}{l_0} x \qquad (4 - 76)$$

比较式（4 - 72）和式（4 - 76）可知：

$$l_0 = \frac{1}{2} h_1 \qquad (4 - 77)$$

将 l_0 值代入式（4 - 73），则得单宽渗透流量为

$$\frac{q}{k_D} = h_1 \qquad (4 - 78)$$

由式（4 - 69）和式（4 - 78）相等可知：

$$\left.\begin{array}{l} h_1 = \dfrac{H_1^2}{2(L_P + l_0)} \\[3mm] h_1 \approx \dfrac{H_1^2}{2L_P} \end{array}\right\} \qquad (4 - 79)$$

或

将 h_1 值代入式（4-72），可得浸润线方程为

$$y^2 = \frac{H_1^2}{L_P + l_0} x$$

或

$$y^2 \approx \frac{H_1^2}{L_P} x \tag{4-80}$$

当堤背水面有水时（水深为 H_2），如图 4-21 所示，浸润线方程的横坐标设在背水面的水面线上，纵坐标的坐标轴通过浸润线与背水面水面线的交点，坐标原点距背水面水面线与排水体上游边坡交点的水平距离为 l_0。

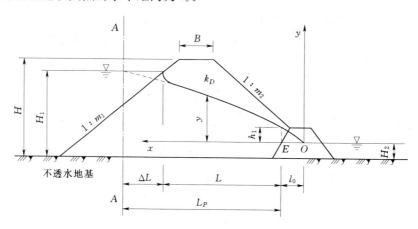

图 4-21 有排水体的均质土堤在下游有水时的渗透计算图

此时如果取假想的竖直堤坡面和 Oy 轴的这两个断面为计算断面，则通过这两个断面之间的平均单宽渗透流量为

$$\frac{q}{k_D} = \frac{H_1^2 - (H_2 + h_1)^2}{2L_P} \tag{4-81}$$

此时仍近似地取

$$l_0 = \frac{1}{2} h_1 \tag{4-82}$$

而 h_1 则近似地根据式（4-79）取为

$$h_1 = \frac{(H_1 - H_2)^2}{2(L_P + l_0)}$$

$$h_1 \approx \frac{(H_1 - H_2)^2}{2L_P} \tag{4-83}$$

此时

$$L = m_1(H - H_1) + B + m_2(H - H_3) - m_1'(H_3 - H_2) \tag{4-84}$$

式中　m_1'——排水体的迎水坡坡率；

　　　H_3——排水体的高度。

在下游有水的情况下，浸润线仍可按式（4-72）计算，或直接写成

$$y^2 = \frac{(H_1 - H_2)^2}{L_P + l_0} x \tag{4-85}$$

因此，对于不透水地基上有排水体的均质土堤的渗透计算可归结如下：

（1）下游无水时：

$$\left.\begin{array}{l} \dfrac{q}{k_D}=\dfrac{H_1^2}{2L_P} \\[4mm] y^2=\dfrac{H_1^2}{L_P+l_0}x \end{array}\right\} \qquad (4-86)$$

单宽渗流量

浸润线

（2）下游有水时（水深 H_2）：

$$\left.\begin{array}{l} \dfrac{q}{k_D}=\dfrac{H_1^2-(h_1+H_2)^2}{2L_P} \\[4mm] y^2=\dfrac{(H_1-H_2)^2}{L_P+l_0}x \end{array}\right\} \qquad (4-87)$$

单宽渗流量

浸润线

严格说，上述计算公式仅适用于有棱形排水体的均质土堤，对于具有其他形式排水体的均质土堤是不适用的。但是在初步计算中，上述公式也近似地用于其他形式的排水，其中包括管式排水。

【例 4-9】 某均质土堤背水坡脚处设有堆石排水体，堤身高 $H=8\text{m}$，堤顶宽度 $B=8\text{m}$，迎水面边坡坡率 $m_1=3.0$，背水面边坡坡率 $m_1=2.5$，堤身的渗透系数 $k_D=0.375\text{m/d}$，排水体高 $H_3=1.5\text{m}$，顶宽 $b=1\text{m}$，迎水面边坡坡率 $m_1'=1.5$，背水面边坡坡率 $m_2'=2.0$，当迎水面水深 $H_1=6.8\text{m}$，背水面水深 $H_2=0.5\text{m}$ 时，计算通过堤身 1.0m 长度的渗流量 q 和堤身内的浸润线坐标值。

【解】 （1）计算 ΔL 值。

1）根据式（4-50）计算系数 β 值：

$$\beta=\frac{m_1}{2m_1+1}=\frac{3}{2\times3+1}=\frac{3}{7}=0.4287$$

2）根据式（4-49）计算 ΔL 值：

$$\Delta L=\beta H_1=0.4287\times6.8=2.9152\text{m}$$

（2）计算 L_P 值。

1）计算从迎水面水面线与土堤迎水面边坡的交点到背水面水面线与排水体迎水面边坡的交点的水平距离 L。

根据图 4-21 可知：

$$L=m_1(H-H_1)+B+m_2(H-H_3)-m_1'(H_3-H_2)$$

已知 $m_1=3.0$，$m_2=2.5$，$m_1'=1.5$，$H=8.0$，$H_1=6.8\text{m}$，$B=8.0\text{m}$，$H_2=0.5\text{m}$，$H_3=1.5\text{m}$，故

$$L=3(8.0-6.8)+8.0+2.5(8.0-1.5)-1.5(1.5-0.5)=25.85\text{m}$$

2）根据式（4-70）计算 L_P 值

$$L_P=L+\Delta L=25.85+2.9152=28.7652\text{m}$$

（3）计算从背水面水面线与排水体迎水坡的交点到浸润线的竖直距离 h_1。

已知 $H_1=6.8\text{m}$，$H_2=0.5\text{m}$，$L_P=28.7652\text{m}$，按式（4-83）计算 h_1 值，即

$$h_1 = \frac{(H_1-H_2)^2}{2L_P} = \frac{(6.8-0.5)^2}{2\times28.7652} = 0.6899$$

（4）计算通过每米长度堤身的渗透流量 q。

已知 $k_D = 0.375\text{m/d}$，$H_1 = 6.8\text{m}$，$H_2 = 0.5\text{m}$，$L_P = 28.7652\text{m}$，按方程组（4-87）中的第（1）式计算渗透流量 q，即

$$q = k_D \frac{H_1^2-(H_2+h_1)^2}{2L_P} = 0.375\times\frac{6.8^2-(0.5+0.6899)^2}{2\times28.7652} = 0.2922\text{m}^3/\text{d}$$

（5）计算堤身内的浸润线坐标值 x、y

1）根据 $h_1 = 0.6899\text{m}$，按式（4-82）计算从背水面水面线与排水体迎水面边坡的交点到浸润线坐标原点的水平距离 l_0，即

$$l_0 = \frac{1}{2}h_1 = \frac{1}{2}\times0.6899 = 0.3450\text{m}$$

2）将 $H_1 = 6.8\text{m}$，$H_2 = 0.5\text{m}$，$L_P = 28.7652\text{m}$，$l_0 = 0.3450\text{m}$ 代入方程组（4-87）中的第（2）式，得

$$y^2 = \frac{(H_1-H_2)^2}{L_P+l_0}x = \frac{(6.8-0.5)^2}{28.7652+0.3450}x = 1.3634x$$

即

$$y = 1.1677\sqrt{x} \tag{4-88}$$

3）设定浸润线上各点处的横坐标 x 值：

$$x = 0,5\text{m},10\text{m},15\text{m},20\text{m},25\text{m},29.1102\text{m}$$

4）根据设定的 x 值，按式（4-88）计算浸润线上各点处相应的纵坐标 y 值，计算结果列于表4-20中。

表4-20　　　　　例4-9中土堤内的浸润线坐标 x、y 值

$x(\text{m})$	0	5	10	15	20	25	29.1102
$y(\text{m})$	0	2.6111	3.6926	4.5225	5.2221	5.8385	6.8000

（6）绘制土堤内的浸润线

选定一定的比例尺，根据例4-9中所给定的土堤尺寸，绘制例4-9所述的土堤。

然后选定一定的比例尺，以背水面水面线的延长线为横坐标的 x 轴线，以距离背水面的水面线与排水体迎水面边坡的交点的水平距离 l_0 的点为坐标原点，根据表4-20所计算得的 x、y 坐标值绘制土堤内的浸润线，如图4-22所示。

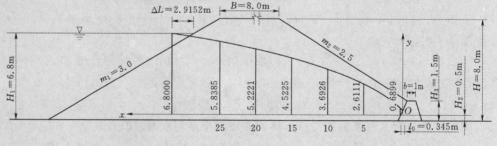

图4-22　例4-9的均质土堤及堤身内的浸润线

【例 4-10】 如例 4-9 中所述的均质土堤，当迎水面水深 $H_1 = 6.8\text{m}$，背水面水深 $H_2 = 0\text{m}$ 时，计算通过 1.0m 长度堤身的渗透流量 q 和堤身内的浸润线坐标 x、y 值。

【解】 （1）计算 ΔL 值。

1）根据式（4-50）计算系数 β 值：

$$\beta = \frac{m_1}{2m_1 + 1} = \frac{3}{2 \times 3 + 1} = \frac{3}{7} = 0.4287$$

2）根据式（4-49）计算 ΔL 值：

$$\Delta L = \beta H_1 = 0.4287 \times 6.8 = 2.9152\text{m}$$

（2）计算 L_P 值。

1）计算从迎水面水面线与土堤迎水面边坡的交点到排水体迎水面坡脚点的水平距离 L。

根据图 4-20 可知：

$$L = m_1(H - H_1) + B + m_2(H - H_3) - m_1' H_3$$

已知 $m_1 = 3.0$，$m_2 = 2.5$，$m_1' = 1.5$，$H = 8.0\text{m}$，$H_1 = 6.8\text{m}$，$B = 8.0\text{m}$，$H_3 = 1.5\text{m}$，代入上式，得

$$L = 3(8.0 - 6.8) + 8.0 + 2.5(8.0 - 1.5) - 1.5 \times 1.5 = 25.60\text{m}$$

2）根据式（4-70）计算 L_P 值。

$$L_P = L + \Delta L = 25.60 + 2.9152 = 28.5152\text{m}$$

（3）计算排水体迎水面边坡坡脚点到堤身内浸润线的竖直距离 h_1。

已知 $H_1 = 6.8\text{m}$，$L_P = 28.5152\text{m}$，根据式（4-79）计算 h_1 值，即

$$h_1 = \frac{H_1^2}{2L_P} = \frac{6.8^2}{2 \times 28.5152} = 0.8108\text{m}$$

（4）计算通过每米长度堤身的渗透流量 q。

已知 $k_D = 0.375\text{m/d}$，$H_1 = 6.8\text{m}$，$L_P = 28.5152\text{m}$，根据方程组（4-86）中的第（1）式计算通过每米长度堤身的渗流量 q，即

$$q = k_D \frac{H_1^2}{2L_P} = 0.375 \times \frac{6.8^2}{2 \times 28.5152} = 0.3112\text{m}^3/\text{d}$$

（5）计算堤身内的浸润线坐标 x、y 值。

1）根据 $h_1 = 0.8108\text{m}$，计算从背水面排水体的迎水面坡脚点到浸润线坐标原点 O 的水平距离，即

$$l_0 = \frac{1}{2} h_1 = \frac{1}{2} \times 0.8108 = 0.4054\text{m}$$

2）将 $H_1 = 6.8\text{m}$，$L_P = 28.5152\text{m}$，$l_0 = 0.4054\text{m}$，代入方程组（4-86）中的第（2）式，得

$$y^2 = \frac{H_1^2}{L_P + l_0} x = \frac{6.8^2}{28.5152 + 0.4054} x = 1.5989x$$

即

$$y = 1.2645\sqrt{x} \qquad (4-89)$$

3）设定浸润线上各计算点处的横坐标 x 值：

$$x = 0, 5\text{m}, 10\text{m}, 15\text{m}, 20\text{m}, 25\text{m}, 28.9256\text{m}$$

4）根据设定的 x 值，按式（4-89）计算浸润线上各计算点处相应的纵坐标 y 值，计算结果列于表4-21中。

表4-21　　　　　　　　　　例4-10中土堤内的浸润线坐标 x、y 值

x(m)	0	5	10	15	20	25	28.9256
y(m)	0	2.8275	3.9987	4.8974	5.6550	6.3225	6.8000

　　（6）绘制土堤堤身内的浸润线。

　　选定一定的比例尺，根据例4-10中所给定的土堤尺寸，绘制例4-10所述的均质土堤。

　　然后选定一定的比例尺，以地基表面线为横坐标的 x 轴线，以距离背水面处排水体的迎水面边坡坡脚点的水平距离为 l_0 的点为坐标原点，根据表4-21所计算得的 x、y 坐标值，绘制土堤堤身内的浸润线，如图4-23所示。

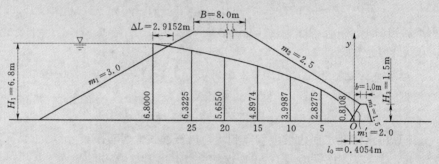

图4-23　例4-10的均质土堤及堤身内的浸润线

　　2. 心墙土堤

　　这种土堤的渗透计算也和无排水体时的情况一样，首先根据心墙土料和堤身土料渗透系数的比值，将心墙的实际厚度（平均厚）折换为堤身土料的厚度 L_R，即 $L_R = \dfrac{\delta_1 + \delta_2}{2} \cdot \dfrac{k_D}{k_R}$，然后按照有排水体的均质土堤来计算，计算公式如前所述。

　　3. 斜墙土堤

　　有排水体的斜墙土堤（图4-24）的渗透计算方法是：将堤的迎水面实际水深 H_1 扣

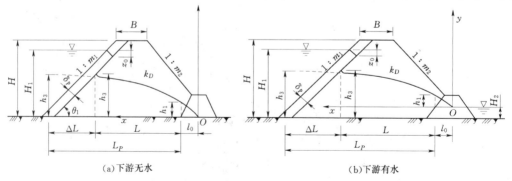

(a)下游无水	(b)下游有水

图4-24　有排水体的心墙土堤的渗透计算图

除通过斜墙的渗透损失以后的剩余水深 h_3，作为折换的竖直堤坡面的计算水深，然后按均质土堤来计算。也就是从斜墙背水面边坡坡面与浸润线的交点（该点的浸润线纵坐标为 h_3）向上游方向量—ΔL 长度，作垂直坡面，将斜墙土堤变换为上游面为竖直坡面的均质土堤，而堤前的计算水深为 h_3。此时渗透计算的公式均可采用均质土堤的计算公式，浸润线坐标轴的位置，也与均质土堤相同。

因此，不透水地基上有排水体的斜墙土堤的渗透计算方程如下：

（1）当坝下游无水时［图 4-24（a）］。

$$\left.\begin{aligned}
(1)\quad & \frac{q}{k_D}=\frac{H_1^2-h_3^2-z_0^2}{2\delta_P n\sin\theta_1} \\[2mm]
(2)\quad & \frac{q}{k_D}=\frac{h_3^2}{2(L_P+l_0)}\approx\frac{h_3^2}{2L_P} \\[2mm]
(3)\quad & h_1=\sqrt{L_P^2+h_3^2}-L_P \\[2mm]
(4)\quad & y=\sqrt{\frac{2q}{k_D}x}
\end{aligned}\right\} \qquad (4-90)$$

其中

$$z_0=\delta_P\cos\theta_1,\quad l_0=\frac{1}{2}h_1$$

h_3 值和 $\dfrac{q}{k_D}$ 值可以由方程式（4-90）中的第（1）式和第（2）式联立求解，即令两式的等号右边相等，则可得

$$h_3=\sqrt{\frac{(H_1^2-z_0^2)L_P}{L_P+\delta_P n\sin\theta_1}} \qquad (4-91)$$

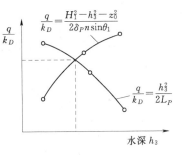

图 4-25　作图法求 $\dfrac{q}{k_D}$ 和 h_3

然后按式（4-90）中第（2）式计算单宽渗透流量 q。也可以按图 4-25 中所表示的方法，假定几个 h_3 值，然后分别按式（4-90）中的第（1）式和第（2）式算出 $\dfrac{q}{k_D}$

值，并将由这两个公式算得的结果在同一张图上画出 $\dfrac{q}{k_D}$—h_3 的关系曲线，这两条曲线的交点的纵横坐标值，即所要求的 $\dfrac{q}{k_D}$ 和 h_3 值。

（2）当背水面有水时［水深为 H_2，见图 4-24（b）］。

$$\left.\begin{aligned}
(1)\quad & \frac{q}{k_D}=\frac{H_1^2-h_3^2-z_0^2}{2\delta_P n\sin\theta_1} \\[2mm]
(2)\quad & \frac{q}{k_D}=\frac{h_3^2-H_2^2}{2(L_P+l_0)}\approx\frac{h_3^2-H_2^2}{2L_P} \\[2mm]
(3)\quad & h_1\approx\frac{(h_3-H_2)^2}{2L_P} \\[2mm]
(4)\quad & y=\sqrt{\frac{2q}{k_D}x_1+H_2^2}-H_2
\end{aligned}\right\} \qquad (4-92)$$

式中 $z_0 = \delta_P \cos\theta_1$，$l_0 = \frac{1}{2}h_1$，而 q 和 h_3 可以根据式（4-92）中的第（1）式和第（2）式联立解得，即

$$h_3 = \sqrt{\frac{(H_1^2 - z_0^2)L_P + \delta_P n \sin\theta_1 H_2^2}{\delta_P n \sin\theta_1 + L_P}}$$

【例 4-11】 有一斜墙土堤修建在不透水地基上，土堤的背水面坡脚处设有堆石排水体。土堤高 $H = 9.0\text{m}$，堤面宽设 $B = 8.0\text{m}$，斜墙的平均厚设 $\delta_P = 1.5\text{m}$，堤身迎水面的边坡坡率 $m = 3.5$，相应的边坡坡脚 $\theta_1 = 15.9454° = 15°56'43''$，背水面的边坡坡率 $m_2 = 2.5$；排水体的高度 $H_3 = 1.5\text{m}$，迎水面的边坡坡率 $m_3 = 1.5$，斜墙的渗透系数 $k_P = 0.022\text{m/d}$，堤身的渗透系数 $k_D = 3.14\text{m/d}$，当迎水侧水深 $H_1 = 8.0\text{m}$，背水侧水深 $H_2 = 0.5\text{m}$ 时，计算通过每米长度堤身的渗透流量 q 和堤身内的浸润线坐标 x、y 值。

【解】 （1）计算 L_P 值。

根据图 4-24（b）可知

$$L_P = m_1 H + B - \frac{\delta_P}{\sin\theta_1} + m_2(H - H_3) - m_3 H_3 + m_3 H_2 - m_1 h_3 + \Delta L \tag{4-93}$$

其中

$$\Delta L = \frac{m_1}{2m_1 + 1}h_3$$

将 $m_1 = 3.5$，$H = 9.0\text{m}$，$B = 8.0$，$\delta_P = 1.5\text{m}$，$\theta_1 = 15.9454°$，$m_2 = 2.5$，$H_3 = 1.5\text{m}$，$m_3 = 1.5$，$H_2 = 0.5\text{m}$，代入上两式得

$$\Delta L = \frac{3.5}{2 \times 3.5 + 1}h_3 = 0.4375 h_3$$

$$\begin{aligned} L_P &= 3.5 \times 9.0 + 8.0 - \frac{1.5}{\sin 15.9454°} + 2.5(9.0 - 1.5) - 1.5 \times 1.5 + 1.5 \times 0.5 \\ &\quad - 3.5 h_3 + 0.4375 h_3 \\ &= 51.2899 - 3.0625 h_3 \end{aligned} \tag{4-94}$$

（2）计算 z_0 值。

z_0 按下式计算：

$$z_0 = \delta_P \cos\theta_1$$

将 $\delta_P = 1.5\text{m}$，$\theta_1 = 15.9454°$ 代入上式，则得

$$z_0 = 1.5 \times \cos 15.9454° = 1.4423\text{m}$$

（3）计算 n 值。

比值 n 按下式计算

$$n = \frac{k_D}{k_P}$$

将 $k_D = 3.14\text{m/d}$，$k_P = 0.022\text{m/d}$ 代入上式，得比值

$$n = \frac{3.14}{0.022} = 142.7273$$

（4）确定 h_3 的计算公式。

令方程组（4-92）中的第（1）式和第（2）式等号右部相等，即

$$\frac{H_1^2-h_3^2-z_0^2}{2\delta_P n\sin\theta_1}=\frac{h_3^2-H_2^2}{2L_P}$$

将式（4-94）代入上式，则得

$$\frac{H_1^2-h_3^2-z_0^2}{\delta_P n\sin\theta_1}=\frac{h_3^2-H_2^2}{51.2899-3.0625h_3}$$

上式经整理后可以写成下列形式：

$$h_3=\frac{51.2899}{3.0625}-\frac{\delta_P n\sin\theta_1(h_3^2-H_2^2)}{3.0625(H_1^2-h_3^2-z_0^2)} \tag{4-95}$$

将 $\delta_P=1.5$m，$n=142.7273$，$\theta_1=15.9454°$，$H_2=0.5$，$H_1=8.0$m，$z_0=1.4423$m 代入式（4-95），则可得 h_3 的计算公式如下：

$$h_3=16.7477-\frac{19.6051(h_3^2-0.25)}{61.9198-h_3^2} \tag{4-96}$$

根据式（4-96）用试算法即可求得 h_3 值。

（5）计算 h_3 值。

设定 $h_3=4.8517$m，代入式（4-96）的等号右部，计算得

$$h_3=16.7477-\frac{19.6051\left[(4.8517)^2-0.25\right]}{61.9198-(4.8517)^2}$$

$$=4.8516\text{m}$$

假定值 $h_3=4.8517$m，计算值 $h_3=4.8516$m，两者完全一致，故确定

$$h_3=4.8517\text{m}$$

（6）计算 L_P 值。

根据式（4-94），将 $h_3=4.8517$m 代入，则得

$$L_P=51.2899-3.0625h_3=51.2899-3.0625\times4.8517$$

$$=36.4316\text{m}$$

（7）计算 h_1 值。

根据方程组（4-92）中的第（3）式计算 h_1 值，即

$$h_1=\frac{(h_3-H_2)^2}{2L_P}$$

将 $h_3=4.8517$m，$H_2=0.5$m，$L_P=36.4316$m 代入上式，得

$$h_1=\frac{(4.8517-0.5)^2}{2\times36.4316}=0.2599\text{m}$$

（8）计算 l_0 值。

l_0 按下式计算：

$$l_0=\frac{1}{2}h_1$$

将 $h_1=0.2599$m 代入上式得

$$l_0 = \frac{1}{2} \times 0.2599 = 0.12995 \approx 0.1300 \text{m}$$

（9）计算通过每米长度堤身的渗透流量 q。

通过堤身的渗流量 q 按方程组（4-92）中的第（2）式进行计算，即

$$q = k_D \frac{h_3^2 - H_2^2}{2(L_P + l_0)} \qquad (4-97)$$

将 $k_D = 3.14\text{m/d}$，$h_3 = 4.8517\text{m}$，$H_2 = 0.5\text{m}$，$L_P = 36.4316\text{m}$，$l_0 = 0.13\text{m}$ 代入式（4-97），则得通过每米长堤身的渗透流量为

$$q = 3.14 \times \frac{(4.8517)^2 - (0.5)^2}{2(36.4316 + 0.13)} = 1.0001 \text{m}^3/\text{d}$$

（10）计算堤身内浸润线的坐标 x、y 值。

1）确定浸润线的计算方程。

堤身内浸润线计算点的坐标值可按方程组（4-92）中第（4）式进行计算，即

$$y = \sqrt{\frac{2q}{k_D}x + H_2^2} - H_2$$

将 $q = 1.001\text{m}^3/\text{d}$，$k_D = 3.14\text{m/d}$，$H_2 = 0.5\text{m}$ 代入上式，则得浸润线的计算方程为

$$y = \sqrt{\frac{2 \times 1.0001}{3.14}x + 0.25} - 0.5$$
$$= \sqrt{0.637x + 0.25} - 0.5 \qquad (4-98)$$

2）设定计算点的横坐标 x 值。

将横坐标轴设在背水侧的水平面上，坐标原点设在距离背水侧水面与排水体迎水面边坡交点为 l_0 处，如图 4-24（b）所示。

设定浸润线计算点的横坐标 x 为

$$x = 0, 5\text{m}, 10\text{m}, 15\text{m}, 20\text{m}, 25\text{m}, 30\text{m}, 36.5616\text{m}$$

3）计算浸润线各计算点的纵坐标 y 值。

浸润线上各计算点的纵坐标 y 值按式（4-98）计算，例如当 $x = 5\text{m}$ 时，相应的纵坐标为

$$y = \sqrt{0.637 \times 5 + 0.25} - 0.5 = 1.3534$$

其余各计算点相应的纵坐标 y 值列于表 4-22 中。

表 4-22　　　　　例 4-11 中斜墙土堤堤身内浸润线的纵横坐标 x、y 值

x (m)	0	5	10	15	20	25	30	36.5616
y (m)	0	1.3534	2.0729	2.6313	3.1042	3.5218	3.9000	4.3517

二、透水地基上的土堤

（一）透水地基上有铺盖的斜墙土堤（图 4-26）

这种堤在渗透计算时采取下列假定：

（1）不考虑保护层的水头损失。

（2）认为斜墙和铺盖是绝对不透水的。

（3）斜墙的边坡坡率采用斜墙厚度平均线的坡率。

（4）位于透水地基下面的不透水层是水平的。

（5）沿铺盖长度的水头降落按直线规律变化。

1. 无排水体情况

在进行渗透计算时可以用通过浸润线纵坐标为 h_3 的竖直平面，将整个渗流分成两部分，即有压渗流区 Ⅰ 和无压渗流区 Ⅱ（图 4-26）。

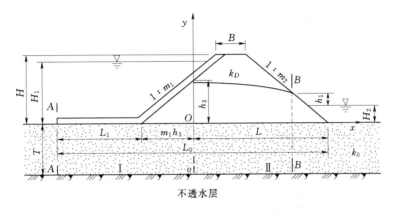

图 4-26 透水地基上有铺盖的斜墙土堤渗透计算图

这种堤可以分成有排水体的和无排水体的，以及堤的背水面有水和堤的背水面无水几种情况。

如图 4-26 所示，在第 Ⅰ 区内通过 $A—A$ 断面和 $o—o$ 断面之间地基的渗透流量可按下式计算：

$$q_{A-o}=k_0 T \frac{H_1-h_3}{0.441T+L_1+m_1 h_3} \tag{4-99}$$

式中　k_0——地基的渗透系数（m/s）；

　　　T——透水地基的深度（m）；

　　　L_1——铺盖的长度（m）；

　　　h_3——斜墙背水面处的浸润线纵坐标，也就是由有压渗流过渡到无压渗流时边界面上的渗流深度（堤内）；

　　　m_1——斜墙平均线的坡率。

在无压渗流区内，通过 $o—o$ 断面和 $B—B$ 断面之间堤身的渗透流量 q 为

$$q_{o-B}=k_0 T \frac{h_3-(h_1+H_2)}{L}+k_D \frac{h_3^2-(h_1+H_2)^2}{2L} \tag{4-100}$$

或者写成

$$q_{o-B}=\frac{h_3-(h_1+H_2)}{L}\left[k_0 T+k_D \frac{h_3+(h_1+H_2)}{2}\right] \tag{4-101}$$

通过 $B—B$ 断面背水侧三角形楔形体堤身及其地基的渗透流量为

$$q_\Delta = k_0 \frac{h_1 T}{m_2(h_1+H_2)+0.441T} + k_D \frac{h_1}{m_2}\left(1+2.31\lg\frac{h_1+H_2}{h_1}\right) \qquad (4-102)$$

当堤的下游无水时，可令上述公式中的 $H_2=0$。

所以，透水地基上设有铺盖的斜墙土堤，渗透计算可按下列公式计算：

堤下游有水时：

$$\left.\begin{array}{ll}
(1) & q=k_0 T \dfrac{H_1-h_3}{0.441T+L_1+m_1 h_3} \\[3mm]
(2) & q=k_0 T \dfrac{h_1}{m_2(h_1+H_2)+0.441T} + k_D \dfrac{h_1}{m_2}\left(1+2.31\lg\dfrac{h_1+H_2}{h_1}\right) \\[3mm]
(3) & q=k_0 T \dfrac{h_3-(h_1+H_2)}{L} + k_D \dfrac{h_3^2-(h_1+H_2)^2}{2L} \\[3mm]
& L_1=L_0+\dfrac{t}{m_1} \\[3mm]
& L=(m_1+m_2)H_1+B-\delta_P\sqrt{1+m_1^2}-m_1 h_3
\end{array}\right\} \quad (4-103)$$

堤背水面无水时（$H_2=0$）：

$$\left.\begin{array}{ll}
(1) & q=k_0 T \dfrac{H_1-h_3}{0.441T+L_1+m_1 h_3} \\[3mm]
(2) & q=k_0 T \dfrac{h_1}{m_2 h_1+0.441T} + k_D \dfrac{h_1}{m_2} \\[3mm]
(3) & q=k_0 T \dfrac{h_3-h_1}{L} + k_D \dfrac{h_3^2-h_1^2}{2L} \\[3mm]
& L_1=L_0+\dfrac{t}{m_1} \\[3mm]
& L=(m_1+m_2)H_1+B-\delta_P\sqrt{1+m_1^2}-m_1 h_3
\end{array}\right\} \quad (4-104)$$

式中　L_0——铺盖的长度（m）；

$\quad\quad\ \delta_P$——斜墙的平均厚度（m）；

$\quad\quad\ t$——铺盖的平均厚度（m）；

$\quad\quad\ B$——堤顶宽度。

联立解上述方程，同可求得 q、h_3 和 h_1 值。

【例 4-12】　有一座带有铺盖的斜墙土堤位于深度 $T=6.0\text{m}$ 的透水地基上（如图 4-26所示），堤身高 $H=7.0\text{m}$，堤顶宽度 $B=10.0\text{m}$，斜墙的平均厚度 $\delta_P=1.0\text{m}$，铺盖的平均厚率 $t=1.0\text{m}$，长度 $L_0=20\text{m}$，堤身迎水面的边坡坡率 $m_1=3.0$，背水面的边坡坡度 $m_2=2.5$，堤身的渗透系数 $k_D=4.15\text{m/d}$，透水地基的渗透系数 $k_0=6.52\text{m/d}$，斜墙和铺盖系用黏土修建，透水性很小，可认为是不透水的。当迎水侧的水深 $H_1=6.0\text{m}$，背水侧的水深 $H_2=0.5\text{m}$ 时，计算通过每米长堤身和地基的渗透流量 q 和堤身内的浸润线坐标值。

【解】　（1）计算 L_1 值。

L_1 值可按下列公式计算：

$$L_1=L_0+t/m_1$$

式中 L_0——铺盖的长度，等于 20.0m；

　　　　t——铺盖的平均厚度，等于 1.0m；

　　　　m_1——斜墙（平均厚度）的边坡坡率，等于 3.0。

　　将 $L_0 = 20.0\text{m}$，$t = 1.0\text{m}$，$m_1 = 3.0$ 代入上式，得

$$L_1 = 20.0 + \frac{1.0}{3.0} = 20.3333\text{m}$$

（2）计算 L 值。

L 值按下列公式计算：

$$L = (m_1 + m_2)H + B - \delta_P \sqrt{1 + m_1^2} - m_1 h_3$$

式中 m_1——堤身迎水侧的边坡坡率，等于 3.0；

　　　　m_2——堤身背水侧的边坡坡率，等于 2.5；

　　　　H——土堤堤身的高度，等于 7.0m；

　　　　B——堤顶的宽度，等于 10.0m；

　　　　δ_P——斜墙的平均厚度，等于 1.0m；

　　　　h_3——浸润线与斜墙背水侧边坡交点处的浸润线高度（m）。

　　将 $m_1 = 3.0$，$m_2 = 2.5$，$H = 7.0\text{m}$，$B = 10.0\text{m}$，$\delta_P = 1.0\text{m}$ 代入上式，得

$$
\begin{aligned}
L &= (3.0 + 2.5) \times 7.0 + 10.0 - 1.0 \times \sqrt{1 + 3.0^2} - 3.0 \times h_3 \\
&= 45.3377 - 3h_3
\end{aligned}
\tag{4-105}
$$

（3）将 $k_0 = 6.52\text{m/d}$，$k_D = 4.15\text{m/d}$，$m_1 = 3.0$，$m_2 = 2.5$，$H_1 = 6.0\text{m}$，$H_2 = 0.5\text{m}$，$T = 6.0\text{m}$，$L_1 = 20.3333\text{m}$，$L = 45.3377 - 3h_3$ 代入方程组（4-103）中的第（1）式、第（2）式和第（3）式，得

（1）　　$q = k_0 T \dfrac{H_1 - h_3}{0.441T + L_1 + m_1 h_3} = 6.52 \times 6.0 \times \dfrac{6.0 - h_3}{0.441 \times 6.0 + 20.3333 + 3h_3}$

$$= 39.12 \times \frac{6.0 - h_3}{22.9793 + 3h_3} = 13.04 \times \frac{6.0 - h_3}{7.6598 + h_3}$$

（2）　　$q = k_0 T \dfrac{h_1}{m_2(h_1 + H_2) + 0.441T} + k_D \dfrac{h_1}{m_2}\left(1 + 2.3\lg \dfrac{h_1 + H_2}{h_1}\right)$

$$
\begin{aligned}
&= 6.52 \times 6.0 \times \frac{h_1}{2.5(h_1 + 0.5) + 0.441 \times 6.0} + \\
&\quad 4.15 \times \frac{h_1}{2.5}\left(1 + 2.3\lg \frac{h_1 + 0.5}{h_1}\right) \\
&= 15.648 \times \frac{h_1}{h_1 + 1.5584} + 1.66 h_1 \left(1 + 2.3\lg \frac{h_1 + 0.5}{h_1}\right)
\end{aligned}
$$

（3）　　$q = k_0 T \dfrac{h_3 - (h_1 + H_2)}{L - m_2(h + H_2)} + k_D \dfrac{h_3^2 - (h_1 + H_2)^2}{2[L - m_2(h_1 + H_2)]}$

$$
\begin{aligned}
&= 6.52 \times 6.0 \times \frac{h_3 - h_1 - 0.5}{44.0877 - 3h_3 - 2.5h_1} + 4.15 \times \frac{h_3^2 - (h_1 + 0.5)^2}{2 \times (44.0877 - 3h_3 - 2.5h_1)} \\
&= 13.04 \times \frac{h_3 - h_1 - 0.5}{14.6959 - h_3 - 0.8333h_1} + 0.6917 \times \frac{h_3^2 - (h_1 + 0.5)^2}{14.6959 - h_3 - 0.8333h_1}
\end{aligned}
$$

令方程组中第（2）式的等号右部各项之和为 A，即令

$$A = 15.648 \times \frac{h_1}{h_1 + 1.5584} + 1.66h_1 \left(1 + 2.3 \lg \frac{h_1 + 0.5}{h_1}\right) \qquad (4-106)$$

则方程组中的第（2）式可简写为

$$q = A$$

因此，方程组（4-103）可以写成

$$\left.\begin{array}{ll}
(1) & q = 13.04 \times \dfrac{6.0 - h_3}{7.6598 + h_3} \\[2mm]
(2) & q = A \\[2mm]
(3) & q = 13.04 \times \dfrac{h_3 - h_1 - 0.5}{14.6959 - h_3 - 0.8333h_1} + 0.6917 \times \dfrac{h_3^2 - (h_1 + 0.5)^2}{14.6959 - h_3 - 0.8333h_1}
\end{array}\right\}$$

$$(4-107)$$

令方程组中第（1）式和第（2）式的等号右部相等，则得

$$13.04 \times \frac{6.0 - h_3}{7.6598 + h_3} = A$$

由此可得

$$h_3 = \frac{78.24 - 7.6598A}{13.04 + A}$$

令

$$f_1(h_1) = \frac{78.24 - 7.6598A}{13.04 + A} \qquad (4-108)$$

则得

$$h_3 = f_1(h_1) \qquad (4-109)$$

令方程组中第（2）式和第（3）式的等号右部相等，得

$$A = 13.04 \times \frac{h_3 - h_1 - 0.5}{14.6959 - h_3 - 0.8333h_1} + 0.6917 \times \frac{h_3^2 - (h_1 + 0.5)^2}{14.6959 - h_3 - 0.8333h_1}$$

即

$$A(14.6959 - h_3 - 0.8333h_1) = 13.04(h_3 - h_1 - 0.5) + 0.6917[h_3^2 - (h_1 + 0.5)^2]$$

由此可得

$$h_3^2 + \frac{A + 13.04}{0.6917}h_3 - [21.2461A + 18.8521(h_1 + 0.5) + (h_1 + 0.5)^2 - 1.2074Ah_1] = 0$$

令

$$C = \frac{A + 13.04}{0.6917} \qquad (4-110)$$

$$D = (21.2461A - 1.2074h_1A) + 18.8521(h_1 + 0.5) + (h_1 + 0.5)^2 \qquad (4-111)$$

则得

$$h_3^2 + Ch_3 - D = 0$$

解上述方程可得

$$h_3 = \frac{1}{2}\left[-C + \sqrt{C^2 + 4D}\right] \qquad (4-112)$$

令

$$f_2(h_1)=\frac{1}{2}\left[-C+\sqrt{C^2+4D}\right] \tag{4-113}$$

则得

$$h_3=f_2(h_1) \tag{4-114}$$

因此，通过上述运算得到下列方程组：

$$h_3=f_1(h_1)$$
$$h_3=f_2(h_1)$$
$$f_1(h_1)=\frac{78.24-7.6598A}{13.04+A}$$
$$f_2(h_1)=\frac{1}{2}\left[-C+\sqrt{C^2+4D}\right]$$
$$A=15.648\times\frac{h_1}{h_1+1.5584}+1.662h_1\left(1+2.3\lg\frac{h_1+0.5}{h_1}\right)$$
$$C=\frac{A+13.04}{0.6917}$$
$$D=21.2461A+18.852(h_1+0.5)+(h_1+0.5)^2-1.2074h_1A$$

联立解以上方程组即可求得 h_1 和 h_3 值。

(4) 设定一系列可能的 h_1 值。

根据本例具体情况，设定

$$h_1=0.1\mathrm{m},0.2\mathrm{m},0.3\mathrm{m},0.5\mathrm{m}$$

(5) 根据设定的 h_1 值计算 A 值。

按设定的 h_1 值，根据式 (4-106) 计算 A 值，如 $h_1=0.5\mathrm{m}$ 时，A 值为

$$A=15.648\times\frac{0.5}{0.5+1.5584}+1.662\times0.5\times\left(1+2.3\lg\frac{0.5+0.5}{0.5}\right)$$
$$=5.2074$$

其余相应 A 值的计算结果列于表 4-23 中。

表 4-23 相应于各 h_1 的 A 值

h_1(m)	0.1	0.2	0.3	0.5
A(m)	1.4072	2.5282	3.5131	5.2074

(6) 根据相应的 A 值计算 C 值。

按表 4-23 中各相应的 A 值，根据式 (4-103) 计算相应的 C 值，如 $A=5.2064$ 时，相应的 C 值为

$$C=\frac{A+13.04}{0.6917}=\frac{5.2074+13.04}{0.6917}=26.3805$$

其余相应 C 值的计算结果列于表 4-24 中。

表 4-24 相应于各 h_1 的 C 值

h_1(m)	0.1	0.2	0.3	0.5
A(m)	1.4072	2.5282	3.5131	5.2074
C(m)	20.8865	22.5072	23.9310	26.3805

（7）根据相应的 h_1 计算 D 值。

按表 4-25 中各相应的 h_1 值，根据式（4-111）计算相应的 D 值，如 $h_1=0.5\text{m}$ 时，相应的 D 值为

$$D = 21.2461A + 18.852(h_1+0.5) + (h_1+0.5)^2 - 1.2074Ah_1$$
$$= 21.2461 \times 5.2074 + 18.852(0.5+0.5) + (0.5+0.5)^2 - 1.2074$$
$$\times 5.2074 \times 0.5$$
$$= 127.3452$$

其余相应 D 值的计算结果列于表 4-25 中。

表 4-25　　　　　相应于 h_1 的 D 值

h_1(m)	0.1	0.2	0.3	0.5
A(m)	1.4072	2.5282	3.5131	5.2074
C(m)	20.8865	22.5072	23.9310	26.3805
D(m)	41.3988	66.7903	89.0888	127.3452

（8）计算 $f_1(h_1)$ 值和 $f_2(h_1)$ 值。

1）根据 A 值计算相应的 $f_1(h_1)$ 值。

按表 4-25 中各相应的 A 值，根据式（4-108）计算相应的 $f_1(h_1)$ 值，如 $A=5.2064$（m）时，相应的 $f_1(h_1)$ 值为

$$f_1(h_1) = \frac{78.24 - 7.6598A}{13.04 + A} = \frac{78.24 - 7.6598 \times 5.2064}{13.04 + 5.2064} = 2.1018\text{m}$$

其余相应 $f_1(h_1)$ 值的计算结果列于表 4-26 中第 5 行。

表 4-26　　　　相应于各 h_1 的 $f_1(h_1)$ 和 $f_2(h_1)$ 值

h_1(m)	0.1	0.2	0.3	0.5
A(m)	1.4072	2.5282	3.5131	5.2074
C(m)	20.8805	22.5072	23.9310	26.3805
D(m)	41.3088	66.7903	89.0888	127.3452
$f_1(h_1)$(m)	4.6695	3.7817	3.1010	2.1018
$f_2(h_1)$(m)	1.8230	2.6544	3.2746	4.1685

2）根据 C 和 D 值计算相应的 $f_2(h_1)$ 值。

按表 4-26 中第（3）行和第（4）行中相应的 C、D 值，根据式（4-113）计算相应的 $f_2(h_1)$ 值，例如 $C=26.3805\text{m}$ 和 $D=127.3452\text{m}$ 时，相应的 $f_2(h_1)$ 值为

$$f_2 = \frac{1}{2}\left[\sqrt{(26.3805)^2 + 4 \times 127.3452} - 26.3805\right] = 4.1685\text{m}$$

其余相应的 $f_2(h_1)$ 值的计算结果列于表 4-27 的第 6 行中。

（9）绘制 $h_1-h_3[=f_1(h_1)]$ 曲线和 $h_1-h_3[=f_2(h_1)]$ 曲线。

1）绘制 $h_1-h_3[=f_1(h_1)]$ 曲线。选取一定的比例尺，以 h_3 为纵坐标，以 h_1 为横坐标，根据表 4-27 中第（1）行和第（5）行中相应的数据，绘制 h_3-h_1 关系曲线，即曲线Ⅰ，如图 4-27 所示。

2）绘制 h_1—$h_3[=f_2(h_1)]$ 关系曲线。在图 4-27 上，以同样的比例尺和纵、横坐标，根据表 4-27 中第（1）行和第（6）行中相应的数据，绘制 h_3—h_1 关系曲线，即曲线Ⅱ，如图 4-27 所示。

（10）确定 h_1 和 h_3 值。

由图 4-27 中可见，曲线 h_1—$f_1(h_1)$（即曲线Ⅰ）和曲线 h_1—$f_2(h_1)$（即曲线Ⅱ）相交于 a 点，a 点处的横坐标 $h_1=0.2749\text{m}$，由 a 点作纵坐标的平行线与横坐标相交于 b 点，b 点的纵坐标 $h_3=3.2155\text{m}$，故求得

$$h_1=0.2749\text{m}\Big\}$$
$$h_3=3.2155\text{m}$$

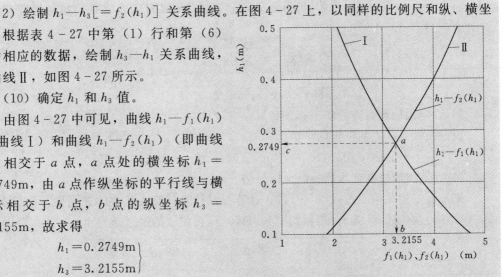

图 4-27　h_1—$f_1(h_1)$ 和 h_1—$f_2(h_1)$ 关系曲线

（11）计算渗透流量 q。

根据式（4-103）中第（1）式计算渗透流量 q，即

$$q=k_0 T \frac{H_1-h_3}{0.441T+L_1+m_1 h_3}$$

将 $k_0=6.52\text{m/d}$，$T=6.0\text{m}$，$h_1=6.0\text{m}$，$h_3=3.2155\text{m}$，$L_1=20.3333\text{m}$，$m_1=3.0$ 代入上式，得到通过每米长土堤的渗透流量为

$$q=6.52\times6.0\times\frac{6.0-3.2155}{0.441\times6.0+20.3333+3.0\times3.2155}$$
$$=3.3388\text{m}^3/\text{d}$$

（12）计算堤身内浸润线坐标 x、y 值。

1）确定浸润线的计算过程。将浸润线的横坐标轴设在土堤地基表面的水平面上，纵坐标轴则设在浸润线与斜墙背水面相交点的竖直线上（见图 4-26），此时浸润线可按下式计算，即

$$y=\sqrt{h_3^2-\frac{2q_D}{k_D}x} \tag{4-115}$$

其中

$$q_D=k_D\frac{h_3^2-(h_1+H_2)^2}{2[L-m_2(h_1+H_2)]} \tag{4-116}$$

将 $h_3=3.2155\text{m}$ 代入式（4-105）得

$$L=45.3377-3h_3=45.3377-3\times3.2155=35.6912\text{m}$$

将 $k_D=4.15\text{m/d}$，$h_3=3.2155\text{m}$，$h_1=0.2749\text{m}$，$H_2=0.5\text{m}$，$L=35.6912\text{m}$，$m_2=2.5$ 代入式（4-116），则得

$$q_D=4.15\times\frac{(3.2155)^2-(0.2749+0.5)^2}{2[35.6912-2.5(0.2749+0.5)]}=0.5987\text{m}^3/\text{d}$$

将 $h_3 = 3.2155\text{m}$，$q_D = 0.5987\text{m}^3/\text{d}$，$k_D = 4.15\text{m}/\text{d}$ 代入式（4-115）得浸润线的计算方程为

$$y = \sqrt{h_3^2 - \frac{2q_D}{k_D}x} = \sqrt{(3.2155)^2 - \frac{2 \times 0.5987}{4.15}x}$$

$$\sqrt{10.3394 - 0.2885x} \qquad\qquad (4-117)$$

2）设定浸润计算点的横坐标 x 值。

设定浸润计算点的横坐标 x 值为

$$x = 0,\ 5\text{m},\ 10\text{m},\ 15\text{m},\ 20\text{m},\ 25\text{m},\ 30\text{m},\ 33.7540\text{m}$$

3）计算浸润线各计算点的纵坐标 y 值。

根据设定的 x 值，按式（4-117）计算浸润线各计算点相应的纵坐标 y 值，例如，若计算点的横坐标 $x = 5\text{m}$，根据式（4-117）可得相应的纵坐标为

$$y = \sqrt{10.3394 - 0.2885x} = \sqrt{10.3394 - 0.2885 \times 5.0}$$
$$= 2.9828$$

其余各计算点的纵坐标 y 值的计算结果列于表（4-27）中。

表 4-27　　　　　例 4-12 有铺盖的斜墙土堤中浸润线坐标 x、y 值

x (m)	0	5	10	15	20	25	30	33.7540
y (m)	3.2155	2.9828	2.7303	2.4519	2.1376	1.7683	1.2978	0.7749

2．有排水体情况

对于设有排水棱体的有铺盖的斜墙土堤，渗透计算仍可采用上面所述的公式，但此时令 $h_1 = 0$。

（1）背水面有水时：

$$\left. \begin{aligned} q &= k_0 T \frac{H_1 - h_3}{0.441T + L_1 + m_1 h_3} \\ k_0 T \frac{H_1 - h_3}{0.441T + L_1 + m_1 h_3} &= \frac{h_3 - H_2}{L}\left(k_0 T + k_D \frac{h_3 + H_2}{2}\right) \end{aligned} \right\} \qquad (4-118)$$

（2）背水面无水时：

$$\left. \begin{aligned} q &= k_0 T \frac{H_1 - h_3}{0.441T + L_1 + m_1 h_3} \\ k_0 T \frac{H_1 - h_3}{0.441T + (L_1 + m_1 h_3)} &= \frac{h_3}{L}\left(k_0 T + k_D \frac{h_3}{2}\right) \end{aligned} \right\} \qquad (4-119)$$

联立解上述方程，即可求得 q 和 h_3 值。

对于有铺盖的斜墙土堤堤身内浸润线的绘制，可以仿照不透水地基上的斜墙堤的浸润线的方法来绘制。

（1）对于无排水体的情况，坐标轴原点设在竖直坡面与地基面的交点处，竖直坡面通过浸润线与斜墙背水面边坡坡面的交点（该点浸润线的纵坐标为 h_3），此时浸润线可按下式计算（堤的背水面有水和无水时）：

$$\left.\begin{aligned} y &= \sqrt{h_3^2 - 2\frac{q_D}{k_D}x} \\ q_D &= q - q_0 \\ q_0 &= k_0 T \frac{h_3 - (h_1 + H_2)}{L} \end{aligned}\right\} \tag{4-120}$$

（2）对于设有排水时，坐标轴原点设在距排水体迎水面坡脚的水平距离为 l_0 处（背水面无水时），或者是设在距背水面水面与排水体迎水面边坡交点的水平距离为 l_0 处（背水面有水时），此时浸润线可近似地按下式计算：

堤的背水面有水时：
$$y^2 = \frac{(h_3 - H_2)^2}{L_P + l_0} x \tag{4-121}$$

堤的背水面无水时：
$$y^2 = \frac{h_3^2}{L_P + l_0} x \tag{4-122}$$

（二）有限透水地基上的心墙土堤（设有截水槽）（图 4-28）

若截水槽土料的渗透系数为 k_T，心墙的平均厚度为 $\delta_R = \dfrac{\delta_1 + \delta_2}{2}$（其中 δ_1 为心墙顶部厚度 δ_2 为心墙的底部厚度），截水槽的平均宽度为 $\delta_T = \dfrac{\delta_3 + \delta_4}{2}$（其中 δ_3 和 δ_4 为截水槽的顶宽和底宽），渗透计算的方法如下。

当背水面有水时，单宽渗透流量值 q 按下列方程计算：

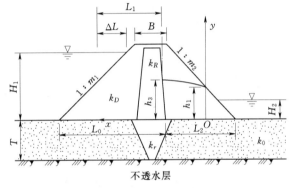

图 4-28　设有截水槽的心墙土堤的渗透计算图

$$\left.\begin{aligned} &(1)\quad q = \frac{k_D(H_1^2 - h_3^2)}{2\left[L_1 + \left(\dfrac{k_D}{k_R} - 1\right)\delta_R\right]} + \frac{k_0(H_1 - h_3)T}{0.441T + L_0 + \left(\dfrac{k_0}{k_T} - 1\right)\delta_T} \\[2mm] &(2)\quad q = k_D \frac{h_3^2 - h_1^2}{2(L_2 - m_2 h_1)} + k_0 T \frac{h_3 - h_1}{L_2 - m_2 h_1} \\[2mm] &(3)\quad q = k_D \frac{h_1 - H_2}{m_2}\left(1 + 2.3 \lg\frac{h_1}{h_1 - H_2}\right) + k_0 T \frac{h_1 - H_2}{m_2 h_1} \\[2mm] &(4)\quad L_1 = \Delta L + m_1(H - H_1) + \frac{B}{2} + \frac{1}{4}(\delta_1 + \delta_2) \\[2mm] &(5)\quad L_0 = m_1 H + \frac{B}{2} + \frac{\delta_2}{2} \\[2mm] &(6)\quad L_2 = \frac{B}{2} + m_2 H - \frac{\delta_2}{2} \end{aligned}\right\} \tag{4-123}$$

式中　H——堤高（m）；

　　　B——堤顶宽度（m）。

当背水面无水时，令式（4-123）中 $H_2 = 0$。

浸润线坐标轴设在距背水面边坡坡脚的水平距离为 $m_2 h_1$ 处，浸润线方程为

$$y^2+\frac{2k_0 T}{k_D}y=\frac{2q}{k_D}x+h_1\left(h_1+\frac{2k_0 T}{k_D}\right) \tag{4-124}$$

当堤背水面设有棱形排水体时，单宽渗透流量 q 可按下式计算：

$$(1)\quad q=\frac{k_D(H_1^2-h_3^2)}{2\left[L_1+\left(\dfrac{k_D}{k_R}-1\right)\delta_R\right]}+\frac{k_0(H-h_3)T}{0.441T+L_0+\left(\dfrac{k_0}{k_T}-1\right)\delta_T}$$

$$(2)\quad q=k_D\frac{h_3^2-H_2^2}{2L_3}+k_0 T\frac{h_3-H_2}{L_3} \tag{4-125}$$

式中　L_3——心墙背水面与地基交点到背水面水面与排水体上游坡交点的水平距离。

此时浸润线可近似地按不透水地基上心墙土堤的方法来绘制。

（三）有限透水地基上的均质土堤（设有截水槽）（图 4-29）

1. 背水面有水情况

此种堤的渗透仍可分成 3 段来计算，即竖直坡面线与通过截水槽平均宽度的迎水面边线 A_1—A_1 之间为第一段；截水槽平均宽度的迎水面边线 A_1—A_1 和背水面边线 A—A 断面之间为第二段；A—A 断面与 B—B 断面（通过浸润线坐标高度为 h_1 的断面）之间为第三段；B—B 断面与通过背水面堤坡脚的断面之间为

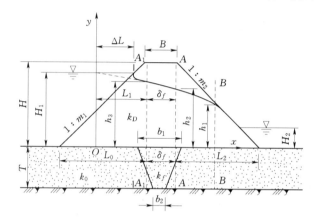

图 4-29　设有截水槽的均质土堤的渗透计算图

第四段。各段的渗透流量计算如下。

通过第一段的渗透流量 q_1 为

$$q_1=k_D\frac{H_1^2-h_3^2}{2L_1}+\frac{k_0(H_1-h_3)T}{0.441T+L_0} \tag{4-126}$$

其中

$$L_0=m_1 H+\frac{B}{2}-\frac{\delta_f}{2}$$

$$L_1=\Delta L+m_1(H-H_1)+\frac{B}{2}-\frac{\delta_f}{2}$$

通过第二段的渗透流量 q_2 为

$$q_2=k_D\frac{h_3^2-h_2^2}{2\delta_f}+k_f T\frac{h_3-h_2}{\delta_f} \tag{4-127}$$

式中　k_f——截水槽土料的渗透系数；

　　　δ_f——截水槽的平均宽度，即 $\delta_f=\dfrac{b_1+b_2}{2}$，其中 b_1 和 b_2 为截水槽的顶宽和底宽。

通过第三段的渗透流量 q_3 为

$$q_3=k_D\frac{h_2^2-h_1^2}{2(L_2-m_2 h_1)}+k_0 T\frac{h_2-h_1}{L_2-m_2 h_1} \tag{4-128}$$

其中
$$L_2 = \frac{B}{2} - \frac{\delta_f}{2} + m_2 H$$

通过第四段的渗透流量 q_4 为

$$q_4 = k_D \frac{h_1 - H_2}{m_2} \left(1 + 2.31\lg \frac{h_1}{h_1 - H_2}\right) + k_0 T \frac{h_1 - H_2}{m_2 h_1 + 0.441T} \qquad (4-129)$$

由于通过上述四段的渗透流量均相等，即 $q_1 = q_2 = q_3 = q_4$，故联立解上述式（4-126）～式（4-129），即可求得 q、h_3、h_2 及 h_1 值。

2. 背水面无水情况

当背水面无水时，可令式（4-129）中的 $H_2 = 0$。

浸润线的坐标轴原点设在竖直坡面线与地基表面的交点处，此时浸润线分 3 段来绘制。从竖直坡面线（oy 轴）到截水槽平均宽度的迎水面边线之间这一段，即 $0 \leqslant x \leqslant L_1$ 时，浸润线按下式计算：

$$y^2 = H_1^2 - A_1 x \qquad (4-130)$$

或
$$y = \sqrt{H_1^2 - A_1 x}$$

其中
$$A_1 = \frac{H_1^2 - h_3^2}{L_1} \qquad (4-131)$$

从截水槽迎水面边线（平均线）（$A_1 - A_1$）到截水槽平均宽度的背水面边线 $A-A$ 这一段〔即 $L_1 \leqslant x \leqslant (L_1 + \delta_f)$〕为

$$y^2 = h_3^2 - A_2(x - L_1) \qquad (4-132)$$

其中
$$A_2 = \frac{h_3^2 - h_2^2}{\delta_f} \qquad (4-133)$$

从截水槽平均宽度的下游边线 $A-A$ 到通过纵坐标 h_1 的 $B-B$ 断面的一段〔即 $(L_1 + \delta_f) \leqslant x \leqslant (L_1 + \delta_f + L_2 - m_2 h_1)$〕为

$$y^2 = h_2^2 - A_3(x - L_1 - \delta_f) \qquad (4-134)$$

其中
$$A_3 = \frac{h_2^2 - h_1^2}{L_2 - m_2 h_1} \qquad (4-135)$$

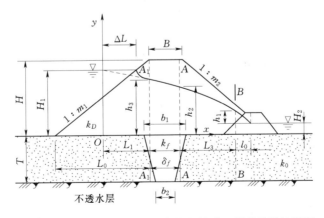

图 4-30　有棱形排水体和截水槽的均质土堤的渗透计算图

如若堤身背水面设有棱形排水体（图 4-30），此时渗透计算仍可分成 4 段来计算，通过第一段（竖直坡面到 A_1—A_1 断面）和第二段（A_1—A_1 断面到 A—A 断面）的渗透流量的计算公式与无排水体时相同，即

$$\left.\begin{aligned} q_1 &= k_D \frac{H_1^2 - h_3^2}{2L_1} + k_0 T \frac{H_1 - h_3}{0.441T + L_0} \\ q_2 &= k_D \frac{h_3^2 - h_2^2}{2\delta_f} + k_0 T \frac{h_3 - h_2}{\delta_f} \end{aligned}\right\} \tag{4-136}$$

通过第三段（A—A 断面到 B—B 断面）的渗透流量为

$$q_3 = k_D \frac{h_2^2 - (h_1 + H_2)^2}{2L_3} + k_0 \frac{h_2 - (h_1 + H_2)}{L_3} T \tag{4-137}$$

其中

$$L_3 = \frac{B}{2} - \frac{\delta_f}{2} + m_2(H - H_3) - m_3(H_3 - H_2)$$

式中　h_1——背水面水面与排水体上游坡交点处，浸润线在背水面水面以上的高度；

　　　L_3——A—A 断面到 B—B 断面（背水面水面与排水体上游边坡交点处断面）的水平距离。

通过第四段（B—B 断面到 Oy 轴断面）的渗透流量为

$$q_4 = k_a \frac{(h_1 + H_2)^2 - H_2^2}{2l_0} + k_0 \frac{h_1 T}{l_0 + 0.441T} \tag{4-138}$$

式中　k_a——排水体滤层的渗透系数；

　　　l_0——背水面水面与排水体迎水面边坡交点到浸润线与下游水面线交点的水平距离，可近似地取 $l_0 = \frac{1}{2} h_1$。

联立解式（4-136）~式（4-138），即可得有排水体的情况下有截水槽的均质土堤的 q、h_3、h_2、h_1 值。当背水面无水时，可令式（4-137）和式（4-138）中的 $H_2 = 0$。

在有排水体和背水面有水（水深 H_2）的情况下，坐标原点仍设在竖直坡面线与地基交点处，此时浸润线仍分 4 段来绘制：

第一段（$0 \leqslant x \leqslant L_1$）：

$$\left.\begin{aligned} y^2 &= H_1^2 - A_1 x \\ A_1 &= \frac{H_1^2 - h_3^2}{L_1} \end{aligned}\right\} \tag{4-139}$$

第二段（$L_1 \leqslant x \leqslant L_1 + \delta_f$）：

$$\left.\begin{aligned} y^2 &= h_3^2 - A_2(x - L_2) \\ A_2 &= \frac{H_3^2 - h_2^2}{\delta_f} \end{aligned}\right\} \tag{4-140}$$

第三段（$L_1 + \delta_f \leqslant x \leqslant L_1 + \delta_f + L_3$）：

$$\left.\begin{aligned} y^2 &= h_2^2 - A_4(x - L_1 - \delta_f) \\ A_4 &= \frac{h_2^2 - (h_1 + H_2)^2}{L_3} \end{aligned}\right\} \tag{4-141}$$

第四段（$L_1 + \delta_f + L_3 \leqslant x \leqslant L_1 + \delta_f + L_3 + l_0$）：

$$y^2 = (h_1 + H_2)^2 - A_5(x - L_1 - \delta_f - L_3) \tag{4-142}$$

$$A_5 = \frac{(h_1 + H_2)^2 - H_2^2}{l_0} \tag{4-143}$$

实际上第四段浸润线是不必绘制的。

当背水面无水时（有排水体的情况）浸润线仍可按上述公式计算，唯令 $H_2 = 0$。

（四）有限透水地基上有截水槽的斜墙土堤（图 4-31）

1. 无排水体情况

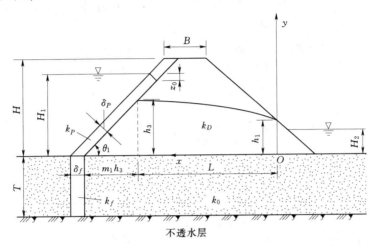

图 4-31 有截水槽的斜墙土堤的渗透计算图

透水地基上有截水槽的斜墙土堤的渗透计算可分为 3 段，即斜墙截水槽到通过 h_3 的断面为第一段，通过 h_3 和 h_1 的两个断面之间的一段为第二段，通过 h_1 的断面的下游楔形体为第三段。各段的渗透流量如下：

第一段：

$$q_1 = k_D \frac{H_1^2 - h_3^2 - z_0^2}{2\delta_P n \sin\theta_1} + k_0 \frac{(H_1 - h_3)T}{\frac{k_0}{k_f}\delta_f + m_1 h_3} \tag{4-144}$$

第二段：

$$q_2 = k_D \frac{h_3^2 - h_1^2}{2L} + k_0 \frac{(h_3 - h_1)T}{L} \tag{4-145}$$

式中 L——通过堤身浸润线高度 h_3 和 h_1 的两个断面的水平距离。

第三段：

$$q_3 = k_D \frac{h_1 - H_2}{m_2}\left(1 + 2.31\lg\frac{h_1}{h_1 - H_2}\right) + k_0 \frac{(h_1 - H_2)T}{m_2 h_1 + 0.441T} \tag{4-146}$$

由于 $q_1 = q_2 = q_3 = q$，故联立解上述三式，即可得 q、h_3 及 h_1 值。

此时坐标轴原点设在浸润线上水深为 h_1 的断面与地基平面的交点处，此时浸润线可按下式计算：

$$y^2 = \frac{h_3^2 - h_1^2}{L}x + h_1^2 \tag{4-147}$$

当背水面无水时，可令上述计算公式中之 $H_2 = 0$。

【**例 4-13**】　一座有截水槽的斜墙土堤（图 4-31），堤身高 $H=7\text{m}$，堤顶宽度 $B=9\text{m}$，迎水侧堤坡坡率 $m_1=3.5$，背水侧堤坡坡率 $m_2=2.5$，黏土斜墙的平均厚度 $\delta_P=1.5\text{m}$，截水槽的平均厚度 $\delta_f=1.5\text{m}$，斜墙的内坡角 $\theta_1=15.9454°=15°56'43''$，地基透水层深度 $T=3.5\text{m}$，堤身的渗透系数 $k_D=1.12\text{m/d}$，地基的渗透系数 $k_0=5.25\text{m/d}$，斜墙的渗透系数 $k_P=0.011\text{m/d}$，截水槽的渗透系数 $k_f=0.011\text{m/d}$，当土堤迎水侧的堤前水深 $H_1=6.0\text{m}$，背水侧堤后水深 $H_2=0.5\text{m}$ 时，计算通过每米堤身和地基的渗透流量和堤身内浸润线的坐标 x、y 值。

【**解**】　（1）简化渗流量的计算公式。

1）将 $k_P=0.011\text{m/d}$，$k_f=0.011\text{m/d}$，，$H_1=6.0\text{m}$，$\delta_P=1.5\text{m}$，$\delta_f=1.5\text{m}$，$T=3.5\text{m}$，$m_1=3.5$，$\theta_1=15.9454°$代入式（4-144），由于 $n=\dfrac{k_D}{k_P}$，$z_0=\delta_P\cos\theta_1$，故

$$q_1=k_D\frac{H_1^2-h_3^2-z_0^2}{2\delta_P n\sin\theta_1}+k_0\frac{(H_1-h_3)T}{\dfrac{k_0}{k_f}\delta_f+m_1h_3}$$

$$=k_D\frac{H_1^2-h_3^2-\delta_P^2\cos^2\theta_1}{2\delta_P\dfrac{k_D}{k_P}\sin\theta_1}+k_0\frac{(H_1-h_3)T}{\dfrac{k_0}{k_f}\delta_f+m_1h_3}$$

$$=k_P\frac{H_1^2-h_3^2-\delta_P^2\cos^2\theta_1}{2\delta_P\sin\theta_1}+k_0\frac{(H_1-h_3)T}{\dfrac{k_0}{k_f}\delta_f+m_1h_3}$$

将上列各值代入上式后得

$$q_1=0.011\times\frac{6.0^2-h_3^2-(1.5\cos15.9454°)^2}{2\times1.5\sin15.9454°}+5.25\times\frac{(6.0-h_3)\times3.5}{\dfrac{5.25}{0.011}\times1.5+3.5h_3}$$

$$=0.4527-0.01335h_3^2+\frac{31.5-5.25h_3}{204.5455+h_3} \tag{4-148}$$

2）根据式（4-145）计算 q_2。

根据式（4-145）得

$$q_2=k_D\frac{h_3^2-h_1^2}{2L}+k_0\frac{h_3-h_1}{L}T$$

其中

$$L=(m_1+m_2)H+B-\frac{\delta_P}{\sin\theta_1}-m_2h_1-m_1h_3$$

将 $m_1=3.5$，$m_2=2.5$，$H=7.0\text{m}$，$B=9.0\text{m}$，$\delta_P=1.5\text{m}$，$\theta_1=15.9454°$代入上式，得

$$L=(3.5+2.5)\times7.0+9.0-\frac{1.5}{\sin15.9454°}-2.5h_1-3.5h_3=45.5399-2.5h_1-3.5h_3$$

再将 $L=45.5399-2.5h_1-3.5h_3$ 和 $k_D=1.12\text{m/d}$，$K_0=5.25\text{m/d}$，$T=3.5\text{m}$，代入式（4-145）得

$$q_2=1.12\times\frac{h_3^2-h_1^2}{2(45.5399-3.5h_3-2.5h_1)}+\frac{5.25\times(h_3-h_1)\times3.5}{45.5399-2.5h_1-3.5h_3}$$

$$=\frac{0.56(h_3^2-h_1^2)+18.375(h_3-h_1)}{45.5399-2.5h_1-3.5h_3} \tag{4-149}$$

3) 根据式（4-146）计算 q_3。

根据式（4-146）得

$$q_3 = k_D \frac{h_1 - H_2}{m_2} \left(1 + 2.3 \lg \frac{h_1}{h_1 - H_2} \right) + k_0 \frac{(h_1 - H_2)T}{m_2 h_1 + 0.441T}$$

将 $k_D = 1.12 \text{m/d}$，$k_0 = 5.25 \text{m/d}$，$m_2 = 2.5$，$T = 3.5\text{m}$，$H_2 = 0.5\text{m}$ 代入上式得

$$q_3 = 1.12 \times \frac{h_1 - 0.5}{2.5} \left(1 + 2.3 \lg \frac{h_1}{h_1 - 0.5} \right) + 5.25 \times \frac{(h_1 - 0.5) \times 3.5}{2.5 h_1 + 0.441 \times 3.5}$$

$$= 0.448(h_1 - 0.5) \left(1 + 2.3 \lg \frac{h_1}{h_1 - 0.5} \right) + \frac{7.35(h_1 - 0.5)}{h_1 + 0.6174} \qquad (4-150)$$

（2）确定 h_1 和 h_3 的关系式。

由于 $q_1 = q_2 = q_3$，故首先令 $q_1 = q_3$。

1）根据 $q_1 = q_3$，按式（4-148）得

$$q_1 = q_3 = 0.4527 - 0.01335 h_3^2 + \frac{31.5 - 5.25 h_3}{204.5455 + h_3}$$

经整理后，上式可以写成

$$0.01335 h_3^3 + 2.7307 h_3^2 + (q_3 + 4.7973) h_3 - (124.0977 - 204.5455 q_3) = 0$$

或

$$h_3^3 + \frac{2.7307}{0.01335} h_3^2 + \frac{(q_3 + 4.7973)}{0.01335} h_3 - \frac{(124.0977 - 204.5455 q_3)}{0.01335} = 0$$

$$h_3 = \frac{(124.0977 - 204.5455 q_3) - 2.7307 h_3^2 - 0.01335 h_3^3}{q_3 + 4.7973} \qquad (4-151)$$

2）根据 $q_2 = q_3$，按式（4-149）得

$$q_2 = q_3 = \frac{0.56(h_3^2 - h_1^2) + 18.375(h_3 - h_1)}{45.5399 - 2.5 h_1 - 3.5 h_3}$$

经整理后得

$$h_3^2 + (32.8125 + 6.25 q_3) h_3 - (81.3213 q_3 + h_1^2 + 32.8125 h_1 - 4.4643 q_3 h_1) = 0$$

令

$$B = 32.8125 + 6.25 q_3 \qquad (4-152)$$

则上式可写成

$$C = 81.3213 q_3 + h_1^2 + 32.8125 h_1 - 4.4643 q_3 h_1 \qquad (4-153)$$

$$h_3^2 + B h_3 - C = 0$$

故得

$$h_3 = \frac{1}{2} \left(\sqrt{B^2 + 4C} - B \right) \qquad (4-154)$$

（3）设定 h_1 值。

因为本例是设有截水槽的斜墙土堤，因此斜墙背水侧土堤内的浸润线高度较低，故设定

$$h_1 = 0.56\text{m}, 0.565\text{m}, 0.567\text{m}, 0.569\text{m}, 0.57\text{m}, 0.58\text{m}$$

（4）计算 q_3 值。

根据设定的 h_1 值，按式（4-150）计算各相应的 q_3 值，例如，当 $h_1 = 0.56\text{m}$ 时，则

$$q_3 = 0.448(h_1-0.5)\left(1+2.3\lg\frac{h_1}{h_1-0.5}\right)+\frac{7.35(h_1-0.5)}{h_1+0.6174}$$

$$= 0.448(0.56-0.5)\left(1+2.3\lg\frac{0.56}{0.56-0.5}\right)+\frac{7.35(0.56-0.5)}{0.56+0.6174}$$

$$= 0.4614\text{m}^3/\text{d}$$

其他各 h_1 值相应的 q_3 的计算结果，列于表 4-28 中。

表 4-28　　　　　　　　　相应于各 h_1 值的 q_3 值

h_1（m）	0.56	0.565	0.567	0.569	0.57	0.58
q_3（m³/d）	0.4614	0.4957	0.5098	0.5235	0.5304	0.5978

（5）计算 h_3 值。

根据式（4-154）计算 h_3 值，即

$$h_3 = \frac{1}{2}\left(\sqrt{B^2+4C}-B\right)$$

1）计算 B 值。

按表 4-28 中各相应的 q_3 值根据式（4-154）计算 B 值。例如当 $q_3=0.4614\text{m}^3/\text{d}$ 时，相应的 B 值为

$$B = 32.8125+4.4643q_3 = 32.8125+4.4643\times0.4614 = 35.6963$$

其他相应 B 值的计算结果列于表 4-29 中。

表 4-29　　　　　　　　　相应于各 q_3 值的 B 值

h_1（m）	0.56	0.565	0.567	0.569	0.57	0.58
q_3（m³/d）	0.4614	0.4957	0.5098	0.5235	0.5304	0.5978
B	35.6963	35.9106	35.9988	36.0844	36.1275	36.5488

2）计算 C 值。

按表 4-28 中设定的 h_1 值，根据式（4-153）计算 C 值，例如当 $h_1=0.56\text{m}$ 时，相应的 C 值为

$$C = 81.3213+h_1^2+32.8125h_1^3 = 81.3213+(0.56)^2+32.8125\times(0.56)^3 = 55.0567$$

其他相应 C 值的计算结果列于表 4-30 中。

表 4-30　　　　　　　　　相应于各 h_1 值的 C 值

h_1（m）	0.56	0.565	0.567	0.569	0.57	0.58
q_3（m³/d）	0.4614	0.4957	0.5098	0.5235	0.5304	0.5978
B	35.6963	35.9106	35.9988	36.0844	36.1275	36.5488
C	55.0567	57.9189	59.0933	60.2360	60.8112	66.4336

3）计算 h_3 值。

根据表 4-30 中计算得的 B、C 值，按式（4-154）计算 h_3 值。例如当 $B=35.6963$ 和相应的 $C=55.0567$ 时，则

$$h_3=\frac{1}{2}(\sqrt{B^2+4C}-B)=\frac{1}{2}[\sqrt{(35.6963)^2+4\times55.0567}-35.6963]=1.4809\text{m}$$

其他相应 h_3 值的计算结果列于表 4-31 中。

表 4-31　　　　　　　　　　　相应于各 B、C 值的 h_3 值

h_1 (m)	0.56	0.565	0.567	0.569	0.57	0.58
q_3 (m³/d)	0.4614	0.4957	0.5098	0.5235	0.5304	0.5978
B	35.6963	35.9106	35.9988	36.0844	36.1275	36.5488
C	55.0567	57.9189	59.0933	60.2360	60.8112	66.4336
h_3 (m)	1.4809	1.5463	1.5728	1.5985	1.6114	1.7353

（6）再次计算 h_3 值。

根据表 4-31 中第（2）行和第（5）行中相应的 q_3 及 h_3 值，按式（4-151）再次计算 h_3 值。例如当 $q_3=0.4614\text{m}^3/\text{d}$ 和相应的 $h_3=1.4809\text{m}$ 时，则根据式（4-151），h_3 应为

$$h_3=\frac{(124.0977-204.5455q_3)-2.7307h_3^2-0.01335h_3^3}{q_3+4.7937}$$

$$=\frac{(124.0977-204.5455\times0.4614)-2.7307\times(1.4809)^2-0.01335\times(1.4809)^3}{0.4614+4.7937}$$

$$=4.5046\text{m}$$

其他各相应的 h_3 值的计算结果，列于表 4-32 中第（6）行内。

表 4-32　　　　　　　　　　　各 h_1 值及其相应的 h_3 值计算结果

h_1 (m)	0.5600	0.5650	0.5670	0.5690	0.5700	0.5800
q_3 (m³/d)	0.4614	0.4957	0.5098	0.5235	0.5304	0.5978
B	35.6963	35.9106	35.9988	36.0844	36.1275	36.5488
C	55.0567	57.9189	59.0933	60.2360	60.8112	66.4336
h_3 (m)	1.4809	1.5463	1.5728	1.5985	1.6114	1.7353
h_3 (m)	4.5046	3.0466	2.4521	1.8768	1.5879	-1.1996

（7）绘制 $h_3-F_1(h_1)$ 和 $h_3-F_2(h_1)$ 关系曲线。

选择一定的比例尺，以 h_1 为纵坐标轴，以 h_3 为横坐标轴，根据表 4-32 中第（1）行和第（5）行中相应的 h_1 和 h_3 值，点绘成 $h_3-F_1(h_1)$ 关系曲线，如图 4-32 所示。

按上述同样的比例尺，以 h_1 为纵坐标轴，以 h_3 为横坐标轴，根据表 4-32 中第（1）行和第（6）行中相应的 h_1 和 h_3 值，点绘成 $h_3-F_2(h_1)$ 关系曲线，如图 4-32 所示。

（8）确定 h_1 和 h_3 值。

由图 4-32 中可见，关系曲线 $h_3-F_1(h_1)$ 和关系曲线 $h_3-F_2(h_1)$ 相交于 a 点，由 a 点作横坐标轴的平行线 ab 与纵坐标相交于 b 点，b 点的纵坐标值为 $h_1=0.5699\text{m}$；由 a 点作纵坐标轴的平行线 ac 与横坐标轴相交于 c 点，c 点相应的横坐标值为 $h_3=1.6137\text{m}$。

因此，求得符合本例条件的土堤内浸润线特征高度为

$$h_1=0.5699\text{m}$$

$$h_3=1.6137\text{m}$$

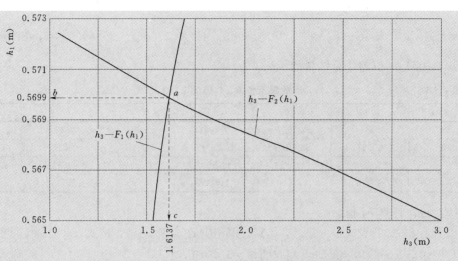

图 4 - 32 $h_3—F_1(h_1)$ 和 $h_3—F_2(h_1)$ 关系曲线

（9）计算渗透流量 q。

1）计算 L 值。

根据 $m_1=3.5$，$m_2=2.5$，$H=7\text{m}$，$B=9\text{m}$，$\delta_P=1.5\text{m}$，$\theta_1=15.9454°$，$h_1=0.5699\text{m}$，按下式计算相应的 L 值：

$$L=(m_1+m_2)H+B-\frac{\delta_P}{\sin\theta_1}-m_2h_1$$

将以上各值代入上式得

$$L=(3.5+2.5)\times7.0+9.0-\frac{1.5}{\sin15.9454°}-2.5\times0.5699$$

$$=44.1152\text{m}$$

2）计算渗透流量 q。

通过每米长度堤身和地基的渗透流量 q 可按式（4-145）计算，即

$$q=k_D\frac{h_3^2-h_1^2}{2L}+k_0\frac{(h_3-h_1)T}{L}$$

将 $k_D=1.12\text{m/d}$，$k_0=5.25\text{m/d}$，$T=3.5\text{m}$，$h_1=0.5699\text{m}$，$h_3=1.6137\text{m}$，$L=44.1152\text{m}$ 代入式（4-145），得通过每米长度堤身和地基的渗透流量为

$$q=1.12\times\frac{(1.6137)^2-(0.5699)^2}{2\times44.1152}+5.25\times\frac{(1.6137-0.5699)\times3.5}{44.1152}$$

$$=0.5304\text{m}^3/\text{d}$$

（10）计算浸润线坐标 x、y 值。

堤身内的浸润线方程按式（4-147）计算，即

$$y^2=\frac{h_3^2-h_1^2}{L}x+h_1^2$$

或

$$y=\sqrt{\frac{h_3^2-h_1^2}{L}x+h_1^2}$$

将 $h_3 = 1.6137\text{m}$, $h_1 = 0.5699\text{m}$, $L = 44.1152\text{m}$, 代入上式得

$$y = \sqrt{\frac{h_3^2 - h_1^2}{L}x + h_1^2} = \sqrt{\frac{(1.6137)^2 - (0.5699)^2}{44.1152}x + (0.5699)^2}$$

$$= \sqrt{0.0517x + 0.3248} \qquad (4-155)$$

1) 设定浸润线计算点的横坐标 x 值。

浸润线的横坐标轴设在地基水平表面线上,纵坐标设在通过浸润线高度为 $h_1 = 0.5699\text{m}$ 的竖直剖面线上,如图 4-31 所示。

设定浸润线计算点的横坐标值为

$$x = 0,5\text{m},10\text{m},15\text{m},20\text{m},30\text{m},40\text{m},44.1152\text{m}$$

2) 计算浸润线计算点的纵坐标 y 值

根据设定的 x 值,按式 (4-155) 计算各计算点的纵坐标 y 值,例如当 $x = 5\text{m}$ 时,相应的纵坐标为

$$y = \sqrt{0.0517 \times 5.0 + 0.3248} = 0.7637\text{m}$$

其他各计算点的纵坐标 y 值列于表 4-33 中。

表 4-33　　　　　　　　　　　堤身内浸润线计算点的坐标 x、y 值

x (m)	0	5	10	15	20	30	40	44.1152
y (m)	0.5699	0.7637	0.9175	1.0490	1.1657	1.3696	1.5469	1.6137

2. 有排水体情况

在有棱形排水体的情况下 (图 4-33),渗透流量 q 可按下式计算:

$$\left.\begin{array}{ll}(1) & q = k_D \dfrac{H_1^2 - h_3^2 - z_0^2}{2\delta_p n \sin\theta_1} + k_0 \dfrac{(H_1 - h_3)T}{\dfrac{k_0}{k_f}\delta_f + m_1 h_3} \\[4mm] (2) & q = k_D \dfrac{h_3^2 - H_2^2}{2(L_1 + l_0)} + k_0 \dfrac{(h_3 - H_2)T}{L_1 + l_0 + 0.441T} \\[4mm] (3) & q = k_D \dfrac{h_3^2 - (h_1 + H_2)^2}{2L_1} + k_0 \dfrac{(h_3 - h_1 - H_2)T}{L_1}\end{array}\right\} \qquad (4-156)$$

联立解上述三式即可得 q、h_3、h_1 值,式中 L_1 为通过 h_3 的断面到背水面水面与排水体迎水面边坡交点的水平距离;l_0 为背水面水面与排水体迎水面边坡交点到 Oy 轴的距离,可近似地取 $l_0 = \dfrac{1}{2}h_1$。由于相对于 L_1 来说 l_0 值很小,因此在式 (4-156) 中第 (2) 式分母中的 l_0 值可略去不计,此时根据式 (4-156) 中的第 (1)、第 (2) 两式即可解得 q 及 h_3 值,然后按式 (4-156) 中的第 (3) 式计算 h_1 值。

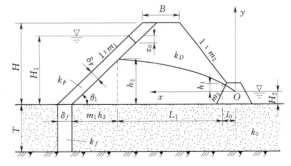

图 4-33　有排水体和有截水槽的斜墙土堤的渗透计算图

浸润线按下式计算：

$$(y+H_2)^2+Ax+C=0 \tag{4-157}$$

式中

$$\left.\begin{aligned} A&=\frac{h_3^2-H_2^2}{L_1+l_0}\\ C&=H_2^2 \end{aligned}\right\} \tag{4-158}$$

当背水面无水时（有排水体的情况），仍可按上述公式计算，但应令上述计算公式中的 $H_2=0$。此时浸润线坐标轴原点设在距排水体迎水面边坡坡脚为 l_0 的地基平面上。

（五）有铺盖的心墙土堤

1. 背水面无排水体情况

有铺盖的心墙土堤（图 4-34）的渗流可分为 3 段计算，从铺盖起点到 $B-B$ 断面（通过心墙背水坡坡脚）为第一段；$B-B$ 断面到 Oy 轴断面（通过浸润线坐标 h_1 的断面）为第二段；Oy 轴断面到背水面堤坡脚断面为第三段。

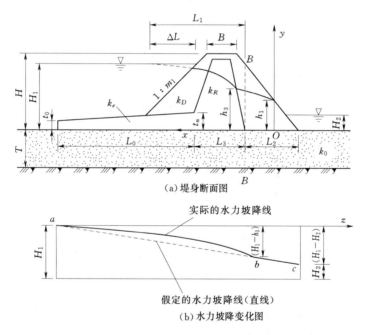

(a) 堤身断面图

(b) 水力坡降变化图

图 4-34　有铺盖的心墙土堤的渗透计算图

通过 $B-B$ 断面的渗透流量 q 包括 3 个方面的来源，即通过铺盖渗透的流量 q_1，通过堤身和心墙渗透的流量 q_2 和通过地基透水层渗透的流量 q_3。

铺盖的厚度沿其长度 L_0 方向是变化的，铺盖起点的厚度为 t_0，末端的厚度是 t_n，距铺盖起点为 Z 的断面处铺盖的厚度为

$$t=t_0+\frac{t_n-t_0}{L_0}Z \tag{4-159}$$

沿铺盖长度方向通过铺盖的渗透水流的作用水头（铺盖上某断面上下两点的水头差）是变化的，如图 4-34（b）中 ab 线所示，为了使计算简化起见，可近似地假定其按直线

规律变化（即图中 ab 虚线），此时距铺盖起点水平距离为 Z 的断面上的作用水头为

$$h = \frac{H_1 - h_3}{L_0 + L_3} Z \qquad (4-160)$$

式中 L_3——心墙的底宽。

因此，距铺盖起点为 Z 的断面上渗透水流的水力坡降为

$$i_1 = \frac{h}{t} = \frac{\dfrac{H_1 - h_3}{L_0 + L_3} Z}{t_0 + \dfrac{t_n - t_0}{L_0} Z}$$

$$= \frac{\dfrac{(H_1 - h_3)L_0}{(L_0 + L_3)(t_n - t_0)} Z}{\dfrac{t_0 L_0}{t_n - t_0} + Z} \qquad (4-161)$$

如令

$$a = \frac{t_0 L_0}{t_n - t_0} \qquad (4-162)$$

$$b_1 = \frac{(H_1 - h_3)L_0}{(L_0 + L_3)(t_n - t_0)} \qquad (4-163)$$

则水力坡降 i_1 可以简写为

$$i_1 = \frac{b_1 Z}{a + Z} \qquad (4-164)$$

若铺盖土料的渗透系数为 k_e，则通过铺盖 dZ 长度的渗透流量 dq_1 为

$$dq_1 = k_e i_1 dZ$$

$$= k_e \frac{b_1 Z}{a + Z} dZ \qquad (4-165)$$

将式（4-165）沿铺盖长度积分，则可得通过整个铺盖长度 L_0 的渗透流量 q_1 为

$$q_1 = \int_0^{L_0} k_e \frac{b_1 Z}{a + Z} dZ$$

$$= k_e b_1 \int_0^{L_0} \frac{Z dZ}{a + Z}$$

$$= k_e b_1 \left(L_0 - 2.3 a \lg \frac{a + L_0}{a} \right) \qquad (4-166)$$

如令

$$b = \frac{b_1}{H_1 - h_3} = \frac{L_0}{(L_0 + L_3)(t_n - t_0)} \qquad (4-167)$$

则

$$q_1 = k_e b (H_1 - h_3) \left(L_0 - 2.3 a \lg \frac{a + L_0}{a} \right) \qquad (4-168)$$

通过心墙的渗透流量 q_2 为

$$q_2 = k_D \frac{H_1^2 - h_3^2}{2 \left[L_1 + \left(\dfrac{k_D}{k_R} - 1 \right) \delta_R \right]} \qquad (4-169)$$

式中　k_R——心墙土料的渗透系数；

$\quad\quad\delta_R$——心墙的平均厚度。

通过地基透水层的渗透流量 q_3 为

$$q_3 = k_0 T \frac{H_1 - h_3}{L_0 + L_3 + 0.441T} \tag{4-170}$$

所以，通过 B—B 断面的渗透流量 q 为

$$q = q_1 + q_2 + q_3$$

$$= k_e b(H_1 - h_3)\left(L_0 - 2.3a\lg\frac{a+L_0}{a}\right) + k_D \frac{H_1^2 - h_3^2}{2\left[L_1 + \left(\frac{k_D}{k_R} - 1\right)\delta_R\right]}$$

$$+ k_0 T \frac{H_1 - h_3}{L_0 + L_3 + 0.441T} \tag{4-171}$$

通过第二段的渗透流量为

$$q = k_D \frac{h_3^2 - h_1^2}{2(L_2 - m_2 h_1)} + k_0 T \frac{h_3 - h_1}{L_2 - m_2 h_1} \tag{4-172}$$

通过第三段的渗透流量为

$$q = k_D \frac{h_1 - H_2}{m_2}\left(1 + 2.3\lg\frac{h_1}{h_1 - H_2}\right) + k_0 T \frac{h_1 - H_2}{m_2 h_1 + 0.441T} \tag{4-173}$$

将通过上述三段的渗透流量计算式 [式 (4-171)、式 (4-172)、式 (4-173)] 联立求解，则可得 q、h_3 及 h_1 值。

当背水面无水时，可令式 (4-173) 中的 $H_2 = 0$。

浸润线坐标原点设在通过 h_1 的断面与地基平面之交点处，浸润线可按下式计算：

$$y^2 = Ax + C \tag{4-174}$$

其中

$$\left.\begin{array}{l} A = \dfrac{h_3^2 - h_1^2}{L_2} \\[3mm] C = h_1^2 \end{array}\right\} \tag{4-175}$$

如果铺盖和心墙的渗透系数较坝基透水层的渗透系数小很多（如小 100 倍以上），则可以不考虑通过铺盖和心墙的渗透流量，而按下列方程计算渗透流量：

$$\left.\begin{array}{ll} (1) & q = k_0 T \dfrac{H_1 - h_3}{L_0 + L_3 + 0.441T} \\[4mm] (2) & q = k_D \dfrac{h_3^2 - h_1^2}{2(L_2 - m_2 h_1)} + k_0 T \dfrac{h_3 - h_1}{L_2 - m_2 h_1} \\[4mm] (3) & q = k_D \dfrac{h_1 - H_2}{m_2}\left(1 + 2.3\lg\dfrac{h_1}{h_1 - H_2}\right) + k_0 T \dfrac{h_1 - H_2}{m_2 h_1 + 0.441T} \end{array}\right\} \tag{4-176}$$

2. 背水面有排水体情况

当坝体背水面设有棱形排水体时（图 4-35），渗透流量 q 和 h_3、h_1 值按下列方程计算：

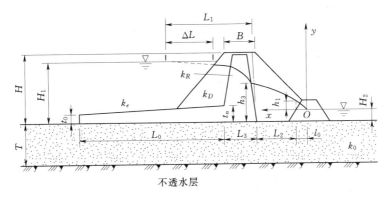

图 4-35　有排水和有铺盖的心墙土堤的渗透计算图

$$\left.\begin{array}{ll}(1) & q=k_e b(H_1-h_3)\left(L_0-2.31g\dfrac{a+L_0}{a}\right) \\[2mm] & +k_D\dfrac{H_1^2-h_3^2}{2\left[L_1+\left(\dfrac{k_D}{k_R}-1\right)\delta_R\right]}+k_0 T\dfrac{H_1-h_3}{L_0+L_3+0.441T} \\[4mm] (2) & q=k_D\dfrac{h_3^2-(h_1+H_2)^2}{2L_2}+k_0 T\dfrac{h_3-(h_1+H_2)}{L_2} \\[4mm] (3) & q=k_D\dfrac{h_3^2-H_2^2}{2(L_2+l_0)}+k_0 T\dfrac{h_3-H_3}{L_2+l_0}\end{array}\right\} \qquad (4-177)$$

式中　h_1——背水面水面线与排水体迎水面边坡的交点到浸润线的坐标高度；

$\quad\quad L_0$——心墙背水面边坡坡脚到背水面水面线与排水体迎水面边坡交点的水平距离；

$\quad\quad l_0$——由浸润线坐标轴原点到背水面水面线与排水体迎水面边坡交点的水平距离，

可近似地取 $l_0=\dfrac{1}{2}h_1$。

联立解上述三式即可得 q、h_3、h_1 值。当下游无水时可令 $H_2=0$。

如若不计通过铺盖及心墙的渗透流量，则上述方程可简化为

$$\left.\begin{array}{ll}(1) & q=k_0 T\dfrac{H_1-h_3}{L_0+L_3+0.441T} \\[3mm] (2) & q=k_D\dfrac{h_3^2-(h_1+H_2)^2}{2L_2}+k_0 T\dfrac{h_3-(h_1+H_2)}{L_2} \\[3mm] (3) & q=k_D\dfrac{h_3^2-H_3^2}{2(L_2+l_0)}+k_0 T\dfrac{h_3-H_2}{L_2+l_0}\end{array}\right\} \qquad (4-178)$$

浸润线可按下式计算：

$$y^2=Ax+C \qquad (4-179)$$

其中

$$\left.\begin{array}{l}A=\dfrac{h_3^2-H_2^2}{L_2+l_0} \\[3mm] C=H_2^2\end{array}\right\} \qquad (4-180)$$

在绘制浸润线时，应将心墙土料折换成坝体土料来计算。

（六）有铺盖的均质土堤

有铺盖的均质土堤（图4-36）的渗透计算可由通过浸润线坐标高度h_1的断面将计算图形分为上下游两段，此时渗透流量可按下列公式计算。

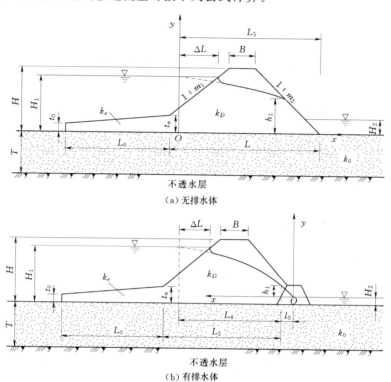

（a）无排水体

（b）有排水体

图4-36 有铺盖的均质土堤的渗透计算图

1. **无排水体的情况** $\left[\text{图}4-36（a）\right]$

$$
\left.
\begin{aligned}
（1）\quad q &= k_e b(H_1-h_1)\left(L_0-2.3\lg\frac{a+L_0}{a}\right) \\
&+ k_D\frac{H_1^2-h_1^2}{2(L_5-m_2h_1)}+k_0 T\frac{H_1-h_1}{L_0+L-m_1h_1+0.441T} \\
（2）\quad q &= k_D\frac{h_1-H_2}{m_2}\left(1+2.3\lg\frac{h_1}{h_1-H_2}\right)+k_0 T\frac{h_1-H_2}{m_2h_1+0.441T}
\end{aligned}
\right\}
\quad(4-181)
$$

其中

$$
a=\frac{t_0 L_0}{t_n-t_0}
$$

式中 L_5——由垂直坡面线到背水面堤坡坡脚的水平距离。

联立解上述两式可得q及h_1值。当背水面无水时，可令上式中$H_2=0$。浸润线坐标原点设在垂直坡面线与地基平面的交点处，此时浸润线按下式计算：

$$
y^2+Ax-C=0 \quad(4-182)
$$

其中

$$
\left.
\begin{aligned}
A &= \frac{H_1^2-h_1^2}{L_5-m_2h_1} \\
C &= h_3^2
\end{aligned}
\right\}
\quad(4-183)
$$

2. 有排水体的情况 ［图 4 - 36 （b）］

(1)　$q = k_e b(H_1 - h_1)\left(L_0 - 2.3\lg\dfrac{a+L_0}{a}\right) + k_D\dfrac{H_1^2 - (h_1 + H_2)^2}{2L_4} + k_0 T\dfrac{H_1 - (h_1 + H_2)}{L_0 + L_2}$

(2)　$q = k_D\dfrac{(h_1 + H_2)^2 - H_2^2}{2l_0} + k_0 T\dfrac{h_1}{l_0 + 0.441T}$

$$(4 - 184)$$

其中
$$a = \frac{t_0 L_0}{t_n - t_0}$$

式中　L_4——由垂直坡面线到通过坐标 h_1 的断面的水平距离。

联立解上述两式即可得 q 及 h_1 值，式中 l_0 为浸润线坐标原点到背水面水面线与排水体迎水面边坡的交点的水平距离，可近似地取 $l_0 = \dfrac{1}{2}h_1$。此时浸润线坐标原点设在：①当背水面有水时，在距背水面水面线与排水体迎水面边坡交点为 l_0 处；②当背水面无水时，在距排水体迎水面边坡坡脚为 l_0 的地基面上。浸润线可近似地按下式计算：

$$y^2 = Ax + C \tag{4 - 185}$$

其中
$$A = \frac{H_1^2 - H_2^2}{L_4 + l_0}$$
$$C = H_2^2$$
$$(4 - 186)$$

当背水面无水时（有排水体）浸润线仍按上式计算，但此时应令式中的 $H_2 = 0$。

第四节　层状地基的渗透计算

一、层状地基的综合渗透系数

对于多层地基，如若各层的渗透系数均不相同，在进行地基的渗透计算时可以确定地基的综合渗透系数，然后将层状地基近似地按均质地基来进行计算。

根据渗流的条件，综合渗透系数的计算可分为两种情况，即渗流方向与层面平行和渗流方向与层面垂直。

（一）渗流方向与层面平行 ［图 4 - 37 （a）］

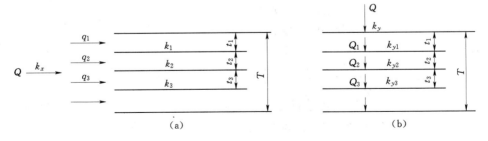

图 4 - 37　层状地基的综合渗透系数计算图

假定地基的总渗流量为 Q，各层的渗流量分为 q_1，q_2，q_3，…，各层的渗透系数为 k_1，k_2，k_3，…，各层的厚度为 t_1，t_2，t_3，…，透水层的总厚度为 T，地基的综合渗透系数为 k_x。

此时流经各层的渗透流量为总和 Q 为

$$Q = q_1 + q_2 + q_3 + \cdots$$

因此，根据达西定律可得

$$k_x I T = k_1 i_1 t_1 + k_2 i_2 t_2 + k_3 i_3 t_3 + \cdots$$

式中 I——综合渗透系数为 k_x 的均质地基的渗流坡降；

i_1，i_2，i_3，…——各层中渗流的水力坡降。

假定各层中的水流是相互平行的，不存在与层面垂直的分速，因此各层的渗流坡降必定相等，并与综合层（均质层）中的渗透坡降相等，即 $i_1 = i_2 = i_3 = \cdots = I$，于是可得地基的综合渗透系数为

$$k_x = \frac{1}{T}(k_1 t_1 + k_2 t_2 + k_3 t_3 + \cdots) \tag{4-187}$$

（二）渗流方向与层面垂直 ［图 4-37（b）］

当渗流的方向与层面垂直时，通过各分层的渗流量彼此是相等的，并等于总渗流量 Q，即

$$Q = Q_1 = Q_2 = Q_3 = \cdots$$

式中 Q_1，Q_2，Q_3，…——通过各分层的渗流量。

根据达西定律可得

$$k I \omega = k_1 i_1 \omega_1 = k_2 i_2 \omega_2 = k_3 i_3 \omega_3 = \cdots \tag{4-188}$$

式中 k——地基的综合渗透系数；

I——变为均质地基时的渗流坡降；

ω——变为均质地基时的渗流面积；

ω_1，ω_2，ω_3，…——各分层的渗流面积；

i_1，i_2，i_3，…——各分层的渗流坡降。

由于各层的渗流面积相同，即 $\omega = \omega_1 = \omega_2 = \omega_3 = \cdots$，同时由于 $I = \frac{h}{T}$，其中 h 为总的渗流损失水头，T 为透水地基的总厚度，而且

$$h = h_1 + h_2 + h_3 + \cdots$$
$$= i_1 t_1 + i_2 t_2 + i_3 t_3 + \cdots$$

式中 h_1，h_2，h_3，…——各分层的损失水头；

t_1，t_2，t_3，…——各分层的厚度。

因此

$$k I \omega = k \frac{h}{T} \omega = k \frac{\omega}{T}(h_1 + h_2 + h_3 + \cdots)$$
$$= k \frac{\omega}{T}(i_1 t_1 + i_2 t_2 + i_3 t_3 + \cdots) \tag{4-189}$$

将式（4-189）代入式（4-188）得

$$k \frac{\omega}{T}(i_1 t_1 + i_2 t_2 + i_3 t_3 + \cdots) = k_1 i_1 \omega_1 = k_2 i_2 \omega_2 = k_3 i_3 \omega_3 = \cdots$$

由此可得

$$k=\frac{k_1 i_1 T}{i_1 t_1+i_2 t_2+i_3 t_3+\cdots}=\frac{T}{\dfrac{i_1 t_1+i_2 t_2+i_3 t_3+\cdots}{k_1 t_1}+\cdots} \tag{4-190}$$

根据渗流的连续条件，通过各层的渗流量应相等，同时由于各层的渗流面积相等，故各层的渗透流速必定相等，即

$$k_1 i_1=k_2 i_2=k_2 i_3=\cdots$$

因此式（4-190）可以变为

$$k=\frac{T}{\dfrac{i_1 t_1}{k_1 i_1}+\dfrac{i_2 t_2}{k_2 i_2}+\dfrac{i_3 t_3}{k_3 i_3}+\cdots}=\frac{T}{\dfrac{t_1}{k_1}+\dfrac{t_2}{k_2}+\dfrac{t_3}{k_3}+\cdots} \tag{4-191}$$

二、层状地基上土堤的渗透计算

对于土质堤防工程（防护堤）常常修建在天然的淤积地层上，这种地基有时是多层地基，特别是上层为弱透水层，下层为强透水层的双层地基，是一种较常见的地基。对于这种地基，尤其是当弱透水层的厚度不大时，洪水时期堤防下游地基往往容易出现渗透破坏（管涌或流土现象），应引起特别注意。

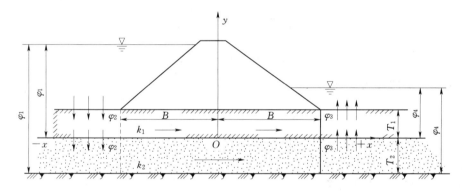

图 4-38　双层地基渗透计算图

对于如图 4-38 所示的双层地基，沿防护堤底面任意点 x 处的渗透水头为

$$\varphi=\frac{1}{2}(\varphi_1+\varphi_4)-\frac{\pi}{\left(\dfrac{2T_1}{B}+\pi\right)}(\varphi_1-\varphi_4)\frac{x}{B} \tag{4-192}$$

式中　φ——以地基第一层底面为基准，土堤底面任一点 x 处的渗透水头（m）；

　　　φ_1——防护堤上游水面到第一土层底面的高度（m）；

　　　φ_4——防护堤下游水面到第一土层底面的高度（m）；

　　　T_1——第一土层的厚度（m）；

　　　B——防护堤的底面宽度。

第一土层中任意点处的水力坡降为

$$i_1=\frac{\partial \varphi}{\partial x}=\frac{\pi}{\dfrac{2\pi}{B}+\pi}(\varphi_1-\varphi_4)\frac{1}{B} \tag{4-193}$$

121

第一土层中任意点处的渗透流速为

$$v_1 = ki = \frac{\pi}{\frac{2\pi}{B} + \pi}(\varphi_1 - \varphi_4)\frac{k_1}{B}$$

式中　k_1——第一土层的渗透流速（m/s）。

通过第一土层的渗流量为

$$Q_1 = \frac{-\pi}{\frac{2\pi}{B} + \pi}(\varphi_1 - \varphi_4)\frac{k_1 T_1}{B} \qquad (4-194)$$

在第二土层中防护堤底面以下任意点 x 处的渗透水头为

$$\varphi = \frac{1}{2}(\varphi_2 + \varphi_3) - \frac{1}{2}(\varphi_2 - \varphi_3)\frac{x}{L} \qquad (4-195)$$

式中　φ_2——以第二土层底面为准，防护堤上游坡脚断面上的水深（m）；

　　　φ_3——以第二土层底面为准，防护堤下游坡脚断面上的水深（m）；

　　　L——防护堤底面宽度的一半，即 $L = \frac{B}{2}$。

φ_2、φ_3 按下列公式计算：

$$\varphi_2 = \varphi_1 - (\varphi_1 - \varphi_4)\frac{\lambda}{2L + 2\lambda} \qquad (4-196)$$

$$\varphi_3 = \varphi_4 + (\varphi_1 - \varphi_4)\frac{\lambda}{2L + 2\lambda} \qquad (4-197)$$

通过第二土层的渗流量为

$$Q_2 = \frac{k_2 T_2}{\lambda}(\varphi_3 - \varphi_4) \qquad (4-198)$$

式中　k_2——地基第二土层的渗透系数（m/s）；

　　　T_2——地基第二土层的厚度（m）；

　　　λ——系数，按下式计算：

$$\lambda = \sqrt{T_2 T_2 \frac{k_2}{k_1}} \qquad (4-199)$$

通过第一土层的渗透水流的水力坡降为

$$J_1 = \frac{1}{2T_1}\left[(\varphi_2 + \varphi_3) - (\varphi_2 - \varphi_3)\frac{x}{L}\right] \qquad (4-200)$$

【例4-14】　某均质土堤修建在双层地基上，上层为弱透水层，厚度 $T_1 = 1.0$m，下层为强透水层，厚度 $T_2 = 5$m，第一土层的渗透系数 $k_1 = 0.2$m/d，第二土层的渗透系数 $k_2 = 210$m/d，堤身高度 $H = 10$m，上游水深 $H_1 = 8.5$m，下游无水（$H_2 = 0$），堤身上游边坡坡率 $m_1 = 3.5$，下游边坡坡率 $m_2 = 2.5$，堤顶宽度 $b = 8.0$m，计算沿堤身底面的水力坡降 i_1，在下游堤坡坡脚处通过第一层土的渗透水力坡降 J_1，以及通过地基第一层和第二层的渗透流量 Q_1、Q_2。

【解】　（1）计算土堤的底面宽度 B 和系数 λ。

$$B=(m_1+m_2)H+b=(3.5+2.5)\times10+8.0=68.0\text{m}$$

式中 b 为堤顶宽度，$b=8.0\text{m}$。

$$\lambda=\sqrt{T_2T_1\frac{k_2}{k_1}}=\sqrt{5.0\times1.0\times\frac{210}{0.2}}=72.4569$$

（2）计算水头 φ_1、φ_2、φ_3、φ_4 值。

1）对于地基的第一层：

堤的上游水头为

$$\varphi_1=H_1+T_1=8.5+1.0=9.5\text{m}$$

堤的下游水头为

$$\varphi_4=H_2+T_1=0+1.0=1.0\text{m}$$

在堤的上游坡脚处，根据式（4-192），并令 $x=-L=-\dfrac{B}{2}$，则得

$$\varphi_2=\frac{1}{2}(\varphi_1+\varphi_4)-\frac{\pi}{\dfrac{2T_1}{B}+\pi}(\varphi_1-\varphi_4)\frac{x}{B}$$

$$=\frac{1}{2}(9.5+1.0)-\frac{3.1416}{\dfrac{2\times1.0}{68.0}+3.1416}(9.5-1.0)\times\frac{-\dfrac{B}{2}}{B}$$

$$=9.4606\text{m}$$

在堤的下游坡脚处，根据式（4-192），并令 $x=\dfrac{B}{2}$，则得

$$\varphi_3=\frac{1}{2}(\varphi_1+\varphi_4)-\frac{\pi}{\dfrac{2T_1}{B}+\pi}(\varphi_1-\varphi_4)\frac{x}{B}$$

$$=\frac{1}{2}(9.5+1.0)-\frac{3.1416}{\dfrac{2\times1.0}{68.0}+3.1416}(9.5-1.0)\times\frac{\dfrac{B}{2}}{B}$$

$$=1.0394\text{m}$$

2）对于地基的第二层：

堤的上游水头为

$$\varphi_1=H_1+(T_1+T_2)=8.5+(1.0+5.0)=14.50\text{m}$$

堤的下游水头为

$$\varphi_4=H_2+(T_1+T_2)=0+(1.0+5.0)=6.0\text{m}$$

根据式（4-196）和式（4-197）计算堤的上游坡脚断面上的水头 φ_2 和堤的下游坡脚断面上的水头 φ_3，此时 x 分别为 $x=-\dfrac{B}{2}$ 和 $x=\dfrac{B}{2}$。

$$\varphi_2=\varphi_1-(\varphi_1-\varphi_4)\frac{\lambda}{2L+2\lambda}$$

$$=14.50-(14.50-6.0)\frac{72.4569}{68+2\times72.4569}=11.6074\text{m}$$

$$\varphi_3=\varphi_4+(\varphi_1-\varphi_4)\frac{\lambda}{2L+2\lambda}$$

$$=6.0+(14.50-6.0)\frac{72.4569}{68+2\times72.4569}=8.8926\text{m}$$

（3）根据式（4-193）计算沿堤身底面的水力坡降 i_1。

$$i_1=\frac{\pi}{\frac{2T_1}{B}+\pi}(\varphi_1-\varphi_4)\frac{1}{B}=\frac{3.1416}{\frac{2\times1.0}{68}+3.1416}\times\frac{(14.50-6.0)}{68}$$

$$=0.1238$$

根据堤底面的水力坡降 i_1 可以核算堤底面产生接触冲刷的可能性。

（4）根据式（4-200）计算下游堤坡坡脚处通过第一层土的渗透水力坡降 J_1。

$$J_1=\frac{1}{2T_1}\Big[(\varphi_2+\varphi_3)-(\varphi_2-\varphi_3)\frac{x}{L}\Big]$$

式中 $x=L$，$T_1=1.0\text{m}$，故

$$J_1=\frac{1}{2\times1.0}\Big[(11.6074+8.8926)-(11.6074-8.8926)\frac{L}{L}\Big]$$

$$=8.8926$$

根据 J_1 值可以核算土堤下游堤脚处产生管涌和流土的可能性。

（5）根据式（4-194）计算通过地基第一层土的渗透流量 Q_1。

$$Q_1=\frac{\pi}{\frac{2T_1}{B}+\pi}(\varphi_1-\varphi_4)\frac{k_1T_1}{B}$$

$$=\frac{3.1416}{\frac{2\times1.0}{68.0}+3.1416}(14.50-6.0)\times\frac{0.2\times1.0}{68.0}$$

$$=0.0248\text{m}^3/\text{d}$$

（6）根据式（4-198）计算通过地基第二层土的渗透流量 Q_2。

$$Q_2=\frac{k_2T_2}{\lambda}(\varphi_3-\varphi_4)$$

$$=\frac{210\times5.0}{72.4569}(8.8926-6.0)=41.9177\text{m}^3/\text{d}$$

第五节　均质土堤堤身内的渗透水力坡降和流速

一、均质土堤堤身内的渗透水力坡降

参考文献［20］中导得均质土堤在稳定渗流情况下，堤身内任意点处的渗透水头为

$$\varphi = \frac{1}{k}\left[\frac{1}{2c}\left(x+\sqrt{x^2+y^2}\right)\right]^{1/2} \tag{4-201}$$

其中
$$c=\frac{1}{2kq} \tag{4-202}$$

式中　φ——均质土堤堤身内任意点（x，y）处的渗透水头（m）；

　　　k——均质土堤堤身的渗透系数（m/s）；

　　　c——系数；

　　　q——土堤的单宽渗流量（m^3/s）；

　x，y——计算点的横坐标和纵坐标，对于堤身背水坡无排水体或有贴坡排水的均质土堤，坐标原点的位置设在背水坡坡脚点处，如图4-39所示。

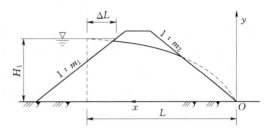

图4-39　均质土堤渗透水头及水力坡降计算时的坐标位置

堤身内任意点（x，y）处的渗透水力坡降为

$$i=\frac{\partial\varphi}{\partial x}+\frac{\partial\varphi}{\partial y} \tag{4-203}$$

式中　$\dfrac{\partial\varphi}{\partial x}$，$\dfrac{\partial\varphi}{\partial y}$——渗透水力坡降在 x 和 y 方向的分量。

根据式（4-201）可得

$$\frac{\partial\varphi}{\partial x}=\frac{1+\dfrac{x}{\sqrt{x^2+y^2}}}{4kc\left[\dfrac{1}{2c}\left(x+\sqrt{x^2+y^2}\right)\right]^{1/2}} \tag{4-204}$$

$$\frac{\partial\varphi}{\partial y}=\frac{\dfrac{y}{\sqrt{x^2+y^2}}}{4kc\left[\dfrac{1}{2c}\left(x+\sqrt{x^2+y^2}\right)\right]^{1/2}} \tag{4-205}$$

将式（4-204）和式（4-205）代入式（4-203），则得均质土堤堤身内任意点（x，y）处的渗透水力坡降为

$$i=\frac{\sqrt{x^2+y^2}+(x+y)}{4kc\sqrt{x^2+y^2}\left[\dfrac{1}{2c}\left(x+\sqrt{x^2+y^2}\right)\right]^{1/2}} \tag{4-206}$$

二、背水堤坡面上的出逸渗透水力坡降

1. 背水堤坡面上任意高度（y）点处的渗透水力坡降

$$i=\frac{\sqrt{1+m_2^2}+(1-m_2)}{4kc\sqrt{1+m_2^2}\left[\dfrac{y}{2c}\left(\sqrt{1+m_2^2}-m_2\right)\right]^{1/2}} \tag{4-207}$$

式中　m_2——下游堤坡坡率。

根据式（4-207）可以计算下游堤坡面上渗流出逸坡降沿堤坡面的分布。

2. 背水堤坡面上沿堤坡面法线方向的渗透出逸水力坡降

$$i_D = \frac{y}{4kc\sqrt{1+m_2^2}\left[\dfrac{1}{2c}(x+\sqrt{x^2+y^2})\right]^{1/2}} \tag{4-208}$$

式中　i_D——背水堤坡面上沿堤坡面法线方向的渗透水力坡降。

3. 背水堤坡面上沿堤坡面方向的渗透水力坡降

$$i_P = \frac{\sqrt{1+m_2^2}-m_2}{4kc\sqrt{1+m_2^2}\left[\dfrac{y}{2c}(\sqrt{1+m_2^2}-m_2)\right]^{1/2}} \tag{4-209}$$

式中　i_P——背水堤坡面上沿堤坡面方向的渗透水力坡降。

渗流在土堤背水坡面上的出逸坡降 i 也可以按下列公式近似计算。

4. 不透水地基上均质土堤背水坡面上的渗流坡降

（1）堤身背水面处无水（$H_2=0$）时［图 4-40（a）］。

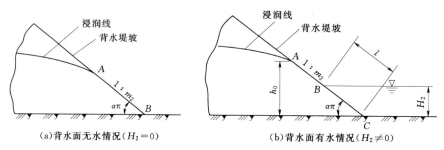

（a）背水面无水情况（$H_2=0$）　　　　（b）背水面有水情况（$H_2\neq0$）

图 4-40　土堤背水坡面上渗流坡降计算图

1）渗流出逸点 A 点处的水力坡降：

$$i_A = \sin\alpha\pi = \frac{1}{\sqrt{1+m_2^2}} \tag{4-210}$$

式中　m_2——背水堤坡坡率；

　　　α——堤坡坡角系数。

2）渗流出逸点 B 点处的水力坡降：

$$i_B = \tan\alpha\pi = \frac{1}{m_2} \tag{4-211}$$

在堤坡面 A、B 两点之间，渗透出逸坡降可近似地按直线变化。

（2）堤身背水面处有水（$H_2\neq0$）时［图 4-40（b）］。

1）出逸段 AB 上的渗透坡降：

$$i = i_A\left(\frac{h_0-H_2}{y-H_2}\right)^n \tag{4-212}$$

$$(y\geqslant H_2,H_2\neq0)$$

其中

$$n = 0.25\frac{H_2}{h_0} \tag{4-213}$$

$$i_A = \frac{1}{\sqrt{1+m_2^2}} \tag{4-214}$$

式中　y——计算点距地基面的高度（m）；

i——背水堤坡上计算点处的渗流出逸坡降；

n——指数；

h_0——堤坡上出逸点 A 处的浸润线高度（m）［图 4-40（b）］；

i_A——背水堤坡上出逸点 A 处的渗透水力坡降。

2）浸没段 BC 上的渗透坡降：

$$i=\frac{a_0}{1+b_0\dfrac{H_2}{h_0-H_2}}\left(\frac{y}{l}\right)^{\frac{1}{2\alpha}-1} \tag{4-215}$$

或

$$i=\frac{a_0}{1+b_0\dfrac{H_2}{h_0-H_2}}\left(\frac{y}{H_2}\right)^{\frac{1}{2\alpha}-1} \tag{4-216}$$

其中

$$a_0=\frac{1}{2\alpha(m_2+0.5)\sqrt{1+m_2^2}} \tag{4-217}$$

$$b_0=\frac{m_2}{2(m_2+0.5)^2} \tag{4-218}$$

式中　a_0，b_0——系数。

三、土堤堤身内任意点处的渗流速度

1. 土堤堤身内任意点处的渗流速度

$$v=\frac{\sqrt{x^2+y^2}+(x+y)}{4c\sqrt{x^2+y^2}\left[\dfrac{1}{2c}(x+\sqrt{x^2+y^2})\right]^{1/2}} \tag{4-219}$$

2. 土堤背水坡面上的渗流出逸速度

$$v=\frac{\sqrt{1+m_2^2}+(1-m_2)}{4c\sqrt{1+m_2^2}\left[\dfrac{y}{2c}(\sqrt{1+m_2^2}-m_2)\right]^{1/2}} \tag{4-220}$$

3. 土堤背水坡面上沿堤坡面法线方向的渗流出逸流速

$$v_D=\frac{1}{4c\sqrt{1+m_2^2}\left[\dfrac{y}{2c}(\sqrt{1+m_2^2}-m_2)\right]^{1/2}} \tag{4-221}$$

4. 土堤背水坡面上沿堤坡面方向的渗流出逸流速

$$v_P=\frac{\sqrt{1+m_2^2}-m_2}{4c\sqrt{1+m_2^2}\left[\dfrac{y}{2c}(\sqrt{1+m_2^2}-m_2)\right]^{1/2}} \tag{4-222}$$

【例 4-15】　计算例 4-5 所述均质土堤在渗流出逸处（水深 $h_1=1.6324\text{m}$ 处）的渗透水力坡降 i 和渗透流速 v，以及在渗流逸出处沿堤坡面方向的渗透水力坡降 i_P 和渗透流速 v_P。

【解】　（1）根据式（4-202）计算 c 值。

根据例 4-5 的资料可知，$k=k_D=0.25\text{m/d}$，渗透流量 $q=0.1546\text{m}^3/\text{d}$，代入式 (4-202) 计算 c 值，即

$$c=\frac{1}{2kq}=\frac{1}{2\times0.25\times0.1546}=12.9366$$

(2) 根据式 (4-207) 计算背水堤坡面上出逸渗透水力坡降 i 值。

根据例 4-5 可知，土堤的下游边坡坡率 $m_2=2.5$，渗流出逸点处的纵坐标高度 $y=h_1=1.6324\text{m}$，故按式 (4-207) 可计算得下游堤坡面上渗流出逸点处的渗透水力坡降为

$$i=\frac{\sqrt{1+m_2^2}+(1-m_2)}{4kc\sqrt{1+m_2^2}\left[\dfrac{y}{2c}\left(\sqrt{1+m_2^2}-m_2\right)\right]^{1/2}}$$

$$=\frac{\sqrt{1+2.5^2}+(1-2.5)}{4\times0.25\times12.9366\times\sqrt{1+2.5^2}\left[\dfrac{1.6324}{2\times12.9366}\left(\sqrt{1+2.5^2}-2.5\right)\right]^{1/2}}$$

$$=0.3106$$

(3) 根据式 (4-209) 计算下游堤坡面上沿堤坡面方向的出逸渗透水力坡降。

$$i_P=\frac{\sqrt{1+m_2^2}-m_2}{4kc\sqrt{1+m_2^2}\left[\dfrac{y}{2c}\left(\sqrt{1+m_2^2}-m_2\right)\right]^{1/2}}$$

$$=\frac{\sqrt{1+2.5^2}-2.5}{4\times0.25\times12.9366\times\sqrt{1+2.5^2}\left[\dfrac{1.6324}{2\times12.9366}\left(\sqrt{1+2.5^2}-2.5\right)\right]^{1/2}}$$

$$=0.0502$$

(4) 根据式 (4-211) 计算堤坡面上渗流出逸点处的渗透流速 v。

$$v=\frac{\sqrt{1+m_2^2}+(1-m_2)}{4c\sqrt{1+m_2^2}\left[\dfrac{y}{2c}\left(\sqrt{1+m_2^2}-m_2\right)\right]^{1/2}}$$

$$=\frac{\sqrt{1+2.5^2}+(1-2.5)}{4\times12.9366\times\sqrt{1+2.5^2}\left[\dfrac{1.6324}{2\times12.9366}\left(\sqrt{1+2.5^2}-2.5\right)\right]^{1/2}}$$

$$=0.0777\text{m/d}$$

(5) 根据式 (4-213) 计算背水堤坡面上渗流出逸点处沿堤坡面方向的渗透出逸流速 v_P。

$$v_P=\frac{\sqrt{1+m_2^2}-m_2}{4c\sqrt{1+m_2^2}\left[\dfrac{y}{2c}\left(\sqrt{1+m_2^2}-m_2\right)\right]^{1/2}}$$

$$=\frac{\sqrt{1+2.5^2}-2.5}{4\times12.9366\times\sqrt{1+2.5^2}\left[\dfrac{1.6324}{2\times12.9366}\left(\sqrt{1+2.5^2}-2.5\right)\right]^{1/2}}$$

$$=0.0125\text{m/d}$$

四、渗流在堤身背水坡脚处出现的时间

如果假定：①堤基为不透水；②堤身浸润线锋面近似地呈直线状；③略去堤身非饱和土的张力势。则渗流在堤身背水坡脚处出现的时间 t 可按下式计算：

$$t=\frac{n_0 H_1}{4k}(m_1+m_2+\frac{b'}{H_1})^2 \tag{4-223}$$

$$n_0=n(1-S_r) \tag{4-224}$$

式中　t——渗流在堤身背水坡坡脚处出现的时间（s）；

　　　H_1——水域水深（m）；

　　　k——堤身渗透系数（m/s），采用大值平均或试验数据中的较大值；

　　　n_0——土的有效孔隙率；

　　　n——土的孔隙率；

　　　S_r——土的饱和度；

　　　m_1——堤身迎水边坡的坡率，如图 4-41 所示；

　　　m_2——堤身背水边坡的坡率，如图 4-41 所示；

　　　b'——在水域水面高程上堤身的宽度（m），如图 4-29 所示。

当洪水持续时间 $T<t$ 时，需计算堤身浸润线峰面距迎水坡坡脚的距离 L（图 4-41），L 值可按下式计算：

$$L=2\sqrt{\frac{kH_1 T}{n_0}} \tag{4-225}$$

式中　L——堤身浸润线锋面距迎水坡坡脚的距离（m）；

　　　T——洪水持续时间（s）；

　　　k——堤身渗透系数（m/s）；

　　　n_0——土的有效孔隙率。

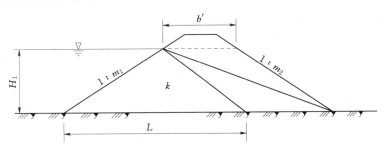

图 4-41　渗流计算图

【例 4-16】　某均质土堤堤身高度 $H=10$m，堤顶宽度 $B=8$m，迎水面边坡坡率 $m_1=3.5$，背水面边坡坡率 $m_2=2.5$m，堤身土的孔隙率 $n=0.68$，渗透系数 $k=4.25$m/d，土的饱和度 $S_r=0.42$，当迎水面水域中水面由堤底面迅速上升到堤前水深 $H_1=8.5$m 时，问堤内渗流在堤身背水坡坡脚处出现的时间 t 是多少？

【解】　（1）计算堤前水深 $H_1=8.5\text{m}$ 时堤身在这一水面高程上的宽度 b'。

在水深 $H_1=8.5\text{m}$ 高程上堤身的宽度可按下式计算：

$$b'=(m_1+m_2)(H-H_1)+B$$

将 $m_1=3.5$，$m_2=2.5$，$H=10\text{m}$，$H_1=8.5\text{m}$，$B=8\text{m}$ 代入上式，则得

$$b'=(3.5+2.5)(10-8.5)+8.0=17.0\text{m}$$

（2）计算堤身土的有效孔隙率 n。

根据式（4-224）得

$$n_0=n(1-S_r)$$

将 $n=0.68$，$S_r=0.42$ 代入上式，得

$$n_0=0.68(1-0.42)=0.3944$$

（3）计算迎水面水域中堤前水深上升到 $H_1=8.5\text{m}$ 时，渗流在堤身背水面堤坡坡脚处出现的时间 t。

根据式（4-223）得

$$t=\frac{n_0 H_1}{4k}\left(m_1+m_2+\frac{b'}{H_1}\right)^2$$

将 $n_0=0.3944$，$H_1=8.5\text{m}$，$k=0.25\text{m/d}$，$m_1=3.5$，$m_2=2.5$，$b'=17.0\text{m}$ 代入上式，得

$$t=\frac{0.3944\times 8.5}{4\times 4.25}\left(3.5+2.5+\frac{17.0}{8.5}\right)^2=12.6208\text{d}$$

【例4-17】　如例4-16所述的均质土堤，当土堤堤前水域的水深由堤底面逐渐上升时，问：①经历时间 $T=3\text{d}$ 时，堤身内浸润线锋面距离迎水坡坡脚的距离 L 及浸润线锋面距离背水坡坡脚的距离 L'；②经历时间 $T=7\text{d}$ 时，堤身浸润线锋面距离迎水坡坡脚的距离 L 及浸润线锋面距离背水坡坡脚的距离 L'。

【解】　（1）计算堤身土的有效孔隙率 n_0。

根据式（4-224）得

$$n_0=n(1-S_r)$$

将 $n=0.68$ 和 $S_r=0.42$ 代入上式，得

$$n_0=0.68(1-0.42)=0.3944$$

（2）计算土堤堤底面的宽度 B_0。

土堤堤底面的宽度 B_0 可按下式计算：

$$B_0=(m_1+m_2)H+B$$

将 $m_1=3.5$，$m_2=2.5$，$H=10\text{m}$，$B=8.0\text{m}$ 代入上式，得

$$B_0=(3.5+2.5)\times 10+8.0=68.0\text{m}$$

（3）计算 $T=3\text{d}$ 时堤身内浸润线锋面距离迎水坡坡脚的距离 L 和距离背水坡坡脚的距离 L'。

1）当 $T=3\text{d}$ 时，堤身内浸润线锋面距离迎水坡坡脚的距离为

根据式（4-225）得

$$L = 2\sqrt{\frac{kH_1 T}{n_0}}$$

将 $k=4.25\text{m/d}$，$H_1=8.5\text{m}$，$n_0=0.3944$，$T=3\text{d}$ 代入上式，得

$$L = 2\sqrt{\frac{4.25 \times 8.5 \times 3.0}{0.3944}} = 33.1532\text{m}$$

2）当 $T=3\text{d}$ 时，堤身内浸润线锋面距离背水坡坡脚的距离 L' 为

$$L' = B_0 - L$$

将 $B_0=68.0\text{m}$，$L=33.1532\text{m}$ 代入上式，得

$$L' = 68.0 - 33.1532 = 34.8468\text{m}$$

（4）计算 $T=7\text{d}$ 时堤身内浸润线锋面距离迎水坡坡脚的距离 L 和距离背水坡坡脚的距离 L'。

1）当 $T=7\text{d}$ 时，堤身内浸润线锋面距离迎水坡坡脚的距离 L 为

将 $k=4.25\text{m/d}$，$H_1=8.5\text{m}$，$n_0=0.3944$，$T=7.0$ 代入式（4-225）得

$$L = 2\sqrt{\frac{4.25 \times 8.5 \times 7.0}{0.3944}} = 50.6424\text{m}$$

2）当 $T=7\text{d}$ 时，堤身内浸润线锋面距离背水坡坡脚的距离 L' 为

$$L' = B_0 - L = 68.0 - 50.6424 = 17.3576\text{m}$$

第六节　水域水位降落时堤身内浸润线的变化

一、流网法

当水域水位从位置Ⅰ降落到位置Ⅱ时（图4-42），堤身内浸润线也将随之发生改变，因为这时靠近上游堤坡部分的土体孔隙中的水，在重力作用下也将会向上游堤坡方向渗出，因此在水位降落到Ⅱ以后，浸润线也就由原来的 EHG 曲线改变为 FHG 曲线。此时 EHF 部分土体的孔隙中的水已经排出，而新的浸润线 FHG 以下的土体则仍然处于饱和状态，并继续向上游方向产生渗流，同时沿着渗流方向产生渗透压力。所以在校核上游堤坡的稳定性时，应该考虑这种情况。

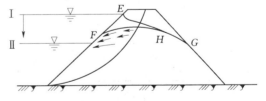

图4-42　水域水位降落时浸润线的变化

前面已经讲过，土体中的渗流可以用下式表示：

$$V = ki \quad 或 \quad q = ki\omega$$

式中　ω——渗流的断面面积。

上式中的 V 表示通过土体断面的平均渗透流速，但是土体孔隙中的有效流速 V_D 将大

于平均流速 V，它们存在下列关系：

$$(1+e)V = eV_D \tag{4-226}$$

或

$$V_D = \frac{1+e}{e}V = \frac{1+e}{e}ki \tag{4-227}$$

式中　e——堤身土料的孔隙比。

如果考虑到在浸润线下降到 FHG 以后，EHF 土体中仍将残留一部分水分，而不是全部水分都已排出，则这时浸润线的下降速度要比全部水分都排出时来得快一些。如果以 G 表示饱和情况下土体中的含水量，G_C 表示排出部分的含水量，则此时的实际有效流速 V_S 与 V_D 可用下列关系式表示：

$$V_S G_C = V_D G$$

或写成

$$V_S = V_D \frac{G}{G_C} = \frac{G}{G_C}\frac{1+e}{e}ki \tag{4-228}$$

其中 V_S 和 V_D 可用近似方法求得，即将水域水位的降落过程分为几个阶段，各段的降落时间为 Δt，然后绘出该时段内坝体内的流网图，从流网图中即可求得该时段内的水力坡降（近似认为在 Δt 时段内水力坡降不变）$i = \dfrac{\Delta H}{\Delta L}$，其中 ΔH 为流网图中等位线（等势线）的落差，ΔL 为流网图网格中的流线长度。因此，在 Δt 时段浸润线上各点沿流线方向移动的距离为 $\Delta L = V_S \Delta t$。

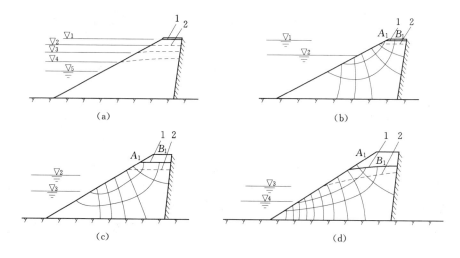

图 4-43　水域水位降落时心墙土堤堤身内浸润线的计算图
1—时段初浸润线的位置；2—时段末浸润线的位置

如图 4-43 所示的心墙土堤，水域水位由 ∇_1 降落到 ∇_5 时上游堤壳内的浸润线可按下法求得：

（1）将水域水位的落差分为几个阶段，如图 4-43 所示分 4 段，根据水位降落的总时间计算出每一段的降落时间 Δt。

（2）绘出水位降落第一阶段（由∇₁降到∇₂）的流网图［见图 4-43（b）］，在浸润线上选定 A_1，B_1，…几个计算点，求出各点沿其渗流方向的水力坡降 $i=\dfrac{\Delta H}{\Delta L}$，并根据式（4-228）计算 V_s，然后计算各点沿其流线方向移动的距离 $\Delta L=V_s\Delta t$，并由各点沿其流线方向量取各点相应的 ΔL，定出各点在水位自∇₁降到∇₂后各点的位置，将各点（移动后）连成曲线，即为第一阶段末尾时的堤身内的浸润线位置。

（3）然后绘制水位降落第二阶段（由水位∇₂降到∇₃）的流网图［图 4-43（c）］，并按前述方法确定第二阶段终了时的浸润线位置。然后按上述方法确定第三阶段及第四阶段终了时的浸润线位置，也就是定出了水域水位自∇₁降落到∇₄的瞬间浸润线的位置。

对于均质土堤，在水域水位降落时堤身内浸润线的变化也可以用同样的方法求得，如图 4-44 所示。

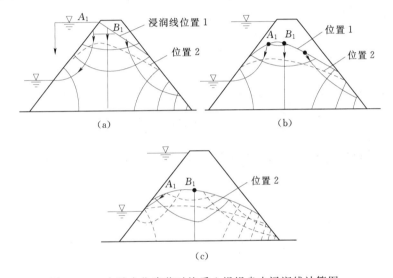

图 4-44　水域水位降落时均质土堤堤身内浸润线计算图

对于用黏性土体修筑的土堤，由于黏性土的渗透系数很小，因而渗透流速很小，所以在水域水位迅速降落的情况下，心墙、斜墙和某些黏性土料的均质土堤内的浸润线，实际上所产生的变化是很小的，需要经过很长一段时间后才会有较大的变化。所以在水域水位迅速降落后的瞬间，为了方便起见，也可以近似地认为浸润线没有改变原来的位置。

二、直接计算法

1. 堤防下游水深 H_2

水域水位降落时堤身内的浸润线也将随之下降，下降的速度与堤身的渗透系数、堤坡的坡度、水域水位降落速度和降落幅度有关。在水域水位未降落时，浸润线的最高点 a 位于上游水域水位与堤坡交点处，随着水域水位的降落，该点的位置逐渐向堤内移动（如图 4-45 中的 a 点），当水域水位降落终了时，a 点偏离堤的上游坡面的位置最大，随后又逐渐向堤坡面靠近，直至与降落后的水域水位和堤坡面的交点重合为止。此时堤身内的渗流从水域水位降落所产生的不稳流渗流，又转变为水域水位降落后的稳定渗流。

如图 4-45 所示，在水域水位降落时堤身内的浸润线为 cad，该曲线有一个最高点 a，将曲线分为两部分，曲线 ca 向上游弯曲，而曲线 ad 向下游弯曲。此时堤身内的渗流基本上可分为两部分，以 a 点为竖直剖面的左部堤身，渗流是向上游方向的；而以 a 点为竖直剖面的右部堤身，渗流是向下游方向的。

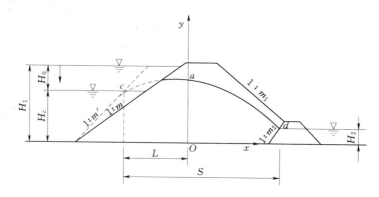

图 4-45　水域水位降落时均质土堤内不稳定渗流计算图

在不稳定渗流的某一时刻 t，堤身内的渗流可视为稳定渗流，此时堤身内的浸润线通常认为是一条抛物线，可用下式表示：

$$y = a + bx^2 \tag{4-229}$$

式中　x，y——浸润线上计算点的横坐标和纵坐标，坐标原点设在通过 a 点的竖直平面上，如图 4-45 所示；

a，b——系数。

在水域水位降落的某一时刻 t，堤身内两部分浸润线（ca 和 ad）方程分别为

$$y = a + bx^2 \tag{4-230}$$
$$y = a' + b'x^2 \tag{4-231}$$

根据这两段浸润线的边界条件，可得式（4-230）和式（4-231）中的系数 a、b 和 a'、b' 为

$$\left. \begin{array}{l} a = H \\ b = -\dfrac{H - H_c}{L^2} \end{array} \right\} \tag{4-232}$$

$$\left. \begin{array}{l} a' = H \\ b' = -\dfrac{H - H_2}{(S - L)^2} \end{array} \right\} \tag{4-233}$$

式中　H——浸润线上 a 点处的水深（m）；

$\quad\quad H_c$——水域水位降落后，上游堤坡前的水深（m）；

$\quad\quad L$——浸润线上 c 点到坐标原点 a 的水平距离（m）；

$\quad\quad S$——浸润线上 c 点到 a 点的水平距离（m）；

$\quad\quad H_2$——堤防下游水深（m）。

浸润线上 a 点处的水深 H 可按下式计算：

$$H=\frac{H_c}{1-\frac{H_0}{H_1}\exp\left(-\frac{2ktH_c}{\mu L^2}\right)} \tag{4-234}$$

或

$$H=\frac{H_2}{1-\frac{H_0}{H_1}\exp\left(-\frac{2ktH_2}{\mu(S-L)^2}\right)} \tag{4-235}$$

其中

$$\mu=an \tag{4-236}$$

式中　H_0——水域水位降落高度（降落深度）（m）；

　　　H_1——水域水位降落前堤防前面的水深（m）；

　　　k——堤身的渗透系数（m/s）；

　　　t——水域水位降落时间（s）；

　　　μ——堤身土的排水率；

　　　n——堤身土的孔隙率；

　　　a——系数与土的种类有关，可按表4-34确定。

表4-34　　　　　　　　　　不同土的系数 a 值

土的种类	石块和砂砾	砂砾	砂土	含有壤土的砂砾	壤土
系数 a	0.7~0.9	0.6~0.8	0.5~0.8	0.1~0.5	0~0.3

各种土的排水率（或给水率）也可根据表4-35查得。

表4-35　　　　　　　　　　各种土的排水率（给水率）μ 值

土 的 类 别	渗透系数（cm/s）	孔隙率 n	排水率（给水率）μ
砾石	2.4×10^0	0.371	0.354
粗砂	1.6×10^0	0.431	0.338
砂砾	7.6×10^{-1}	0.327	0.251
砂砾	1.2×10^{-1}	0.265	0.182
砂砾	7.2×10^{-2}	0.335	0.161
中粗砂	4.8×10^{-2}	0.394	0.180
砂砾	2.4×10^{-3}	0.392	0.078
中细砂 $d_{50}=0.2$mm	$1.7\times10^{-2}\sim6.1\times10^{-4}$	0.438~0.392	0.074~0.039
含黏土的砂	1.1×10^{-4}	0.397	0.0052
含黏土（1%）的砂砾	2.3×10^{-5}	0.394	0.0036
含黏土（10%）的砂砾	2.5×10^{-6}	0.342	0.0021

浸润线上 c 点到 a 点的水平距离 L 可按下式计算：

$$L=\left\{\frac{2ktH_cH_0}{\mu H_1\ln\left\{\frac{H_c}{H_2}\left[1-\frac{H_n}{H_1}\exp\left(-\frac{2ktH_2}{\mu(S-L)^2}\right)\right]-1\right\}}\right\}^{1/2} \tag{4-237}$$

　　在计算水域水位降落时防护堤堤身内的浸润线时，应先根据式（4-237）用试算法计算 L 值，L 值求得后，即可根据式（4-234）或式（4-235）计算浸润线上 a 点处的水深

H，然后按式（4-230）和式（4-231）分别计算 ca 段的浸润线和 ad 段的浸润线。

2. 堤防下游水深 $H_2 = 0$

当堤防下游水深 $H_2 = 0$ 时，浸润线 ad 段方程式中的系数 a' 和 b' 变为

$$\left. \begin{array}{l} a' = H \\ b' = -\dfrac{H}{(S-L)^2} \end{array} \right\} \tag{4-238}$$

其中浸润线上 a 点处的水深 H 按下式计算：

$$H = \cfrac{1}{\dfrac{2kt}{\mu(S-L)^2} + \dfrac{1}{H_1}} \tag{4-239}$$

式（4-239）中，从浸润线上 c 点到 a 点的水平距离 L 应按下式计算：

$$L = \left\{ \cfrac{-2ktH_c}{\mu \ln\left\{ \dfrac{H_1}{H_0}\left[1 - \dfrac{2ktH_c}{\mu(S-L)^2} - \dfrac{H_c}{H_1}\right] \right\}} \right\}^{1/2} \tag{4-240}$$

此时在计算水域水位降落时均质土堤中的浸润线时，应先根据式（4-240）用试算法计算 L 值，L 值求得后，再按式（4-239）计算浸润线上 a 点处的水深 H，然后按式（4-232）和式（4-238）计算系数 a、b 和 a'、b'，最后按式（4-230）和式（4-231）分别计算 ca 段和 ad 段浸润线。

【例4-18】 某均质土堤高 $H = 12.0\text{m}$，修建在不透水地基上，堤身顶宽8.0m，迎水面边坡1:3.0，背水面边坡1:2.5，距背水坡坡脚 $l = 5.0\text{m}$ 处的地基面上设有管式排水，堤身的渗透系数 $k = 0.25\text{m/d}$，堤身土的排水率 $\mu = 0.15$，迎水面堤前的水域水深 $H_1 = 10.50\text{m}$，背水坡处的水深 $H_2 = 0$，若洪水期水域水深以均匀速度 $v = 1.5\text{m/d}$ 的速度在 $t = 3$ 天内从 $H_1 = 10.5\text{m}$ 下降到 $H_c = 6.0\text{m}$，试计算水域水位降落终了时堤身内的浸润线。

【解】（1）计算虚拟堤坡坡率 m'。

$$m' = \frac{m_1^2}{m+0.5} = \frac{3.0^2}{3.0+0.5} = 2.5714$$

（2）计算浸润线上 c 点到 d 点的水平距离 S。

$$\begin{aligned} S &= (m_1 - m')H_c + m_1(H - H_c) + B + m_2 H - l \\ &= (3.0 - 2.5714) \times 6.0 + 3.0 \times (12.0 - 6.0) + 8.0 + 2.5 \times 12.0 - 5.0 \\ &= 53.5716\text{m} \end{aligned}$$

（3）计算下列值：

$$\frac{2ktH_c}{\mu} = \frac{2 \times 0.25 \times 3 \times 6.0}{0.15} = 60.0$$

$$\frac{H_1}{H_0} = \frac{H_1}{H_1 - H_c} = \frac{10.50}{10.50 - 6.0} = 2.3333$$

$$\frac{H_c}{H_1} = \frac{6.0}{10.50} = 0.5714$$

（4）根据式（4-240）计算浸润线上 c 点到坐标原点 o（浸润线上 a 点）的水平距离 L。

根据式（4-240）可知

$$L=\left\{\frac{-2ktH_c}{\mu\ln\left\{\frac{H_1}{H_0}\left[1-\frac{2ktH_c}{\mu(S-L)^2}-\frac{H_c}{H_1}\right]\right\}}\right\}^{1/2}$$

将 $\dfrac{2ktH_c}{\mu}=60.0$，$\dfrac{H_1}{H_0}=2.3333$，$\dfrac{H_c}{H_1}=0.5714$ 代入上式，则得

$$L=\left\{\frac{-60.0}{\ln\left\{2.3333\times\left[1-\frac{60.0}{(53.5716-L)^2}-0.5714\right]\right\}}\right\}^{1/2}$$

根据上式，用试算法即可求得 L 值。

首先假定 $L=20.7587m$，代入上式得

$$L=\left\{\frac{-60.0}{\ln\left[2.3333\times\left(1-\frac{60.0}{53.5716-20.7587}-0.5714\right)\right]}\right\}^{1/2}=20.7589m$$

其次假定 $L=\dfrac{1}{2}(20.7587+20.7589)=20.7588m$，则

$$L=\left\{\frac{-60.0}{\ln\left[2.3333\times\left(1-\frac{60.0}{53.5716-20.7588}-0.5714\right)\right]}\right\}^{1/2}=20.5788m$$

计算值与假定值完全一致，故 $L=20.7588m$。

（5）根据式（4-239）计算浸润线上 a 点处的水深 H 值。

$$H=\frac{1}{\frac{2kt}{\mu(S-L)^2}+\frac{1}{H_1}}=\frac{1}{\frac{2\times0.25\times3.0}{0.15\times(53.5716-20.7588)}+\frac{1}{10.50}}$$
$$=2.5000m$$

（6）根据式（4-232）和式（4-238）计算系数 a、b 和 a'、b'。

$$a=H$$
$$b=-\frac{H-H_c}{L^2}$$
$$a'=H$$
$$b'=-\frac{H}{(S-L)^2}$$

式中　H——浸润线上 a 点处的水深。

将 $H=2.50m$，$H_c=6.0m$，$L=20.7588m$，$S=53.5716m$ 代入上列各式，则得

$$a=2.5000$$
$$b=-\frac{2.50-6.0}{(20.7588)^2}=0.00812$$
$$a'=2.5000$$

$$b'=-\frac{2.5000}{(53.5716-20.7588)^2}=-0.00232$$

（7）根据式（4-230）和式（4-231）分别计算水域水位降落终了时堤身内 ca 段浸润线和 ad 段浸润线的坐标。

将上述 a、b 和 a'、b' 代入式（4-230）和式（4-231）得 ca 段浸润线方程和 ad 段浸润线方程如下：

ca 段浸润线：　　　　　　　　　$y=2.50+0.00812x^2$

ad 段浸润线：　　　　　　　　　$y=2.50-0.00232x^2$

浸润线坐标的计算结果分别列于表 4-36 和表 4-37 中。

表 4-36　　　　　　　　　　　　浸润线 ca 段的坐标值

x(m)	0.0	5.0	10.0	15.0	20.0	20.7588
y(m)	2.5000	2.7030	3.3120	4.3270	5.7480	6.0000

表 4-37　　　　　　　　　　　　浸润线 ad 段的坐标值

x(m)	0.0	5.0	10.0	15.0	20.0	25.0	30.0	32.8128
y(m)	2.5000	2.4420	2.2680	1.9780	1.5720	1.0500	0.4120	0.0000

第七节　土堤及其地基的渗透变形

一、渗透变形的类型

水在土中渗流时，当渗透水流的水力坡降或渗透流速达到一定数值时，就会引起土体的冲蚀，从而产生土体结构的破坏，这种现象称为土的渗透变形。

渗透变形的产生及其发展与土的颗粒级配和渗透水流的水力条件等因素有关，其表现形式可分为下列 4 种。

1. 管涌

在渗流作用下，当渗透流速达到一定值以后，土体中的细小颗粒将会沿着土颗粒之间的孔隙被渗透水流一起带走。由于细小颗粒被冲走，土粒之间的孔隙变大，因而较大的颗粒也随之被渗透水流带走，如此逐渐发展，从而在土体中形成一条渗流通道，这种现象称为管涌，此时的渗透水力坡降称为管涌坡降。管涌坡降常发生在砂砾等无黏性土中。

2. 流土

在渗流作用下，土体成块地托起而流失的现象称为流土，此时的渗流坡降称为流土坡降。流土既可发生在非黏性土中，又可能发生在黏性土中。在非黏性土中，流土表现为成群土粒的浮起运动，如砂沸现象；在黏性土中，流土则表现为成块土的隆起、剥蚀、浮动和断裂。根据某些实地观察，对于非黏性土地基，在产生流土的同时，如若伴随有管涌的发生，则必将导致地基的破坏。

3. 接触冲刷

当渗流沿着两种不同粒径的土层接触面流动时，例如沿着坝体与坝基接触面，黏土心墙或斜墙与坝体砂砾料，以及坝体和坝基与排水体材料接触面渗流时，将接触面上的细颗粒冲走的现象，称为接触冲刷。

4. 接触流土

当渗流垂直于两种不同粒径的土层渗流时，将其中一层的细颗粒挟带入另一层的粗颗粒中去的现象，称为接触流土。接触流土既可发生在粗细不同的砂砾接触面上，也会发生在砂砾土与黏性土接触面上，例如当渗流自下层黏性土渗入上层砂砾土层时，由于黏性土浸水后抗剪强度减弱，当渗透水力坡降达到一定值以后，黏土就会松动，从而产生剥蚀。

二、渗透变形的判别

管涌和流土的发生不仅与渗透水流情况（渗透压力、渗透水力坡降等）有关，而且也与防护堤及其地基土的颗粒级配情况有关。

1. 根据土的颗粒级配来判别

依斯托明娜（B. C. Истомена）认为，在自下而上的渗流作用下，砂砾土的渗透变形可以用土的不均匀系数 $C_u = \dfrac{d_{60}}{d_{10}}$（$d_{60}$ 是土中相应于颗粒含量为 60% 的粒径，d_{10} 是土中相应于颗粒含量为 10% 的粒径）来判别：

(1) 当 $C_u < 10$ 时，可能产生流土。

(2) 当 $C_u > 20$ 时，可能发生管涌。

(3) 当 $10 < C_u < 20$ 时，既可能发生流土，也可能发生管涌。

2. 根据土中细颗粒的含量来判别

根据一些人的研究认为，管涌和流土的发生与土中细颗粒土充填粗颗粒土的孔隙的程度有关，细料充填粗料孔隙的程度愈充分、愈密实，则土的渗透性就愈小，而产生流土的可能性就愈大；反之，若细料充填粗料孔隙的程度愈不充分，则土的渗透性就愈大，此时产生管涌的可能性就愈大，而产生流土的可能性就愈小。

因此有人提出，当土中细颗粒（充填颗粒）土的体积等于粗颗粒（骨架颗粒）土的孔隙体积时，细颗粒土的含量 P_c 可以按下式计算：

$$P_c = \beta \frac{\sqrt{n}}{1+\sqrt{n}} \tag{4-241}$$

式中　P_c——当细粒土的体积等于粗粒土的孔隙体积时，细粒土的含量（%）；

　　　n——土的孔隙率；

　　　β——系数，通常 $\beta = 0.95 \sim 1.00$。

所谓细粒土，一般以土中颗粒直径 $d \leqslant 2\text{mm}$ 的颗粒作为细颗粒。

如若土中细颗粒的实际含量为 P，则根据式（4-241）可以判别如下：

$$\left. \begin{array}{l} \text{当 } P < P_c \text{ 时，产生管涌} \\ \text{当 } P > P_c \text{ 时，产生流土} \end{array} \right\} \tag{4-242}$$

也可以根据土的孔隙率 n 和细颗粒（粒径 $d \leqslant 2\text{mm}$）的实际含量 P 按图 4-46 来进行判别，即根据 n 和 P 在图 4-46 上的交点位置来判别是可能产生管涌还是流土。

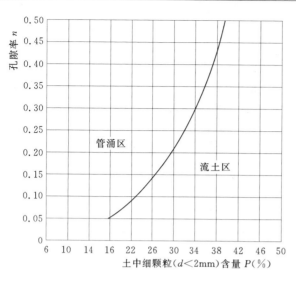

图 4-46　根据细颗粒含量 P 和孔隙率 n 判别土的渗透变形的类别

三、渗透变形的临界坡降

1. 管涌的临界坡降

当渗流的方向是自下而上时，根据土颗粒在渗流作用下的平衡条件，可得非黏性土中产生管涌的临界坡降 J 为

$$J = \frac{24d}{\sqrt{\dfrac{k}{n^3}}} \qquad (4-243)$$

式中　J——管涌临界坡降；

d——土中相应于土粒含量为 3% 的粒径（cm）；

k——土的渗透系数（cm/s）；

n——土的孔隙率。

允许的渗透坡降 $[J]$ 应等于临界坡降 J 除以安全系数 2~3。

允许的渗透坡降 $[J]$ 也可以根据土的不均匀系数 C_u 来确定：

$$\left.\begin{array}{ll} \text{当 } C_u > 20 \text{ 时} & [J] = 0.1 \\ \text{当 } 20 > C_u > 10 \text{ 时} & [J] = 0.2 \\ \text{当 } C_u < 10 \text{ 时} & [J] = 0.3 \sim 0.4 \end{array}\right\} \qquad (4-244)$$

2. 流土的临界坡降

在防护堤背水坡的坡脚处，根据地基土在渗流力作用下的平衡条件，可得地基土产生流土的临界坡降为

$$J = (1-n)\left(\frac{\gamma_s}{\gamma_\omega} - 1\right)(1 + \xi \tan\varphi) + \frac{2c}{\gamma_\omega} \qquad (4-245)$$

$$\xi = \frac{\mu}{1-\mu} \qquad (4-246)$$

式中　n——土的孔隙率；

γ_s——土的重度（即容重，kN/m^3）；

γ_ω——水的重度（即水的容重），一般取 $\gamma_\omega = 10 kN/m^3$；

ξ——土的侧压力系数；

φ——土的内摩擦角（°）；

c——土的黏聚力（kPa）；

μ——土的泊松比。

通过试验分析，一般情况下 $1 + \xi \tan\varphi \approx 1.17$，故式（4-245）可简化为

$$J = 1.17(1-n)\left(\frac{\gamma_s}{\gamma_\omega} - 1\right) + \frac{2c}{\gamma_\omega} \qquad (4-247)$$

对于砂土地基，$c = 0$，则式（4-247）变为

$$J=1.17(1-n)\left(\frac{\gamma_s}{\gamma_w}-1\right) \tag{4-248}$$

如果考虑土体在渗透压力顶托下在破坏前已发生松动，则土体间的摩擦力已不存在，即式（4-245）中的 $1+\xi\tan\varphi=1$，故

$$J=(1-n)\left(\frac{\gamma_s}{\gamma_w}-1\right) \tag{4-249}$$

或

$$J=(1-n)(d_s-1) \tag{4-250}$$

式中　d_s——土的相对密度（即土的比重）。

也有人提出，在式（4-250）中应加上一个土体颗粒形状系数 α，即

$$J=\alpha(1-n)(d_s-1) \tag{4-251}$$

式中　α——土体颗粒形状系数，对于砂土（粗砂、中砂、细砂、粉砂等），$\alpha=1.16\sim$
　　　　1.17；对于具有锐角的不规则颗粒，$\alpha=1.50$；对于各种颗粒混合的砂砾料，
　　　　$\alpha=1.33$。

3. 接触流土

（1）砂土中的接触流土。

对于上层为粗颗粒土，下层为细颗粒土，当渗透水流自下而上流动时，依斯托明娜提出了不产生接触流土的容许水力坡降 $[J]$，如图4-47所示，根据粗颗粒土的不均匀系数 $C_u=\dfrac{D_{60}}{D_{10}}$（$D_{60}$ 粗粒土层中相应于颗粒含量为 60% 的粒径，D_{10} 粗粒土层中相应于颗粒含量为 10% 的粒径）和比值 $\dfrac{D_{50}}{d_{50}}\cdot\dfrac{n\gamma_w}{\gamma'\tan\varphi}$（$D_{50}$ 为粗粒土的平均粒径，d_{50} 为细粒土的平均粒径，n 为粗粒土的孔隙率，φ 为细粒土的内摩擦角，γ' 为细粒土的浮重度，即浮容重）可由图4-47中查得不产生接触流土的允许坡降 $[J]$（安全系数为1.5），因此产生接触流土的临界坡降为

$$J=\frac{[J]}{1.5} \tag{4-252}$$

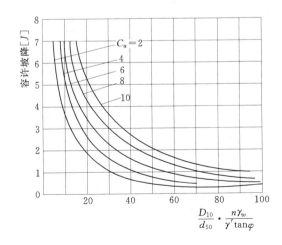

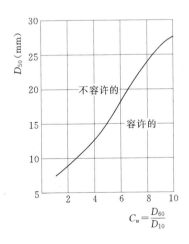

图4-47　确定砂土中不产生接触流土
的允许坡降图

图4-48　确定黏性土是否产生
接触流土的图

（2）黏土中的接触流土。

黏性土与粗颗粒土之间是否发生接触流土主要决定于粗颗粒土层的颗粒级配情况，根据粗颗粒土层的平均粒径 D_{50} 和不均匀系数 $C_u = \dfrac{D_{60}}{D_{10}}$，可在图 4-48 中确定一点，若该点落在图中的不容许的区域内，则表示将会产生接触流土；若该点落在图中容许的区域内，就表示不会产生接触流土。

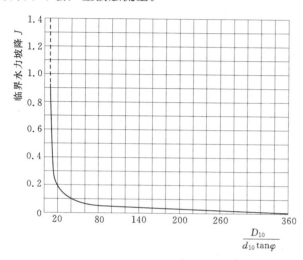

图 4-49 确定接触冲刷临界坡降 J 的图

通常，对于塑性指数 $I_p > 7 \sim 10$ 的黏性土，在下列渗透水力坡降情况下，一般将不会发生接触流土。

（1）当渗流方向自上而下从黏土层流向粗颗粒层时，渗透水力坡降 $J \leqslant 1$。

（2）当渗流方向自下而上从黏土层流向粗颗粒层时，渗透水力坡降 $J \leqslant 3$。

（3）当渗流方向是沿接触层层面流动时，渗透水力坡降 $J \leqslant 0.4$。

4. 接触冲刷的临界坡降

对于无黏性土，接触冲刷的临界渗透水力坡降 J 决定于相邻土层的有效粒径 D_{10}、d_{10} 和细颗粒层的摩擦系数 $\tan\varphi$，即决定于比值 $\dfrac{D_{10}}{d_{10}\tan\varphi}$，如图 4-49 所示，根据比值 $\dfrac{D_{10}}{d_{10}\tan\varphi}$ 即可由图 4-37 确定冲刷的临界坡降 J。

表 4-38 中列出不同土的接触冲刷临界坡降值。

表 4-38   不同土的接触冲刷临界坡降 J 值

土的种类	接触冲刷的临界坡降 J	土的种类	接触冲刷的临界坡降 J
黏土	1.2	中砂	0.38
壤土	0.65	细砂	0.29
粗砂	0.45		

通常接触土层中细颗粒土层的有效粒径 d_{10} 越小，就越容易产生接触冲刷，例如当 $d_{10} = 0.05\text{mm}$ 时，开始产生接触冲刷的渗透流速为 1cm/s；当 $d_{10} = 0.4\text{mm}$ 时，开始产生接触冲刷的渗透流速为 3cm/s。

四、防止渗透变形的措施

防止渗透变形的措施主要是：

（1）在防护堤内设置防渗体（如黏土斜墙、心墙），在透水地基内设置防渗墙、截水墙（截水槽），在透水地基上设置黏土铺盖，以降低渗透水力坡降。

（2）在渗流出逸处或可能发生管涌的地段设置反滤排水，在可能发生流土的地段设置反滤盖重。

五、反滤层设计

（一）反滤层的类型

根据渗流的方向和反滤层设置的位置不同，反滤层可分为两种类型。

1. Ⅰ型反滤（图 4-50）

渗流方向自上而下，反滤层设置在被保护土的下方，如设置在防护堤内的水平排水体（褥垫式排水）、管带式排水体；设置在防护堤下游坡脚处的棱形排水体（上游坡反滤层）和防渗斜墙后的反滤层等，均属于Ⅰ型反滤。

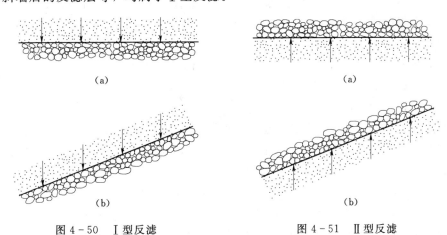

图 4-50 Ⅰ型反滤   图 4-51 Ⅱ型反滤

2. Ⅱ型反滤（图 4-51）

渗流方向自下而上，反滤层设置在被保护土的上方，如设置在防护堤地基渗流出逸处的反滤层，黏土心墙上游坡的反滤层和排水沟下游侧边坡的反滤层等，均属于Ⅱ型反滤。

（二）反滤层的要求

反滤层应满足下列要求：

（1）被保护土的土粒不得随渗水穿越反滤层。

（2）允许随渗水被带走的细小颗粒（一般指粒径 $d<0.1$mm 的颗粒），应能自由通过反滤层，而不致被截留在反滤层内，造成反滤层堵塞。

（3）在相邻的两层反滤层之间，颗粒较小一层中的土颗粒不得穿越颗粒较大一层的孔隙。

（4）反滤层中各层的颗粒在层内不得产生相互移动。

（5）反滤层应始终保持良好的透水性、稳定性和耐久性。

（三）反滤层的设计

1. 反滤层级配的选择

（1）被保护土为无黏性土。

当被保护土为无黏性土，且不均匀系数 $C_u \leqslant 5 \sim 8$ 时，其第一层反滤层的级配宜按下式确定：

$$\frac{D_{15}}{d_{85}} \leqslant 4 \sim 5 \tag{4-253}$$

$$\frac{D_{15}}{d_{15}} \geqslant 5 \tag{4-254}$$

式中 D_{15}——相邻两层反滤层中颗粒较大一层内相应于颗粒含量为 15% 的粒径（mm）；

d_{85}——相邻两层反滤层中颗粒较小一层内相应于颗粒含量为 85% 的粒径（mm）；

d_{15}——相邻两层反滤层中颗粒较小一层内相应于颗粒含量为 15% 的粒径（mm）。

对于以下情况，按下述方法处理后，仍可按式（4-253）和式（4-254）初步确定反滤层，然后通过试验确定级配。

1）对于不均匀系数 $C_u > 8$ 的被保护土，宜取 $C_u \leqslant 5 \sim 8$ 的细粒部分的 d_{85}、d_{15} 作为计算粒径；对于级配不连续的被保护土，应取级配曲线平段以下（一般是 $1 \sim 5$mm 粒径）细粒部分的 d_{85}、d_{15} 作为计算粒径。

2）当第一层反滤层的不均匀系数 $C_u > 5 \sim 8$ 时，应控制大于 5mm 颗粒的含量小于 60%，选用 5mm 以下的细粒部分的 d_{15} 作为计算粒径。

（2）被保护土为黏性土时。

当被保护土为黏性土时，其第一层反滤层的级配应按下列方法确定。

1）按滤土要求。根据被保护土小于 0.075mm 颗粒含量的百分数不同，而采用不同的方法。

当被保护土含有大于 5mm 颗粒时，应按小于 5mm 颗粒级配确定小于 0.075mm 颗粒含量百分数，及按小于 5mm 颗粒级配的 d_{85} 作为计算粒径。当被保护土不含大于 5mm 颗粒时，应按全料确定小于 0.075mm 颗粒含量的百分数，及按全料的 d_{85} 作为计算粒径。

a. 对于小于 0.075mm 颗粒含量大于 85% 的土，其反滤层可按下式确定：

$$D_{15} \leqslant 9d_{85} \tag{4-255}$$

当 $9d_{85} < 0.2$mm 时，取 D_{15} 等于 0.2mm。

b. 对于小于 0.075mm 颗粒含量为 40%～85% 的土，其反滤层可按下式确定：

$$D_{15} \leqslant 0.7\text{mm} \tag{4-256}$$

c. 对于小于 0.075mm 颗粒含量为 15%～39% 的土，其反滤层可按下式确定：

$$D_{15} \leqslant 0.7\text{mm} + \frac{1}{25}(40-A)(4d_{85}-0.7\text{mm}) \tag{4-257}$$

式中 A——小于 0.075mm 颗粒含量（%）。

若式（4-257）中 $4d_{85} < 0.7$mm，应取其为 0.7mm。

2）按排水要求。根据排水的要求，上述三种情况还应分别同时满足下式的要求：

$$D_{15} \geqslant 4d_{15} \tag{4-258}$$

式（4-258）中的 d_{15} 应为全料的 d_{15}，当 $4d_{15} < 0.1$mm 时，应取 D_{15} 不小于 0.1mm。

按上述方法选定第一层反滤层以后，可以继续选择第二层和第三层反滤。在选择第二层反滤反滤时，将第一层反滤作为被保护土，然后按式（4-253）和式（4-254）确定第二层反滤层的级配；在选择第三层反滤层时，则以第二层反滤层作为被保护土，然后按式（4-253）和式（4-254）确定第三层反滤层的级配。

按上述方法确定的反滤层，为了防止反滤层产生分离现象，反滤料中的 D_{90}（下包线）和 D_{10}（上包线）的粒径关系宜符合表 4-39 中的规定。

表 4-39　　　　防止反滤料分离的 D_{90}（下包线）和 D_{10}（上包线）粒径关系

被保护土的类别	D_{10}（mm）	D_{90}（mm）
所有类别	<0.5	20
	0.5～1.0	25
	1.0～2.0	30
	2.0～5.0	40
	5.0～10.0	50
	>10.0	60

2. 反滤层的层数

反滤层一般为 2～3 层，应根据上述计算来确定。

3. 反滤层的厚度

反滤层每一层的厚度应根据材料的级配、料源、用途、施工方法等因素综合考虑后确定。在人工施工时，水平反滤层的最小厚度可采用 30cm；竖直或倾斜的反滤层，最小厚度可采用 50cm；在采用机械施工时，反滤层的最小厚度应根据施工方法确定。

如防渗体和堤身粗料之间的反滤层总厚度不能满足过渡要求时，可加厚反滤层或设置过滤层。

第八节　堤岸冲刷深度的计算

一、丁坝冲刷深度

丁坝的冲刷深度可根据《堤防工程设计规范》GB 50286—2013 中的公式来进行计算。

1. 非淹没丁坝的冲刷深度

非淹没丁坝的冲刷深度可按下式计算：

$$\Delta h = 27 K_1 K_2 \frac{V^2}{g} 30 d \tan \frac{\alpha}{2} \tag{4-259}$$

$$K_1 = e^{-5.1\sqrt{\frac{V^2}{gl}}} \tag{4-260}$$

$$K_2 = e^{-0.2m} \tag{4-261}$$

式中　Δh——非淹没丁坝的冲刷深度（m）；

　　　V——丁坝的行近流速（m/s）；

　　　K_1——与丁坝在水流法线上投影长度 l 有关的系数；

K_2——与丁坝边坡坡率 m 有关的系数；

　l——丁坝在水流法线上的投影长度（m）；

　α——水流轴线与丁坝轴线的交角，当丁坝上挑 $\alpha>90°$ 时，应取 $\tan\dfrac{\alpha}{2}=1$；

　g——重力加速度（m/s²）；

　d——床沙粒径（m）；

　m——丁坝的边坡坡率。

2. 非淹没丁坝所在河流河床质泥沙粒径较细时的冲刷深度

当非淹没丁坝所在河流河床质泥沙粒径较细时的冲刷深度可按下式计算：

$$h_B=h_0+\frac{2.8V^2}{\sqrt{1+m}}\sin\alpha \tag{4-262}$$

式中　h_B——从水面算起的局部冲刷深度（m）；

　V——行近水流流速（m/s）；

　h_0——行近水流水深（m）。

二、顺坝及平顺护岸的冲刷深度

1. 水流平行于岸坡时

水流平行于岸坡时产生的冲刷可按下式计算：

$$h_B=h_\beta\left[\left(\frac{V_{cp}}{V_w}\right)^n-1\right] \tag{4-263}$$

式中　h_B——局部冲刷深度（m），从水面算起；

　h_β——冲刷处的水深（m），以近似设计水位最大深度代替；

　V_{cp}——平均流速（m/s）；

　V_w——河床面上允许不冲流速（m/s）；

　n——与防护岸坡在平面上的形状有关，一般取 $n=\dfrac{1}{4}$。

2. 水流斜冲防护岸坡时

当水流斜冲防护岸坡时产生的冲刷深度可按下式计算：

$$\Delta h_p=\frac{23V_j^2\tan\dfrac{\alpha}{2}}{g\sqrt{1+m^2}}\cdot 30d \tag{4-264}$$

式中　Δh_p——从河底算起的局部冲刷深度（m）；

　α——水流流向与岸边的交角（°）；

　m——防护建筑物迎水面的边坡坡率；

　d——坡脚处土的计算粒径（cm）。对于无黏性土，取大于 15%（按重量计）的筛孔直径；对于黏性土，取表 4-40 中的当量粒径；

　V_j——水流的局部冲刷流速（m/s）。

表 4 - 40 黏 性 土 的 当 量 粒 径

土的性质	空隙比 (空隙体积/土的体积)	干容重 (kN/m³)	黏性土的当量粒径（cm）		
			黏土及重黏壤土	轻黏壤土	黄土
不密实的	0.9～1.2	11.76	1	0.5	0.5
中等密实的	0.6～0.9	11.76～15.68	4	2	2
密实的	0.3～0.6	15.68～19.60	8	8	3
很密实的	0.2～0.3	19.60～21.70	10	10	6

V_j 的计算应符合下列规定：

（1）滩地河床。

对于滩地河床，V_j 按下式计算：

$$V_j = \frac{Q_1}{B_1 H_1} \cdot \frac{2\eta}{1+\eta} \qquad (4-265)$$

式中 B_1——河滩宽度，从河槽边缘至坡脚的距离（m）；

Q_1——通过河滩部分的设计流量（m³/s）；

H_1——河滩水深（m）；

η——水流流速分配不均匀系数，根据 α 角查表 4 - 41。

表 4 - 41 水流流速不均匀系数 η

α	≤15°	20°	30°	40°	50°	60°	70°	80°	90°
η	1.00	1.25	1.50	1.75	2.00	2.25	2.50	2.75	3.00

（2）无滩地河床。

对于无滩地河床，V_j 可按下式计算：

$$V_j = \frac{Q}{A - A_p} \qquad (4-266)$$

式中 Q——设计流量（m³/s）；

A——原河道过水断面面积（m²）；

A_P——河道缩窄部分的断面面积（m³）。

第五章 堤防的沉降计算

第一节 土中的应力状态及其与外荷载的关系

一、土的自重应力

在土的自重作用下（相应于这种情况的应力状态称为自重应力或原始应力）和位于土表面的外荷作用下（相应于这种情况的应力状态称为附加应力或压密应力），土中将产生应力。

土的自重所产生的正应力 σ_z 随深度按静水压力规律分布，对位于地下水位以上的均质土，自重压应力可按下式计算：

$$\sigma_{cz} = \gamma_s h \tag{5-1}$$

式中　γ_s——土的容重（重力密度或简称重度，kN/m³）；

　　　h——由土的边界表面（地面）到计算点的深度（m）。

这种情况下的应力分布图形是一个三角形，如图 5-1（a）所示。

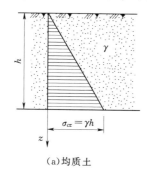
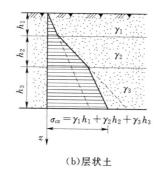
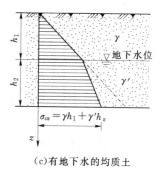

(a)均质土　　　　　　　(b)层状土　　　　　　　(c)有地下水的均质土

图 5-1　土的自重应力分布图

在具有不同容重值的层状土中，自重压应力按下式用分层累加法来计算：

$$\sigma_{cz} = \gamma_1 h_1 + \gamma_2 h_2 + \gamma_3 h_3 \tag{5-2}$$

式中　γ_1，γ_2，γ_3——各土层的容重（重度，kN/m³）；

　　　h_1，h_2，h_3——各土层的厚度（m），如图 5-1（b）所示。

层状土的应力分布图呈折线图形，如图 5-1（b）所示。折线的转折点位于容重（重度）开始变化的地方。

在土中存在地下水的情况下，位于地下水位以下的土应根据土的浸水容重来计算，此时土的自重应力按下式确定：

$$\sigma_{cz} = \gamma h_1 + \gamma' h_2 \tag{5-3}$$

式中 γ——位于地下水位以上的土的容重（重度，kN/m^3）；

$\quad\quad \gamma'$——位于地下水位以下的土的容重（重度，kN/m^3），通常按土的浮容重（浮重度）计算；

$\quad\quad h_1$——地下水位以上土层的厚度（m）；

$\quad\quad h_2$——地下水位以下土层的厚度（m）。

作用在土表面的外荷载，将在土中引起压密应力，这种应力既作用在水平面上，又作用在竖直面上，并且从荷载作用点向两侧和向深处扩散，在理论上一直扩散到无穷远处。

土中由于外荷载而引起的应力的分布，可用应力等值线图的形式来表示。图 5-2 表示由于集中外力作用在土中引起的压应力的等值线图，由图可见，土中应力向深处和向两侧扩散，并大大超出建筑物的基础范围。

在压缩性土层中，土体通常被看作是线性变形介质，此时作用荷载和变形成正比关系。

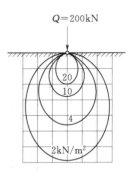

图 5-2 集中力作用下土体中的应力等值线

二、堤防作用在地基表面上的应力

堤防作用在地基表面上的应力，也就是地基表面上作用的外荷载。

（一）土堤作用在地基表面上的应力

1. 堤顶宽度较大时

在计算堤防的沉降时，外荷载就是堤防填筑土体的重量。此时可以用通过上下游堤肩线的竖直平面将堤身横剖面分成 3 个部分，

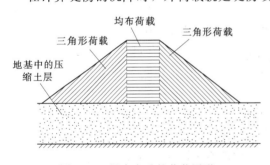

图 5-3 堤身自重的荷载图形

也就是分成了两种荷载形式：均布荷载（堤身的中间部分）和三角形荷载（堤身迎水侧和背水侧的两个三角形棱体），如图 5-3 所示。计算时可以先分别计算每一部分荷载在地基中计算点处所产生的附加应力，然后将各部分荷载作用下同一点处的附加应力叠加起来，就得到全部荷载作用下计算点处的附加应力，将这一附加应力和自重压力相加，就得到地基中计算点处的总应力。

2. 堤顶宽度不大和堤高较大时

当堤高较大，堤顶宽度不大时，地基面上任意一点因堤身自重引起的竖向正应力仍然采用该点处单位面积上堤身土柱的重量，因此由堤身自重在地基面上所产生的竖向正应力的分布图形与堤身的轮廓图形相同，为一梯形。

土堤堤身自重在地基面以下所引起的附加应力可按下列两种情况来计算：

（1）当地基可压缩层深度 $Z_n < 0.25B$（B 为土堤的底面宽度）时，可不考虑堤身荷载所产生的附加应力在地基中扩散，因此地基中一点处的附加应力就等于该点处的堤身的自重应力。

（2）当地基可压缩层深度 $Z_n \geqslant 0.25B$ 时，此时应考虑附加应力在地基内的扩散，扩散角通常采用45°，并且在地基任一深度的水平面上附加应力的分布图形为一个三角形，三角形的顶点与堤身自重的合力作用线吻合，如图 5-4 所示。在计算面上最大竖向附加应力 $\sigma_{z\max}$ 可按下式计算：

$$\sigma_{z\max} = \frac{2W}{B+2z} \tag{5-4}$$

式中　　$\sigma_{z\max}$——地基面以下深度 z 处的计算平面上的最大附加应力（kPa）；

　　　　W——土堤自重的合力（kN）；

　　　　B——土堤的底面宽度（m）；

　　　　z——地面表面以下计算平面的深度（m）。

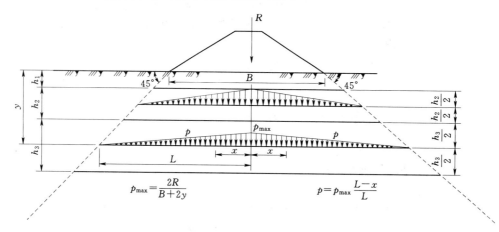

图 5-4　地基内堤身自重所产生的附加应力分布图

计算平面上各点处的竖向附加应力按下式计算：

$$\sigma_z = \sigma_{z\max} \frac{L-x}{L} \tag{5-5}$$

式中　　σ_z——计算平面上各点的竖向附加应力（kPa）；

　　　　L——堤身底面宽度经扩散后在计算平面上的宽度的一半（m）；

　　　　x——在计算平面上计算点距堤身自重合力线的水平距离（m）。

（二）防洪墙作用在地基上的应力

作用在防洪墙上的力主要包括墙体重力、墙底地下水的浮托力、墙体背水面的土压力和地下水压力、墙体迎水面的水压力等，这些作用力组成一个由背水面朝迎水面作用的倾斜压力，或者说形成一个偏离防洪墙底面中心点的偏心压力 F，所以防洪墙是一个偏心受压结构。

因此，防洪墙底面边缘处的竖向压应力可按材料力学中的下列偏心受压公式来计算：

$$\begin{matrix} p_{\max} \\ p_{\min} \end{matrix} = \frac{F}{A} \pm \frac{M}{W} \tag{5-6}$$

$$M = Fe \tag{5-7}$$

$$W = \frac{1}{6}lb^2 \tag{5-8}$$

式中　p_{max}——防洪墙底面最大边缘压应力（kPa）；

　　　　p_{min}——防洪墙底面最小边缘压应力（kPa）；

　　　　F——作用在防洪墙上的竖直力的合力（kN）；

　　　　A——防洪墙的底面面积（m²）；

　　　　M——防洪墙上作用力对墙底面中心点的力矩之和；

　　　　W——防洪墙底面的抵抗矩（m³）；

　　　　e——偏心距（m）；

　　　　l——防洪墙的底面长度，通常取 $l=1$m；

　　　　b——防洪墙的底面宽度（m）。

对于防洪墙，底面形状为矩形，故 $A=b\times l=b\times 1$，$W=\dfrac{1}{6}1\times b^2$，$M=Fe$，将上述各值代入式（5-6），则得防洪墙底面的最大边缘应力为

$$p_{max}=\frac{F}{b}\left(1+\frac{6e}{b}\right)\qquad(5-9)$$

防洪墙底面的最小边缘应力为

$$p_{min}=\frac{F}{b}\left(1-\frac{6e}{b}\right)\qquad(5-10)$$

根据式（5-9）和式（5-10）计算防洪墙底面的应力分布，可能出现下列3种情况：

（1）当 $e<\dfrac{b}{6}$ 时，$p_{min}>0$（为正值），此时防洪墙底面的应力分布为梯形，如图5-5（a）所示。

（2）当 $e=\dfrac{b}{6}$ 时，$p_{min}=0$，此时防洪墙底面的应力分布为三角形，如图5-5（b）所示。

（3）当 $e>\dfrac{b}{6}$ 时，$p_{min}<0$（为负值），表示防洪墙底面与地基面之间出现拉应力，但实际上防洪墙与地基面之间不可能承受拉应力，因此防洪墙底面与地基面之间将产生局部脱开，使地基应力产生重新分布 [图5-5（c）]。根据偏心荷

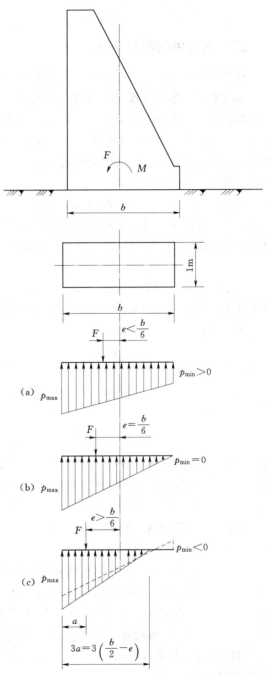

图5-5　防洪墙底面（地基表面）的应力分布图

载与地基反力平衡的条件，可得防洪墙底面的受压宽度为

$$l' = 3\left(\frac{b}{2} - e\right) \tag{5-11}$$

故防洪墙底面的最大边缘压应力为

$$p_{max} = \frac{2F}{3\left(\frac{b}{2} - e\right)} \tag{5-12}$$

三、地基中的附加应力

地基中的附加应力决定于外荷载的形式、它的强度和加荷面积的大小。

如前所述，用来计算堤防沉降的外荷载，对于土堤来说，就是堤身的重量，它分成了两种荷载形式，即均布荷载和三角形分布荷载；对于防洪墙来说，就是防洪墙作用在地基表面的应力，它可能是三角形分布的，也可能是梯形分布的，而梯形分布的荷载也可以分解为三角形分布荷载和均布荷载两部分。所以堤防作用在地基上的荷载形式就是两种，即均布荷载和三角形分布荷载。

计算荷载在地基中产生的附加应力时，一般都假定地基上是均匀的、连续的、各向同性的半空间线性变形体，利用弹性理论来求解。现有的解答有两种形式表示，即用极坐标形式表示和用直角坐标形式表示，下面列举出用极坐标形式表示的地基中的应力计算公式。

对于均匀分布的条状荷载，如图 5-6 所示（相当于土堤横剖面中间部分的土体重量，或防洪墙作用在地基面上的应力为梯形分布时其中均匀分布的部分），地基中的应力按下列公式计算：

$$\sigma_z = \frac{p}{\pi}\left[\beta_1 + \frac{1}{2}\sin 2\beta_1 - (\pm\beta_2) - \frac{1}{2}\sin(\pm 2\beta_2)\right] \tag{5-13}$$

$$\sigma_x = \frac{p}{\pi}\left[\beta_1 - \frac{1}{2}\sin 2\beta_1 - (\pm\beta_2) + \frac{1}{2}\sin(\pm 2\beta_2)\right] \tag{5-14}$$

$$\tau = \frac{p}{2\pi}(\cos 2\beta_2 - \cos 2\beta_1) \tag{5-15}$$

式中　σ_z——地基中水平面上的正应力（kPa）；

　　　σ_x——地基中竖直面上的正应力（kPa）；

　　　τ——切应力（kPa）；

　　　p——荷载强度（kPa）；

　　　π——圆周率，等于 3.1416；

　　　β_1——计算点 M_1 点与均布荷载端点 B 之间的连线与竖直线之间的夹角，或者是计算点 M_2 与均布荷载端 B 的连线与竖直线之间的夹角，如图 5-6 所示；

　　　β_2——计算点 M_1 与均布荷载端点 A 之间的连线与竖直线之间的夹角，或者是计算点 M_2 与均布荷载端点 A 之间的连线与竖直线之间的夹角，如图 5-6 所示。

对位于均布荷载范围以外的各点，β_2 值取正号；对位于均布荷载范围以内的各点，则 β_2 值取负号。

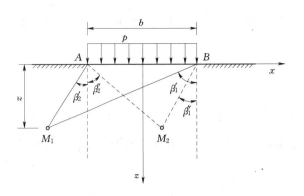

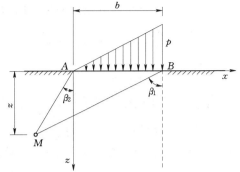

图 5-6 由均布荷载所产生的应力计算图 　　 图 5-7 由三角形荷载所产生的应力计算图

在均布荷载作用下，地基中计算点处的主应力值按下式计算：

$$\sigma_1 = \frac{p}{\pi}(2\beta + \sin 2\beta) \tag{5-16}$$

$$\sigma_2 = \frac{p}{\pi}(2\beta - \sin 2\beta) \tag{5-17}$$

式中　2β——视度角，由式（5-18）确定。

$$2\beta = \beta_1 + \beta_2 \tag{5-18}$$

在三角形荷载作用下（相当于堤身横剖面中迎水面和背水面两个三角形棱体的重量），当用极坐标表示的情况下（z 轴通过三角形荷载的零点），地基中的附加应力（图 5-7）按下式计算：

$$\sigma_z = \frac{p}{\pi} \cdot \frac{z}{b}\left[\sin\beta_1 - \sin^2\beta_2 - \tan\beta_2\left(\beta_1 + \frac{1}{2}\sin 2\beta_1 - \beta_2 - \frac{1}{2}\sin 2\beta_2\right)\right] \tag{5-19}$$

$$\sigma_y = \frac{p}{\pi} \cdot \frac{z}{b}\left[\cos\beta_1 - 2\ln\cos\beta_1 - \cos^2\beta_2 + 2\ln\cos\beta_2 - \tan\beta_2\left(\beta_1 - \frac{1}{2}\sin 2\beta_1 - \beta_2 + \frac{1}{2}\sin^2\beta_2\right)\right] \tag{5-20}$$

$$\tau = \frac{pz}{2\pi b}\left[\sin 2\beta_1 - \sin 2\beta_2 + 2(\beta_2 - \beta_1) - \tan\beta_2(\cos 2\beta_1 - \cos 2\beta_2)\right] \tag{5-21}$$

式中　σ_z——地基中水平面上的正应力（kPa）；

　　　σ_x——地基中竖直面上的正应力（kPa）；

　　　τ——地基中的切应力（kPa）；

　　　p——三角形分布荷载的最大强度（kPa）；

　　　β_1——计算点 M_1 与荷载端点 B 的连线与竖直线之间的夹角（°），如图 5-7 所示；

　　　β_2——计算点 M_1 与荷载端点 A 的连线与竖直线之间的夹角（°），如图 5-7 所示。

与计算均布荷载作用时的应力一样，在计算中应该考虑 β_1 和 β_2 的正负号。

为了简化计算，通常将上述公式改用直角坐标表示并编制成计算表，以便于应用，如表 5-1 和表 5-2 所示。表中给出的是应力系数 α 值（即荷载强度等于 1 时的应力值，真正的应力值应乘上荷载强度），即

$$\sigma_z = \alpha p \tag{5-22}$$

式中　σ_z——地基中计算点处的竖直向附加应力（kPa）；

α——地基中计算点处的竖直向附加应力系数，根据计算点的相对水平距离 $\dfrac{x}{b}$ 和相

对深度 $\dfrac{z}{b}$ 由表中查得；

p——荷载强度（kPa）。

表中计算点的位置是用相对水平距离 $m=\dfrac{x}{b}$ 及相对深度 $n=\dfrac{z}{b}$ 表示的。此时，z 轴的位置对均布荷载是取在荷载的中部，对三角形荷载也是取在荷载的中部处。x 轴是布置在地基表面上，方向向右，如图 5-8 所示。

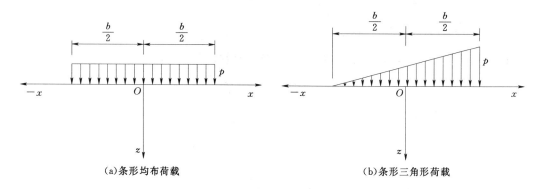

（a）条形均布荷载　　　　　　　　　　　　（b）条形三角形荷载

图 5-8　荷载图形和坐标布置

均布荷载作用时的正应力值可用表 5-1 来确定，表中仅给出了 z 轴右部的应力系数 α 值，因为左边部分是与右边对称的。在三角形荷载作用下的应力系数 α 值，可由表 5-2 查得。

表 5-1　　　　　　　　　　均布条形荷载作用下地基中附加应力系数 α

n \ m	0.00	0.10	0.25	0.35	0.50	0.75	1.00	1.50	2.00	2.50	3.00	4.00	5.00
0.00	1.000	1.000	1.000	1.000	0.500	0.000	0.000	0.000	0.000	0.000	0.000	0.000	0.000
0.05	1.000	1.000	0.995	0.970	0.500	0.002	0.000	0.000	0.000	0.000	0.000	0.000	0.000
0.10	0.997	0.996	0.986	0.965	0.499	0.010	0.005	0.000	0.000	0.000	0.000	0.000	0.000
0.15	0.993	0.987	0.968	0.910	0.498	0.033	0.008	0.001	0.000	0.000	0.000	0.000	0.000
0.25	0.960	0.954	0.905	0.805	0.496	0.088	0.019	0.002	0.001	0.000	0.000	0.000	0.000
0.35	0.907	0.900	0.832	0.732	0.492	0.148	0.039	0.006	0.003	0.001	0.000	0.000	0.000
0.50	0.820	0.812	0.735	0.651	0.481	0.218	0.082	0.017	0.005	0.002	0.001	0.000	0.000
0.75	0.668	0.658	0.610	0.552	0.450	0.263	0.146	0.040	0.017	0.005	0.005	0.001	0.000
1.00	0.542	0.541	0.513	0.475	0.410	0.288	0.185	0.071	0.029	0.013	0.007	0.002	0.001
1.50	0.396	0.395	0.379	0.353	0.332	0.273	0.211	0.114	0.055	0.030	0.018	0.006	0.003
2.00	0.306	0.304	0.292	0.288	0.275	0.242	0.205	0.134	0.083	0.051	0.028	0.013	0.006
2.50	0.245	0.244	0.239	0.237	0.231	0.215	0.188	0.139	0.098	0.065	0.034	0.021	0.010
3.00	0.208	0.208	0.206	0.202	0.198	0.185	0.171	0.136	0.103	0.075	0.053	0.030	0.015
4.00	0.160	0.160	0.158	0.156	0.153	0.147	0.140	0.122	0.102	0.081	0.066	0.040	0.025
5.00	0.126	0.126	0.125	0.125	0.124	0.121	0.117	0.107	0.095	0.082	0.069	0.046	0.034

表 5－2					三角形条形荷载作用下地基中附加应力系数 α								
n ＼ m	－2.00	－1.50	－1.00	－0.75	－0.50	－0.25	0.00	0.25	0.50	0.75	1.00	1.50	2.00	3.00
0.00	0.00	0.00	0.00	0.00	0.00	0.25	0.50	0.75	0.50	0.00	0.00	0.00	0.00	0.00
0.25	0.00	0.00	0.00	0.01	0.08	0.26	0.48	0.65	0.42	0.08	0.02	0.00	0.00	0.00
0.50	0.01	0.01	0.02	0.05	0.13	0.26	0.41	0.47	0.35	0.16	0.06	0.01	0.00	0.00
0.75	0.01	0.01	0.05	0.08	0.15	0.25	0.33	0.36	0.29	0.19	0.10	0.03	0.01	0.00
1.00	0.01	0.03	0.06	0.10	0.16	0.22	0.28	0.29	0.25	0.18	0.12	0.05	0.02	0.00
1.50	0.02	0.05	0.09	0.11	0.15	0.18	0.20	0.20	0.19	0.16	0.13	0.07	0.04	0.01
2.00	0.03	0.06	0.09	0.11	0.14	0.16	0.15	0.16	0.15	0.13	0.12	0.08	0.05	0.02
2.50	0.04	0.06	0.08	0.12	0.13	0.13	0.13	0.13	0.12	0.11	0.10	0.07	0.05	0.02
3.00	0.05	0.06	0.08	0.09	0.10	0.10	0.11	0.11	0.10	0.10	0.09	0.07	0.05	0.03
4.00	0.05	0.06	0.07	0.07	0.08	0.08	0.08	0.08	0.08	0.07	0.07	0.06	0.05	0.03
5.00	0.05	0.05	0.06	0.06	0.06	0.06	0.06	0.06	0.06	0.06	0.06	0.05	0.04	0.03

第二节　地基的稳定沉降及沉降随时间的变化

一、概述

地基沉降是指在外荷载作用下地面的竖直位移。在土堤中，沉降可分为两种，即：堤身沉降，这是由于堤身土料压缩而形成的；地基沉降，这是由于堤身填筑土料的重量作用在地基面，而使得地基产生的。

如果堤身填土是采用分层压密的方法筑成的，在堤身填筑完成以后由于堤身内的应力重分布的影响，堤身仍将产生沉降，这种沉降可按本章第三节中所述的方法来计算。

地基中的土没有进行人工压密，因此在外荷作用下必然要产生沉降。为了保证堤身各部分（堤顶、堤肩线、排水等）具有一定的设计高程，在堤身剖面设计时应考虑沉降的影响，也就是在堤身横剖面的各相应点上应预先加上考虑沉降的超高值。因此，土堤实际上存在两个轮廓剖面，即施工期的剖面和运用期的剖面（图 5－9），这两个剖面相应点的高程差就是沉降值。

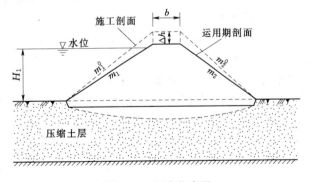

图 5－9　堤身轮廓图

地基的沉降值决定于地基中受压土层的压缩功能。根据地基中应力分布理论可知，随着深度的增加，应力逐渐减小，在距加荷面某一深度处，应力值可衰减到实际上对沉降不

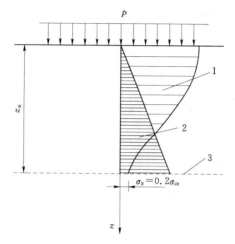

图 5-10　确定压缩层深度 Z_n 的计算图
1—附加应力 σ_z 的分布图；2—自重应力 σ_{cz} 的
分布图；3—压缩层深度（有效区）边界

起作用的程度，这就是说地基的受压土层实际上是被限制在一定深度范围内。这一范围称为有效区或压缩层深度，在这一范围内被认为是产生沉降的。

从荷载作用面（即地基表面）算起的有效区的边界深度（图 5-10）是这样来确定的，即此深度处的压密应力等于自重压应力 $p\sigma$（原始压力）的 0.2，即

$$\sigma_z = 0.2\sigma_{cz} \qquad (5-23)$$

所以地基压缩层的计算深度应按下列方法确定：

（1）绘制地基中堤防在堤轴线上附加应力沿地基深度的分布曲线。

（2）绘制地基自重竖向应力的分布曲线。

（3）在地基中堤防产生的附加应力等于地基自重应力 20% 的深度，即为地基压缩层的计算深度。

显然，如果地基中的非缩性土层是位于有效区的边界以上，则计算沉降时的压缩层深度就等于有效区的边界深度；如果非压缩土层的边界位于有效区的边界以下，则计算沉降时的计算深度就采用压缩土层（位于非压缩土层上面的）的边界深度。

二、地基的最终沉降量

土堤地基的沉降计算可以采用下列两种方法之一来完成，即：

（1）均匀单层地层法。

（2）分层累计法。

设计中采用哪种方法，决定于堤防设计的具体条件和要求。

（一）均匀单层地层法

地基沉降计算时，假定压缩土层是均质的，它的压缩功能是有限的，地基土是不可能产生侧向膨胀的，并且作用在地基面上的分布荷载是向两边无限扩展的，如图 5-11 所示。在图 5-11上，作用外荷载以前压缩土层的深度（厚度）为 h_1，作用外荷载以后的深度（厚度）为 h_2，此两值之差就是绝对沉降值，可用下式表示：

$$S = \Delta h = h_1 - h_2 \qquad (5-24)$$

式中　S——沉降值。

在这种情况下用两个竖直平面切出的任何土柱所承受的作用力是相同的，所以，为了研究方便起见，可以从中取出一个土柱，面积为 F。这一土柱的体积，在加荷前等于 $V = h_1 F$，

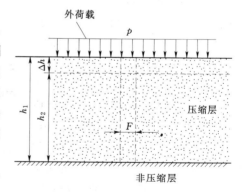

图 5-11　在连续荷载作用下无侧向
膨胀情况下压缩

而土骨架（土颗粒）的体积则为

$$V_s = \frac{h_1 F}{1+e_1} \tag{5-25}$$

式中　e_1——起始孔隙比，即土在受荷前的孔隙比。

在受荷载作用以后土柱的高度变为 h_2，孔隙比为 e_2，此时土颗粒的体积保持不变，可用下式表示：

$$V_s = \frac{h_2 F}{1+e_2} \tag{5-26}$$

若令式（5-25）和式（5-26）的右部相等，则得

$$h_2 = h_1 \frac{1+e_2}{1+e_1} \tag{5-27}$$

将 h_2 式代入式（5-24），可得

$$\Delta h = S = \frac{e_1 - e_2}{1+e_1} h \tag{5-28}$$

式中　S——土层的最终沉降量（m）；

h——土层的厚度（m）；

e_1——土层的起始孔隙比；

e_2——土层在有效竖向附加应力作用后的孔隙比。

上式（5-28）就表示单层压缩地基的最终沉降量。

由土的压缩曲线（图1-13）可知：

$$a = \frac{e_1 - e_2}{p_2 - p_1} \tag{5-29}$$

式中　p_1——相应于孔隙比 e_1 时的压力（kPa）；

p_2——相应于孔隙比 e_2 时的压力（kPa）；

a——压缩系数（1/kPa）。

式（5-29）也可以写成下列形式：

$$a = \frac{\Delta e}{\Delta p}$$

式中　Δe——孔隙比的增量，$\Delta e = e_1 - e_2$；

Δp——压力增量（kPa），$\Delta p = p_2 - p_1$。

因此

$$\Delta e = a \Delta p$$

相对于地基的自重应力来说，地基中的附加应力 p（即 σ_z）即为应力增量（压力增量），故上式可以写成：

$$\Delta e = e_1 - e_2 = a p \tag{5-30}$$

将式（5-30）代入式（5-28），得单层地基的最终沉降量为

$$S = \frac{a p}{1+e_1} h \tag{5-31}$$

由式（1-34）可知：

$$\frac{a}{1+e_1}=\frac{\beta}{E_0}$$

其中
$$\beta=1-\frac{2\mu^2}{1-\mu} \tag{5-32}$$

式中　E_0——地基土的变形模量（kPa）；

　　　β——系数；

　　　μ——地基土的泊松比；

$\dfrac{a}{1+e_1}$——体积压缩系数，它表示土体在单位压力增量作用下单位体积的体积变化。在无侧向变形条件下，即为单位厚度的压缩量。

则

$$\frac{1+e_1}{a}=E_s \tag{5-33}$$

式中　E_s——土的压缩模量（kPa），它表示在无侧向变形条件下，竖向应力与应变之比值。

所以

$$E_0=\beta E_s \tag{5-34}$$

将式（5-33）代入式（5-31），则得地基的最终沉降量为

$$S=\frac{p}{E_s}h \tag{5-35}$$

因此，为了计算由均质土组成的有限深度的单层地基在无侧向膨胀的情况下，在强度为 p 的均布荷载作用下的沉降，可以根据所具有的地基土的原始资料情况，选择上述 3 个计算公式，即式（5-29）、式（5-31）和式（5-35）中的任一个来完成。

（二）分层累计法

分层累计法的特点是，在计算地基沉降时，是将地基土层分层计算，然后进行累加，即采用分层累计法。因此，这就使得能够考虑地基在地质构造方面的特点，地下水（有压的或无压的）的作用及其在施工和运用期间的变化，以及建筑物在设计上的特点。

在进行沉降计算时，每一分层被看作是均质的，因此可以按前述均匀地层法进行计算，也就是可以按式（5-28）、式（5-31）和式（5-35）进行计算。

因此，根据分层累计法，地基的最终沉降量 S 可以按下列公式计算。

1. 按受压前后孔隙比 e_1 和 e_2 进行计算

$$S=\sum_{i=1}^{n}\frac{e_{1i}-e_{2i}}{1+e_{1i}}h_i \tag{5-36}$$

式中　S——地基的最终沉降量（m）；

　　　e_{1i}——地基中第 i 分层厚度中心线上的起始孔隙比；

　　　e_{2i}——地基中第 i 分层厚度中心线上在附加应力作用后的孔隙比；

　　　h_i——地基中第 i 分层的厚度（m）；

　　　i——地基分层的编号，$i=1,2,\cdots,n$；

　　　n——地基分层的数目。

2. 按地基中附加应力增量 p 进行计算

$$S = \sum_{i=1}^{n} \frac{a_i p_i}{1 + e_{1i}} h_i \tag{5-37}$$

式中　a_i——地基中第 i 分层的压缩系数（$1/\mathrm{kPa}$）；

　　　p_i——地基中第 i 分层厚度中心线上计算点处的附加应力（kPa）；

　　　e_{1i}——地基中第 i 分层厚度中心线上的起始孔隙比；

　　　h_i——地基中第 i 分层的厚度（m）。

3. 按地基中附加应力 p 和压缩模量 E_s 进行计算

$$S = \sum_{i=1}^{n} \frac{p_i}{E_{si}} h_i \tag{5-38}$$

式中　p_i——地基中第 i 分层厚度中心线上计算点处的附加应力（kPa）；

　　　E_{si}——地基中第 i 分层的压缩模量（kPa）；

　　　h_i——地基中第 i 分层的厚度（m）。

在按分层累计法进行沉降计算时，地基分层的数目和各分层的厚度，根据地基的不均匀程度来决定，以使每一分层内土的基本性质大致相同。

通常，分层厚度按下列方法确定：

（1）对于较高的土堤，在计算堤身的沉降时，堤身分层的最大厚度为堤高的 $\frac{1}{5} \sim \frac{1}{10}$。

（2）均质地基的分层厚度一般不大于堤身底宽的 $\frac{1}{4}$。

（3）非均质地基，应按地基土的性质和类别来分层，但每一分层的厚度应不大于堤身底宽的 $\frac{1}{4}$。

三、沉降随时间的变化

由透水性小的土（黏土、黏壤土等）组成的压缩性地基，其沉降往往可以延续好几年才能达到稳定。因此，在有些情况下在进行堤防的沉降计算时，除了计算堤防的最终沉降（稳定沉降）之外，有时还要计算任意时刻 t 的土堤沉降量（称作堤的随时沉降）。前面所讲的地基沉降的计算公式，都是用于计算最终沉降的。

黏性土的沉降是由于土中孔隙内的水被挤出，使土粒互相靠近而形成的。因此，土的孔隙愈小，孔隙中水的排出过程也就愈长，所以达到最终沉降所需的时间也就愈长。对于大颗粒的土，由于孔隙中水的排出过程进行得比较快，所以实际上在作用外荷载以后，沉降很快就完成。

砂土层的压缩性决定于土的起始孔隙率，起始孔隙率愈小，则砂土的沉降也就愈小。但是砂土在静荷载作用下的压缩性较之黏土来说是很小的，必需依靠冲击和振动荷载才能使砂土的沉降增加，因为这种荷载对砂土的压密作用要比静荷载大。

对于孔隙中完全充满水的土，当受荷载面积很大的情况下其沉降过程可以用下式来表示：

$$S_t = \frac{p}{1+e_1} ha \left(1 - \frac{8}{\pi^2} \cdot \frac{1}{e^{Qt}}\right) \qquad (5-39)$$

其中

$$Q = \frac{\pi^2 k(1+e_1)}{N a \gamma_w h^2} \qquad (5-40)$$

式中 S_t——在强度为 p 的荷载作用下 t 时刻的地基沉降（m）；

e_1——在压缩开始前土的孔隙比（起始孔隙比）；

h——压缩土层的厚度（m）；

a——地基土的压缩系数（1/kPa）；

t——从开始加荷算起的时间（a），以年计；

e——自然对数的底；

Q——系数；

k——土的渗透系数（m/a）；

γ_w——水的容重（重度，kN/m³）；

N——系数，决定于土的排水条件：当压缩土层位于两个排水层之间时，渗透水可以从上和从下同时排出，则 N 值采用1；当渗透水只能从上或从下一个方向排出时，则 N 值采用4。

在堤防沉降计算中常常遇到渗透水从一个方向排出的情况，此时 $N=4$，则式（5-40）可以写成下列形式：

$$Q = 2.5 \frac{k(1+e_1)}{a \gamma_w h^2} \qquad (5-41)$$

从式（5-39）中可见，等号右边括号前的部分是最终沉降 S，括号内的部分是考虑沉降衰减的一个系数。因此式（5-39）既可以用来计算任意时刻的沉降，也可以用来计算最终沉降，即稳定沉降（此时令式中 $\frac{8}{\pi^2} \cdot \frac{1}{e^{Qt}}$ 这一项等于0）。

在根据上述方法计算堤防地基的沉降量时，只需进行某些有代表性的垂直线上的沉降量，例如可取在堤顶中部，上下游堤肩线，上下游堤坡的中间点，以及靠近迎水面和背水面的堤坡脚处等部位。根据所计算得的每一根垂直线上的沉降量，即可绘制土堤在施工时的外部轮廓和产生沉降以后的堤身轮廓（包括土堤底面的变形）。施工期和运用期两个堤身轮廓之间土方量的差值，应计入工程量内。对于防洪墙，则应计算防洪墙底面处迎水面和背水面两点处地基的沉降量，即防洪墙底面地基的最大沉降量和最小沉降量。

四、土堤堤身的沉降量

土堤堤身的沉降量也可以用上述分层累计法进行计算，即将堤身按其高度分成几个土层（分层），每个土层的荷载（即附加应力）就是该土层以上堤身土柱的重力，然后按式（5-36）、式（5-37）或式（5-38）计算堤身的最终沉降量 S。

对于一般的土堤，堤身的最终沉降量也可按下述经验公式来估算：

$$S = 0.001H \qquad (5-42)$$

式中 S——堤身的最终沉降量（m）；

H——土堤的高度（m）。

在堤防施工结束以后的使用过程中，任意时刻 t 的沉降量 S_t 也可以按下列经验公式来计算：

$$S_t = KH^n e^{-m\frac{1}{t}} \tag{5-43}$$

式中　S_t——土堤在施工结束投入使用 t 年后的沉降量（m）；

　　　K——系数，采用 $K=0.0098$；

　　　H——土堤高度（m）；

　　　n——指数，$n=1.0148$；

　　　e——自然对数的底；

　　　m——指数，$m=1.4755$；

　　　t——计算土堤使用的年数，自土堤施工结束开始运用算起（a）。

根据式（5-43）可计算得土堤使用期任意一年的沉降量 S_t。

从理论上来说，堤防的沉降要经过许多年，即 t 达到 ∞ 时才能完成，沉降才能稳定，因此令 $t=\infty$ 代入式（5-43），则得堤防的最终沉降量（稳定沉降量）为

$$S = KH^n \tag{5-44}$$

将 $K=0.0098$，$n=1.0148$ 代入式（5-44），则得堤防最终沉降量的计算公式为

$$S = 0.0098H^{1.0148} \tag{5-45}$$

将式（5-44）代入式（5-43），可得

$$S_t = Se^{-m\frac{1}{t}} \tag{5-46}$$

若已知土堤的最终沉降量 S，则按式（5-46）可计算得土堤使用 t 年时的沉降量 S_t。

由式（5-46）可得

$$t = \frac{m}{\ln \dfrac{S}{S_t}} \tag{5-47}$$

根据式（5-47）可计算土堤沉降达到 S_t 时所需经历的时间 t。

【例 5-1】　某土堤（图 5-12）高度 $H=12\text{m}$，堤顶宽度 $B=8.0\text{m}$，迎水边坡坡度为 $1:3.0$，背水边坡坡度为 $1:2.5$，堤身为黏壤土，土的容重（重度）为 $\gamma=19.0\text{kN/m}^3$，堤身下面地基土分为 3 层：第一层为黏壤土，厚度 $h_1=3.0\text{m}$，浮容重 $\gamma_1=10.1\text{kN/m}^3$；第二层为砂壤土，厚度 $h_2=12.0\text{m}$，浮容重 $\gamma_2=10.4\text{kN/m}^3$；第三层为透水性较强的砂卵石层，地下水位于地基表面处。试计算堤身中心线上地基的最终沉降量 S，沉降量达到最终沉降量 80%（即 $\dfrac{S_t}{S}=80\%$）所需的时间，以及沉降达到最终沉降量的时间。

【解】　（1）计算土堤堤身底面宽度 b。
$$b = m_1 H + B + m_2 H = 3.0 \times 12 + 8.0 + 2.5 \times 12 = 74\text{m}$$

（2）将地基可压缩层分层。

由于地基土的第一层为黏壤土，第二层为砂壤土，均为可压缩土层，第三层为砂卵石层，压缩性很小，可视为不可压缩层。故地基可压缩层的分层就是将地基土的第一层

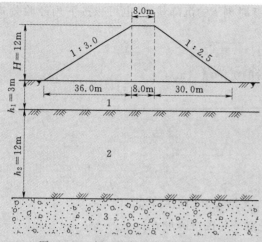

图 5-12　例 5-1 中的土堤及其地基

1—第一层地基，黏壤土，浮容量 $\gamma'_1=10.1\text{kN/m}^3$；

2—第二层地基，砂壤土，浮容重 $\gamma'_2=10.4\text{kN/m}^3$；

3—第三层地基，砂卵石层

和第二层分为几个沉降的计算层。

根据地基的地质特点，将地基的第一层单独作为一个计算层，地基的第二层分为 3 个计算层，每层厚度为 4.0m，所以地基可压缩层共分为 4 个计算分层，第一分层厚度 $\Delta h_1=3\text{m}$，为黏壤土，容重（重度）$\gamma_1=10.1\text{kN/m}^3$；第二分层厚度 $\Delta h_2=4.0\text{m}$，为砂壤土，容重（重度）$\gamma_2=10.4\text{kN/m}^3$；第三分层厚度 $\Delta h_3=4.0\text{m}$，为砂壤土，容重（重度）$\gamma_3=10.4\text{kN/m}^3$；第四分层厚度 $\Delta h_4=4.0\text{m}$，为砂壤土，容重（重度）$\gamma_4=10.4\text{kN/m}^3$，各分层的厚度均小于堤身底面宽度 b 的 1/10，即 $\Delta h\,(=3\text{m}、4\text{m})<\dfrac{b}{10}=\dfrac{74}{10}=$

7.4m，符合要求。

（3）计算地基各分层中心线上的自重应力和可压缩层底面处的自重应力。

第一分层中心线上的自重应力

$$\sigma_{cz1}=\gamma_1\frac{\Delta h_1}{2}=10.1\times\frac{3.0}{2}=15.15\text{kPa}$$

第二分层中心线上的自重应力

$$\sigma_{cz2}=\gamma_1\Delta h_1+\gamma_2\frac{\Delta h_2}{2}=10.1\times3.0+10.4\times\frac{4.0}{2}$$
$$=30.3+20.8=51.1\text{kPa}$$

第三分层中心线上的自重应力

$$\sigma_{cz3}=\gamma_1\Delta h_1+\gamma_2\left(\Delta h_2+\frac{\Delta h_3}{2}\right)=10.1\times3.0+10.4\times\left(4.0+\frac{4.0}{2}\right)$$
$$=30.3+62.4=92.7\text{kPa}$$

第四分层中心线上的自重应力

$$\sigma_{cz4}=\gamma_1\Delta h_1+\gamma_2\left(\Delta h_2+\Delta h_3+\frac{\Delta h_4}{2}\right)$$
$$=10.1\times3.0+10.4\times\left(4.0+4.0+\frac{4.0}{2}\right)=30.3+104.0$$
$$=134.30\text{kPa}$$

第四分层底面处的自重应力

$$\sigma_{cz0}=\gamma_1\Delta h_1+\gamma_2(\Delta h_2+\Delta h_3+\Delta h_4)=10.1\times3.0+10.4\times(4.0+4.0+4.0)$$
$$=30.3+124.8=155.1\text{kPa}$$

（4）计算堤身中心线上地基各分层中心线处的附加应力 σ_z。

土堤作用在地基上的荷载就是堤身的自重，现将堤身分为 3 部分，即迎水面三角形荷载，中间部分矩形荷载和背水面三角形荷载，采用查表的方法分别求出这 3 部分荷载在计算点处的附加应力系数 α_1、α_2、α_3。将这 3 个附加应力系数叠加，就是整个荷载（堤身自重）作用下在计算点处的附加应力系数，并据以计算该点处的附加应力。

　　1）计算堤身作用在地基面上的最大荷载强度 p。

　　堤身作用在地基面上的最大荷载强度等于堤身中间部分土柱的重力，即

$$p = \gamma H = 19.0 \times 12.0 = 228.0 \text{kPa}$$

　　2）计算堤身中心线上地基各分层厚度中心点和地基计算压缩层底面处的附加应力系数。

　　将荷载分为 3 部分，分别查表 5-1 和表 5-2 求得各部分荷载在计算点处的附加应力系数，然后叠加求出整个堤身荷载在计算点处的总附加应力系数，计算结果列于表 5-3 中。

表 5-3　　　　　　　　　　　　　附加应力系数计算表

荷载	计算点深度 z(m)		1.5	5.0	9.0	13.0	15.0
迎水面三角形荷载	荷载宽度 b=36m	$m = \dfrac{x}{b}$	0.6111	0.6111	0.6111	0.6111	0.6111
	计算点横坐标 x=22m	$n = \dfrac{z}{b}$	0.0417	0.1389	0.2500	0.3611	0.4167
	附加应力系数 α_1		0.2763	0.2731	0.2689	0.2674	0.2667
中间部分均布荷载	荷载宽度 b=8m	$m = \dfrac{x}{b}$	0.0	0.0	0.0	0.0	0.0
	计算点横坐标 x=0	$n = \dfrac{z}{b}$	0.1875	0.6250	1.1250	1.6250	1.8750
	附加应力系数 α_2		0.9806	0.7440	0.5055	0.3735	0.3285
背水面三角形荷载	荷载宽度 b=30m	$m = \dfrac{x}{b}$	0.6333	0.6333	0.6333	0.6333	0.6333
	计算点横坐标 x=19m	$n = \dfrac{z}{b}$	0.0500	0.1667	0.3000	0.4333	0.5000
	附加应力系数 α_3		0.2345	0.2369	0.2407	0.2460	0.2487
总附加应力系数 $\alpha = \alpha_1 + \alpha_2 + \alpha_3$			1.4914	1.2540	1.0151	0.8869	0.8439

　　由表 5-3 可见，由于计算中采用将荷载分为 3 块分别查表和查表时采用了插值法等原因，导致计算点的总附加应力系数大于 1.0，故应进行修正，修正后各计算点处的附加应力系数如表 5-4 所示。

表 5-4　　　　　　　堤身中心线上各计算深度处的附加应力系数

计算点深度 z(m)	1.5	5.0	9.0	13.0	15.0
附加应力系数 α	1.0000	1.0000	1.0000	0.8869	0.8439

　　3）计算各点处的附加应力 σ_z。

　　各计算点处的附加应力 σ_z 根据式（5-22）计算，即

$$\sigma_z = \alpha p$$

已知 $p = 228.0 \text{kPa}$。

　　计算结果列于表 5-5 中。

163

表 5－5　　　　　　　　　　　堤身中心线上各计算点处的附加应力 σ_z

计算点深度 z(m)	1.5	5.0	9.0	13.0	15.0
附加应力系数 α	1.0	1.0	1.0	0.8869	0.8439
最大荷载强度 p(kPa)	228.0	228.0	228.0	228.0	228.0
附加应力 σ_z(kPa)	228.0	228.0	228.0	202.2132	192.4092

（5）确定地基的计算压缩层深度 z_n。

地基的计算压缩层深度 z_n 应按式（5-23）确定，即地基中附加应力 σ_z 等于地基自重应力的 0.2 倍（即 20%）处，该深度即为地基的计算压缩层深度 z_n。

由上面的计算可知，在地基第二层底面处，地基的自重应力 $\sigma_{cz}=155.1\text{kPa}$，而在地基第二层底面处的附加应力 $\sigma_z=192.4092\text{kPa}>0.2\sigma_{cz}=31.02\text{kPa}$，因此地基的计算压缩层深度应在地基第二层以下。但是由于地基第二层以下为砂卵石层，被视为不可压缩层，故实际的地基可压缩层为地层的第一层和第二层，所以取地基的计算压缩层深度为

$$z_n = h_1 + h_2 = 3.0 + 12.0 = 15.0\text{m}$$

（6）计算地基的沉降量 S。

沉降计算时地基压缩层仍分为 4 个分层，即各分层的厚度为 3.0m、4.0m、4.0m 和 4.0m。

1）计算各计算层厚度中心线上的初始应力和压缩应力。

各计算层（分层）厚度中心线上的初始应力 σ_1 等于该点处的自重应力 σ_{cz}，该点处的压缩应力 σ_2 则等于该点处的自重应力和附加应力之和，即 $\sigma_2 = \sigma_{cz} + \sigma_z$。因此

在第一分层中心线上

初始应力 $\sigma_1 = 15.15\text{kPa}$

压缩应力 $\sigma_2 = 15.15 + 228.0 = 243.15\text{kPa}$

在第二分层中心线上

初始应力 $\sigma_1 = 51.10\text{kPa}$

压缩应力 $\sigma_2 = 51.10 + 228.0 = 279.10\text{kPa}$

在第三分层中心线上

初始应力 $\sigma_1 = 92.70\text{kPa}$

压缩应力 $\sigma_2 = 92.70 + 228.0 = 320.70\text{kPa}$

在第四分层中心线上

初始应力 $\sigma_1 = 134.30\text{kPa}$

压缩应力 $\sigma_2 = 134.30 + 202.2132 = 336.5132\text{kPa}$

2）计算各计算层厚度中心线上的初始孔隙比 e_1 和压缩孔隙比 e_2。

根据地基第一层和第二层土样进行压缩试验得到的压缩曲线如图 5-13 所示。

根据各计算土层中心线处的初始应力 σ_1 和压缩应力 σ_2 查图 5-13 中相应的压缩曲线，即可得初始孔隙比 e_1 和压缩孔隙比 e_2，计算结果列于表 5-6 中。

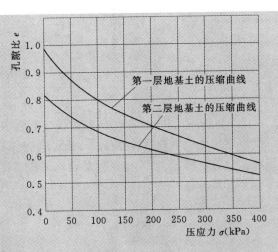

图 5-13　例 5-1 中地基土的压缩曲线

表 5-6　各计算层中心线上计算点处（土堤中心线上）的初始孔隙比 e_1 和压缩孔隙比 e_2

计算土层		第一分层	第二分层	第三分层	第四分层
应力 (kPa)	σ_1	15.15	51.10	92.70	134.30
	σ_2	243.15	279.10	320.70	336.5132
孔隙比	e_1	0.961	0.736	0.684	0.672
	e_2	0.687	0.592	0.561	0.556

3）计算各计算层（分层）的沉降量。

各计算层的沉降量可根据表 5-6 所列各计算层在计算点处的初始孔隙比 e_1 和压缩孔隙比 e_2 按式（5-36）计算，即

$$S = \frac{e_{1i} - e_{2i}}{1 + e_{1i}} h_i$$

对于第一分层：初始孔隙比 $e_1 = 0.961$，压缩孔隙比 $e_2 = 0.687$，计算层厚度 $h_1 = 3.0\text{m}$，故第一分层的沉降量为

$$S_1 = \frac{0.961 - 0.687}{1 + 0.961} \times 3.0 = 0.4192\text{m}$$

对于第二分层：初始孔隙比 $e_1 = 0.736$，压缩孔隙比 $e_2 = 0.592$，计算层厚度 $h_2 = 4.0\text{m}$，故第二分层的沉降量为

$$S_2 = \frac{0.736 - 0.592}{1 + 0.736} \times 4.0 = 0.3318\text{m}$$

对于第三分层：初始孔隙比 $e_1 = 0.684$，压缩孔隙比 $e_2 = 0.561$，计算层厚度 $h_3 = 4.0\text{m}$，故第三分层的沉降量为

$$S_3 = \frac{0.684 - 0.561}{1 + 0.684} \times 4.0 = 0.2922\text{m}$$

对于第四分层：初始孔隙比 $e_1 = 0.672$，压缩孔隙比 $e_2 = 0.556$，计算层厚度 $h_4 = 4.0\text{m}$，故第四分层的沉降量为

$$S_4 = \frac{0.672 - 0.556}{1 + 0.672} \times 4.0 = 0.2275\text{m}$$

4）计算地基的最终沉降量 S。

地基的最终沉降量为

$$S = S_1 + S_2 + S_3 + S_4$$
$$= 0.4192 + 0.3318 + 0.2922 + 0.2275 = 1.3207\text{m}$$

（7）计算地基的沉降量达到地基最终沉降量 80% 时所需的时间。

地基的沉降量达到地基最终沉降量 80%（也就是地基的固结度达到 80%）时所需的时间 t，可按式（5-47）计算：

$$t = \frac{m}{\ln\dfrac{S}{S_t}}$$

由于 $m = 1.4755$，$\dfrac{S_t}{S} = 80\% = 0.8$，代入式（5-47），得所需时间为

$$t = \frac{1.4755}{\ln\dfrac{1}{0.8}} = 6.6123\text{a}$$

（8）计算沉降达到最终沉降量的时间。

沉降基本上达到最终沉降量时的固结度设为 99%，即假定 $\dfrac{S_t}{S} = 99\%$，因此根据式（5-47），可计算得所需时间为

$$t = \frac{1.4755}{\ln\dfrac{1}{0.99}} = 146.8110\text{a}$$

【例 5-2】　某土质堤防（图 5-14）高度为 10.0m，迎水边坡为 1:3.0，背水边坡为 1:2.5，堤顶宽度 $B' = 4.0\text{m}$，堤身土的容重（重度）$\gamma = 19.5\text{kN/m}^3$，地基可压缩土层共有两层，上层厚度为 8m，为中壤土，容重（重度）$\gamma_1 = 18.5\text{kN/m}^3$；下层厚度 20m，为粉质壤土，湿容重（湿重度）$\gamma_2 = 18.2\text{kN/m}^3$，浮容重（浮重度）$\gamma'_2 = 10.2\text{kN/m}^3$，地下水水面位于地面以下 8.0m 处，试计算地基的沉降量。

【解】　（1）计算土堤的自重 W 及其合力作用点位置。

1）堤身迎水面三角形部分的重量 W_1：

$$W_1 = \gamma \cdot \frac{1}{2}H \cdot m_1H = \frac{1}{2}\gamma m_1 H^2 = \frac{1}{2} \times 19.5 \times 3.0 \times 10^2$$
$$= 2925.00\text{kN}$$

2）堤身中间部分（矩形部分）的重量 W_2：

$$W_2 = \gamma B'H = 19.5 \times 4.0 \times 10 = 780.00\text{kN}$$

3）堤身背水面三角形部分的重量 W_3：

$$W_3 = \gamma \cdot \frac{1}{2}H \cdot m_2H = \frac{1}{2}\gamma m_2 H^2 = \frac{1}{2} \times 19.5 \times 2.5 \times 10^2$$
$$= 2437.50\text{kN}$$

4）土堤的自重 W：

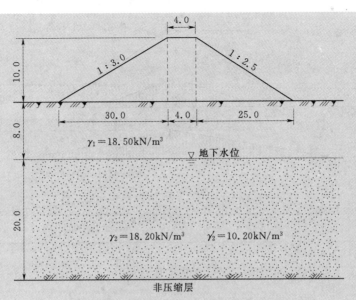

图 5-14　例 5-2 所述堤防及其地基

$$W = W_1 + W_2 + W_3$$
$$= 2925.00 + 780.00 + 2437.50$$
$$= 6142.50 \text{kN}$$

5) 堤身各部分的自重对堤身迎水坡坡脚点的力矩 M：

$$M = W_1 \cdot \frac{2}{3} m_1 H + W_2 \left(\frac{B'}{2} + m_1 H \right) + W_3 \left(m_1 H + B' + \frac{1}{3} m_2 H \right)$$

$$= 2925.00 \times \frac{2}{3} \times 3.0 \times 10 + 780.00 \times \left(\frac{4}{2} + 3.0 \times 10 \right)$$

$$+ 2437.50 \times \left(3.0 \times 10 + 4.0 + \frac{1}{3} \times 2.5 \times 10 \right)$$

$$= 182747.50 \text{kN} \cdot \text{m}$$

6) 土堤自重的合力 W 距堤身迎水坡坡脚点的距离 l_1：

$$l_1 = \frac{M}{W} = \frac{182747.50}{6142.50} = 29.7513 \text{m}$$

7) 土堤自重的合力 W 距堤身背水坡坡脚点的距离 l_2：

堤身底面的宽度为

$$B = m_1 H + B' + m_2 H = 3.0 \times 10 + 4.0 + 2.5 \times 10 = 59.00 \text{m}$$

故土堤自重的合力 W 距堤身背水坡坡脚点的距离为

$$l_2 = B - l_1 = 59.00 - 29.7513 = 29.2487 \text{m}$$

(2) 将地基可压缩土层分层（分为计算层）。

考虑到地基土的性质并满足计算层分层厚度不大于 $\frac{1}{4} B$ 的要求，将地基可压缩土层分为 3 个计算土层，即第一分层厚度为 $h_1 = 8.0 \text{m}$，第二分层厚度为 $h_2 = 10.0 \text{m}$，第三

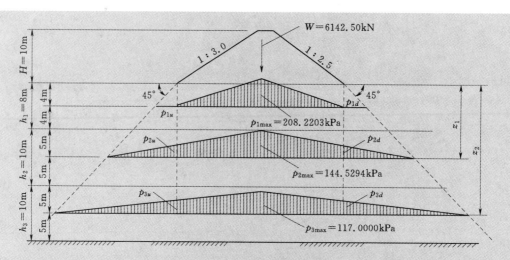

图 5-15　地基中的应力分布

分层厚度 $h_3 = 10.0\text{m}$。如图 5-15 所示。

（3）计算各分层中心线上各计算点处的附加应力 σ_z。

每一个计算土层选择 5 个地基附加应力计算点，即堤身自重合力作用点处（第 1 点），堤身迎水坡和背水坡坡脚点处（分别为第 3 点和第 5 点），堤身迎水坡和背水坡底面中心点处（分别为第 2 点和第 4 点），因此各计算点距离土堤自重合力作用点的水平距离 x 分别为

第 1 计算点　　　　　　　　　　　　$x_1 = 0$

第 2 计算点　　　　$x_2 = \dfrac{1}{2} \times l_1 = \dfrac{1}{2} \times 29.7513 = 14.8757\text{m}$

第 3 计算点　　　　　　　　　$x_3 = l_1 = 29.7513\text{m}$

第 4 计算点　　　　$x_4 = \dfrac{1}{2} \times l_2 = \dfrac{1}{2} \times 29.2487 = 14.6244\text{m}$

第 5 计算点　　　　　　　　　$x_5 = l_2 = 29.2487\text{m}$

1）第一分层中心线上各计算点处的附加应力。

对于较高的堤防，在地基表面以下深度为 $z < 0.25B$ 的范围内，可不考虑堤身荷载引起的附加应力在地基中的应力扩散，对于本例来说，在 $z < 0.25B = 0.25 \times 59.0 = 14.75\text{m}$ 深度范围内可不考虑附加应力在地基中的扩散，因此，在沉降计算中确定在计算第一分层中的附加应力时不考虑附加应力在地基中的扩散，而第二分层和第三分层则应考虑附加应力在地基中的扩散。

所以第一分层厚度中心线上各计算点的附加应力为

第 1 计算点

$$p_{1\text{max}} = \frac{2W}{B} = \frac{2 \times 6142.50}{59.0} = 208.2203\text{kPa}$$

第 2 计算点

$$p_2 = p_{1\max}\frac{l_1 - x_2}{l_1} = 208.2203 \times \frac{29.7513 - 14.8757}{29.7513} = 104.1098\text{kPa}$$

第 3 计算点

$$p_3 = p_{1\max}\frac{l_1 - x_3}{l_1} = 208.2203 \times \frac{29.7513 - 29.7513}{29.7513} = 0$$

第 4 计算点

$$p_4 = p_{1\max}\frac{l_2 - x_4}{l_2} = 208.2203 \times \frac{29.2487 - 14.6244}{29.2487} = 104.1098\text{kPa}$$

第 5 计算点

$$p_5 = p_{1\max}\frac{l_2 - x_5}{l_2} = 208.2203 \times \frac{29.2487 - 29.2487}{29.2487} = 0$$

2) 第二分层中心线上各计算点处的附加应力。

a. 计算沿第二分层中心线左右两条附加应力扩散线之间的水平距离 L_1：

$$L_1 = B + 2z_2 = 59.00 + 2 \times (8.0 + 5.0) = 85.00\text{m}$$

b. 计算第二分层中心线上的最大附加应力：

$$p_{2\max} = \frac{2W}{B + 2z_2} = \frac{2 \times 6142.50}{59.0 + 2 \times (8.0 + 5.0)} = 144.5294\text{kPa}$$

c. 堤身自重合力作用点距应力扩散线的水平距离 l_1' 和 l_2'：

$$l_1' = l_1 + z_1 = 29.7513 + (8.0 + 5.0) = 42.7513\text{m}$$
$$l_2' = l_2 + z_1 = 29.2487 + (8.0 + 5.0) = 42.2487\text{m}$$

d. 各计算点处的附加应力：

第 1 计算点

$$p_1 = p_{2\max} = 144.5294\text{kPa}$$

第 2 计算点

$$p_2 = p_{2\max}\frac{l_1' - x_2}{l_2} = 144.5294 \times \frac{42.7513 - 14.8757}{42.7513} = 94.2391\text{kPa}$$

第 3 计算点

$$p_3 = p_{2\max}\frac{l_1' - x_3}{l_1} = 144.5294 \times \frac{42.7513 - 29.7513}{42.7513} = 43.9491\text{kPa}$$

第 4 计算点

$$p_4 = p_{2\max}\frac{l_2' - x_4}{l_2} = 144.5294 \times \frac{42.2487 - 14.6244}{42.2487} = 94.5005\text{kPa}$$

第 5 计算点

$$p_5 = p_{2\max}\frac{l_2' - x_5}{l_2} = 144.5294 \times \frac{42.2487 - 29.2487}{42.2487} = 44.4720\text{kPa}$$

3) 第三分层中心线上各计算点处的附加应力。

a. 计算沿第三分层中心线左右两条附加应力扩散线之间的水平距离 L_2：

$$L_2 = B + 2z_3 = 59.00 + 2 \times (8.0 + 10.0 + 5.0) = 105.00\text{m}$$

b. 计算第三分层中心线上的最大附加应力：

$$p_{3\max}=\frac{2W}{B+2z_3}=\frac{2W}{L_2}=\frac{2\times6142.50}{105.00}=117.0000\text{kPa}$$

c. 沿第三分层中心线从堤身自重合力作用点到左右两条附加应力扩散线的水平距离 l_1'' 和 l_2''：

$$l_1''=l_1+z_2=29.7513+(8.0+10.0+5.0)=52.7513\text{m}$$
$$l_2''=l_2+z_2=29.2487+(8.0+10.0+5.0)=52.2487\text{m}$$

d. 各计算点处的附加应力：

第1计算点

$$p_1=p_{3\max}=117.0000\text{kPa}$$

第2计算点

$$p_2=p_{3\max}\frac{l_1''-x_2}{l_1''}=117.0000\times\frac{52.7513-14.8757}{52.7513}$$
$$=84.0064\text{kPa}$$

第3计算点

$$p_3=p_{3\max}\frac{l_1''-x_3}{l_1''}=117.0000\times\frac{52.7513-29.7513}{52.7513}$$
$$=51.0130\text{kPa}$$

第4计算点

$$p_4=p_{3\max}\frac{l_2''-x_4}{l_2''}=117.0000\times\frac{52.2487-14.6244}{52.2487}$$
$$=84.2517\text{kPa}$$

第5计算点

$$p_5=p_{3\max}\frac{l_2''-x_5}{l_2''}=117.0000\times\frac{52.2487-29.2487}{52.2487}$$
$$=51.5037\text{kPa}$$

（4）计算各分层中心线上地基土的自重应力。

第一分层中心线上地基土的自重应力为

$$\sigma_{cz1}=\gamma_1\cdot\frac{1}{2}h_1=18.5\times\frac{1}{2}\times8.0=74.0\text{kPa}$$

由于地下水面位于地面以下 8.0m 处，地下水面以下地基土的自重应力应按浮容重（浮重度）计算，故第二分层中心线上地基土的自重应力为

$$\sigma_{cz2}=\gamma_2'\cdot z_1=10.2\times(8.0+5.0)=132.6\text{kPa}$$

第三分层中心线上地基土的自重应力为

$$\sigma_{cz3}=\gamma_2'\cdot z_2=10.2\times(8.0+10.0+5.0)=234.6\text{kPa}$$

（5）计算各分层中心线上各计算点处的初始应力 σ_1 和压缩应力 σ_2。

各分层中心线上各计算点处的初始应力 σ_1 就等于各计算点处地基土的自重应力 σ_{cz}，故各分层计算点处的地基初始应力如表 5-7 所示。

表 5-7 各分层计算点处的初始应力 σ_{cz} 单位：kPa

分层号	计算点号				
	1	2	3	4	5
一	74.0	74.0	74.0	74.0	74.0
二	132.6	132.6	132.6	132.6	132.6
三	234.6	234.6	234.6	234.6	234.6

地基各分层上各计算点处的压缩应力 σ_z 等于各点处的自重应力 σ_{cz} 和附加应力 p 之和，即 $\sigma_z = \sigma_{cz} + p$，计算结果列于表 5-8 中。

表 5-8 各分层计算点处的压缩应力 σ_z 单位：kPa

分层号	计算点号				
	1	2	3	4	5
一	282.2203	178.1098	74.00	178.1098	74.00
二	277.1294	226.8391	176.5491	227.1005	177.0720
三	351.6000	318.6000	285.6130	318.8518	286.1037

（6）计算各分层上各计算点处的初始孔隙比 e_1 和压缩孔隙比 e_2。

根据表 5-7 和表 5-8 中所列的各分层计算点的初始应力 σ_1 和压缩应力 σ_2，查图 5-16 所示的地基土压缩曲线，即可得各分层计算点处地基土的初始孔隙比 e_1 和压缩孔隙比 e_2，计算结果列于表 5-9 中。

（7）计算各分层上各计算点处的沉降量（压缩量）S。

地基各分层上各计算点处的沉降量 S 按式（5-36）计算，即

$$S = \frac{e_{1i} - e_{2i}}{1 + e_{1i}} h_i$$

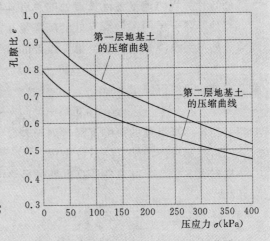

图 5-16 例 5-2 中地基土的压缩曲线

各分层的厚度为：第一分层 $h_1 = 8.0\text{m}$，第二分层 $h_2 = 10.0\text{m}$，第三分层 $h_3 = 10.0\text{m}$。

根据表 5-9 所列各分层计算点处的初始孔隙 e_1 和压缩孔隙比 e_2，按式（5-36）计算得的沉降量 S 值列于表 5-10 中。

表 5-9 各分层计算点处的初始孔隙比 e_1 和压缩孔隙比 e_2

	分层号	计算点号				
		1	2	3	4	5
初始孔隙比 e_1	一	0.821	0.821	0.821	0.821	0.821
	二	0.625	0.625	0.625	0.625	0.625
	三	0.557	0.557	0.557	0.557	0.557

续表

压缩孔隙比 e_2	分层号	计算点号				
		1	2	3	4	5
	一	0.612	0.677	0.821	0.677	0.821
	二	0.552	0.557	0.583	0.556	0.581
	三	0.508	0.511	0.531	0.511	0.530

表 5-10　　　　　各分层上计算点处的沉降量 S　　　　　单位：m

各分层计算点处的沉降量 S_i(m)	分层号	计算点号				
		1	2	3	4	5
	一	0.918	0.633	0.0000	0.633	0.0000
	二	0.634	0.418	0.2585	0.425	0.2708
	三	0.3147	0.2954	0.1670	0.2954	0.1734
总沉降量 S		1.8667	1.3464	0.4255	1.3534	0.4442

（8）计算堤防地基各计算点处的总沉降量 S。

将地基各分层同一计算点处的沉降量相加，即得地基在该计算点处的总沉降量，即该点处的最终沉降量，例如，第 1 点处的最终沉降量为

$$S_1 = 0.918 + 0.634 + 0.3147 = 1.8667m$$

第 2 点处的最终沉降量为

$$S_2 = 0.633 + 0.418 + 0.2954 = 1.3464m$$

其他各计算点处的最终沉降量列于表 5-10 的第 6 行中。

（9）绘制堤防地基沉降量分布图。

根据表 5-10 中所列各计算点处的最终沉降量值，可绘制地基沉降量分布图，如图 5-17 所示。

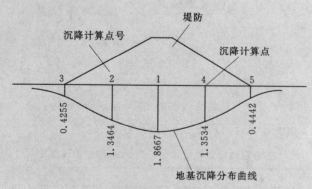

图 5-17　例 5-2 所述堤防地基的沉降分布图（单位：m）

【例 5-3】　某防洪墙高 $H = 8.0m$，底宽 $b = 5.6m$，作用偏心竖向力 $F = 905.0kN$，偏心距 $e = 0.35m$，地基第一层为壤土层，厚度 $h_1 = 4.0m$，容重（重度）$\gamma_1 = 18.80kN/m^3$；第二层为粉质壤土层，厚度 $h_2 = 6.0m$，土的自然容重（自然重度）$\gamma_2 = 18.5kN/m^3$、

浮容重（浮重度）$\gamma_2' = 10.2\text{kN/m}^3$；第一层土的压缩模量 $E_{S1} = 8\text{MPa}$，第二层土的压缩模量 $E_{S2} = 10\text{MPa}$。第二层土以下为较厚的砂卵石层，如图 5-18 所示，地下水面在地面以下 4.0m 处。计算防洪墙地基的沉降量。

【解】（1）根据式（5-9）和式（5-10）计算防洪墙底面的基底应力，即

$$p_{max} = \frac{F}{b}\left(1 + \frac{6e}{b}\right)$$

$$p_{min} = \frac{F}{b}\left(1 - \frac{6e}{b}\right)$$

已知 $F = 905.0\text{kN}$，$e = 0.35\text{m}$，$b = 5.6\text{m}$，代入上两式得

$$p_{max} = \frac{905.0}{5.60}\left(1 + \frac{6 \times 0.35}{5.6}\right) = 222.2098\text{kPa}$$

$$p_{min} = \frac{905.0}{5.60}\left(1 - \frac{6 \times 0.35}{5.6}\right) = 101.0045\text{kPa}$$

（2）确定作用在地基面上的荷载。

作用在地基面上的荷载就是防洪墙底面的基底应力，如图 5-19 所示。将基底应力分为两部分，一部分为均匀分布，另一部分为三角形分布。

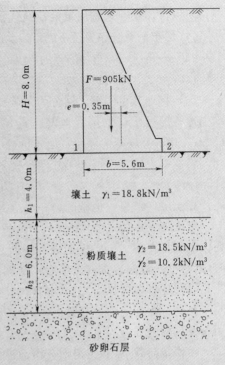

图 5-18 例 5-3 的防洪墙及其地基

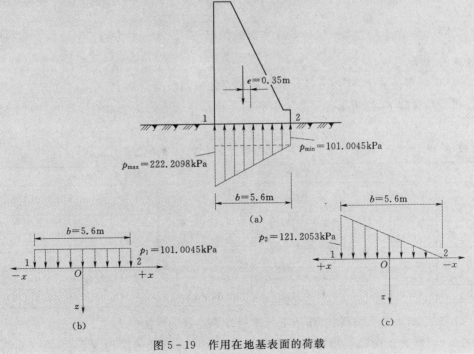

图 5-19 作用在地基表面的荷载

所以，作用在地基面上的荷载包括两部分，其中：

1）均布荷载分布宽度 $b=5.6m$，荷载强度 $p_1=101.0045kPa$。

2）三角形分布荷载的宽度 $b=5.6m$，荷载最大强度 $p_2=222.2098-101.0045=121.2053kPa$。

（3）将地基可压缩土层分为几个计算土层。

地基的可压缩土层为地基土的第一层和第二层，厚度分别为 $h_1=4.0m$ 和 $h_2=6.0m$，其下为较厚的砂卵石层，可视为不可压缩土层。

将地基土的第一层和第二层分别划分为厚度

$$\Delta h=2.0m<0.4b=0.4\times5.60=2.24m$$

的计算土层，所以，地基的第一层分为2个计算土层，第二层分为3个计算土层。

可压缩土层的总厚度 $h=h_1+h_2=4.0+6.0=10.0m$，地下水面在地基面以下 4.0m 处，也就是在第二土层表面处，因此在进行地基土的自重计算时，第一层按自然容重（自然重度）或湿容重（湿重度）计算，第二层按浮容重（浮重度）计算。

（4）计算各计算层底面处的附加应力。

在进行附加应力计算时，每一计算层都只计算荷载两端点处（即防洪墙底面宽度两端点处）的附加应力。

在均布荷载 p_1 和三角形分布荷载 p_2 作用下地基各计算层底面处的附加应力 σ_z 可根据式（5-22）计算：

$$\sigma_z=\alpha p_1$$

式中，α 为均布荷载作用下计算点处的附加应力系数，根据 $m=\dfrac{x}{b}$ 和 $n=\dfrac{z}{b}$ 查表 5-1 求得，其中 x 为计算点的水平坐标，在本例的情况下，$x=+\dfrac{b}{2}$ 和 $-\dfrac{b}{2}$；z 为计算点距地基表面的深度。

1）在均布荷载 p_1 作用下各计算层计算点处的附加应力 σ_z。

在均布荷载 p_1 作用下各计算土层底面上计算点处的附加应力的计算结果列于表 5-11 中。

表 5-11　　　　均布荷载 p_1 作用下各计算土层计算点处的附加应力 σ_z

| 计算土层 | 计算点 1（防洪墙墙踵点处） | | | | | 计算点 2（防洪墙墙趾点处） | | | | |
	$m=\dfrac{x}{b}$	$n=\dfrac{z}{b}$	α	$p_1(kPa)$	$\sigma_z(kPa)$	$m=\dfrac{x}{b}$	$n=\dfrac{z}{b}$	α	$p_1(kPa)$	$\sigma_z(kPa)$
一	-0.5	0.3571	0.9229	101.0045	93.2171	0.5	0.3571	0.9229	101.0045	93.2171
二	-0.5	0.7142	0.6898	101.0045	69.6729	0.5	0.7142	0.6898	101.0045	69.6729
三	-0.5	1.0713	0.5212	101.0045	52.6435	0.5	1.0713	0.5212	101.0045	52.6435
四	-0.5	1.4284	0.4169	101.0045	42.1088	0.5	1.4284	0.4169	101.0045	42.1088
五	-0.5	1.7825	0.3452	101.0045	34.8668	0.5	1.7825	0.3452	101.0045	34.8668

2）在三角形分布荷载 p_2 作用下计算层计算点处的附加应力 σ_z。

在三角形分布荷载作用下各计算土层底面上计算点处的附加应力 σ_z 的计算结果

列于表 5-12 中。

表 5-12　　　　　三角形分布荷载 p_2 作用下计算土层计算点处的附加应力 σ_z

计算土层	计算点 1（防洪墙墙踵点处）					计算点 2（防洪墙墙趾点处）				
	$m=\dfrac{x}{b}$	$n=\dfrac{z}{b}$	α	$p_2(\text{kPa})$	$\sigma_z(\text{kPa})$	$m=\dfrac{x}{b}$	$n=\dfrac{z}{b}$	α	$p_2(\text{kPa})$	$\sigma_z(\text{kPa})$
一	0.5	0.3571	0.3900	121.2053	47.2701	-0.5	0.3571	0.1014	121.2053	12.2902
二	0.5	0.7142	0.2986	121.2053	36.1919	-0.5	0.7142	0.1471	121.2053	17.8293
三	0.5	1.0713	0.2414	121.2053	29.2590	-0.5	1.0713	0.1586	121.2053	19.2232
四	0.5	1.4284	0.1986	121.2053	24.0714	-0.5	1.4284	0.1514	121.2053	18.3505
五	0.5	1.7825	0.1674	121.2053	20.2898	-0.5	1.7825	0.1444	121.2053	17.5020

3）在均布荷载 p_1 和三角形分布荷载 p_2 共同作用下各计算层计算点处的附加应力。

在均布荷载 p_1 和三角形分布荷载共同作用下各计算层计算点处的附加应力 σ_z 等于表 5-11 和表 5-12 中相应计算点处的附加应力相叠加，计算结果列于表 5-13 中。

表 5-13　　　　　荷载作用下各计算层计算点处的附加应力 σ_z　　　　　单位：kPa

计算土层	一	二	三	四	五
计算点 1	140.4872	105.8648	81.9025	66.1802	55.1566
计算点 2	105.5073	87.5022	71.8667	60.4592	52.3688

注　表中所列附加应力是指各计算土层底面上计算点处的附加应力 $\sigma_z(\text{kPa})$。

防洪墙底面高程上计算点 1 和计算点 2 处的附加应力就等于这两点处的荷载强度 $p_{\max}$ 和 $p_{\min}$，即

计算点 1 处　　　　　　　　　$\sigma_{z_1}=222.2098\text{kPa}$

计算点 2 处　　　　　　　　　$\sigma_{z_2}=101.0045\text{kPa}$

（5）地基的计算压缩层厚度。

1）计算地基第二土层底面上的自重应力 σ_{cz}。

$$\sigma_{cz}=\gamma_1 h_1+\gamma_2' h_2=18.8\times4.0+10.2\times6.0=136.40\text{kPa}$$

2）确定地基的计算压缩层厚度 z_n。

由表 5-13 可知，在地基第二土层底面上计算点 1 处的附加应力为 $\sigma_{z1}=55.1566\text{kPa}$。由于

$$\sigma_{z_1}=55.1566\text{kPa}>0.2\sigma_{cz}=0.2\times136.40=27.28\text{kPa}$$

所以计算压缩层深度应该在地基第二土层以下，但是由于地基第二土层以下为较厚的非压缩的砂卵石层，因此压缩层深度只能计算到地基第二土层的底面为止，所以确定地基的计算压缩层就是地基的第一土层和第二土层，地基的压缩层厚度为

$$z_n=h_1+h_2=4.0+6.0=10.0\text{m}$$

（6）地基各计算土层在计算点 1 和计算点 2 处的平均附加应力。

地基各计算土层在计算点 1 和计算点 2 处的平均附加应力等于各计算土层在计算点处土层表面上的附加应力和底面上的附加应力的平均值。

对于第一计算土层：

计算点 1 处

$$\sigma_z = \frac{1}{2}(222.2098 + 140.4872) = 181.3485 \text{kPa}$$

计算点 2 处

$$\sigma_z = \frac{1}{2}(101.0045 + 105.5073) = 103.2559 \text{kPa}$$

对于第二计算土层：

计算点 1 处

$$\sigma_z = \frac{1}{2}(140.4872 + 105.8648) = 123.1760 \text{kPa}$$

计算点 2 处

$$\sigma_z = \frac{1}{2}(105.5073 + 87.5022) = 96.5048 \text{kPa}$$

其他各计算土层在计算点处的平均附加应力 σ_z 的计算方法均与上述第二计算土层相同，计算结果列于表 5-14 中。

表 5-14　　　　　　　各计算土层在计算点处的平均附加应力　　　　　单位：kPa

计算土层	一	二	三	四	五
计算点 1	181.3485	123.1760	93.8837	74.0414	60.6684
计算点 2	103.2559	96.5048	79.6845	66.1630	56.4140

（7）计算各计算土层在计算点 1 和计算点 2 处的沉降量。

各计算土层在计算点处的沉降量按下式计算：

$$S_i = \frac{p_i}{E_{si}} h_i$$

式中　S_i——各计算土层在计算点处的沉降量（m）；

p_i——各计算土层在计算点处的平均附加应力（kPa），见表 5-14；

E_{si}——各计算土层的压缩模量（kPa）；

h_i——各计算土层的厚度（m）。

第一、二计算土层 $E_s = 8\text{MPa}$，第三、四、五计算土层 $E_s = 10\text{MPa}$；各计算层在计算点 1 和计算点 2 处的沉降量的计算结果列于表 5-15 中。

表 5-15　　　　　各计算土层在计算点 1 和计算点 2 处的沉降量 S_i　　　　单位：mm

计算土层		一	二	三	四	五
土层厚度 h_i(m)		2.0	2.0	2.0	2.0	2.0
土层压缩模量 E_{si}(MPa)		8	8	10	10	10
计算点 1	平均附加应力（kPa）	181.3485	123.1760	93.8837	74.0414	60.6684
	沉降量 S_i(mm)	45.3371	30.7940	18.7767	14.8083	12.1337
计算点 2	平均附加应力（kPa）	103.2559	96.5048	79.6845	66.1630	56.4140
	沉降量 S_i(mm)	25.8140	24.1262	15.9369	13.2326	11.2828

（8）计算地基的最终沉降量。

将各计算土层的沉降量相加，即得地基的最终沉降量 S。在计算点 1 处，地基的最终沉降量为

$$S_1 = 45.3371 + 30.7940 + 18.7767 + 14.8083 + 12.1337$$
$$= 121.8498\text{mm}$$

在计算点 2 处，地基的最终沉降量为

$$S_2 = 25.8140 + 24.1262 + 15.9369 + 13.2326 + 11.2828$$
$$= 90.3925\text{mm}$$

所以防洪墙在使用过程中将产生竖直向下的均匀沉降 90.3925mm，产生不均匀沉降 $121.8498 - 90.3925 = 31.4573\text{mm}$。

第六章 土堤堤坡的稳定性计算

第一节 概 述

在土堤设计中，所拟定的边坡坡度是否经济合理和安全可靠，常常需要通过静力计算（即一般所谓的稳定计算）来加以检验。

边坡的陡缓直接影响到堤体的土方量。尤其是对于较高的土堤，过缓的边坡会使堤体的土方量增加很多，因而造成浪费。但是，如果边坡过陡，也会造成堤防滑坡和失事。

一、土堤堤坡破坏的形状

根据实验研究和对发生滑坡的堤坝的滑裂面所进行的观察，证明在具有黏聚性的均质堤坝中，滑裂面呈曲线形状，在坝（堤）坡顶面处滑动曲线接近于竖直，在靠近坡底处，曲线渐趋水平。由于这个曲线接近于圆弧，为了分析计算方便起见，在设计中常常假定它是一个圆弧面。在平面上，滑坡的形状类似于簸箕形。在非均质土体中，滑动面的形状就复杂得多。

对于无黏性土的堤坡，滑裂面为一平面。如果边坡有一部分淹没在水中，有一部分是干坡，那么滑裂面呈折线状，转折点是在水面与滑裂面的交点 D 处，坍滑土体是 ABCD，如图 6-1 所示。

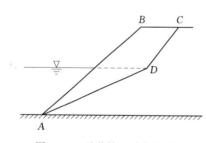

图 6-1 无黏性土坡的滑裂面

图 6-2 堤基内有软弱层时的滑裂面

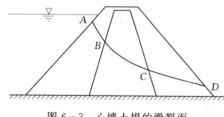

图 6-3 心墙土堤的滑裂面

当堤防地基内不深处存在软弱土层时，滑裂面往往通过这一土层，形成一个由两段圆弧 AB、CD 和中间一段直线段 BC 所组成的复式滑裂面，如图 6-2 所示。

对于堤身为砂砾石材料的黏土心墙土堤，滑裂面在堤身砂砾石部分为直线，即 AB 和 CD，在心墙部分则为圆弧 BC，因此滑裂面形成由两段直线和一段圆弧组成的复式滑动面 ABCD，如图 6-3 所示。

二、土堤堤坡稳定分析的情况

在稳定计算中，作用在坍滑土体上的计算的作用力有：坍滑土体的自重、静水压力、动水压力、地震力（在地震区）。

计算情况应考虑到堤坡最不利的工作条件，通常土堤的边坡稳定分析可分为正常情况和非常情况两种。

1. 正常情况

（1）设计洪水位情况下稳定渗流期或不稳定渗流期的背水堤坡稳定性。

（2）设计洪水位骤降期迎水侧堤坡的稳定性。

2. 非常情况

（1）施工期迎水侧堤坡和背水侧堤坡的稳定性。

（2）在多年平均水位时遭遇地震情况下的迎水侧堤坡和背水侧堤坡的稳定性。

堤坡的抗滑稳定性分析应根据不同堤段的防洪任务、工程等级、地形地质条件，结合堤身的结构形式、堤身的高度、填筑材料等因素，选择有代表性的断面进行分析计算。

表 6-1 所列是我国部分堤防在稳定分析中所采用的组合情况。

表 6-1　　　　　　　　　我国部分堤防稳定分析的情况

工程名称	堤 防 运 用 情 况	
	正常情况	非常情况
	计算内容	
北江大堤	（1）设计洪水位稳定渗流时迎水侧堤坡和背水侧堤坡的稳定性； （2）设计洪水位骤降 5m 时迎水侧堤坡的稳定性	警戒水位＋7 度地震时迎水侧堤坡和背水侧堤坡的稳定性
黄河大堤	（1）无水时迎水侧堤坡和背水侧堤坡的稳定性； （2）设计洪水位稳定渗流时背水侧堤坡的稳定性	（1）设计洪水位骤降至堤坡脚处时迎水坡的稳定性； （2）设计洪水位＋7～9 度地震时迎水侧堤坡和背水侧堤坡的稳定性
荆江大堤	（1）设计洪水位稳定渗流期迎水侧堤坡和背水侧堤坡的稳定性； （2）设防水位骤降至堤坡脚处时迎水侧堤坡的稳定性	设防水位＋7 度地震时的迎水侧堤坡和背侧堤坡的稳定性
洪湖分蓄洪工程主隔堤	蓄洪水位稳定渗流时背水侧堤坡的稳定性	建成期，堤两侧水位 22.00m 时堤两侧堤坡的稳定性

三、土堤堤坡稳定分析的基本方法

在土堤堤坡的稳定计算中，使用最广的是按圆筒（圆弧）形滑动面的分析方法。这一方法是假定坍滑土体是围绕圆心 O，沿着半径为 R 的圆筒面滑动的（图 6-4），此时堤坡的稳定性用安全系数 K 来表示，安全系数 K 值等于围绕圆心 O 的抗滑力矩 M_y 与滑动力矩 M_c 之比值，即

$$K = \frac{M_y}{M_c} \tag{6-1}$$

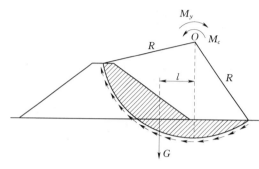

图 6-4 堤坡滑动图

每一个滑动面都可以通过计算得到一个相应的 K 值，真正表征堤坡稳定与否的 K 值应该是所有 K 值中的最小值，这个最小的 K 值需要通过假定一系列的滑动面，用逐次渐近的试算方法来确定。

最小稳定安全系数 K 大于 1 则表示堤坡是安全的，不会产生滑动；小于 1 则表示堤坡是不安全的，将会产生滑动。所以按照上述公式计算得的最小稳定安全系数值应该大于 1，并且大于或等于有关规范中所规定的安全系数值，这一安全数值的大小决定于堤防的重要性的等级和计算时所考虑的堤防的运用条件，可根据有关部门的现行规范选用。

表 6-2 是《堤防工程设计规范》（GB 50286—2013）中规定的土堤堤坡稳定安全系数 K 值。

表 6-2 土堤堤坡抗滑稳定安全系数 K 值

堤防工程级别		1	2	3	4	5
安全系数 K	正常运用条件	1.30	1.25	1.20	1.15	1.10
	非常运用条件	1.20	1.15	1.10	1.05	1.05

表 6-3 所列是岸坡抗滑稳定安全系数 K 值。

表 6-3 岸坡抗滑稳定安全系数 K 值

建筑物级别		1	2	3	4
安全系数 K	正常运用条件	1.25	1.20	1.15	1.10
	非常运用条件	1.20	1.15	1.10	1.05

在土堤堤坡的抗滑稳定分析中，土的抗剪强度指标应通过试验来确定，表 6-4 列出了抗剪强度的试验方法。

表 6-4 土的抗剪强度试验方法

堤防运用条件	计算方法	使用仪器	试验方法	强度指标
施工期	总应力法	直剪仪	快剪	C_u，φ_u
		三轴剪力仪	不排水剪	C_u，φ_u
稳定渗流期	有效应力法	直剪仪	慢剪	C'，φ'
		三轴剪力仪	固结排水剪	C'，φ'
水位骤降期	总应力法	直剪仪	固结快剪	C_{iu}，φ_{iu}
		三轴剪力仪	固结不排水剪	C_{iu}，φ_{iu}

表6-5列出我国部分堤防工程设计中采用的抗滑稳定安全系数 K 值。

表6-5　　　　　我国部分堤防工程设计中采用的抗滑稳定安全系数 K 值

堤防工程名称	堤防工程级别				
	1	2	3	4	5
黄河大堤	1.3				
荆江大堤	1.3				
洪湖分蓄洪工程	1.3				
黄石长江大堤		1.25			
江北大堤		1.25			
洞庭湖分蓄洪工程		1.25			
淮河入江水道高邮湖大堤				1.15	
松花江肇东堤					1.15

第二节　堤坡稳定性计算

一、不考虑土条间相互作用力的计算方法

堤坡稳定性计算的方法，目前主要采用条分法，对于一般工程，通常采用不考虑土条间相互作用力的瑞典法；对于重要的工程，在用瑞典法进行计算的同时，还要用简化毕晓普（Bishop）法进行计算，但在用毕晓普法进行计算时，表6-2中所规定的安全系数值应提高 10%。

在土堤堤坡的稳定分析中，由于计算中所考虑的堤防运用条件的不同，所采用的抗剪强度指标也不同，因此稳定计算的方法也略有不同。目前所采用的强度指标有两类，即有效强度指标和总强度指标，在采用有效强度指标时，稳定计算应采用有效应力法；在采用总强度指标时，稳定计算则采用总应力法。

（一）稳定渗流情况下的稳定计算方法

1. 有效应力法

在土堤堤坡的稳定计算时，为了使滑动土体的重量及其上作用力的计算方便起见，同时也为了使滑动面上的强度指标的选取方便和精确起见，常将滑动土体划分成几个宽度相等的土条，并使得每个土条的宽度 b 等于圆弧半径 r 的 $\frac{1}{m}$，m 常取为 10，即 $b=\frac{r}{10}=0.1r$（通常在滑动土体两端的土条宽度并不一定等于 $0.1r$），并且对每个土条进行编号，编号的方法是以滑动圆弧的圆心 O 的垂线为中心线的土条为 0 号土条 [如图6-5（a）所示]，然后以 0 号土条为准，在逆堤坡坍滑方向，土条的编号依次为 1，2，3，…，n；在顺堤坡坍滑方向，各土条的编号依次为 -1，-2，-3，…，$-n$。

滑动土体中任意土条上的作用力有土条的自重 g_i，土条顶部的外荷载 q_i（不包括土条没于水面以下时，土条顶部的水柱压力），土条两侧面在浸润线以下部分作用的渗透水

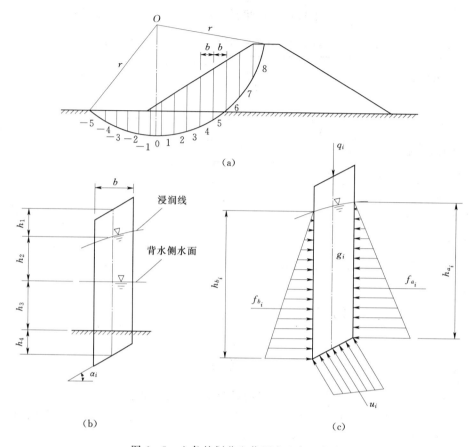

图 6-5　土条的划分和作用在土条上的力

压力 f_{a_i} 和 f_{b_i}，作用在土条底面的水压力（孔隙水压力）u_i，如图 6-5（c）所示。

对于滑动土体中的第 i 个土条，各作用力的计算方法如下。

（1）土条自重 g_i。

$$g_i = (\gamma_1 h_1 + \gamma_2 h_2 + \gamma_3 h_3 + \gamma_4 h_4) b \tag{6-2}$$

式中　h_1，γ_1——土条中心线在浸润线以上部分的高度（m）和这部分填土的容重（按填筑含水量的湿容重计算，kN/m³）；

　　　　h_2，γ_2——土条中心线在浸润线以下和坡外水面以上部分的高度（m），以及这部分填土的容重（按饱和容重计算，kN/m³）；

　　　　h_3，γ_3——土条中心线在坡外水面以下和堤基面以上部分的高度（m），以及这部分填土的容重（按有效容重，即浮容重计算，kN/m³）；

　　　　h_4，γ_4——土条中心线在堤基面以下和滑动面以上部分的高度（m），以及这部分堤基土的容重（按有效容重，即浮容重计算，kN/m³）；

　　　　b——土条的宽度（m）。

（2）土条两侧的孔隙水压力。

作用在土条两侧的孔隙水压力，当浸润线比较平缓时，可近似地取其等于计算点至浸润线的水头压强，因此作用在土条两侧面上的压力 f_{a_i} 和 f_{b_i} 可按下列公式计算：

$$\left.\begin{array}{l} f_{a_i} = \dfrac{1}{2}\gamma_w h_{a_i}^2 \\[2mm] f_{b_i} = \dfrac{1}{2}\gamma_w h_{b_i}^2 \end{array}\right\} \qquad (6-3)$$

式中 γ_w——水的容重（重度，kN/m^3）；

h_{a_i}——土条右侧面在浸润线以下的高度（m）；

h_{b_i}——土条左侧面在浸润线以下的高度（m）。

（3）土条底面的水压力。

作用在土条底面的水压力 u_i 包括 3 个部分，即由于土堤迎水侧和背水侧水头差 H 所造成的渗透压力 u_{ϕ_i}，由于坡外（背水侧）水面高于土条底面时土条底面产生的浮托力 u_{B_i}，由于堤身尚未完全固结的情况下所产生的固结孔隙水压力 u_{k_i}，因此

$$u_i = u_{\phi_i} + u_{B_i} + u_{k_i} \qquad (6-4)$$

对于一般的土堤，通常都假定在稳定渗流时堤身已完全固结，因此固结孔隙压力 u_{k_i} 可以不计，所以式（6-4）变为

$$u_i = u_{\phi_i} + u_{B_i} \qquad (6-5)$$

在浸润线比较平缓的情况下，式（6-5）可以写成下列形式：

$$u_i = u_{\phi_i} + u_{B_i} = \frac{1}{2}\gamma_w (h_{a_i} + h_{b_i}) l_i = \gamma_w (h_2 + h_3 + h_4)\frac{b}{\cos\alpha_i} \qquad (6-6)$$

式中 l_i——土条底面的长度（m）；

α_i——第 i 个土条底面与水平线的夹角（°）。

当在土条自重计算中坡外水面以下部分的土重按有效容重（浮容重）计算时，式（6-5）和式（6-6）中的浮托力 u_{B_i} 应该不再计入，因此式（6-6）变为

$$u_i = u_{\phi_i} = \gamma_w h_2 \frac{b}{\cos\alpha_i} \qquad (6-7)$$

当土条的重力 g_i 与土条底面法线间的夹角为 α_i 时，土条重力 g_i 和荷载 q_i 在滑动面上所分解得的切力 $T_i = (g_i + q_i)\sin\alpha_i$，法向力 $N_i = (g_i + q_i)\cos\alpha_i$。法向力 N_i 在滑动面上所产生的摩擦力 $F_n = N_n\tan\varphi_i' = (g_i + q_i)\cos\alpha_i\tan\varphi_i'$，其中 φ_i' 为滑动面上土的内摩擦角（有效强度指标）。

由于土条两侧面和底面的孔隙压力的影响，土条底面的有效法向力变为 $N_i - (f_{a_i} - f_{b_i})\sin\alpha_i - u_i$，故土条底面由于有效法向力所产生的摩擦力 F_i' 为

$$F_i' = [N_i - (f_{a_i} - f_{b_i})\sin\alpha_i - u_i]\tan\varphi_i' = [(g_i + q_i)\cos\alpha_i - (f_{a_i} - f_{b_i})\sin\alpha_i - u_i]\tan\varphi_i' \qquad (6-8)$$

如若土条底部滑动面上的单位黏聚力为 c_i'（有效强度指标），土条底面的长度为 $l_i = \dfrac{b}{\cos\alpha_i}$，则土条底部滑动面上的总黏聚力 $C_i = c_i' l_n = \dfrac{c_i' b}{\cos\alpha_i}$。此时作用在土条上的各个力围绕圆心 O 所产生的稳定力矩 m_y 和滑动力矩 m_c 为

$$m_y = F_i'r + c_ir = [(g_i + q_i)\cos\alpha_i - (f_{a_i} - f_{b_i})\sin\alpha_i - u_i]\tan\varphi_i' \cdot r + \frac{c_i' b}{\cos\alpha_i}r \qquad (6-9)$$

$$m_c = (g_i + q_i)\sin\alpha_i \cdot r + (f_{a_i} - f_{b_i})a \qquad (6-10)$$

式中　r——滑动圆弧的半径（m）；

　　　a——土条两侧面上的孔隙压力的合力 $\Delta f_i = f_{a_i} - f_{b_i}$ 对圆心 O 的力臂（m）。

对于整个滑动土体，总的稳定力矩 M_y 为各土条稳定力矩 m_y 的总和，即 $M_y = \sum m_y$；总的滑动力矩 M_c 为各土条滑动力矩 m_c 的总和，即 $M_c = \sum m_c$。因此，根据式（6-1），对所计算的滑动面，堤坡的抗滑稳定安全系数 K 等于

$$K = \frac{\sum \left\{ \left[(g_i + q_i)\cos\alpha_i - (f_{a_i} - f_{b_i})\sin\alpha_i - u_i \right]\tan\varphi_i' + \dfrac{c_i' b}{\cos\alpha_i} \right\} r}{\sum \left[(g_i + q_i)\sin\alpha_i \cdot r + (f_{a_i} - f_{b_i})a \right]}$$

$$= \frac{\sum \left[(g_i + q_i)\cos\alpha_i - (f_{a_i} - f_{b_i})\sin\alpha_i - u_i \right]\tan\varphi_i' + \sum \dfrac{c_i' b}{\cos\alpha_i}}{\sum \left[(g_i + q_i)\sin\alpha_i + (f_{a_i} - f_{b_i})\dfrac{a}{r} \right]} \quad (6-11)$$

由于在划分土条时将土条的宽度取为 $b = \dfrac{r}{m}$，因此对于第 i 个土条，有

$$\sin\alpha_i = \frac{ib}{r} = \frac{i}{r} \cdot \frac{r}{m} = \frac{i}{m} \quad (6-12)$$

$$\cos\alpha_i = \sqrt{1 - \sin^2\alpha_i} = \sqrt{1 - \frac{i^2}{m^2}} \quad (6-13)$$

对于滑动土体两侧的土条，其形状接近于三角形，故可按三角形计算；若两侧土条的实际宽度为 b_i，则对于两侧的土条，在计算时应采用

$$\sin\alpha_i = \frac{\left(i - \dfrac{1}{2}\right)b + \dfrac{1}{3}b_i}{r} = \frac{i - \dfrac{1}{2}}{m} + \frac{b_i}{3r} \quad (6-14)$$

$$\cos\alpha_i = \sqrt{1 - \left[\frac{i - \dfrac{1}{2}}{m} + \frac{b_i}{3r} \right]^2} \quad (6-15)$$

如果浸润线与滑动面接近平行，则土条两侧的孔隙压力接近于相等，即 $f_{a_i} \approx f_{b_i}$，故式（6-11）可简化为

$$K = \frac{\sum \left[(g_i + q_i)\cos\alpha_i - u_i \right]\tan\varphi_i' + \sum \dfrac{c_i' b}{\cos\alpha_i}}{\sum (g_i + q_i)\sin\alpha_i} \quad (6-16)$$

当堤坡面上无外荷载作用时，式（6-16）中的 $q_i = 0$。

如果土条的宽度划分得比较小，能使两侧的孔隙压力接近相等，则此时堤坡的稳定安全系数也可近似地按式（6-16）计算。

2. 总应力法

在按总应力法计算时，抗剪强度指标 c、φ 应采用总强度指标，计算的方法与有效应力法基本相同，但此时不考虑作用在土条底面的法向水压力（孔隙压力）u_i 和土条两侧面上的水压力（孔隙压力）f_{a_i} 和 f_{b_i}，而考虑在滑动土体上作用渗透动水压力 P_ϕ，P_ϕ 值按下式计算：

$$P_\phi = \gamma_w \omega i_\phi \quad (6-17)$$

式中　P_ϕ——作用在滑动土体上的渗透动水压力（kN）；

ω——滑动土体上浸润线与滑动面之间的面积（m^2），等于$\sum b(h_2+h_3+h_4)$；

i_ϕ——滑动土体上渗流的平均坡降，按流网图计算，也可近似地按下法求得：即从浸润线与滑动圆弧面交点和浸润线与背水侧下游水位（有棱形排水体情况）或与背水侧堤坡（无排水体或有贴坡排水情况）交点作连线，其坡度即为滑动土体内渗透水流的平均坡降。

P_ϕ对滑动圆弧圆心O的力矩为$P_\phi l_\phi$，l_ϕ为P_ϕ对圆心O的力臂，可由计算图中量取。此力矩是一个滑动力矩，故此时稳定安全系数K为：

$$K=\dfrac{\sum g_i\cos\alpha_i\tan\varphi_i+\sum\dfrac{c_ib}{\cos\alpha_i}}{\sum g_i\sin\alpha_i+P_\phi\dfrac{l_\phi}{r}} \tag{6-18}$$

式中　c_i，φ_i——第i个土条底面的黏聚力（kPa）和内摩擦角（°），均为总强度指标。

此时在计算土角自重g_i时，在浸润线以上部分按湿容重（湿重度）计算，浸润线以下部分均按有效容重（浮容重）计算。

（二）水库水位降落情况的稳定计算方法

1. 有效应力法

此时抗滑稳定安全系数K值仍按式（6-11）或式（6-16）计算，但计算中浸润线的位置应按水域水位降落终了时的位置。对于固结情况比较好的堤体，可以不考虑固结孔隙水压力，此时作用在土条滑动面上的孔隙水压力u_i可近似地按下式计算：

$$u_i=\gamma_w[h_1(1-n_c)+h_2-h']\dfrac{b}{\cos\alpha_i} \tag{6-19}$$

式中　h_1——土条中心线上强透水性填土的土柱高度（m），如图6-5所示；

h_2——土条中心线上黏性填土（自黏性填土表面到降落后库水位之间）的土柱高度（m）；

n_c——强透水性填土的有效孔隙率；

h'——在稳定渗流期（水库水位降落前）通过土条底面中心点的等势线与浸润线的交点到水域水位与堤坡交点的竖直高度（m），如图6-6所示。

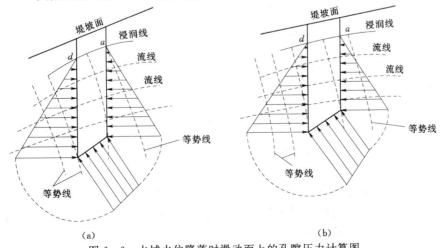

（a）　　　　　　　　　　　　　　（b）

图6-6　水域水位降落时滑动面上的孔隙压力计算图

2. 总应力法

此时对于所计算的滑动圆弧，堤坡的抗滑稳定安全系数 K 按下式计算：

$$K = \frac{\sum (g_i \cos\alpha_i - u_i)\tan\varphi_i + \dfrac{c_i b}{\cos\alpha_i}}{\sum g_i \sin\alpha_i} \qquad (6-20)$$

其中

$$g_i = (\gamma_1 h_1 + \gamma_{s2} h_2 + \gamma_{s3} h_3 + \gamma_{s4} h_4) b \qquad (6-21)$$

式中　φ_i，c_i——在三轴剪力仪上用固结不排水剪（CU）测得的填土的强度指标，即土的内摩擦角（°）和黏聚力（kPa）；

u_i——水库水位降落前稳定渗流期土条底面的孔隙压力（kPa），按式（6-6）计算；

g_i——土条自重（kN/m³）；

γ_1——土条中心线上高度 h_1 范围内填土的湿容重（湿重度，kN/m³）；

γ_{s2}——土条中心线上高度 h_2 范围内填土的饱和容重（饱和重度，kN/m³）；

γ_{s3}——土条中心线上高度 h_3 范围内填土的饱和容重（饱和重度，kN/m³）；

γ_{s4}——土条中心线上高度 h_4 范围内堤基土的饱和容重（饱和重度，kN/m³）。

（三）施工期的稳定计算方法

1. 有效应力法

土堤施工期的稳定安全系数 K 可按式（6-16）计算，此时在计算土条重量时，坡外水面以上的土柱按填筑含水量情况下湿土容重（湿土重度）计算；坡外水面以下部分的土柱按饱和容和容重（饱和重度）计算。而此时作用在土条底面上的孔隙水压力 u_i 等于 $g_i \overline{B}/\cos\alpha_i$，其中 $\overline{B}$ 为孔隙压力系数，可通过试验确定，故稳定安全系数为

$$K = \frac{\sum g_i \sec\alpha_i (\cos^2\alpha_i - \overline{B})\tan\varphi_i' + \sum c_i' b \sec\alpha_i}{\sum g_i \sin\alpha_i} \qquad (6-22)$$

$$g_i = (\gamma_1 h_1 + \gamma_{s2} h_2) b \qquad (6-23)$$

式中　h_1，γ_1——在土条中心线上，坡外水面以上部分的土柱高度（m）及其相应的填筑含水量情况下的湿土容重（湿土重度，kN/m³）；

h_2，γ_{s2}——在土条中心线上，坡外水面以下部分的土柱高度（m）及其相应的饱和容重（饱和重度，kN/m³）。

2. 总应力法

施工时期土堤堤坡的稳定安全系数可按下式计算：

$$K = \frac{\sum g_i \cos\alpha_i \tan\varphi_i + \sum c_i b \sec\alpha_i}{\sum g_i \sin\alpha_i} \qquad (6-24)$$

式中　g_i——土条自重（kN），按式（6-21）计算；

φ_i，c_i——总应力强度指标，即土的内摩擦角（°）和黏聚力（kPa），可采用直剪仪试验得到的快剪指标或采用三轴剪力仪试验得到的不排水剪指标。

【例6-1】 有如图6-7所示的均质土堤，堤高 $H=11.0$m，迎水侧边坡为1：3.0，背水侧边坡为1：2.0，堤身填土的力学指标如下：土粒比重（土颗粒相对密度）$d_s=27$；孔隙率 $n=40\%$，在填筑含水量情况下的湿土容重（湿土重度）$\gamma_1=18$kN/m^3，填土的有效强度指标 $\varphi'=25°$（$\tan\varphi'=0.466$），$c'=8.0$kPa；填土的有效容重（浮容重）$\gamma_2=(1-n)(d_s-\gamma_w)=(1-0.4)\times(27-10)=10.20$kN/$m^3$，饱和容重（饱和重度）$\gamma_{s2}=\gamma_2+\gamma_w=10.20+10.0=20.2$kN/$m^3$。

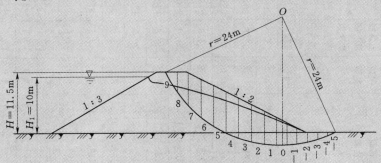

图6-7 例6-1的均质土堤

迎水坡前水深 $H=10.0$m，背水侧水深 $H_2=0$，堤内形成稳定渗流时浸润线的坐标如表6-6所示。

表6-6 均质土堤内浸润线坐标

x(m)	0.75	5.0	10.0	15.0	20.0	23.8	25
y(m)	1.50	3.90	5.50	6.70	7.70	8.50	8.70

用有效应力法计算该均质土堤的堤坡稳定性。

【解】 （1）滑动圆弧如图6-7所示，圆弧半径 $r=24.0$m。

（2）将滑动土体划分为土条。

滑动面范围内的滑动土体共划分为15个土条，每个土条的宽度 $b=\dfrac{r}{m}=\dfrac{24}{10}=2.4$m。在划分土条时，从圆心 O 向下作铅垂线，以这条垂线作为0号土条的中心线（即0号土条的等分线），然后按 $b=2.4$m 的宽度向左右划分土条，所以最后第9号土条的宽度 $b_9=1.56$m。土条划分后，对各土条进行编号，以0号土条为准，左边土条（与坍滑方向相反）的号码为正，右边的土条（与坍滑方向相同）的号码为负。

（3）计算各土条的重量。

在图6-7中量出各土条中心线上浸润线以上高度 h_1 和浸润线以下的高度 h_2。浸润线以上土体按湿容重（容重 $\gamma_1=18$kN/m^3）计算，浸润线以下的土体按饱和土容重（容重 $\gamma_{s2}=20.2$kN/m^3）计算。然后计算各土条的重量，即 $g_i=(\gamma_1 h_1+\gamma_{s2}h_2)b$，全部计算列于表6-7中第（9）列内。

（4）计算各土条的 $\sin\alpha$ 和 $\cos\alpha$ 值。

除边缘土条外，各土条的 $\sin\alpha_i$ 和 $\cos\alpha_i$ 值均可按式（6-12）和式（6-13）计算，如

表6-7

均质土堤堤坡稳定计算表（有效应力法）

计算情况：稳定渗流期（背水侧堤坡）

滑弧编号：L－13；滑弧半径 $r=24\text{m}$

土条编号 (1)	土条高度 h_1 (m) (2)	填土容重 γ_1 (kN/m³) (3)	土条高度 h_2 (m) (4)	饱和容重 γ_2 (kN/m³) (5)	$\gamma_1 h_1$ (6)	$\gamma_2 h_2$ (7)	土条宽度 b (m) (8)	土条重量 g_i (kN) (9)	$\sin\alpha_i$ (10)	$\cos\alpha_i$ (11)	摩擦系数 $\tan\varphi'_i$ (12)	土条滑弧面长度 l_i (m) (13)	$g_i\cos\alpha_i$ (kN) (14)	土条底面孔隙水压力 u_i (kN) (15)	$g_i\cos\alpha_i-u_i$ (kN) (16)	单位黏聚力 c'_i (kPa) (17)	作用在土条底面上的黏聚力 $c'_i l_i$ (kN) (18)	$g_i\sin\alpha_i$ (kN) (19)	$(g_i\cos\alpha_i-u_i)\times\tan\varphi'_i$ (kN) (20)	备注 (21)
9	1.8	18	0.0	20.2	32.4	0.00	1.56	50.5	0.88	0.50	0.466	4.5	25.3	0.00	25.3	8.0	36.0	44.4	11.9	
8	3.8	18	1.8	20.2	68.4	36.4	2.40	251.5	0.80	0.60	0.466	4.1	150.9	74.8	67.1	8.0	32.8	201.2	35.5	
7	3.7	18	4.1	20.2	66.6	82.8	2.40	358.6	0.70	0.71	0.466	3.7	254.6	151.6	103.0	8.0	29.6	251.0	48.0	
6	3.2	18	5.7	20.2	57.7	115.2	2.40	414.5	0.60	0.80	0.466	3.1	331.6	176.5	155.1	8.0	24.8	248.7	72.3	
5	2.6	18	6.6	20.2	46.8	133.3	2.40	432.2	0.50	0.87	0.466	3.0	376.0	198.0	178.0	8.0	24.0	216.1	82.9	
4	2.1	18	7.2	20.2	37.8	145.4	2.40	439.7	0.40	0.92	0.466	2.6	404.5	187.1	217.4	8.0	20.8	175.9	101.3	
3	1.7	18	7.1	20.2	30.6	143.3	2.40	417.4	0.30	0.95	0.466	2.5	396.5	177.4	219.1	8.0	20.0	125.2	102.1	
2	1.6	18	6.7	20.2	28.8	135.3	2.40	393.8	0.20	0.98	0.466	2.5	385.9	167.5	218.4	8.0	20.0	78.7	101.8	
1	2.3	18	5.2	20.2	41.4	105.0	2.40	351.4	0.10	0.99	0.466	2.4	347.9	124.8	223.1	8.0	19.2	35.1	104.0	
0	2.2	18	4.3	20.2	39.6	86.8	2.40	303.6	0.00	1.00	0.466	2.4	303.6	103.2	200.4	8.0	19.2	0.00	93.4	
-1	1.1	18	4.2	20.2	19.8	84.8	2.40	251.0	-0.10	0.99	0.466	2.4	248.5	100.8	147.7	8.0	19.2	-25.1	68.8	
-2			3.9	20.2		78.8	2.40	189.1	-0.20	0.98	0.466	2.6	185.3	101.5	83.8	8.0	20.8	-37.8	39.1	
-3			3.2	20.2		64.6	2.40	155.0	-0.30	0.95	0.466	2.6	147.3	83.2	64.1	8.0	20.8	-46.5	29.9	
-4			2.3	20.2		46.5	2.40	111.6	-0.40	0.92	0.466	2.7	102.7	62.2	40.5	8.0	21.6	-44.6	18.9	
-5			0.9	20.2		18.2	2.40	43.7	-0.50	0.88	0.466	3.6	38.5	32.4	6.1	8.0	28.8	-21.9	2.8	
																	357.6	1200.5	912.7	

第 1 号土条的 $\sin\alpha_1 = \dfrac{i}{m} = \dfrac{1}{10} = 0.1$，$\cos\alpha_1 = \sqrt{1 - \left(\dfrac{i}{m}\right)^2} = \sqrt{1 - (0.1)^2} = 0.99$。对于边缘第 9 号土条，$\sin\alpha_9$ 和 $\cos\alpha_9$ 则按式（6-14）和式（6-15）计算，即

$$\sin\alpha_9 = \frac{i - \dfrac{1}{2}}{m} + \frac{b_9}{3r} = \frac{9 - \dfrac{1}{2}}{10} + \frac{1.56}{3 \times 24} = 0.872 \approx 0.87$$

$$\cos\alpha_9 = \sqrt{1 - \left[\frac{i - \dfrac{1}{2}}{m} + \frac{b_9}{3r}\right]^2} = \sqrt{1 - (0.87)^2} = 0.495 \approx 0.50$$

对于一5 号土条，虽然其宽度 $b_{-5} = 2.4\text{m}$，但因其形状基本上也是一个三角形，所以 $\sin\alpha_{-5}$ 和 $\cos\alpha_{-5}$ 也应按式（6-14）和式（6-15）计算，即

$$\sin\alpha_{-5} = \frac{-5 + \dfrac{1}{2}}{10} + \frac{2.4}{3 \times 24} = 0.483 \approx 0.48$$

$$\cos\alpha_{-5} = \sqrt{1 - (0.48)^2} = 0.877 \approx 0.88$$

（5）计算土条底面的孔隙水压力 u_i。

土条底面的孔隙水压力 u_i 等于各土条中心线上浸润线以下至滑动面之间这一段的水头压强乘上土条底面的长度 l，即 $u_i = \gamma_w h_2 l = \gamma_w h_2 \dfrac{b}{\cos\alpha_i}$（$\gamma_w \approx 10\text{kN/m}^3$），计算结果列于表 6-7 第（15）列内。

（6）计算土条的抗滑力和下滑力。

循序计算土条的抗滑力和下滑力（滑动力），并计算其总和，最后得摩擦力的总和 $\sum(g_i\cos\alpha_i - u_i)\tan\varphi_i' = 912.7\text{kN}$，滑动面上的总黏聚力 $\sum c_i'l_i = 357.6\text{kN}$；而滑动面上的下滑力总和 $\sum g_i\sin\alpha_i = 1200.5\text{kN}$。

（7）根据式（6-16）计算相应于所计算的滑动面的稳定安全系数。

$$K = \frac{\sum(g_i\cos\alpha_i - u_i)\tan\varphi_i' + \sum c_i'l_i}{\sum g_i\sin\alpha_i} = \frac{912.7 + 357.6}{1200.5} = \frac{1270.3}{1200.5} = 1.058$$

二、考虑土条间侧向水平推力的计算方法（毕晓普简化法）

如果从滑动土体中取出一个土条，考虑土条两侧作用有水平推力 E_i 和 E_{i+1}，如图 6-8 所示。此外在土条上尚作用有土条重力 g_i，土条顶部的竖直外荷 q_i，土条两侧的渗透水压力 f_{a_i} 和 f_{b_i}，其压力差为 $\Delta f_i = f_{a_i} - f_{b_i}$，土条底面上的水压力 u_i，以及底面的法向反力 R_i 和切向力 R_T。

此土条在上述力的作用下处于静力平衡状态，因此这些力在竖直线方向的投影之和应等于零，即

$$g_i + q_i - R_N\cos\alpha_i - u_i\cos\alpha_i - R_T\sin\alpha_i = 0 \qquad (6-25)$$

在土体尚未滑动之时，在滑动面上维持土体平衡所需的抗剪强度并未达到土体实有

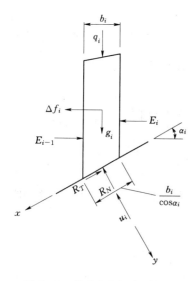

图 6-8　考虑土条间水平推力作用的计算图

的抗剪强度，若设其安全系数为 K，则滑动面上的剪力应等于土体实有抗剪强度的 $\dfrac{1}{K}$。因此，土条滑动面上的切力 R_T 等于此滑动面上实际发挥的抗剪力，即

$$R_T = \frac{c_i' l_i}{K} + \frac{R_N \tan\varphi_i'}{K} \qquad (6-26)$$

将式（6-26）代入式（6-25），则得

$$g_i + q_i - R_N\cos\alpha_i - u_i\cos\alpha_i - \left(\frac{c_i' l_i}{K} - \frac{R_N\tan\varphi_i'}{K}\right)\sin\alpha_i = 0$$

由此可得土条滑动面上的有效法向力：

$$R_N = \frac{g_i + q_i - u_i\cos\alpha_i - \dfrac{c_i' l_i}{K}\sin\alpha_i}{\cos\alpha_i + \dfrac{1}{K}\tan\varphi_i'\sin\alpha_i} \qquad (6-27)$$

根据作用力在土条滑动方向投影之和为零的条件（即 $\sum x = 0$），可得

$$E_i\cos\alpha_i - E_{i-1}\cos\alpha_i + \Delta f_i\cos\alpha_i + (g_i + q_i)\sin\alpha_i - R_T = 0$$

将式（6-26）代入式（6-27）得

$$(E_i - E_{i-1})\cos\alpha_i + \Delta f_i\cos\alpha_i + (g_i + q_i)\sin\alpha_i - \left(\frac{c_i' l_i}{K} + \frac{R_N\tan\varphi_i'}{K}\right) = 0$$

或

$$E_i - E_{i-1} = \left(\frac{c_i' l_i}{K} + \frac{R_N\tan\varphi_i'}{K}\right)\frac{1}{\cos\alpha_i} - \Delta f_i - (g_i + q_i)\tan\alpha_i \qquad (6-28)$$

若将滑动土体作为一个整体来看，土条间的侧向作用力是平衡的，也就是 $\sum(E_i - E_{i-1}) = 0$，因此

$$\sum(E_i - E_{i-1}) = \frac{1}{K}\sum\left[(c_i' l_i + R_N\tan\varphi_i')\frac{1}{\cos\alpha_i}\right] - \sum\Delta f_i - \sum(g_i + q_i)\tan\alpha_i = 0$$

由此可得

$$K = \frac{\sum(c_i' l_i + R_i\tan\varphi_i')\dfrac{1}{\cos\alpha_i}}{\sum\Delta f_i + \sum(g_i + q_i)\tan\alpha_i} \qquad (6-29)$$

将式（6-27）代入式（6-29），并进行整理后可得

$$K = \frac{\sum\left[(g_i + q_i - u_i\cos\alpha_i)\tan\varphi_i' + c_i' b_i\right]\dfrac{\sec\alpha_i}{1 + \dfrac{1}{K}\tan\varphi_i'\tan\alpha_i}}{\sum\Delta f_i\cos\alpha_i + \sum(g_i + q_i)\sin\alpha_i} \qquad (6-30)$$

式中　α_i——第 i 个土条滑动面与水平面的夹角（°），即从第 i 个土条中心线与圆心的连线与竖直线的夹角（°）；

c_i'，φ_i'——第 i 个土条滑动面上土的有效应力指标，即黏聚力（kPa）和内摩擦角（°）；

b_i——第 i 个土条的宽度（m），$b_i = l_i\cos\alpha_i$；

l_i——第 i 个土条滑动面的长度（m）；

u_i——作用在第 i 个土条滑动面上的孔隙压力（kN）；

Δf_i——作用在第 i 个土条两侧面上的渗透压力差值（kN）；

g_i——第 i 个土条的重力（kN）；

q_i——作用在第 i 个土条顶面上的外荷载（kN）；

K——所计算滑动面的稳定安全系数。

如令

$$\frac{1}{m_a}=\frac{1}{\cos\alpha_i+\dfrac{1}{K}\tan\varphi_i'\sin\alpha_i} \tag{6-31}$$

则式（6-30）可表示为

$$K=\frac{\sum\dfrac{1}{m_a}\sec\alpha_i[c_i'b_i+(g_i+q_i-u_i\cos\alpha_i)\tan\varphi_i']}{\sum\Delta f_i\cos\alpha_i+\sum(g_i+q_i)\sin\alpha_i} \tag{6-32}$$

根据式（6-32）计算稳定安全系数 K 时，首先应预先估计一个 K 值代入式（6-32）的等号右侧（即代入 m_a 中），并按公式计算出 K 值，然后用所计算的 K 值再代入式（6-32）的右侧，计算得新的 K 值，如此继续，直至所代入的 K 值与计算得的 K 值相等或相差不大时为止。

也可以先估计 $3\sim4$ 个不同的 K 值，如为 K_1'、K_2'、K_3'、K_4'，将这几个 K 值代入式（6-32）中，计算得相应的 K 值，如为 K_1、K_2、K_3、K_4，然后以估计的 K_1'、K_2'、K_3'、K_4' 值为横坐标，以计算得的 K 值（K_1、K_2、K_3、K_4）为纵坐标，绘成 $K'—K$

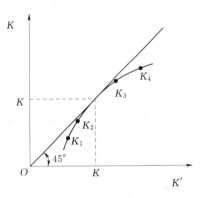

图 6-9　K 值计算图

关系曲线，最后从坐标原点 O 作一条与水平轴成 $45°$ 的直线，该直线与 $K'—K$ 关系曲线相切点的纵坐标（或者是横坐标）读数，即为所要求的 K 值，如图 6-9 所示。

为了计算方便起见，式（6-32）中的 m_a 也可以根据图 6-10 中的曲线来计算，即根据估计的 K 值和各土条的 α_i 值，由图 6-10 的横坐标上按计算土条相的 α_i 值作竖直线与该土条相应的 $\dfrac{\tan\varphi_i'}{K}$ 的曲线相交，自交点作水平线与纵坐标相交，即得该土条的 m_a 值。

三、堤坡的抗震稳定计算

考虑地震影响的堤坡稳定计算方法，多采用拟静力法。

位于地震区的堤防，在地震时，堤身土体将产生一个地震惯性力 P_c，其作用方向决定于地震加速度的方向，在计算中常取其作用方向与堤坡稳定性最不利的方向一致，即与滑动土体滑动的方向一致，而惯性力的作用点，则取在土体的重心处。

为了计算方便起见，通常将惯性力分解为水平向地震惯性力 P_{HC} 和竖直向地震惯性力 P_{VC}，水平向地震惯性力的方向与坍滑土体滑动的方向一致，竖直向地震惯性力的作用方向可以是向上的（—）或向下的（＋），以不利于堤坡的稳定为准。在一般的土堤计算中，可以仅考虑水平向的地震惯性力。

191

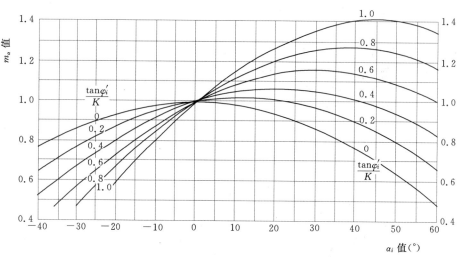

$$m_a = \cos\alpha_i + \sin\alpha_i \frac{\tan\varphi_i'}{K}$$

（当滑动面的倾斜方向与地面的倾斜方向一致时 α_i 角为正值）

图 6-10　计算 m_a 值的曲线

根据动力分析得知，地震加速度的分布是从地面沿高度向上逐渐增大的，如以地面为 1.0，则其增大的倍数随高度 H 而变化，我国地震设计规范中建议采用表 6-8 所示的动态分布图形。

表 6-8　　　　　　　　　　　　　土堤堤身动态分布系数 α_i

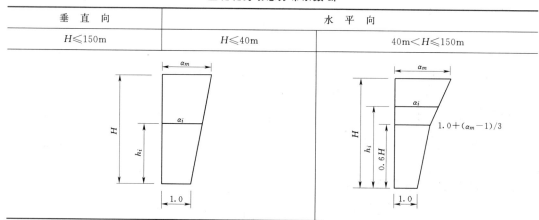

作用在计算土体重心 i 处的水平向地震惯性力 P_{HC} 可按下式计算：

$$P_{HC} = k_H C_z \alpha_i G_i \qquad (6-33)$$

式中　k_H——水平向地震系数，可根据抗震设计烈度查表 6-9；

　　　C_z——综合影响系数，取 $C_z = \frac{1}{4}$；

　　　α_i——土堤堤身动态分布系数，按表 6-8 采用；

　　　G_i——计算土体重量（kN）。

表 6-9 水平向地震系数 k_H 值

抗震设计烈度	7	8	9
系数 k_H	0.1	0.2	0.4

竖向地震惯性力，一般可取其等于水平向地震惯性力的 $\dfrac{1}{3}$，即

$$P_{VC} = \frac{1}{3} k_H C_z \alpha_i G_i \qquad (6-34)$$

在土堤的稳定分析中，都采用条分法，在计算每个土条的惯性力时，式（6-33）和式（6-34）中的 G_i 应变为土条的计算重力 g_i，而 P_{HC} 和 P_{VC} 的作用点则在土条重心处，对于均质土堤无渗流情况下，则在土条中心线的 $\dfrac{1}{2}$ 高度处。此时堤身动态分布系数 α_i 则采用土条重心高程处（即土条中心线 $\dfrac{1}{2}$ 高度处）相应的 α_i 值。

如图 6-11 所示，在地震作用下土条上的作用力有土条重力 g_i；土条顶部作用的荷载 q_i；土条侧面作用力 f_{a_i} 和 f_{b_i}，分别作用在两侧面 $\dfrac{1}{3}$ 高度处；土条底面的孔隙压力 u_i，作用在滑动面中心处的法线上；水平地震惯性力 P_{HC} 和竖直地震惯性力 P_{VC}，作用在土条重心上。

根据各土条的上述作用力，可得绕圆心 O 点的滑动力矩 M_c 和抗滑力矩 M_y 如下：

$$\left.\begin{array}{l} M_c = \sum \left[(g_i + q_i \pm P_{VC}) \sin\alpha_i \cdot r + (f_{a_i} - f_{b_i}) \cos\alpha_i \cdot a_i + P_{HC} \cos\alpha_i \cdot l_c \right] \\[2mm] M_y = \sum \left\{ \left[(g_i + q_i \pm P_{VC}) \cos\alpha_i - (f_{a_i} - f_{b_i}) \sin\alpha_i - u_i - P_{HC} \sin\alpha_i \right] \tan\varphi_i' \cdot r \right\} + \sum \dfrac{c_i' b_i}{\cos\alpha_i} \cdot r \end{array}\right\}$$

$$(6-35)$$

式中
$\quad \alpha_i$ ——半径 Ob 与竖直线的夹角（°）；

$\quad \varphi_i'$ ——土条滑动面上内摩擦角的有效应力指标；

$\quad c_i'$ ——土条滑动面上黏聚力的有效应力指标；

$\quad b_i$ ——土条宽度（m）；

$\quad a_i$ ——作用力 $\Delta f_i \cos\alpha_i$ 距圆心 O 的力臂（即图 6-11 中 O、e 两点的距离）；

$\quad l_c$ ——作用力 $P_{HC} \cos\alpha_i$ 距圆心 O 的力臂（即图 6-11 中 O、c 两点的距离）。

在式（6-35）中 P_{VC} 前面的（±）号，当竖直地震惯性力的作用方向向下时取（＋）号，向上时取（－）号。

根据式（6-35）可得各种情况下堤坡的稳定安全系数值。

（一）稳定渗流和库水位降落时

1. 有效应力法

$$K = \dfrac{\sum \left[(g_i + q_i \pm P_{VC}) \cos\alpha_i - (f_{a_i} - f_{b_i}) \sin\alpha_i - u_i - P_{HC} \sin\alpha_i \right] \tan\varphi_i' + \sum \dfrac{c_i' b_i}{\cos\alpha_i}}{\sum \left[(g_i + q_i \pm P_{VC}) \sin\alpha_i + (f_{a_i} - f_{b_i}) \cos\alpha_i \cdot \dfrac{a_i}{r} + P_{HC} \cos\alpha_i \cdot \dfrac{l_c}{r} \right]}$$

$$(6-36)$$

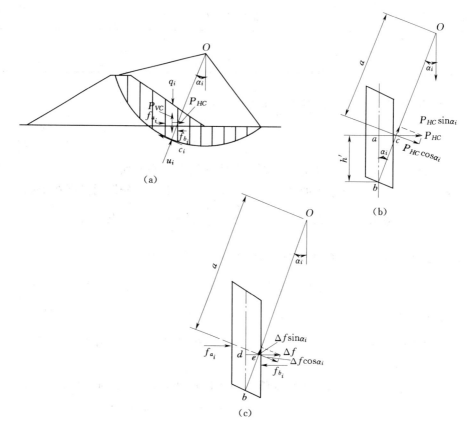

图 6-11　考虑地震力时的稳定计算图

2. 总应力法

$$K=\frac{\sum\left[(g_i+q_i\pm P_{VC})\cos\alpha_i-P_{HC}\sin\alpha_i\right]\tan\varphi_i+\sum\dfrac{c_ib_i}{\cos\alpha_i}}{\sum\left[(g_i+q_i\pm P_{VC})\sin\alpha_i+P_{HC}\cos\alpha_i\cdot\dfrac{l_c}{r}\right]+P_\phi\cdot\dfrac{l_\phi}{r}} \qquad (6-37)$$

式中　P_ϕ——作用在滑动土体上的渗流力（kN）；

　　　l_ϕ——渗流力 P_ϕ 距圆心 O 的力臂（m）。

（二）施工期

1. 有效应力法

$$K=\frac{\sum\left[(g_i+q_i\pm P_{VC})\cos\alpha_i-(f_{a_i}-f_{b_i})\sin\alpha_i-u_n-P_{HC}\sin\alpha_i\right]\tan\varphi_i'+\sum\dfrac{c_ib_i}{\cos\alpha_i}}{\sum\left[(g_i+q_i\pm P_{VC})\sin\alpha_i+(f_{a_i}-f_{b_i})\dfrac{a_i}{r}+P_{HC}\cdot\dfrac{l_c}{r}\right]}$$

$$(6-38)$$

2. 总应力法

$$K=\frac{\sum\left[(g_i+q_i\pm P_{VC})\cos\alpha_i-P_{HC}\sin\alpha_i\right]\tan\varphi_i+\sum\dfrac{c_ib_i}{\cos\alpha_i}}{\sum\left[(g_i+q_i\pm P_{VC})\sin\alpha_i+P_{HC}\dfrac{l_c}{r}\right]} \qquad (6-39)$$

四、大气降水对堤坡稳定性的影响

大气降水对土坡的稳定性会产生重要影响，降雨会使土中产生毛管水（水分充满土的部分孔隙）或重力水（水分充满土的全部孔隙），因而增加了土体的重量；由于雨水中只含有少量的矿物质，因而它能降低土粒外围的盐分浓度，从而降低黏性土的黏聚力。研究表明，对于砂质壤土，由于雨水的湿润可以使黏聚力降低达 30%。除此之外，对于强度较大的降雨或持续时间较长的降雨，雨水大量渗入土坡内，使坡土饱和并形成渗流，然后又从坡面逸出；对于原来就有渗流的堤坡，在渗入堤坡中的雨水影响下，改变了原来的渗流情况，形成组合后的新的渗流，即形成新的渗流流网。

大气降水在土坡内产生的渗流，其流线几乎与堤坡坡面平行，因而渗透动水压力对滑动圆弧圆心的力臂增大，这对堤坡的稳定性是极其不利的。此外，对于原来就有渗流的堤坡来说，雨水所产生的渗流和原先堤坡内的渗流将产生新的复合渗流，这种新的复合渗流对土体所产生的渗透动水压力大大增大。计算表明，在一般情况下，考虑大气降水影响后，堤坡的稳定安全系数将比正常情况降低约 23%。

图 6-12 所示为考虑大气降水后在堤坡内产生的渗流流网图，渗流在堤坡坡面逸出处，流线接近于水平线，此时渗流的逸出坡降为

$$J = \frac{z}{z\cot\alpha} = \tan\alpha \tag{6-40}$$

式中　J——渗流逸出坡降；

　　　　z——流网网格高度（m），如图 6-12 所示；

　　　　α——堤坡坡角（°）。

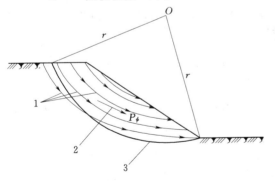

(a)雨水在堤坡内产生的渗流及其动水压力

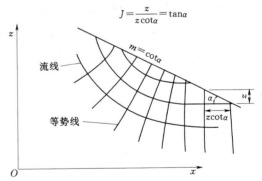

(b)考虑降水影响的堤坡内流网

图 6-12　考虑大气降水后在堤坡内产生的渗流流网图

1—渗流流线；2—渗透动水压力；3—滑动圆弧面

此时堤坡坡面上单位土体上作用的渗透动水压力为

$$p_\phi = \gamma_w J = \gamma_w \tan\alpha \tag{6-41}$$

式中　p_ϕ——作用在堤坡坡面单位土体上的渗透动水压力（kN/m²）；

　　　　γ_w——水的容重（水的重度，kN/m³）。

考虑到水的浮力作用，土坡坡面上单位土体的重力等于土的浮容重（浮重度）γ'。

渗透动水压力 p_ϕ 和重力 γ' 可以分解为沿堤坡坡面和垂直堤坡坡面方向的两个分力

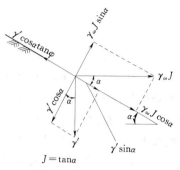

图 6-13　堤坡坡面单位
土体上的作用力

（见图 6-13），包括：

（1）渗透动水压力沿堤坡坡面方向的分力 $p_\phi \cos\alpha = \gamma_w J \cos\alpha$。

（2）渗透动水压力垂直堤坡坡面方向的分力 $p_\phi \sin\alpha = \gamma_w J \sin\alpha$。

（3）重力 γ' 在沿堤坡坡面方向的分力 $\gamma' \sin\alpha$。

（4）重力 γ' 在垂直堤坡坡面方向的分力 $\gamma' \cos\alpha$。

沿堤坡坡面方向的重力 γ' 的分力和渗透动水压力的分力 $p_\phi \cos\alpha$ 将使土体沿坡面方向下滑，而垂直堤坡坡面方向的重力 γ' 的分力和渗透动水压力的分力将沿坡面方向产生摩阻力，阻止土体下滑，这一摩阻力为

$$(\gamma' \cos\alpha - \gamma_w J \sin\alpha) \tan\varphi$$

式中　φ——堤坡坡土的内摩擦角（°）。

在忽略堤坡坡面单位土体黏聚力的情况下，根据作用力沿堤坡坡面方向的平衡条件可得

$$\gamma' \sin\alpha + \gamma_w J \cos\alpha - (\gamma' \cos\alpha - \gamma_w J \sin\alpha) \tan\varphi = 0$$

将 $J = \tan\alpha$ 代入上式，则得

$$\gamma' \sin\alpha + \gamma_w \sin\alpha - (\gamma' \cos\alpha - \gamma_w \tan\alpha \sin\alpha) \tan\varphi = 0$$

或写成

$$\left(\gamma' \cos\alpha - \gamma_w \frac{\sin^2\alpha}{\cos\alpha}\right) \tan\varphi = (\gamma' + \gamma_w) \sin\alpha$$

由于土的浮容重（浮重度）γ' 极其接近于水的容重（水的重度）γ_w，因此可以近似地假定 $\gamma' \approx \gamma_w = 10 \text{kN/m}^3$，故上式可以写成下列形式

$$\left(\cos\alpha - \frac{\sin^2\alpha}{\cos\alpha}\right) \tan\varphi = 2\sin\alpha$$

或

$$(1 - \tan^2\alpha) \tan\varphi = 2\tan\alpha \qquad (6-42)$$

令

$$\left. \begin{array}{l} \tan\varphi = f \\ \tan\alpha = \dfrac{1}{m} \end{array} \right\} \qquad (6-43)$$

式中　f——土的内摩擦系数；

m——堤坡的坡率。

将式（6-43）代入式（6-42），则得

$$f - \frac{f}{m^2} - \frac{2}{m} = 0$$

或

$$m^2 - \frac{2}{f} m - 1 = 0 \qquad (6-44)$$

解式（6-44），得堤坡的坡率为

$$m = \frac{1}{f} + \sqrt{\frac{1}{f^2} + 1} \qquad (6-45)$$

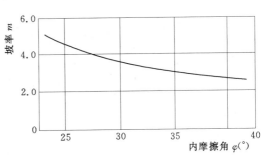

式（6-45）表示堤坡在考虑降水影响的情况下，保证局部坡面稳定的极限坡率 m 值，在堤坡设计中，将上述坡率 m 乘以安全系数 1.10 到 1.20，即为设计的稳定坡率。

图 6-14 为坡土内摩擦角 φ 与堤坡极限坡率 m 的关系曲线，由图 6-14，根据

图 6-14　土的内摩擦角 φ 与堤坡极限坡率 m 的关系曲线

内摩擦角 φ 可以直接查得考虑降水影响的堤坡极限坡率 m 值。

【例 6-2】 某土堤拟用壤土修建，土的内摩擦角 $\varphi = 25°$，该地区在夏季时有持续的较强降雨，问该土堤的设计坡率 m 应该采用多少？

【解】（1）计算考虑降水影响下保证局部堤坡面稳定的极限坡率 m'。

极限坡率 m' 可根据式（6-45）计算，即

$$m' = \frac{1}{f} + \sqrt{\frac{1}{f^2} + 1}$$

其中

$$f = \tan\varphi$$

式中　φ——土的内摩擦角（°）。

式（6-45）也可写成下列形式：

$$m' = \frac{1}{\tan\varphi} + \sqrt{\frac{1}{\tan^2\varphi} + 1}$$

将 $\varphi = 25°$ 代入上式，得土堤的极限坡率为

$$m' = \frac{1}{\tan 25°} + \sqrt{\frac{1}{\tan^2 25°} + 1} = 4.5107$$

这一坡率是考虑降水影响下保证局部堤坡面稳定的极限坡率。

（2）取土堤的堤坡稳定安全系数 $k = 1.5$。

（3）计算土堤堤坡的设计坡率 m。

考虑降水影响的情况下，堤坡的设计坡率应为

$$m = km' = 1.5 \times 4.5107 = 6.7661$$

取堤坡的设计坡率为

$$m = 7.0$$

【例 6-3】 某土堤堤身土的内摩擦角 $\varphi = 28°$，堤坡的堤率 $m = 5.0$，问该堤坡在考虑降水影响的情况下，堤坡的稳定安全系数是多少？

【解】（1）计算 f 值。

由于

$$f = \tan\varphi$$

将 $\varphi = 28°$ 代入上式得

$$f = \tan 28° = 0.5317$$

（2）计算考虑降水影响的极限稳定坡率 m'。

根据式（6-45）得

$$m' = \frac{1}{f} + \sqrt{\frac{1}{f^2} + 1}$$

将 $f = 0.5317$ 代入上式得极限坡率为

$$m' = \frac{1}{0.5317} + \sqrt{\frac{1}{(0.5317)^2} + 1} = 4.0108 \approx 4.0$$

（3）计算堤坡的稳定安全系数 k。

堤坡的稳定安全系数为

$$k = \frac{m}{m'} = \frac{5.0}{4.0} = 1.25$$

【例6-4】 某土堤的设计坡率 $m = 4.5$，在考虑降水影响的情况下堤坡的稳定安全系数 k 应不小于 1.10，问该土堤土料的内摩擦角应该是多少？

【解】（1）计算极限坡率 m' 值。

$$m' = \frac{m}{k}$$

将 $m = 4.5$，$k = 1.10$ 代入上式得

$$m' = \frac{4.5}{1.10} = 4.0909 \approx 4.0$$

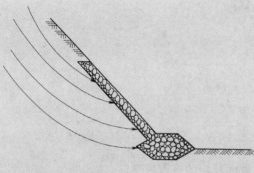

（2）确定土堤土料的内摩擦角 φ 值。

根据极限坡率 $m' = 4.0$，由图 6-14 中，查得土的内摩擦角 $\varphi = 27.7778° = 27°46'40''$。

也就是说，该土堤在考虑降水影响时，欲使堤坡的稳定安全系数 k 不小于 1.10，堤身土的内摩擦角应不小于 $\varphi = 27°46'40''$。

图 6-15　堤坡坡面上的块石反滤护面

为了使堤坡不必太缓，既经济合理，又能保证堤坡在降水影响下不致丧失局部稳定性，也可以在堤坡坡面上设置块石护坡的反滤层，其长度约为坡长的 $\frac{1}{5} \sim \frac{1}{4}$，坡脚处再设置不高的块石排水体，如图 6-15 所示。

五、最小抗滑稳定安全系数的确定

堤坡的稳定性计算，目前大多采用电子计算机按已编的程序进行计算，不仅可以考虑各种计算情况，而且可以迅速确定堤坡的最小抗滑稳定安全系数值，既快捷也准确。

但是在不具备上述条件的情况下，采用下列方法来确定最小稳定安全系数，却可节省计算工作量。

如前所述，对于每一个可能的滑动面，都可以用前面所讲的方法计算出相应于该滑动

面的稳定安全系数值，各滑动面所代表的稳定安全系数值的大小是不一样的，稳定安全系数大，表示相应于这一稳定安全系数值的滑动面的稳定性高，沿该滑动面滑动的可能性小；而稳定安全系数愈小，则沿此稳定安全系数所相应的滑动面滑动的可能性就愈大。因此必须在许许多多的滑动面中找出一个稳定安全系数最小，最可能滑动的（最危险的）滑动面来，因为这个滑动面所相应的稳定安全系数 k 才代表了堤坡的稳定性，或者说才是所计算堤坡的真正稳定安全系数值。

根据许多计算的分析表明，最危险滑动面的圆心位置与比值 $F = \dfrac{c}{\gamma \tan\varphi}$ 有关（其中 c、φ、γ 分别为堤身土料的黏聚力、内摩擦角和容重），F 值愈小，圆心位置离堤坡面愈远，当 F 值趋于无穷大时，圆心位置距坝坡面的距离也趋于无穷大。当 F 值减小时，圆心位置则向坡面靠近，并有一极限点，随后圆心位置又远离坡面。F 值与圆心位置的轨迹线很像一条双曲线，如图 6-16 所示，它的一侧以通过堤坡中点的铅垂线为渐近线，另一侧以通过堤坡中点的外法线为渐近线。

此外，堤坡土料的黏聚力 c 越大，圆弧面的位置愈深，黏聚力越小，圆弧面的位置越浅，当 $c=0$ 时，滑弧面与坡面相重合。

寻找最小稳定安全系数和最危险滑弧面圆心位置的方法较多，现介绍以下几种。

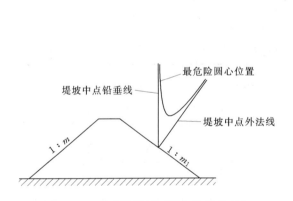

图 6-16　最危险滑弧面圆心位置的变化

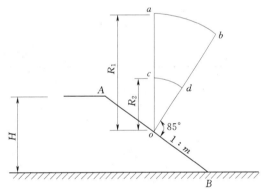

图 6-17　确定最危险滑弧面圆心的环形面积法

（一）环形面积法

从堤坡线 AB 的中点作一条铅垂线 oa 和一条与堤坡面成 $85°$ 角的直线 ob，然后以 o 为圆心，分别以 R_1 和 R_2 为半径，作圆弧与 oa 线交于 a、c 两点，与 ob 线交于 b、d 两点，形成一个环形面积 $abcd$，最危险的滑弧面圆心就可能在这环形面积内（见图 6-17）。

环形面积的半径 R_1 和 R_2 与堤坡的坡率 m 值有关，可按表 6-10 采用，表中的 R 值是以边坡高度 H 的倍数来表示的。

表 6-10

边坡坡率 m	1	2	3	4	5	6
半径 R_1	$1.5H$	$1.75H$	$2.3H$	$3.75H$	$4.8H$	$5.5H$
半径 R_2	$0.75H$	$0.75H$	$1.0H$	$1.5H$	$2.2H$	$3.0H$

（二）十字线法

在堤坡的坡肩 A 点作一条与水平线成 β_1 角的直线，在边坡的坡脚点 B 作一条与堤坡线 AB 成 β_2 角的直线，两直线相交于 M_1 点。然后从坡脚点 B 垂直向下量取高度 H（H 为堤高），水平量取 $4.5H$，得 M 点，连接 M 点和 M_1 点，得直线 MM_1，并将其延长到 M_2 点，如图 $6-18$ 所示。根据研究，最危险滑弧面的圆心就在这条直线附近。角度 β_1 和 β_2 决定于边坡的坡度，可按表 $6-11$ 采用。

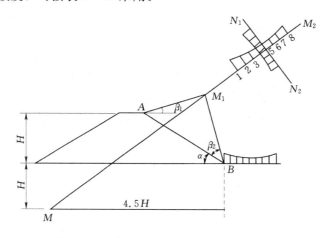

图 $6-18$　确定最危险滑弧圆心的十字线法

表 $6-11$　　　　　　　　　　　　　　　　**角度 β_1 和 β_2 值**

边坡坡度	边坡坡角 α	角　　度	
		β_1	β_2
$1:0.58$	$60°$	$29°$	$40°$
$1:1.0$	$45°$	$28°$	$37°$
$1:1.5$	$33°40'$	$26°$	$35°$
$1:2$	$26°34'$	$25°$	$35°$
$1:3$	$18°26'$	$25°$	$35°$
$1:4$	$14°03'$	$25°$	$36°$
$1:5$	$11°19'$	$25°$	$37°$

计算时可以在 MM_2 直线的 M_1 点以上选取几个圆心，如图 $4-20$ 中 1，2，3，…点，画出通过堤坡脚 B_1 点的圆弧，求出各滑弧面相应的稳定安全系数 K 值，并按一定比尺将这些 K 值标绘在各相应的圆心点上，然后将它们连成一条光滑的曲线。作 M_1M_2 线的平行线与这一曲线相切，切点是曲线的最低点，也是沿 MM_2 直线上所有滑弧的最小 K 值。通过这个最小 K 值点作 MM_2 直线的垂直线 N_1N_2，在 N_1N_2 直线上选定几个圆心点，用同样的方法计算出各圆心点所代表的滑弧面（滑弧均通过 B_1 点）的稳定安全系数值，按一定比值将这些稳定安全系数值标绘在各相应的圆心上，并将它们连成曲线，从这条曲线上又可得到一个最低点，也就是沿 N_1N_2 直线上所有滑弧的最小稳定安全系数 K 值。在通常的情况下，这一最小 K 值即可代表通过 B_1 点的所有滑弧面中稳定安全系数的最小值。

但是，当堤基土的力学性指标（主要是抗剪强度）低于堤身土料时，最危险的滑弧面不一定通过坡脚点，而可能是通过坡脚点以外的 B_2、B_3 或 B_4 点，因此，也需要用上述方法分别求得相应于 B_1、B_2、B_3、B_4 等点的最小稳定安全系数值 K_1、K_2、K_3、K_4，并按一定比尺将它们标绘在各相应点上，然后连成一条光滑的曲线，这条曲线上最低点的纵坐标值（按上述比尺），就是堤坡的最小稳定安全系数值，而最危险的滑弧面也就通过该点所对应的地面点。

（三）多角形面积法

此法认为最危险滑弧面的圆心位置是在多角形 $cefgd$ 内（图 6-19），这一多角形 $cefgd$ 可按下述方法绘制：在堤坡 AB 的中点 o 作铅垂线 oa 和与堤坡 AB 线成 85°角的直线 ob，然后分别以 A 点和 B 点作圆心（图 6-19），以 R 为半径，作圆弧相交于 f 点，并分别与 oa 线和 ob 线相交于 e 点和 g 点。再以 o 点为圆心，从 o、f 两点之间的直线距离的一半为半径（即 $R=\frac{1}{2}\overline{of}$），作圆弧与 oa 线交于 c 点，与 ob 线相交于 d 点。这样，多角形面积 $cefgd$ 即已求得。

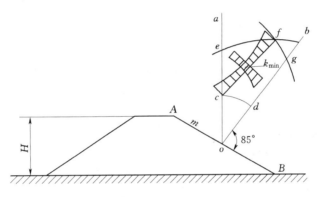

图 6-19　确定最危险滑弧面圆心位置的多角形面积法

在作图时，半径 R 值可按下式计算：

$$R=\frac{1}{2}(R_1+R_2) \qquad\qquad (6-46)$$

式中 R_1 和 R_2 可根据堤坡坡率 m 值由表 6-12 中查得。

表 6-12　　　　　　　　　　　　　　　　半径 R_1 和 R_2 值

堤坡坡率 m	1	2	3	4	5	6
R_1	$1.1H$	$1.4H$	$1.9H$	$2.5H$	$3.3H$	$4.3H$
R_2	$2.2H$	$2.5H$	$3.2H$	$4.7H$	$5.8H$	$6.7H$

注　H—堤高。

计算时连接 fc 直线，首先在 fc 线上选取几个圆心，求得各圆心相应的稳定安全系数值，并标绘在相应的圆心点上，并将其连成曲线，通过曲线最低点作 fc 直线的垂直线，并在这条直线上再选择几个圆心点，用同样方法绘出该直线上稳定安全系数的分布曲线，在一般情况下，该曲线最低点的值，即可作为最小稳定安全系数值。

在计算中应注意的是，对于无黏性土的堤坡，最危险滑动圆弧的圆心通常靠近 f；而对于黏性土的堤坡，最危险滑动圆弧的圆心位置则向下移。

此时滑动圆弧的半径 r 最好只在下列范围内选取：

$$\frac{1}{2}(R_1+R_2)<r<R_2 \text{ 和 } R_1<r<\frac{1}{2}(R_1+R_2) \tag{6-47}$$

六、无黏性土堤堤坡的稳定计算

对于用无黏性土料填筑的土堤堤坡，在水域水位骤然下降时，或者是暴雨时期，或者是春季溶雪时期，堤身土体为水所饱和，并从上下游边坡向外渗流，因而产生渗透动水压力。此时堤身土体的物理力学性质（如含水量、容重、内摩擦角）将发生改变，因而堤坡的稳定性大大减小。

在这种情况下，作用在堤坡面上单位土体上的作用力有下滑力和抗滑力。

（1）下滑力 T：包括单元土体重力沿土坡坡面的分力 $g\sin\alpha$ 和动水压力 F_ϕ，即

$$T=g\cos\alpha+F_\phi \tag{6-48}$$

其中

$$F_\phi=\gamma_w\frac{e}{1+e}J=nJ \tag{6-49}$$

式中 α——土坡坡角（°）；

g——单元土体重力，对于单位土体，$g=\gamma_s$，其中 γ_s 为土坡坡土的饱和容重；

F_ϕ——渗透水动压力，对于单位土体；

γ_w——水的容重（kN/m^3）；

e——土坡坡土的孔隙比；

n——土坡坡土的孔隙率；

J——渗透水流的水力坡降。

（2）抗滑力（抗剪力）S：土体重量所产生的摩擦力，为

$$S=g\cos\alpha\tan\varphi_s=\gamma_s\cos\alpha\tan\varphi_s \tag{6-50}$$

式中 φ_s——堤身土体在饱和状态下的内摩擦角。

因此，边坡稳定的安全系数 K 为

$$K=\frac{\gamma_s\cos\alpha\tan\varphi_s}{\gamma_w nJ+\gamma_s\sin\alpha} \tag{6-51}$$

式中 K——边坡稳定安全系数，应大于1。

模型试验表明，对于迎水侧堤坡，在水域水位骤降时渗透水流的方向接近于坝坡边坡线，因此渗透水力坡降 J 的极限值为 $\sin\alpha$。

在这种情况下稳定安全系数 K 为

$$K=\frac{\gamma_s\cos\alpha\tan\varphi_s}{\gamma_w n\sin\alpha+\gamma_s\sin\alpha}=\frac{\gamma_s\cos\alpha\tan\varphi_s}{(\gamma_w n+\gamma_s)\sin\alpha}=\frac{\gamma_s\tan\varphi_s}{\gamma_{so}}m \tag{6-52}$$

其中

$$\gamma_{so}=\gamma_w n+\gamma_s$$

式中 m——边坡坡率；

γ_s——边坡土的饱和容重（kN/m^3）。

为了便于计算起见，在图6-20上列出根据式（6-52）绘制的 $K=f(\varphi,m)$ 曲线。根据这些曲线，在给定 K 及 φ_s 值后，可查得必要的坡率 m。

【例 6-5】 某心墙土堤，心墙两侧为无黏性土，土的饱和容重为 $\gamma_s = 19.50 \text{kN/m}^3$，内摩擦角 $\varphi_s = 25°$，孔隙率 $n = 0.35$，水的容重为 $\gamma_w = 10.0 \text{kN/m}^3$，土堤迎水侧的堤坡坡率 $m = 3.5$，当迎水侧水域水位骤降时，堤坡的稳定安全系数是多少？

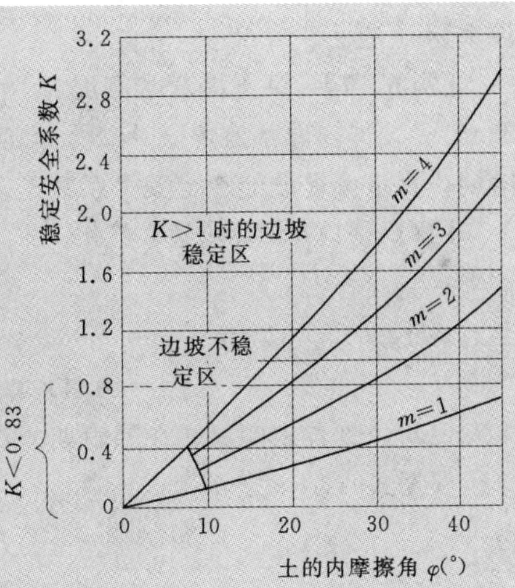

【解】（1）计算 γ_w 值。

由于 $\gamma_{sb} = \gamma_w n + \gamma_s$

将 $\gamma_w = 10.0 \text{kN/m}^3$，$n = 0.35$，$\gamma_s = 19.50 \text{kN/m}^3$ 代入上式，得

$$\gamma_{sb} = 10.0 \times 0.35 + 19.50 = 23.0 \text{kN/m}^3$$

（2）计算水域水位骤降时迎水侧堤坡的稳定安全系数 K 值。

水域水位骤降时迎水侧堤坡的稳定安全系数可按式（6-52）计算，即

$$K = \frac{\gamma_s \tan \varphi_s}{\gamma_{sb}} m$$

将 $\gamma_s = 19.50 \text{kN/m}^3$，$\varphi_s = 25°$，$\gamma_{sb} = 23.0 \text{kN/m}^3$，$m = 3.5$ 代入式（6-52），得迎水侧堤坡的稳定安全系数为

$$K = \frac{19.50 \times \tan 25°}{23.0} \times 3.5 = 1.3837$$

图 6-20 无黏性土的边坡稳定计算图

【例 6-6】 某心墙土堤，心墙两侧为无黏性土，土的饱和容重为 $\gamma_s = 18.75 \text{kN/m}^3$，内摩擦角 $\varphi_s = 23°$，孔隙率 $n = 0.32$，水的容重 $\gamma_w = 10.0 \text{kN/m}^3$，当水域水位骤降时，要求迎水侧堤坡的稳定安全系数 $K \geqslant 1.5$，问迎水侧堤坡的坡率应该是多少？

【解】（1）计算 γ_{sb} 值。

$$\gamma_{sb} = \gamma_w n + \gamma_s$$

将 $\gamma_w = 10.0 \text{kN/m}^3$，$n = 0.32$，$\gamma_s = 18.75 \text{kN/m}^3$ 代入上式，得

$$\gamma_{sb} = 10.0 \times 0.32 + 18.75 = 21.95 \text{kN/m}^3$$

（2）计算迎水侧堤坡的坡率 m。

根据式（6-52）可得

$$m = \frac{K \gamma_{sb}}{\gamma_s \tan \varphi_s}$$

将 $K = 1.5$，$\gamma_{sb} = 21.95 \text{kN/m}^3$，$\gamma_s = 18.75 \text{kN/m}^3$，$\varphi_s = 23°$ 代入上式，可得迎水侧堤坡的坡率为

$$m = \frac{1.5 \times 21.95}{18.75 \times \tan 23°} = 4.1369$$

采用 $m = 4.25$。

即当水域水位骤降时，迎水侧堤坡的稳定安全系数要达到 $K = 1.5$，迎水侧堤坡的

坡率 m 不应小于 4.25。

【例 6-7】 某土堤背水侧堤身为无黏性土，堤坡坡率 $m=2.75$，土的饱和容重为 20.65kN/m³，内摩擦角 $\varphi_s=28°$，孔隙率 $n=0.36$，水的容重 $\gamma_s=10.0$kN/m³，当暴雨时期，背水侧堤坡的稳定安全系数是多少？

【解】 （1）计算 γ_{s0} 值。

$$\gamma_{s0}=\gamma_w n+\gamma_s$$

将 $\gamma_w=10.0$kN/m³，$n=0.36$，$\gamma_s=20.65$kN/m³ 代入上式，得

$$\gamma_{s0}=10.0\times0.36+20.65=24.25\text{kN/m}^3$$

（2）计算背水侧堤坡在暴雨期的稳定安全系数 K。

根据式（6-52）得

$$K=\frac{\gamma_s\tan\varphi_s}{\gamma_{s0}}m$$

将 $\gamma_s=20.65$kN/m³，$\varphi_s=28°$，$\gamma_{s0}=24.25$kN/m³，$m=2.75$ 代入上式，得暴雨期背水侧堤坡的稳定安全系数为

$$K=\frac{20.65\times\tan28°}{24.25}\times2.75=1.2451$$

七、斜墙和保护层的稳定计算

斜墙和保护层的稳定计算常采用折线形滑动面，并分别计算保护层的稳定性和保护层与斜墙共同滑动的稳定性。

斜墙最不利的工作条件是当水域水位骤然由高水位下降到低水位的情况，因为此时斜墙内（甚至保护层内）将作用有向上游方向的渗透水动压力 F_ϕ，从而增加了斜墙的不稳定因素。

斜墙和保护层的稳定计算方法，常用的有平衡力法和水平力法两种。

（一）平衡力法

如图 6-21 所示为斜墙和保护层稳定性的计算图。假定斜墙和保护层（土体 $dcbb'e$）共同沿 cb 面滑动，而土体 $b'ba$ 则起着支撑的作用，产生支承力 E 以抵抗其滑动。

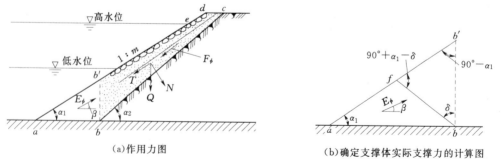

（a）作用力图　　　　　　　　　　　（b）确定支撑体实际支撑力的计算图

图 6-21　稳定计算图

如土体 $dcbb'e$ 的重量为 Q（其中包括保护层部分的重量 Q' 和斜墙部分的重量 Q''），即 $Q=Q'+Q''$，此力沿 cb 面可以分解成两个力，一个平行 cb 面的分力 T 和一个垂直 cb 面的

分力 N，即

$$T = Q\sin\alpha_2 \text{ 和 } N = Q\cos\alpha_2$$

式中　α_2——斜墙的内坡角。

T 力是沿 cb 面作用的下滑力。而 cb 面上所产生的抵抗下滑的稳定力有摩擦力 $N\tan\varphi_1$ 和黏聚力 c，即

$$S = N\tan\varphi_1 + c = Q\cos\alpha_2 \tan\varphi_1 + cl$$

式中　S——cb 面上的稳定力（kN）；

　　　φ_1——斜墙与堤身土料间的摩擦角（°）；

　　　c——斜墙与堤身土料接触面之间的单位黏聚力（kPa）；

　　　l——cb 面的长度（m）。

为了维持土体 $dcbb'e$ 的平衡，必须使得作用在该土体上的稳定力和下滑力在水平轴上投影的代数和等于 0。如假定支撑体 $b'ba$ 所产生的支承力为 E，则根据平衡条件可求得为了维持平衡所必需的支承力 E（假定 E 的作用方向与水平线成 β 角），即

$$E\cos\beta + Q\cos^2\alpha_2 \tan\varphi_1 - Q\sin\alpha_2\cos\alpha_2 = 0 \tag{6-53}$$

故

$$E = Q\,\frac{\sin\alpha_2\cos\alpha_2 - \cos^2\alpha_2 \tan\varphi_1}{\cos\beta} \tag{6-54}$$

式中 E 的作用方向与水平线的夹角 β 可近似地按下式计算：

$$\beta = \frac{1}{3}(2\alpha_2 - 1) \tag{6-55}$$

支撑体 $b'ba$ 实际具有的支承力的水平分力 E_ϕ 可近似地按下式计算：

$$E_\phi = \frac{\gamma_s h^2}{2} \cdot \frac{\tan\delta}{\tan(\delta - \varphi_1')(1 + \tan\delta\tan\alpha_1)} \tag{6-56}$$

其中

$$\tan\delta = \frac{\tan\varphi_1' + \sqrt{(1 + \tan^2\varphi_1')\left(1 - \dfrac{\tan\alpha_1}{\tan\varphi_1'}\right)}}{1 - (1 + \tan\varphi_1')\dfrac{\tan\alpha_1}{\tan\varphi_1'}} \tag{6-57}$$

式中　φ_1'——支撑土体的内摩擦角（°）；

　　　γ_s——支撑土体的容重（kN/m³）；

　　　h——支撑体的高度（即 $b'b$ 面的高度，m）；

　　　α_1——土堤堤坡的坡角（°）；

　　　δ——相应于产生支承力 E_ϕ 时的滑裂角（°）。

因此支撑体 $b'ba$ 的实有支承力 E_e 为：

$$E_e = \frac{E_\phi}{\cos\beta} \tag{6-58}$$

为了保证斜墙和保护层的稳定，必须满足下列条件：

$$K = \frac{E_e}{E} \geqslant 1.2 \sim 1.5 \tag{6-59}$$

式中　K——稳定安全系数。

【例 6-8】 某斜墙土堤高 $H=10.0\text{m}$，堤顶宽度 $B=8.0\text{m}$，迎水面堤坡坡率 $m_1=3.5$（迎水面堤坡面倾角 $\alpha_1=15.9454°=15°56'43''$），背水面堤坡坡率 $m_2=2.5$，斜墙（包括保护层）的顶部水平宽度为 $b_1=1.5\text{m}$，底部水平宽度为 $b_2=3.0\text{m}$，斜墙的内坡角 $\alpha_2=16.6208°=16°37'14''$，容重 $\gamma_s=18.50\text{kN/m}^3$，斜墙与堤身土体之间的内摩擦角 $\varphi_1=16°$，支撑体土料的摩擦角 $\varphi'_1=30°$，计算斜墙和保护层的稳定安全系数。

【解】　（1）计算支撑体的高度 h。

支撑体的高度为

$$h=b_2\tan\alpha_1$$

将 $b_2=3.0\text{m}$，$\alpha_1=15.9454°$ 代入上式，得

$$h=3.0\times\tan15.9454°=0.8571\text{m}$$

（2）支撑体 abb' 的重量 ［图 6-21（a）］。

$$G=\frac{1}{2}\gamma_s hb_2$$

将 $\gamma_s=18.50\text{kN/m}^3$，$h=0.8571\text{m}$，$b_2=3.0\text{m}$ 代入上式得

$$G=\frac{1}{2}\times18.50\times0.8571\times3.0=23.7845\text{kN}$$

（3）计算斜墙连带保护层的重量 W。

斜墙连带保护层一起的重量为

$$W=\frac{1}{2}\gamma_s(b_1+b_2)H$$

将 $\gamma_s=18.50\text{kN/m}^3$，$b_1=1.5\text{m}$，$b_2=3.0\text{m}$，$H=10.0\text{m}$ 代入上式，得

$$W=\frac{1}{2}\times18.50\times(1.5+3.0)\times10.0=416.25\text{kN}$$

（4）计算斜墙连同保护层一起下滑时的滑裂体 ［图 6-21（a）中的 $db'bc$］ 重量 Q。

$$Q=W-G=416.25-23.7845=392.4655\text{kN}$$

（5）计算角度 β 值。

根据式（6-55）计算角度 β 值，即

$$\beta=\frac{1}{3}(2\alpha_2-1)$$

将 $\alpha_2=16.6208°$ 代入上式得

$$\beta=\frac{1}{3}(2\times16.6208°-1)=10.7472°=10°44'50''$$

（6）计算角度 δ 值。

1）计算 $\tan\delta$ 值。

根据式（6-57）计算 $\tan\delta$ 值，即

$$\tan\delta=\frac{\tan\varphi'_1+\sqrt{(1+\tan^2\varphi'_1)\left(1-\dfrac{\tan\alpha_1}{\tan\varphi'_1}\right)}}{1-(1+\tan\varphi'_1)\dfrac{\tan\alpha_1}{\tan\varphi'_1}}$$

将 $\varphi'_1=30°$，$\alpha_1=15.9454°$ 代入上式，得

$$\tan\delta = \frac{\tan30° + \sqrt{(1+\tan^2 30°)\left(1 - \frac{\tan15.9454°}{\tan30°}\right)}}{1 - (1+\tan30°)\frac{\tan15.9454°}{\tan30°}}$$

$$= 6.3716$$

2）计算 δ 值。

由于 $\tan\delta = 6.3716$，故

$$\delta = \arctan(6.3716) = 81.0804° = 81°4'49''$$

（7）计算维持斜墙（连同保护层）平衡所需的支撑力 E。

根据式（6-54）计算所需的支撑力 E，即

$$E = Q \cdot \frac{\sin\alpha_2 \cos\alpha_2 - \cos^2\alpha_2 \tan\varphi_1}{\cos\beta}$$

将 $Q = 392.4655\text{kN}$，$\alpha_2 = 16.6208°$，$\varphi_1 = 22°$，$\beta = 10.7472°$ 代入上式，则得

$$E = 392.4655 \times \frac{\sin16.6208°\cos16.6208° - \cos^2 16.6208°\tan16°}{\cos10.7472°}$$

$$= 4.3145\text{kN}$$

（8）计算支撑体实有的支撑力 E_e。

1）计算支撑体实有支撑力的水平分力 E_ϕ。

根据式（6-56）计算支撑体实有支撑力的水平分力 E_ϕ，即

$$E_\phi = \frac{1}{2}\gamma_s h^2 \frac{\tan\delta}{\tan(\delta - \varphi_1')(1 + \tan\delta\tan\alpha_1)}$$

将 $\gamma_s = 18.50\text{kN/m}^3$，$h = 0.8571\text{m}$，$\delta = 81.0804°$，$\varphi_1' = 30°$，$\alpha_1 = 15.9454°$ 代入上式，则得

$$E_\phi = \frac{1}{2} \times 18.50 \times (0.8571)^2 \times \frac{\tan81.0804°}{\tan(81.0804° - 30°)(1 + \tan81.0804°\tan15.9454°)}$$

$$= 11.7171\text{kN}$$

2）计算支撑体实有的支撑力 E_e。

根据式（6-58）计算支撑体实有的支撑力 E_e，即

$$E_e = \frac{E_\phi}{\cos\beta}$$

将 $E_\phi = 11.7171\text{kN}$，$\beta = 10.7472°$ 代入上式，得

$$E_e = \frac{11.7171}{\cos10.7472°} = 11.9263\text{kN}$$

（9）计算斜墙和保护层的稳定安全系数 K。

根据式（6-59），斜墙和保护层的稳定安全系数为

$$K = \frac{E_e}{E} = \frac{11.9263}{4.3145} = 2.7642$$

当考虑斜墙和保护层内作用有渗透动水压力 F_ϕ 时，下滑力 T 为

$$T = Q\sin\alpha + F_\phi$$

渗透水流动压力 F_ϕ 按下式计算：

$$F_{渗} = (n_1 A_1 + n_2 A_2) \gamma_w J \tag{6-60}$$

其中

$$J = \frac{\Delta h}{\Delta l} = \frac{1}{\sqrt{1+m^2}} = \sin\alpha_2 \tag{6-61}$$

式中　n_1，n_2——保护层和斜墙的孔隙率；

　　　A_1，A_2——保护层和斜墙饱和水部分的面积，如果考虑水域水位迅速下降，可近似地采取水域最高水位（降落前的水位）和最低水位（降落后的水位）之间的面积（m^2）；

　　　　γ_w——水的容重，等于 $10kN/m^3$；

　　　　J——保护层和斜墙中渗流的水力坡降。

在这种情况下，维持平衡所必需的支承力 E_D 为

$$E_D = \frac{(Q + n_1 A_1 + n_2 A_2)\sin\alpha_2 \cos\alpha_2 - Q\cos^2\alpha_2 \tan\varphi_1}{\cos\beta} \tag{6-62}$$

此时稳定安全系数为

$$K = \frac{E_e}{E_D} \tag{6-63}$$

（二）水平力法

这一方法是假定保护层沿着 BC 和 CD 平面滑动，而斜墙是沿着 $B_1 C_1$ 和 $C_1 D$ 平面滑动。首先将作用力分解成沿滑动面方向的下滑力和抗滑力，然后再求出沿滑动面方向的作用力的水平分力，则稳定安全系数等于水平的滑动力与水平的抗滑力之比，此比值（即安全系数）应大于1。

现在以保护层的稳定计算为例，如图 6-22 所示，$ABCE$ 部分保护层的重量为 G_1，ECD 部分保护层的重量为 G_2。

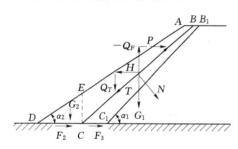

图 6-22　保护层稳定计算图

重量 G_1 可以分解成沿 BC 面的下滑力 T 和垂直 BC 面的力 N，即

$$T = G_1 \sin\theta$$
$$N = G_1 \cos\theta$$

式中　θ——斜墙的外坡角（°）。

垂直 BC 面的力 N 将在 BC 面上产生摩擦力 F_1：

$$F_1 = N\tan\varphi_0 = G_1 \cos\theta\tan\varphi_0 \tag{6-64}$$

式中　φ_0——保护层与斜墙接触面之间的摩擦角。

沿 BC 面的下滑力 T 又可以分解成水平力 H 和垂直力 Q_T；沿 BC 面的抗滑力 F_1 也可以分解成水平力 P 和垂直力 Q_F，即

$$\left.\begin{array}{l} H = T\cos\theta = G_1 \sin\theta\cos\theta \\ Q_T = T\sin\theta = G_1 \sin^2\theta \\ P = F_1 \cos\theta = G_1 \cos^2\theta\tan\varphi_0 \\ Q_F = F_1 \sin\theta = G_1 \cos\theta\sin\theta\tan\varphi_0 \end{array}\right\} \tag{6-65}$$

其中 Q_F（方向向下）和 Q_T（方向向上）之合力（$Q_F - Q_T$）沿 CD 面将产生摩擦力 F_3，即

$$F_3 = (Q_F - Q_T)\tan\varphi_2 = (G_1\cos\theta\sin\theta\tan\varphi_0 - G_1\sin^2\theta)\tan\varphi_2 \qquad (6-66)$$

式中　φ_2——保护层沿地基面之间的摩擦力。

ECD 部分保护层的重量 G_2 沿 CD 面将产生摩擦力 F_2，即

$$F_2 = G_2\tan\varphi_2 \qquad (6-67)$$

因此，对于保护层来说，水平下滑力为 H，水平抗滑力为 $\sum F = P + F_2 + F_3$，即

$$H = G_1\sin\theta\cos\theta \qquad (6-68)$$

$$\sum F = P + F_2 + F_3$$
$$= G_1\cos^2\theta\tan\varphi_0 + G_2\tan\varphi_2 + (G_1\cos\theta\sin\theta\tan\varphi_0 - G_1\sin^2\theta)\tan\varphi_2 \qquad (6-69)$$

因此，稳定安全系数 K 为

$$K = \frac{\sum F}{H} = \frac{G_1\cos^2\theta\tan\varphi_0 + G_2\tan\varphi_2 + (G_1\cos\theta\sin\theta\tan\varphi_0 - G_1\sin^2\theta)\tan\varphi_2}{G_1\sin\theta\cos\theta} \qquad (6-70)$$

如果考虑渗透动水压力 F_ϕ 的作用，并假定 F_ϕ 的作用方向是沿堤坡面，则对保护层的作用力来说将增加一个水平下滑力 $F_\phi\cos\alpha_2$ 和抗滑力 $F_\phi\sin\alpha_2\tan\varphi_2$。其中

$$F_\phi = n_1 A_1 \sin\alpha_2$$

式中　n_1——保护层土的孔隙率；

$\quad A_1$——保护层饱和水部分的面积（m^2），即水位降落前和降落后这两个水位之间的部分面积；

$\quad \alpha_2$——边坡坡角（°）。

因此，计入动水压力 F_ϕ 以后，稳定安全系数为

$$K = \frac{G_1\cos^2\theta\tan\varphi_0 + G_2\tan\varphi_2 + (G_1\cos\theta\sin\theta\tan\varphi_0 - G_1\sin^2\theta)\tan\varphi_2 + n_1 A_1 \sin^2\alpha_2\tan\varphi_2}{G_1\sin\theta\cos\theta + n_1 A_1 \sin\alpha_2\cos\alpha_2}$$
$$(6-71)$$

同样，如果计算保护层和斜墙共同沿着 $B_1 C_1$ 和 $C_1 D$ 平面滑动（图 6-23），则可得稳定安全系数 K 值为

$$K = \frac{G_1\cos^2\alpha_1\tan\varphi_1 + G_2\tan\varphi_2 + G_3\tan\varphi_1 + cl_1 + cl\cos\alpha_1}{G_1\sin\alpha_1\cos\alpha_1 + (n_1 A_1 + n_2 A_2)\sin\alpha_2\cos\alpha_2} +$$
$$\frac{(G_1\cos\alpha_1\sin\alpha_1\tan\varphi_1 - cl\sin\alpha_1 - G_1\sin^2\alpha_1)\tan\varphi_1 + (n_1 A_1 + n_2 A_2)\sin^2\alpha_2\tan\varphi_2}{G_1\sin\alpha_1\cos\alpha_1 + (n_1 A_1 + n_2 A_2)\sin\alpha_2\cos\alpha_2} \qquad (6-72)$$

式中　G_1——土体 AB_1C_1F 的重量（kN，见图 6-23）；

$\quad G_2$——土体 ECD 的重量（kN）；

$\quad G_3$——土体 FC_1CE 的重量（kN）；

$\quad \alpha_2$——边坡角（°）；

$\quad \alpha_1$——斜墙的内坡角（°）；

$\quad c$——斜墙与堤体接触面上的黏聚力（kPa）；

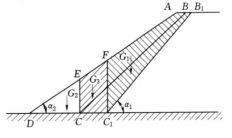

图 6-23　斜墙和保护层稳定计算图

φ_1——斜墙与堤体土料之间的摩擦角（°）；

l，l_1——B_1C_1 面的长度和 C_1C 面的长度（m）。

若不考虑渗透动水压力的作用，则稳定安全系数为

$$K=\frac{G_1\cos^2\alpha_1\tan\varphi_1+G_2\tan\varphi_2+G_3\tan\varphi_1+(G_1\cos\alpha_1\sin\alpha_1\tan\varphi_1-cl\sin\alpha_1-G_1\sin^2\alpha_1)\tan\varphi_1+cl\cos\alpha_1+cl_1}{G_1\sin\alpha_1\cos\alpha_1}$$

$$(6-73)$$

八、水域水位骤降时堤坡的稳定性估算

当水域水位由高水位骤然降落至低水位时，由于降速迅速，故堤身内的渗水不可能随同水域水位的降落而排出堤外，因此，此时堤身内的浸润线仍然保持较高的位置，甚至仍然保持在原来水域在高水位时相应的浸润线位置未变。

此时堤身内的土壤处于饱和状态，土的容重为饱和容重；同时由于堤身内的自由水面较水域的水面高，因此将产生由堤身向堤坡面方向的渗流，因而产生由堤身向堤坡面方向的渗透压力。

由于土的容重的增大和渗透压力的作用，将使堤坡的稳定性处于极为不利的状态，因此必须核算此时堤坡的稳定性。

水域水位骤降时堤坡的稳定性，除应按本节"一"中所述的方法进行计算外，也可用下列图 6-24 所示的曲线进行估算，图 6-24 中的曲线适用于黏性土的土堤，水域水位降落幅度为 $\frac{1}{2}H$ 或 $\frac{3}{4}H$（H 为土堤的高度）。

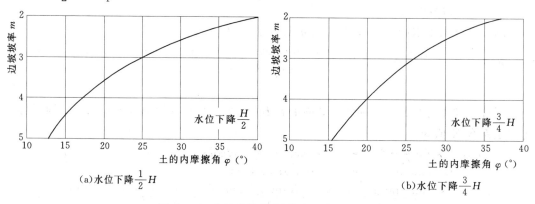

图 6-24　水域水位骤降时堤坡极限坡率图

1. 当水域水位降落高度为 $\frac{1}{2}H$ 时

根据土堤堤坡土的内摩擦角 φ，由图 6-24（a）中曲线可查得此时堤坡的极限坡率 m'，若土堤堤坡的实际坡率为 m，则此时堤坡的稳定安全系数为

$$K=\frac{m}{m'}$$

$$(6-74)$$

2. 当水域水位降落高度为 $\frac{3}{4}H$ 时

根据土堤堤坡土的内摩擦角 φ，由图 6-24（b）中曲线可查得此时堤坡的极限坡率

m'，若土堤堤坡的实际坡率为 m，则此时堤坡的稳定安全系数为

$$K=\frac{m}{m'}$$

【例 6 - 9】 某土堤为黏性土的均质土堤，迎水坡的坡率 $m=3.5$，土的内摩擦角 φ $=25°$，问：（1）当水域水位降落 $\frac{1}{2}H$ 时，堤坡的稳定安全系数是多少？（2）当水域水位降落 $\frac{3}{4}H$ 时，堤坡的稳定安全系数是多少？

【解】 （1）当水域水位降落 $\frac{1}{2}H$ 时堤坡的稳定安全系数 K。

1）根据土的内摩擦角 $\varphi=25°$，由图 6 - 24 （a）中查得堤坡的极限坡率 $m'=3.0$。

2）土堤堤坡的稳定安全系数为

$$K=\frac{m}{m'}=\frac{3.5}{3.0}=1.1667$$

（2）当水域水位降落 $\frac{3}{4}H$ 时堤坡的稳定安全系数 K。

1）根据土的内摩擦角 $\varphi=25°$，由图 6 - 24 （b）中查得堤坡的极限坡率 $m'=3.25$。

2）土堤堤坡的稳定安全系数为

$$K=\frac{m}{m'}=\frac{3.5}{3.25}=1.0769$$

第三节　堤坡的极限稳定坡面

土坡的极限稳定坡面是指稳定安全系数 $K=1$ 的土坡坡面，在这种坡面上的任意一点处，土体均处于极限平衡状态。极限稳定坡面通常采用极限平衡理论来进行计算，计算极限稳定坡面可以解决以下两个问题：

（1）确定土坡的极限稳定坡面，也就是确定土坡的极限稳定坡面轮廓，因此已知极限稳定坡面和所要求的土坡抗滑稳定安全系数 K，即可设计土坡的坡面轮廓。

（2）确定土坡坡顶的极限荷载。

一、土坡的极限稳定坡面

（一）计算的基本方程

根据微分土体的静力平衡条件，可得土的应力平衡方程如下：

$$\left.\begin{array}{c}\dfrac{\partial \sigma_x}{\partial x}+\dfrac{\partial \tau_{xy}}{\partial y}=X \\[2mm] \dfrac{\partial \sigma_y}{\partial y}+\dfrac{\partial \tau_{yx}}{\partial x}=Y\end{array}\right\} \qquad (6-75)$$

式中　σ_x，σ_y——作用在微分土体上沿 x 轴和 y 轴方向的正应力（kPa）；

τ_{xy}，τ_{yx}——作用在两个正交微分平面上的剪应力（kPa）；

X，Y——体积力在 x 轴和 y 轴方向的分量，当土体只有重力作用时，$X=0$，$Y=\gamma$，γ 为土的容重（重度）。

土的极限平衡条件为

$$
\left.
\begin{aligned}
\sigma_x &= \sigma(1+\sin\varphi\cos2\eta)-c\cot\varphi \\
\sigma_y &= \sigma(1-\sin\varphi\cos2\eta)-c\cot\varphi \\
\tau_{xy} &= \tau_{yx} = \sigma\sin\varphi\sin2\eta
\end{aligned}
\right\}
\tag{6-76}
$$

其中

$$
\sigma = \frac{\sigma_1-\sigma_3}{2\sin\varphi}
\tag{6-77}
$$

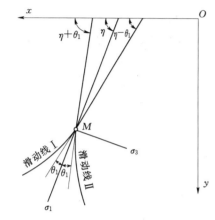

图 6-25　土中一点处的滑动线与主应力

式中　σ——特征应力（kPa）；

σ_1——大主应力（kPa）；

σ_3——小主应力（kPa）；

φ——土的内摩擦角（°）；

c——土的黏聚力（kN/m²）；

η——大主应力 σ_1 与正 x 轴的夹角（°），如图 6-25 所示。

当土体处于极限平衡状态时，土中任一点处均有互相相交的两条滑动线通过，这两条滑动线互相相交成 $2\theta_1$ 角，而

$$
\theta_1 = \frac{\pi}{4}-\frac{\varphi}{2}
\tag{6-78}
$$

滑动线 I 的切线与正 x 轴的交角为 $\eta-\theta_1$，滑动线 II 的切线与正 x 轴的交角为 $\eta+\theta_1$，如图 6-24 所示。

将方程组（6-76）代入方程组（6-75），则得下列极限平衡方程组：

$$
\left.
\begin{aligned}
(1+\sin\varphi\cos2\eta)\frac{\partial\sigma}{\partial x}+\sin\varphi\sin2\eta\frac{\partial\sigma}{\partial y}-2\sigma\sin\varphi\left(\sin2\eta\frac{\partial\eta}{\partial x}-\cos2\eta\frac{\partial\eta}{\partial y}\right)=0 \\
\sin\varphi\sin2\eta\frac{\partial\sigma}{\partial x}+(1-\sin\varphi\cos2\eta)\frac{\partial\sigma}{\partial y}+2\sigma\sin\varphi\left(\cos2\eta\frac{\partial\eta}{\partial x}+\sin2\eta\frac{\partial\eta}{\partial y}\right)=\gamma
\end{aligned}
\right\}
\tag{6-79}
$$

将方程组（6-79）中的第一个方程乘以 $\sin(\eta\pm\theta_1)$，第二个方程乘以 $-\cos(\eta\pm\theta_1)$，然后再将两个方程相加，则可得

$$
\left(\frac{\partial\sigma}{\partial x}\mp2\sigma\frac{\partial\eta}{\partial x}\tan\varphi\pm\gamma\tan\varphi\right)\cos(\eta\mp\theta_1)
$$
$$
+\left(\frac{\partial\sigma}{\partial y}\mp2\sigma\tan\varphi\frac{\partial\eta}{\partial y}\pm\gamma\right)\sin(\eta\mp\theta_1)=0
\tag{6-80}
$$

方程式（6-80）是一个拟线性双曲线型偏微分方程，具有两族不同的特征线（即滑动线）。

σ 和 η 的全微分可以写成

$$
\left.
\begin{aligned}
\mathrm{d}\sigma &= \frac{\partial\sigma}{\partial x}\mathrm{d}x+\frac{\partial\sigma}{\partial y}\mathrm{d}y \\
\mathrm{d}\eta &= \frac{\partial\eta}{\partial x}\mathrm{d}x+\frac{\partial\eta}{\partial y}\mathrm{d}y
\end{aligned}
\right\}
\tag{6-81}
$$

将方程式（6-80）和方程组（6-81）联立求解，则可得

$$\frac{\partial \sigma}{\partial x}\mp 2\sigma\tan\varphi\frac{\partial \eta}{\partial x}\mp \gamma\tan\varphi+\frac{\Delta\sin(\eta\mp\theta_1)}{\sin(\eta\mp\theta_1)\mathrm{d}x-\cos(\eta\mp\theta_1)\mathrm{d}y}\frac{\partial \sigma}{\partial y}$$

$$\mp 2\sigma\tan\varphi\frac{\partial \eta}{\partial y}=\mp\gamma-\frac{\Delta\cos(\eta\mp\theta_1)}{\sin(\eta\mp\theta_1)\mathrm{d}x-\cos(\eta\mp\theta_1)\mathrm{d}y} \tag{6-82}$$

式中

$$\Delta=\mathrm{d}\sigma\mp 2\sigma\tan\varphi\mathrm{d}\eta-\gamma[(\mp\tan\varphi)\mathrm{d}x+\mathrm{d}y] \tag{6-83}$$

令方程组（6-82）中各方程等号右边的分子分母同时为零，则可得出两族不同的特征线方程为

$$\left.\begin{array}{l}\dfrac{\mathrm{d}y}{\mathrm{d}x}=\tan(\eta-\theta_1)\\[2mm] \mathrm{d}\sigma-2\sigma\tan\varphi\mathrm{d}\eta=\gamma[(-\tan\varphi)\mathrm{d}x+\mathrm{d}y]\\[2mm] \dfrac{\mathrm{d}y}{\mathrm{d}x}=\tan(\eta+\theta_1)\\[2mm] \mathrm{d}\sigma+2\sigma\tan\varphi\mathrm{d}\eta=\gamma(\tan\varphi\mathrm{d}x+\mathrm{d}y)\end{array}\right\} \tag{6-84}$$

将方程组（6-84）写成差分形式，则得

$$\left.\begin{array}{l}y-y_1=(x-x_1)\tan(\eta_1-\theta_1)\\[2mm] \sigma-\sigma_1-2\sigma_1(\eta-\eta_1)\tan\varphi=\gamma(y-y_1)-\gamma(x-x_1)\tan\varphi\end{array}\right\} \tag{6-85}$$

和

$$\left.\begin{array}{l}y-y_2=(x-x_2)\tan(\eta_2+\theta_1)\\[2mm] \sigma-\sigma_2+2\sigma_2(\eta-\eta_2)\tan\varphi=\gamma(y-y_2)+\gamma(x-x_2)\tan\varphi\end{array}\right\} \tag{6-86}$$

将方程组（6-85）和方程组（6-86）中的第一方程改写为下列形式：

$$x=\frac{x_1\tan(\eta_1-\theta_1)-x_2\tan(\eta_2+\theta_1)+y_2-y_1}{\tan(\eta_1-\theta_1)-\tan(\eta_2+\theta_1)} \tag{6-87}$$

$$y=(x-x_1)\tan(\eta_1-\theta_1)+y_1 \tag{6-88}$$

或

$$y=(x-x_2)\tan(\eta_2+\theta_1)+y_2 \tag{6-89}$$

将方程组（6-85）和方程组（6-86）中的第二个方程联立求得，可得

$$\eta=\frac{\sigma_2-\sigma_1+2(\sigma_1\eta_1+\sigma_2\eta_2)\tan\varphi+\gamma(y_1-y_2)+\gamma(2x-x_1-x_2)\tan\varphi}{2(\sigma_1+\sigma_2)\tan\varphi} \tag{6-90}$$

$$\sigma=\sigma_1+2\sigma_1(\eta-\eta_1)\tan\varphi+\gamma(y-y_1)-\gamma(x-x_1)\tan\varphi \tag{6-91}$$

或

$$\sigma=\sigma_2-2\sigma_2(\eta-\eta_2)\tan\varphi+\gamma(y-y_2)+\gamma(x-x_2)\tan\varphi \tag{6-92}$$

根据式（6-87）~式（6-92）即可利用 xy 平面中已知边界上相邻两点 M_1 和 M_2 的已知条件 $(x_1,\ y_1,\ \eta_1,\ \sigma_1)$ 和 $(x_2,\ y_2,\ \eta_2,\ \sigma_2)$ 循序求得两条特征线交点 M 处的解 $(x,\ y,\ \eta,\ \sigma)$。

（二）计算方法

若有如图 6-26 所示的半无限高度的土坡，坐标原点设在坡肩处，Ox 轴与坡顶水平线一致，Oy 轴由坡肩原点处竖直向下，坡顶处作用有分布荷载 $p(x)$，土坡在坡土的重力和坡顶荷载 $p(x)$ 作用下处于极限平衡状态。

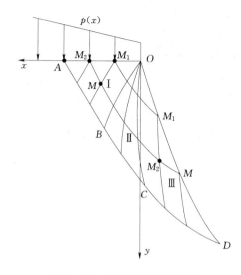

图 6-26　土坡特征区的划分

此时土坡内任意点处均有两条互相相交成 $2\theta_1$ 角度的滑动线通过，而 $\theta_1 = \dfrac{\pi}{4} - \dfrac{\varphi}{2}$，整个土坡内布满了这两族滑动线，如图 6-26 所示，形成了滑动线（特征线）网。这些滑动线将土坡分成了 3 个区域，即主动区 OAB（简称Ⅰ区），过渡区 OBC（简称Ⅱ区）和被动区 OCD（简称Ⅲ区）。

计算时首先应在已知边界 OA 上设置必要的等间距计算点，间距的大小视计算所要求的精确度而定，间距愈小计算结果的精度愈高，但计算的工作量也愈大。在已知边界 OA 上的计算点确定后，以这些点为基准，参考已完成计算，并按计算结果绘制成的滑动线网的图形形状，绘出所要计算的土坡的滑动线网大致图形，然后对该滑动线网中各滑动线的交点（即今后的计算点）进行编号，以便于计算和计算结果的记录。

由于滑动线网中的每个交点（结点）都是两族（Ⅰ族和Ⅱ族）滑动线的交点，为了方便起见，需对两族滑动线分别加以编号，编号的方法一般是用 i 表示计算点所在的第Ⅰ族第 n 条滑动线的号码，用 j 表示计算点所在的第Ⅱ族第 n 条滑动线的号码。各滑动线编号的顺序是，对于第Ⅰ族滑动线，从 OA 线的 A 点开始，通过 A 点的第Ⅰ族滑动线为 O 点，

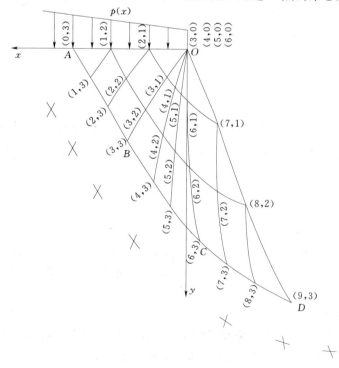

图 6-27　滑动线网及滑动线结点的编号

然后依次为 1，2，3，…；对于第Ⅱ族滑动线，以坡肩 O 点开始，O 点可视为通过长度等于零的一条第Ⅱ族滑动线，其编号为 O，然后沿 Oy 轴向下，各条滑动线的编号依次为 1，2，3，…。滑动线网中各交点（结点）的编号，则通过该交点的两条第Ⅰ族和第Ⅱ族滑动线的编号 $(i，j)$ 表示，例如 OA 线上各交点的编号，从 A 点开始依次为 $(0，3)$，$(1，2)$，$(2，1)$，$(3，0)$，其他各结点的编号如图 6 - 27 所示。

土坡的计算是根据式（6 - 87）～式（6 - 92）用递推计算法按结点（计算点）依次进行的，在进行一个结点（计算点）的计算时，例如计算 M 点，需要根据 M 点周围的两个已知结点 M_1 和 M_2 的已知条件（x，y，η，σ 值），用递推式（6 - 87）～式（6 - 92）计算出 M 点的 x、y、η、σ 值。M 点是由 M_1 点引出的属于第Ⅰ族的滑动线 M_1M 和由 M_2 点引出的属于第Ⅱ族的滑动线 M_2M 的交点，此时在应用递推式（6 - 87）～式（6 - 92）进行计算时，公式中具有脚标 1 的各项已知条件（即 x_1，y_1，η_1，σ_1）即指 M_1 点的各项已知条件；公式中具有脚标 2 的各项已知条件（即 x_2，y_2，η_2，σ_2）即指 M_2 点的各项已知条件。

为了核算和查找方便起见，各结点的计算结果应按各结点的编号 $(i，j)$ 依次填写在表 6 - 13 中。

表 6 - 13 各结点 x、y、η、σ 的计算结果汇总表

计算内容 \ 结点号	j \ i	0	1	2	3	4	5	6	7	8
x、y、η、σ	0				A	C	C			
x、y、η、σ	1			A	B	C	C	E		
x、y、η、σ	2		A	B	B	C	C	D	E	
x、y、η、σ	3	A	B	B	B	C	C	D	D	E

1. 主动区 OAB 的计算方法和顺序

在主动区 OAB 中，OA 为已知边界面，OA 边界面上各计算点的 x、y 坐标值均已知，当坡顶为水平时，各计算点的纵坐标均为 $y=0$。

沿 OA 边界上，各点处的竖直应力 $\sigma_y + c\cot\varphi = p(x)$，$p(x)$ 为坡顶的分布外荷载强度，剪应力 $\tau_{xy} = 0$，故 OA 面为一主平面，同时由于竖直应力 $\sigma_y + c\cot\varphi$ 大于水平应力 $\sigma_x + c\cot\varphi$，故 OA 面为大主应力 σ_1 的作用面，由于 Ox 轴与 OA 线重合，所以大主应力 σ_1 的作用线与 Ox 轴的夹角 $\eta = \dfrac{\pi}{2}$。

由土的极限平衡条件可知，土中一点处的竖直应力为

$$\sigma_y = \sigma(1 - \sin\varphi\cos 2\eta) - c\cot\varphi \qquad (6 - 93)$$

式中 σ——特征应力（kN/m^2）；

       φ——土的内摩擦角（°）；

       c——土的黏聚力（kPa）；

       η——计算点处大主应力 σ_1 与 Ox 轴的夹角（°）。

式（6 - 93）也可以写成下列形式：

$$\sigma_y + c\cot\varphi = \sigma(1 - \sin\varphi\cos 2\eta) \qquad (6 - 94)$$

在 OA 边界上，竖直应力 $\sigma_y + c\cot\varphi = p(x)$，故式（6-94）又可写成

$$\sigma(1 - \sin\varphi\cos2\eta) = p(x) \qquad (6-95)$$

式中 $p(x)$ ——作用在边界面 OA 上的分布荷载强度（kN/m^2）。

如前所述，在 OA 边界上，$\eta = \dfrac{\pi}{2}$，故

$$\cos2\eta = \cos180° = -1$$

将 $\cos2\eta = -1$ 代入式（6-95），则得边界 OA 上各点处的特征应力为

$$\sigma = \frac{p(x)}{1 + \sin\varphi} \qquad (6-96)$$

因此 OA 边界面为一已知边界面，OA 边界面上各点处的 x、y、η、σ 值均为已知。

主动区 OAB 的计算是从已知边界 OA 向下逐次进行的，例如首先根据两个已知结点 $(0，3)$ 和 $(1，2)$ 的已知条件（x、y、η、δ）用递推公式（6-87）～式（6-92）计算结点 $(1，3)$ 的 x、y、η、σ 值，此时结点 $(1，3)$ 为 M 点，结点 $(0，3)$ 为 M_2 点，结点 $(1，2)$ 为 M_1 点；然后根据结点 $(1，2)$ 和结点 $(2，1)$ 计算结点 $(2，2)$，如图6-28所示，此时结点 $(2，2)$ 为 M 点，结点 $(1，2)$ 为 M_2 点，结点 $(2，1)$ 为 M_1 点；再根据结点 $(2，1)$ 和结点 $(3，0)$ 的已知条件计算结点 $(3，1)$，此时结点 $(3，1)$ 为 M 点，结点 $(2，1)$ 为 M_2 点，结点 $(3，0)$ 为 M_1 点。

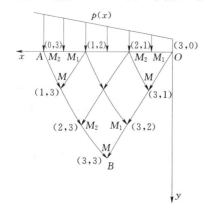

图 6-28　主动区 OAB 的计算顺序

然后再根据结点 $(1，3)$ 和结点 $(2，2)$ 的已知条件计算结点 $(2，3)$，此时结点 $(2，3)$ 为 M 点，结点 $(1，3)$ 为 M_2 点，结点 $(2，2)$ 为 M_1 点；根据结点 $(2，2)$ 和结点 $(3，1)$ 计算结点 $(3，2)$，此时结点 $(3，2)$ 为 M 点，结点 $(2，2)$ 为 M_2 点，结点 $(3，1)$ 为 M_1 点；最后根据结点 $(2，3)$ 和结点 $(3，2)$ 的已知条件计算结点 $(3，3)$ 的 x、y、η、σ 值，此时结点 $(3，3)$ 为 M 点，结点 $(2，3)$ 为 M_2 点，结点 $(3，2)$ 为 M_1 点。

主动区 OAB 中各结点的计算顺序如图 6-28 所示。

2. 过渡区 OBC 的计算方法和顺序

过渡区 OBC 的计算图形如图6-29所示，共有两个已知边界面，一个已知边界面是 OB 面，该边界面上各点处的 x、y、η、σ 值在主动区 OAB 计算时均已计算出来，所以都是已知的；另一已知边界面为 O 点，该点可视作一条长度等于零的滑动线，在这条滑动线上（即在 O 点处）各点的坐标 x 和 y 均等于零。过渡区 O 点处的开角 ε 或 $\Delta\eta$ 为

$$\varepsilon = \Delta\eta = \eta_{\text{III}} - \eta_{\text{I}} \qquad (6-97)$$

式中 η_{III} ——坡面曲线 OD 上 O 点的坡角；

η_{I} ——主动区 OA 边界上的 η 角。

式（6-97）中的 η_{III} 可按下式计算：

$$\eta_{\text{III}} = \frac{\pi}{2} + \frac{1}{2}\cot\varphi\ln\left(\frac{p_0}{c\cot\varphi} \cdot \frac{1 - \sin\varphi}{1 + \sin\varphi}\right)$$

式中　p_0——考虑土的黏聚力在内的 O 点处坡顶荷载强度（kN/m^2）。

由于 $\eta_I = \dfrac{\pi}{2}$，故

$$\Delta\eta = \frac{1}{2}\cot\varphi\ln\left(\frac{p_0}{c\cot\varphi}\cdot\frac{1-\sin\varphi}{1+\sin\varphi}\right) \tag{6-98}$$

沿 O 点滑动线上，各点处的 η 角度为

$$\eta_i = \eta_I + K\frac{\Delta\eta}{n} \tag{6-99}$$

式中　η_I——主动区 OA 边界上的 η 角（弧度）；

　　　n——计算时对 $\Delta\eta$ 采取的等分数；

　　　K——等分号，$K = 0,1,2,\cdots,n$。

过渡区边界 O 点的特征应力 σ_i 可按下式计算：

$$\sigma_i = \frac{p_0}{1+\sin\varphi}e^{(\pi-2\eta_i)\tan\varphi} \tag{6-100}$$

过渡区 OBC 的计算首先从已知边界 O 点和 OB 边界开始，逐渐向 OC 边界递推。如图 6-29 所示，如若计算中将 O 点处的开角 $\varepsilon = \Delta\eta$ 分为 3 等分（即 $\eta=3$），则 O 点处将有 $n+1=4$ 个计算点，即结点 (3, 0)、(4, 0)、(5, 0)、(6, 0)，因此过渡区 OBC 的计算图也可用图 6-29 表示。应该注意的是，计算中 O 点处开角的等分数愈大（即 n 愈大），计算的精确度愈高，但相应的计算工作量也愈大。

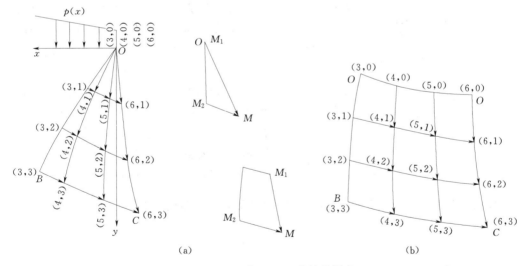

图 6-29　过渡区 OBC 的计算顺序

计算时首先从 OO 边界（即 O 点）和 OB 边界开始，先根据结点 (4, 0) 和结点 (3, 1) 的已知条件 (x,y,η,σ) 按递推公式 (6-87)～式 (6-92) 计算结点 (4, 1) 的 x，y，η，σ 值；再根据结点 (5, 0) 和结点 (4, 1) 的已知条件，计算结点 (5, 1) 的 x，y，η，σ 值；接着根据结点 (6, 0) 和结点 (5, 1) 的已知条件，计算结点 (6, 1) 的 x、y、η、σ 值。然后再根据结点 (4, 1) 和结点 (3, 2) 的已知条件，计算结点 (4, 2) 的 x、y、η、σ 值；根据结点 (4, 2) 和结点 (5, 1) 的已知条件，计算结点 (5, 2)

的 x、y、η、σ 值；根据结点（5，2）和结点（6，1）的已知条件，计算结点（6，2）的 x、y、η、σ 值。最后根据结点（3，3）和结点（4，2）的已知条件，计算结点（4，3）的 x、y、η、σ 值；根据结点（4，3）和结点（5，2）的已知条件，计算结点（5，3）的 x、y、η、σ 值；根据结点（5，3）和结点（6，2）的已知条件，计算结点（6，3）的 x、y、η、σ 值。按照上述计算顺序逐次进行计算，直到 OC 边界上各结点的 x、y、η、σ 值全部计算出来为止。

在计算中还应注意哪个结点是 M 点，哪个结点是 M_1 点，哪个结点是 M_2 点，因为这关系到在应用递推公式式（6-87）~式（6-92）计算 M 点的 x、y、η、σ 值时，式中脚标 1 和脚标 2 是指哪个结点的已知值。例如在根据结点（3，1）和结点（4，0）的已知条件，计算结点（4，1）的 x、y、η、σ 时，结点（4，1）为 M 点〔即为式（6-87）~式（6-92）中的 x、y、η、σ〕，结点（4，0）为 M_1 点〔即式（6-87）~式（6-92）中的 x_1、y_1、η_1、σ_1 值〕，结点（3，1）为 M_2 点〔即式（6-87）~式（6-92）中的 x_2、y_2、η_2、σ_2 值〕；又如根据结点（5，1）和结点（4，2）的已知条件计算结点（5，2）的 x、y、η、σ 时，结点（5，1）为 M_1 点，结点（4，2）为 M_2 点，其余各结点依此类推。一般在计算中，两个已知结点中，编号 j 小的结点为 M_1 点，i 小的结点为 M_2 点。

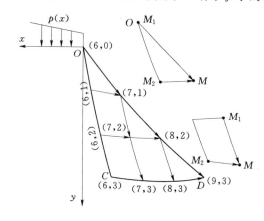

图 6-30 被动区 OCD 的计算顺序

3. 被动区 OCD 的计算方法和顺序

通过对过渡区 OBC 的计算，OC 边界上各结点的 x、y、η、σ 值均为已知，故 OC 为一个已知边界。另外，被动区 OCD 中的 O 点〔即图 6-30 中的结点（6，0）〕为一已知结点，该结点的 x、y、η、σ 值在过渡区 OBC 计算时均已算出。

在坡面曲线（即在 OD 边界曲线上），与坡面正交的法向应力 $\sigma_n=0$，与坡面平行的法向应力 $\sigma_t>\sigma_n$，而且沿坡面上剪应力 $\tau_{nt}=0$，故 σ_t 即为大主应力，其作用线与 Ox 轴的夹角 η 就是坡面曲线上各点处的坡角 β，即 $\eta=\beta$。在坡面曲线上，任一点 M 处曲线的斜率 $\dfrac{\mathrm{d}y}{\mathrm{d}x}$ 与该点处 η 角的关系可写为

$$\frac{\mathrm{d}y}{\mathrm{d}x}=\tan\eta$$

在坡面曲线上若取相邻两个结节点 M 和 M_1（M 点为所要计算的点，M_1 为已知点），将上述方程对这两点进行差分，则可写成

$$y=y_1+(x-x_1)\tan\eta_1 \tag{6-101}$$

根据式（6-101）可以计算坡面上任一点 M 处的纵坐标 y 值，其中的 x 为计算点 M 处的横坐标，可用下列方法求得。

若取坡面上的 M 点与坡面相交的第Ⅱ族滑动线上和 M 点相邻的一个结点 M_2（此时 M 点为所要计算的点，M_2 为已知点），则根据式（6-89）可得 M 点处的纵坐标为

$$y=(x-x_2)\tan(\eta_2+\theta_1)+y_2$$

令式（6-101）与式（6-89）相等，则得

$$y_1+(x-x_1)\tan\eta_1=(x-x_2)\tan(\eta_2+\theta_1)+y_2$$

解上式可得坡面上 M 点处横坐标 x 的计算公式为

$$x=\frac{x_1\tan\eta_1-x_2\tan(\eta_2+\theta_1)+y_2-y_1}{\tan\eta_1-\tan(\eta_2+\theta_1)} \qquad (6-102)$$

如果将坡面曲线上各点处的 x、y 坐标旋转一个角度 α，变为 n，t 坐标系（见图 6-31），使坐标 n 与该点处的坡面正交，坐标 t 与该点处的坡面相切，则此时该点处的 η 角将变为 $\eta-\alpha$。此时由式（6-76）中的第二式可知：

$$\sigma_n=\sigma[1+\sin\varphi\cos2(\eta-\alpha)]-c\cot\varphi=0$$

由上式可得坡面上 M 点处的特征应力为

$$\sigma=\frac{c\cot\varphi}{1+\sin\varphi\cos_2(\eta-\alpha)}$$

由图 6-31 可知，沿坡面 OD，$\eta-\alpha=\dfrac{\pi}{2}$，故上式变为

$$\sigma=\frac{c\cot\varphi}{1-\sin\varphi} \qquad (6-103)$$

根据式（6-103）可计算出 OD 坡面上各点的特征应力 σ。

被动区 OCD 的计算也应从已知边界 OC 和 O 点开始，逐渐向下递推。因此首先应根据已知结点（6，0）和结点（6，1）的已知条件（x，y，η，σ），计算结点（7，1）的 x、y、η、σ 值，此时结点（7，1）为 M 点，结点（6，0）为 M_1 点，结点（6，1）为 M_2 点；再根据已知结点（7，1）和结点（6，2）计算结点（7，2）的 x、y、η、σ 值，此时结点（7，2）为 M 点，结点（7，1）为 M_1 点，结点（6，2）为 M_2 点；再根据已知结点（7，1）和结点（7，2）的已知条件（x，y，η，σ）计算结点（8，2）的 x、y、η、σ 值，而此时结点（8，2）为 M 点，结点（7，1）为 M_1 点，结点（7，2）为

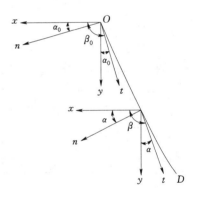

图 6-31　OD 坡面上 x、y 坐标与 n、t 坐标的关系

M_2 点；然后再根据结点（6，3）和结点（7，2）的已知条件计算结点（7，3）的 x、y、η、σ 值，根据结点（8，2）和结点（7，3）的已知条件计算结点（8，3）的 x、y、η、σ 值，最后根据结点（8，2）和结点（8，3）的已知条件计算结点（9，3）的 x、y、η、σ 值。

在计算坡面 OD 上各结点的 x、y、η、σ 值时，横坐标 x 按式（6-102）计算，纵坐标 y 按式（6-101）或式（6-89）计算，角度 η 按式（6-90）计算，特征应力 σ 按式（6-103）计算。在计算被动区 OCD 内各结点（非坡面 OD 上的结点）的 x、y、η、σ 值时，仍按递推公式式（6-87）～式（6-92）计算。

根据被动区坡面曲线 OD 上各结点的 x、y 坐标值即可绘制出土坡的极限稳定坡面，并根据所要求的稳定安全系数设计土坡的实用坡面。

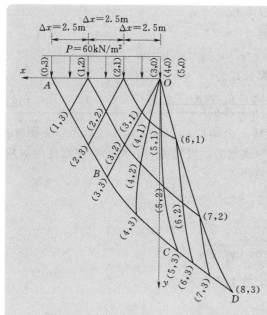

图 6-32　滑动线网和计算结点

【例 6-10】　某土堤堤坡坡土的容重 $\gamma = 18.0 \, \text{kN/m}^3$，黏聚力 $c = 10 \, \text{kN/m}^2$，内摩擦角 $\varphi = 24°$，坡顶 OA 水平，堤顶作用有包括黏聚力在内的均布竖直荷载 $p = \sigma_y + c \cot \varphi = 60.0 \, \text{kN/m}^2$，试确定堤坡的极限稳定坡面。

（1）设置坐标系统 xOy。

将坐标原点设在堤坡坡肩处，Ox 轴与堤顶 OA 线重合，Oy 轴向下，如图 6-32 所示。

（2）确定计算结点和划分计算区域。

1）沿堤顶线 OA，从 O 点开始向 A 点每隔 2.5m 设立一个计算点（间隔愈小，计算结果愈精确），共设 4 个计算点，从 A 点向 O 点分别为（0，3）、（1，2）、（2，1）、（3，0）。将堤坡的极限平衡土体分为三个区域，即主动区 OAB，过渡区 OBC，被动区 OCD。

将过渡区 OBC 中 O 点处的开角 ε 分为二等分。

2）绘制初步的滑动线（特征线）网图（最终的滑动线网需根据计算结果才能绘制），如图 6-32 所示。

3）对滑动线网上各结点（计算点）进行编号，如图 6-32 所示。

（3）绘制计算结果记录表，见表 6-14。

表 6-14　　　　　　　堤坡极限稳定坡面计算结果表

计算内容			计 算 结 点 编 号								
	i \\ j	0	1	2	3	4	5	6	7	8
x y η σ	0									
x y η σ	1									
x y η σ	2									
x y η σ	3									

（4）计算主动区 OAB。

本例堤顶为水平，而且堤顶仅作用均匀分的竖直荷载，故 OA 面为大主应力作用面，大主应力作用线与 Ox 轴（即 OA 面）的交角 $\eta=\dfrac{\pi}{2}$，而且在整个主动区 OAB 内，两族滑动线为对称于大主应力作用线，并相交成 $2\theta_1=\dfrac{\pi}{2}-\varphi$ 的直线，与 Ox 轴的夹角为 $\dfrac{\pi}{4}+\dfrac{\varphi}{2}$。所以整个主动区 OAB 内，各结点处大主应力与 Ox 轴的夹角均等于 $\dfrac{\pi}{2}$，即各结点处的 $\eta=\dfrac{\pi}{2}=1.5708$ 弧度。

在 OA 边界面上，各结点的横坐标值为

$$x=j\Delta x \tag{6-104}$$

式中　x——计算结点的横坐标值（m）；

　　　j——计算结点处第 Ⅱ 族滑动线的编号；

　　　Δx——在 OA 边界面上各计算结点的间距（m）。

在 OA 边界面上，各结点的纵坐标值为

$$y=0 \tag{6-105}$$

在 OA 边界面以下的各结点，横坐标 x 和纵坐标 y 可按下述方法计算：对于结点 $(1，3)$、$(2，3)$、$(3，1)$ 等，其横坐标和纵坐标为

$$x=\left(j-\frac{1}{2}\right)\Delta x \tag{6-106}$$

$$y=\frac{1}{2}\Delta x\tan(\eta-\theta_1)=\frac{1}{2}\Delta x\tan\left(\frac{\pi}{4}+\frac{\varphi}{2}\right) \tag{6-107}$$

对于结点 $(2，3)$、$(3，2)$，其横坐标和纵坐标为

$$x=(j-1)\Delta x \tag{6-108}$$

$$y=\Delta x\tan\left(\frac{\pi}{4}+\frac{\varphi}{2}\right) \tag{6-109}$$

对于结点 $(3，3)$，其横坐标和纵坐标为

$$x=\left(j-\frac{3}{2}\right)\Delta x \tag{6-110}$$

$$y=\frac{3}{2}\Delta x\tan\left(\frac{\pi}{4}+\frac{\varphi}{2}\right) \tag{6-111}$$

如前所述，在主动区 OAB 内各结点处的 η 角均为

$$\eta=\frac{\pi}{2} \tag{6-112}$$

在主动区 OAB 内，各结点处的特征应力 σ 可按下式计算：

$$\sigma=\frac{p+\gamma y}{1+\sin\varphi} \tag{6-113}$$

式中　σ——计算结点处的特征应力（kPa）；

　　　p——作用在 OA 边界面上的均布荷载强度（kN/m²）；

　　　γ——坡土的容重（重度，kN/m³）；

y——计算结点的 y 坐标（m）；

φ——堤坡坡土的内摩擦角（°）。

主动区 OAB 内各结点的计算，应从边界面 OA 开始，即首先计算 OA 边界面上各结点的 x、y、η、σ 值，例如结点（0，3）：

根据式（6-104），其横坐标为

$$x = j\Delta x = 0 \times \Delta x = 0$$

根据式（6-105），其纵坐标为

$$y = 0$$

根据式（6-112），其 η 角为

$$\eta = \frac{\pi}{2} = 1.5708 \text{ 弧度}$$

根据式（6-113），其特征应力为

$$\sigma = \frac{p + \gamma y}{1 + \sin\varphi} = \frac{60.0 + 18.0 \times 0}{1 + \sin 24°} = 42.6529 \text{kN/m}^2$$

又如结点（1，2），其 x、y、η、σ 分别为

$$x = j\Delta x = 2 \times 2.5 = 5.0\text{m}$$

$$y = 0$$

$$\eta = \frac{\pi}{2} = 1.5708 \text{ 弧度}$$

$$\sigma = \frac{p + \gamma y}{1 + \sin\varphi} = \frac{60.0 + 18.0 \times 0}{1 + \sin 24°} = 42.6529 \text{kN/m}^2$$

边界面 OA 上各结点计算完以后，再计算主动区 OAB 内其他各结点的 x、y、η、σ 值。

例如对于结点（2，2），其 x、y、η、σ 值为

$$x = \left(j - \frac{1}{2}\right)\Delta x = \left(2 - \frac{1}{2}\right) \times 2.5 = 3.75\text{m}$$

$$y = \frac{1}{2}\Delta x \tan\left(\frac{\pi}{4} + \frac{\varphi}{2}\right) = \frac{1}{2} \times 2.5 \times \tan\left(45° + \frac{24°}{2}\right) = 1.9248\text{m}$$

$$\eta = \frac{\pi}{2} = 1.5708 \text{ 弧度}$$

$$\sigma = \frac{p + \gamma y}{1 + \sin\varphi} = \frac{60.0 + 18.0 \times 1.9248}{1 + \sin 24°} = 67.2808 \text{kN/m}^2$$

对于结点（2，3），其 x、y、η、σ 值为

$$x = (j - 1)\Delta x = (3 - 1) \times 2.5 = 5.0\text{m}$$

$$y = \Delta x \tan\left(\frac{\pi}{4} + \frac{\varphi}{2}\right) = 2.5 \times \tan\left(45° + \frac{24°}{2}\right) = 3.8497\text{m}$$

$$\eta = \frac{\pi}{2} = 1.5708 \text{ 弧度}$$

$$\sigma = \frac{p + \gamma y}{1 + \sin\varphi} = \frac{60.0 + 18.0 \times 3.8497}{1 + \sin 24°} = 91.9110 \text{kN/m}^2$$

实际上，对本例的情况，为了简化计简，主动区 OAB 只需计算 OB 边界面上各结

点的 x、y、η、σ 值即可，其他各结点的计算均可从略，因为已知 OB 边界面上各结点的 x、y、η、σ 值以后，即可进行过渡区 OBC 的计算。

（5）计算过渡区 OBC。

过渡区 OBC 中 O 点处的开角 ε 按式（6-98）计算，即

$$\varepsilon = \Delta\eta = \frac{1}{2}\cot\varphi\ln\left(\frac{p_0}{c\cot\varphi}\cdot\frac{1-\sin\varphi}{1+\sin\varphi}\right)$$

在本例情况下，$p_0 = 60.0\text{kN/m}^2$，$c = 10.0\text{kN/m}^2$，$\varphi = 24°$，故开角为

$$\varepsilon = \Delta\eta = \frac{1}{2}\cot24°\times\ln\left(\frac{60.0}{10.0\times\cot24°}\times\frac{1-\sin24°}{1+\sin24°}\right) = 0.1336 \text{ 弧度}$$

现将开角 ε 分为二等分，故 O 点处有 3 个计算结点，即 （3，0）、（4，0）和（5，0），结点 （3，0）处的角度 $\eta = \dfrac{\pi}{2} = 1.5708$ 弧度，而结点 （4，0）和结点 （5，0）处的 η 角则按式（6-99）计算，即

$$\eta_i = \eta_{\mathrm{I}} + K\frac{\Delta\eta}{n}$$

式中 $\eta_{\mathrm{I}} = \dfrac{\pi}{2} = 1.5708$ 弧度，$\Delta\eta = 0.1336$，$n = 2$，因此

对于结点 （4，0）：$K = 1$，故

$$\eta = \frac{\pi}{2} + 1\times\frac{0.1336}{2} = 1.6377 \text{ 弧度}$$

对于结点 （5，0）：$K = 2$，故

$$\eta = \frac{\pi}{2} + 2\times\frac{0.1336}{2} = 1.7046 \text{ 弧度}$$

过渡区 OBC 中 O 点处的特征应力 σ 按式（6-100）计算，即

$$\sigma_i = \frac{p_0}{1+\sin\varphi}e^{(\pi-2\eta_i)\tan\varphi}$$

对于结点 （3，0），$\eta_i = \dfrac{\pi}{2}$，故

$$\sigma_i = \frac{60.0}{1+\sin24°}e^{\left(\pi-\frac{\pi}{2}\right)\tan24°} = \frac{60.0}{1+\sin24°} = 42.6519\text{kN/m}^2$$

对于结点 （4，0），$\eta_i = 1.6377$，故

$$\sigma_i = \frac{60.0}{1+\sin24°}e^{(\pi-2\times1.6377)\tan24°} = 40.1853\text{kN/m}^2$$

对于结点 （5，0），$\eta_i = 1.7046$，故

$$\sigma_i = \frac{60.0}{1+\sin24°}e^{(\pi-2\times1.7046)\tan24°} = 37.8599\text{kN/m}^2$$

所以过渡区 OBC 共有两条已知边界，一条是 OB 边界，其上共有 4 个已知结点，即结点 （3，0）、结点 （3，1）、结点 （3，2）和结点 （3，3）；另一条是 OO 边界（即 O 点），其中共有 3 个已知结点，即结点 （3，0）、结点 （4，0）和结点 （5，0）。因此过渡区 OBC 的计算应从这两条已知边界 OB 和 OO 开始，逐次递推到边界 OC。

首先根据已知结点 （3，0）和 （3，1）的已知条件计算结点 （4，1）的 x、y、η、σ

值，计算时结点（3，0）为 M_1 点，结点（3，1）为 M_2 点，结点（4，1）为 M 点。根据式（6-102），结点（4，1）的横坐标值为

$$x=\frac{x_1\tan(\eta_1-\theta_1)-x_2\tan(\eta_2+\theta_1)+y_2-y_1}{\tan(\eta_1-\theta_1)-\tan(\eta_2+\theta_1)}$$

式中 $x_1=0$，$x_2=1.250\text{m}$，$y_1=0$，$y_2=1.9248\text{m}$，$\eta_1=\frac{\pi}{2}$，$\eta_2=1.5708$，$\theta_1=\frac{\pi}{4}-\frac{\varphi}{2}=45°-\frac{24°}{2}=33°$，故

$$x=\frac{o\times\tan\left(\frac{\pi}{2}-33°\right)-1.25\times\tan\left(\frac{\pi}{2}+33°\right)+1.9248-0}{\tan\left(\frac{\pi}{2}-33°\right)-\tan\left(\frac{\pi}{2}+33°\right)}=1.1555\text{m}$$

根据式（6-88）计算结点（4，1）的纵坐标值：

$$y=(x-x_1)\tan(\eta_1-\theta_1)+y_1$$

式中 $x=1.1555\text{m}$，$x_1=0$，$\eta_1=1.5708$ 弧度 $=90°$，$\theta_1=\frac{\pi}{4}-\frac{\varphi}{2}=45°-\frac{24°}{2}=33°$，$y_1=0$，故

$$y=(1.1555-0)\tan(90°-33°)+0=2.0703\text{m}$$

根据式（6-90）计算结点（4，1）的 η 角：

$$\eta=\frac{\sigma_2-\sigma_1+2(\sigma_1\eta_1+\sigma_2\eta_2)\tan\varphi+\gamma(y_1-y_2)+\gamma(2x-x_1-x_2)\tan\varphi}{2(\sigma_1+\sigma_2)\tan\varphi}$$

式中 $x=1.1555\text{m}$，$x_1=0$，$x_2=1.25\text{m}$，$y_1=0$，$y_2=1.9248\text{m}$，$\eta_1=1.5708$ 弧度，$\eta_2=1.5708$ 弧度，$\sigma_1=42.6519\text{kN/m}^2$，$\sigma_2=67.2808\text{kN/m}^2$，$\gamma=18.0\text{kN/m}^3$，$\varphi=24°$，故结点（4，1）的 η 角为

$$\eta=\frac{67.2808-42.6519+2(42.6519\times1.5708+67.2808\times1.5708)\tan24°+}{2\times(42.6519+67.2808)\tan24°}$$

$$\rightarrow18.0\times(0-1.9248)+18\times(2\times1.555-0-1.25)\times\tan24°$$

$$=1.6058 \text{ 弧度}$$

根据式（6-91）计算结点（4，1）的特征应力：

$$\sigma=\sigma_1+2\sigma_1(\eta-\eta_1)\tan\varphi+\gamma(y-y_1)-\gamma(x-x)\tan\varphi$$

式中 $x=1.1555\text{m}$，$x_1=0$，$y=2.0703\text{m}$，$y_1=0$，$\eta=1.6058$ 弧度，$\eta_1=1.5708$ 弧度，$\sigma_1=42.6519\text{kN/m}^2$，故结点（4，1）的特征应力为

$$\sigma=42.6519+2\times42.6519\times(1.6058-1.5708)\times\tan24°+18.0\times(2.0703-0)$$

$$-18.0\times(1.1555-0)\tan24°=67.0472\text{kN/m}^2$$

又如结点（5，2）的 x、y、η、σ 值，需根据结点（5，1）和结点（4，2）的已知条件来进行计算，此时结点（5，2）是 M 点，结点（5，1）是 M_1 点，结点（4，2）是 M_2 点。结点（5，1）的已知条件是：$x_1=1.0509\text{m}$，$y_1=2.2197\text{m}$，$\eta_1=1.6362$ 弧度 $=93.7456°$，$\sigma_1=67.0843\text{kN/m}^2$；结点（4，2）的已知条件是：$x_2=2.3569\text{m}$，$y_2=4.0701\text{m}$，$\eta_2=1.5949$ 弧度 $=91.3785°$，$\sigma_2=92.7618\text{kN/m}^2$。因此，根据式（6-87），结点（5，2）的横坐标为

$$x = \frac{1.0509 \times \tan(93.7456° - 33°) - 2.3569 \times \tan(91.3785° + 33°) - 2.2197 + 4.0701}{\tan(93.7456° - 33°) - \tan(91.3785° + 33°)}$$

$$= 2.2087\text{m}$$

根据式（6-88），结点（5，2）的纵坐标值为

$$y = (2.2087 - 1.0509)\tan(93.7456° - 33°) + 2.2197 = 4.2867\text{m}$$

根据式（6-90），结点（5，2）的 η 角为

$$\eta = \frac{92.7618 - 67.0843 + 2(67.0843 \times 1.6362 + 92.7618 \times 1.5949)\tan24° +\longrightarrow}{2(67.0843 + 92.7618)\tan24°}$$

$$\longrightarrow \frac{18.0 \times (2.2197 - 4.0701) + 18.0 \times (2 \times 2.2087 - 1.0509 - 2.3569)\tan24°}{}$$

$$= 1.6155 \text{ 弧度}$$

根据式（6-91），结点（5，2）的特征应力为

$$\sigma = 67.0472 + 2 \times 67.0472 \times (1.6155 - 1.6362)\tan24° + 18.0 \times (4.2867 - 2.2197)$$

$$- 18.0 \times (2.2087 - 1.0509)\tan24° = 93.7731\text{kN/m}^2$$

其他各结点的计算方法与上述计算类似。

（6）计算被动区 OCD。

被动区 OCD 有一条已知边界，即 OC 边界，在 OC 边界上各结点的 x、y、η、σ 值均为已知（在过渡区 OBC 计算时均已计算出来），其次是 OD 边界（坡面线）上各点的特征应力为

$$\sigma = \frac{c\cot\varphi}{1 - \sin\varphi} = \frac{10 \times \cot24°}{1 - \sin24°} = 37.8590\text{kN/m}^2$$

被动区 OCD 中各结点的计算应从已知边界 OC 开始逐渐向 OD 边界推进，即首先应根据结点（5，0）和结点（5，1）的已知条件计算结点（6，1）的 x、y、η、σ 值，此时结点（5，0）为 M_1 点，结点（5，1）为 M_2 点，结点（6，1）为 M 点；其次根据结点（6，1）和结点（5，2）的已知条件计算结点（6，2）的 x、y、η、σ 值，此时结点（6，1）为 M_1 点，结点（5，2）为 M_2 点，结点（6，2）为 M 点；再根据结点（6，1）和结点（6，2）的已知条件计算结点（7，2）的 x、y、η、σ 值，此时结点（6，1）为 M_1 点，结点（6，2）为 M_2 点，结点（7，2）为 M 点；然后再根据结点（6，2）和结点（5，3）的已知条件计算结点（6，3）的 x、y、η、σ 值，此时结点（6，2）为 M_1 点，结点（5，3）为 M_2 点，结点（6，3）为 M 点；再根据结点（7，2）和结点（6，3）的已知条件计算结点（7，3）的 x、y、η、σ 值，此时结点（7，2）为 M_1 点，结点（6，3）为 M_2 点，结点（7，3）为 M 点；最后根据结点（7，2）和结点（7，3）的已知条件计算结点（8，2）的 x、y、η、σ 值，此时结点（7，2）为 M_1 点，结点（7，3）为 M_2 点，结点（8，3）为 M 点。

应该注意的是，在计算坡面结点［即 OD 边界上的结点（6，1）、结点（7，2）、结点（8，3）］的坐标 x 时，应按式（6-102）计算，计算坡面结点的坐标 y 时，应按式（6-101）计算。除坡面结点以外的被动区 OCD 中各结点的 x 和 y 值，仍按式（6-87）和式（6-88）或式（6-89）计算。OC 坡面上各结点处的特征应力 σ 为一常量，可按式（6-103）计算。

1）计算结点（6，3）的 x、y、η、σ 值。

结点 (6, 3) 的 x、y、η、σ 值应根据结点 (6, 1) 和结点 (5, 2) 的已知条件进行计算，因此时结点 (6, 1) 为 M_1 点，结点 (5, 2) 为 M_2 点，故结点 (6, 1) 的已知条件为：$x_1 = -0.5956\text{m}$，$y_1 = 4.4249\text{m}$，$\eta_1 = 1.7054$ 弧度 $= 97.6660°$，$\sigma_1 = 37.8590\text{kN/m}^2$；结点 (5, 2) 的已知条件为：$x_2 = 2.2087\text{m}$，$y_2 = 4.2876\text{m}$，$\eta_2 = 1.6155$ 弧度 $= 92.5596°$，$\sigma_2 = 93.7731\text{kN/m}^2$。

根据式 (6-87) 计算结点 (6-2) 的 x 坐标值：

$$x = \frac{-0.5956\tan(97.666° - 33°) - 2.2087\tan(92.5596° + 33°) - 4.4249 + 4.2876}{\tan(97.666° - 33°) - \tan(92.5596° + 33°)}$$
$$= 0.9920\text{m}$$

根据式 (6-88) 计算结点 (6, 2) 的 y 坐标值：

$$y = (0.9920 + 0.5956)\tan(97.666° - 33°) + 4.4249 = 5.9886\text{m}$$

根据式 (6-90) 计算结点 (6, 2) 的 η 角：

$$\eta = \frac{93.7731 - 37.859 + 2(37.859 \times 1.7054 + 93.7731 \times 1.6155)\tan24° + \rightarrow}{2(37.859 + 93.7731)\tan24°}$$
$$\rightarrow 18.0 \times (4.4249 - 4.2876) + 18.0 \times (2 \times 0.9920 + 0.5956 - 2.2087)\tan24°$$
$$= 2.0638 \text{ 弧度}$$

根据式 (6-91) 计算结点 (6, 2) 的特征应力：

$$\sigma = 37.859 + 2 \times 37.859 \times (0.9920 + 0.5956)\tan24° = 77.2204\text{kN/m}^2$$

2) 计算结点 (7, 2) 的 x、y、η、σ 值。

结点 (7, 2) 的 x、y、η、σ 值应根据结点 (6, 1) 和结点 (6, 2) 的已知条件来计算，由于此时结点 (6, 1) 是 M_1 点，结点 (6, 2) 是 M_2 点，故结点 (6, 1) 的已知条件是：$x_1 = -0.5956\text{m}$，$y_1 = 4.4249\text{m}$，$\eta_1 = 1.7054$ 弧度 $= 93.6662°$，$\sigma_1 = 37.8590\text{kN/m}^2$；结点 (6, 2) 的已知条件是：$x_2 = 0.9920\text{m}$，$y_2 = 5.9886\text{m}$，$\eta_2 = 2.0638$ 弧度 $= 118.2493°$，$\sigma_2 = 77.2204\text{kN/m}^2$。

由于结点 (7, 2) 是 OD 坡面上的结点，所以结点 (7, 2) 的 x 坐标应按式 (6-102) 计算，y 坐标应该按公式 (6-101) 计算。

根据式 (6-102)，结点 (7, 2) 的横坐标 x 为

$$x = \frac{-0.5956 \times \tan93.6662° - 0.9920 \times \tan(118.2493° + 33°) - 4.4294 + 5.9886}{\tan93.6662° - \tan(118.2493° + 33°)}$$
$$= -0.9494\text{m}$$

根据式 (6-101)，结点 (7, 2) 的纵坐标 y 为

$$\eta = \frac{77.2204 - 37.859 + 2(37.859 \times 1.7054 + 77.2204 \times 2.0638)\tan24° + \rightarrow}{2 \times (37.859 + 77.2204)\tan24°}$$
$$\rightarrow 18.0 \times (4.4249 - 5.9886) + 18.0 \times [2 \times (-0.9494) + 0.5956 - 0.9920]\tan24°$$
$$= 1.8758 \text{ 弧度}$$

结点 (7, 2) 的特征应力为 $\sigma = 37.8590\text{kN/m}^2$。

3) 计算结点 (8, 3) 的 x、y、η、σ 值。

结点 (8, 3) 的 x、y、η、σ 值应根据结点 (7, 2) 和结点 (7, 3) 的已知条件来

计算，由于此时结点（7，2）为 M_1 点，结点（7，3）为 M_2 点，故结点（7，2）的已知条件为：$x_1 = -0.9494$m，$y_1 = 7.0535$m，$\eta_1 = 1.8758$ 弧度 $= 107.4771°$，$\sigma_1 = 37.8590$kN/m²；结点（7，3）的已知条件为：$x_2 = -0.1116$m，$y_2 = 10.0698$m，$\eta_2 = 2.1876$ 弧度 $= 125.3392°$，$\sigma_2 = 95.9485$kN/m²。

根据式（6-102），结点（8，3）的 x 坐标值为

$$x = \frac{-0.9494 \times \tan 107.4471° + 0.1116 \times \tan(125.3392° + 33°) - 7.0535 + 10.0698}{\tan 107.4471° - \tan(125.3392° + 33°)}$$

$$= -2.1546\text{m}$$

根据式（6-101），结点（8，3）的 y 坐标值为

$$y = (-2.1546 + 0.9494)\tan 107.4471° + 7.0535 = 10.8812\text{m}$$

根据式（6-90），结点（8，3）的 η 值为

$$\eta = \frac{95.9485 - 37.8590 + 2(37.859 \times 1.8768 + 95.9485 \times 2.1876)\tan 24° + \longrightarrow}{2 \times (37.8590 + 95.9485)\tan 24°}$$

$$\longrightarrow 18.0 \times (10.8812 - 7.0535) + [2 \times (-2.1546) + 0.9494 + 0.1116]\tan 24°$$

$$= 1.9128 \text{ 弧度}$$

结点（8，3）的特征应力 $\sigma = 37.8590$kN/m²。

其他结点的计算方法与上述计算类似。

（7）本例的全部计算结果列于表 6-15 中。

表 6-15　　　　例 6-2 中各结点 x、y、η、σ 的计算结果汇总表

结点号　计算内容	i　j	0	1	2	3	4	5	6	7	8
x	0				0.0000	0.0000	0.0000			
y					0.0000	0.0000	0.0000			
η					1.5708	1.6377	1.7046			
σ					42.6519	40.1853	37.8590			
x	1			2.5000	1.2500	1.1555	1.0509	-0.5956		
y				0.0000	1.9248	2.0703	2.2197	4.4249		
η				1.5708	1.5708	1.6058	1.6362	1.7054		
σ				42.6519	67.2808	67.0472	67.0843	37.8590		
x	2		5.0000	3.7500	2.5000	2.3569	2.2087	0.9920	-0.9494	
y			0.0000	1.9248	3.8497	4.0701	4.2867	5.9886	7.0535	
η			1.5708	1.5708	1.5078	1.5949	1.6155	2.0638	1.8758	
σ			42.6419	67.2808	91.9110	92.7618	93.7731	77.2204	37.8590	
x	3	7.5000	6.2500	5.0000	3.7500	3.5736	3.3965	1.2712	-0.1116	-2.1546
y		0.0000	1.9248	3.8477	5.7744	6.0461	6.3081	9.3483	10.0698	10.8812
η		1.5708	1.5708	1.5708	1.5708	1.5892	1.6049	1.9102	2.1876	1.9128
σ		42.6519	67.2808	91.9110	116.5387	118.1071	119.7543	124.8926	95.9485	37.8590

（8）根据计算的坡面结点的 x、y、坐标值，绘制本例的极限稳定坡面曲线，如图 6-33 所示。

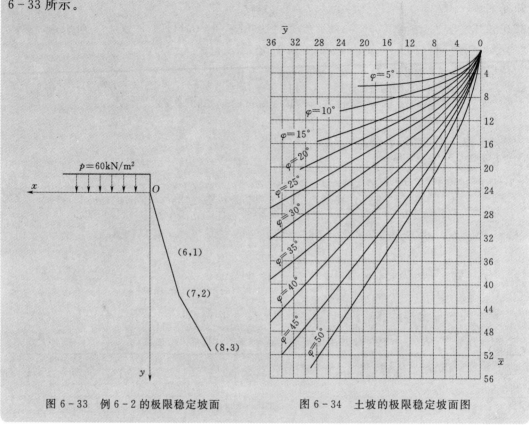

图 6-33　例 6-2 的极限稳定坡面　　　　图 6-34　土坡的极限稳定坡面图

二、根据极限稳定坡面图确定土坡的极限稳定坡面

　　土坡的极限稳定坡面也可以由图 6-34 查得。

　　图 6-34 是根据不同内摩擦角 φ 的情况，用极限平衡理论计算和绘制而成，可根据土坡土料的内摩擦角 φ 由图中快速地查得极限平衡坡面。

　　图 6-34 中横坐标是化引横坐标，纵坐标 $\bar{y}$ 是化引纵坐标，根据图中查得的 $\bar{x}$ 和 $\bar{y}$ 值，按下式计算实际的横坐标 x 和纵坐标 y 值：

$$x = \bar{x}\frac{c}{\gamma}$$

$$y = \bar{y}\frac{c}{\gamma}$$

式中　x——土坡坡面的横坐标值（m），坐标原点在坡肩处；

　　　　y——土坡坡面的纵坐标值（m）；

　　　　$\bar{x}$——化引横坐标值；

　　　　$\bar{y}$——化引纵坐标值；

　　　　c——土坡坡土的黏聚力（kPa）；

　　　　γ——土坡坡土的容重（重度）（kN/m³）。

228

三、根据极限稳定坡面设计堤坡坡面

根据上述极限平衡理论计算得堤坡的极限稳定坡面后，即可分段计算出各段堤坡的极限稳定坡率 m_e，即

$$m_e = \frac{\Delta x}{\Delta y} \qquad (6-114)$$

式中　m_e——堤坡计算段的极限稳定坡率；

　　　Δx——计算段堤坡的水平长度（m）；

　　　Δy——计算段堤坡面两端点的高差（m），如图 6-35 所示。

$$\Delta y = y_2 - y_1 \qquad (6-115)$$

式中　y_1——极限稳定坡面计算段上端点的高度（m）；

　　　y_2——极限稳定坡面计算段下端点的高度（m）。

当已知堤坡的极限稳定坡面的坡率 m_e 以后，则设计的堤坡坡率为

$$m_d = K m_e \qquad (6-116)$$

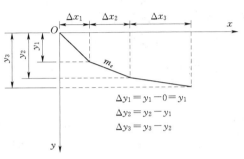

图 6-35　极限稳定坡面的坡率

式中　m_d——堤坡的设计坡率；

　　　m_e——堤坡的极限稳定坡率；

　　　K——堤坡设计所要求的稳定安全系数。

四、堤坡坡顶的极限荷载

用极限平衡理论方法不仅可以计算堤坡的极限稳定坡面，同样可以计算某一土坡坡顶的极限荷载及其分布，计算方法和计算公式与计算极限稳定坡面时相同，但此时土坡坡面为已知，坡顶荷载为未知，因此计算时首先应以已知的坡面边界 OD 开始，反向逐步计算到 OA 边界，计算的基本步骤如下：

（1）画出已知的土坡坡面，在土坡坡肩处布置坐标原点 O 及 Ox、Oy 轴，并使 Ox 轴与坡顶水平线重合。

（2）根据计算精度要求，在坡顶按一定的间距选定计算点（结点），然后绘出大致的土坡滑动线网，并对滑动线网中的每一个计算结点进行编号。

（3）首先从已知边界 OD 面开始进行被动区 OCD 的计算，即由 OD 面上各结点的已知条件逐次递推计算出 OC 边界上各结点的 x、y、η、σ 值。

（4）根据 OC 边界面上各结点的已知条件和 O 点处各等分点的已知条件，进行过渡区 OBC 的计算，从 OC 边界开始，逐次递推计算出 OB 边界上各结点的 x、y、η、σ 值。

（5）进行主动区 OAB 的计算，即从已知边界面 OB 开始逐次递推计算出 OA 边界上各结点处的 x、y、η、σ 值$\left(\text{在 } OA \text{ 边界面上 } x=0,\ y=0,\ \eta=\frac{\pi}{2}\right)$，然后按下式计算出 OA 边界面上各结点处的极限荷载：

$$p(x)=\sigma(1+\sin\varphi) \tag{6-117}$$

为了简化计算，也可以应用表 6-15 来计算土坡坡顶的竖直极限荷载。

表 6-15 是根据土的黏聚力 $c=1$ 和容重（重度）$\gamma=1$ 而编制的，坐标原点 O 设在土坡的坡肩处，Ox 轴与土坡坡顶水平线重合。表中的 $\overline{x}$ 为计算点的化引横坐标值，即

$$\overline{x}=\frac{x}{m} \tag{6-118}$$

其中

$$m=\frac{c}{\gamma} \tag{6-119}$$

式中　x——计算点的实际横坐标值；

$\quad\quad m$——无因次数；

$\quad\quad c$——土的黏聚力（kPa）；

$\quad\quad \gamma$——土的容重（重设）（kN/m³）。

表中的 $\overline{p}$ 为坡顶的化引荷载强度，即：

$$\overline{p}=\frac{p}{c} \tag{6-120}$$

式中　p——土坡坡顶计算点处的极限荷载强度（kPa）。

计算时，首先选定几个计算点 $\overline{x}$，然后根据土坡的坡角 α（°）和内摩擦角 φ（°）按选定的 $\overline{x}$ 值由表 6-15 中查出相应的化引荷载强度 $\overline{p}$，然后根据土坡坡土的黏聚力 c 和容重（重度）γ 计算无因次数 $m=\frac{c}{\gamma}$，最后按下列公式计算出实际的计算横坐标 x 值和计算点处的实际极限荷载强度值 p，即

$$x=m\,\overline{x} \tag{6-121}$$

$$p=c\,\overline{p} \tag{6-122}$$

表 6-16　　　　　　　　　　土坡坡顶极限荷载强度计算表

内摩擦角 φ（°）	10		20			30				40				
坡角 α（°）	0	10	0	10	20	0	10	20	30	0	10	20	30	40
化引坐标 $\overline{x}$	化引极限荷载强度 $\overline{p}$													
0.0	8.34	7.51	14.8	12.7	10.9	30.1	24.3	19.6	15.7	75.3	55.9	41.4	30.6	22.5
0.5	9.02	7.90	17.9	14.8	12.0	43.0	32.6	24.4	18.1	139	94.0	62.6	41.3	27.1
1.0	9.64	8.20	20.6	16.6	13.1	53.9	39.8	28.8	20.3	193	126	81.1	50.9	31.0
1.5	10.3	8.62	23.1	18.2	14.1	64.0	46.5	32.8	22.3	243	157	98.5	59.8	34.7
2.0	10.8	8.95	25.4	19.9	15.0	73.6	52.9	36.7	24.2	292	184	115	68.4	38.1
2.5	11.3	9.28	27.7	21.4	15.8	82.9	59.0	40.4	26.0	339	215	132	76.7	41.3
3.0	11.8	9.59	29.8	23.0	16.7	91.8	65.1	44.1	27.8	386	243	148	84.9	44.4
3.5	12.3	9.89	31.9	24.4	17.5	101	71.0	47.6	29.4	432	271	164	93	47.5
4.0	12.8	10.2	34.0	25.8	18.3	109	76.8	51.2	31.1	478	299	179	101	50.4
4.5	13.2	10.5	36.0	27.2	19.1	118	82.6	54.7	32.7	523	327	195	109	53.3
5.0	13.7	10.8	38.0	28.7	19.9	127	88.3	58.1	34.3	568	354	211	117	56.2
5.5	14.1	11.0	39.9	30.0	20.6	135	94.0	61.6	35.8	613	381	226	125	59.6
6.0	14.5	11.3	41.8	31.4	21.4	143	99.6	65.0	37.4	658	409	241	132	61.7

【**例 6-11**】　某土堤堤坡坡角 $\alpha=20°$，土的容重（重度）$\gamma=19kN/m^3$，黏聚力 $c=5kPa$，内摩擦角 $\varphi=30°$，求该土堤堤顶的极限荷载。

【**解**】　（1）根据土的黏聚力 $c=5kPa$ 和容重（重度）$\gamma=19kN/m^3$ 计算无因次数 m，即

$$m=\frac{c}{\gamma}=\frac{5}{19}=0.2632$$

（2）选定计算点的化引坐标 $\bar{x}$ 值

选定 9 个计算点，即

$$\bar{x}=0,0.5,1.0,1.5,2.0,2.5,3.0,3.5,4.0$$

（3）根据堤坡的坡角 $\alpha=20°$，内摩擦角 $\varphi=30°$，由表 6-16 中查出相应于上述选定的计算点处的化引荷载强度 $\bar{p}$，如表 6-17 所示。

表 6-17　　　　　各计算点处的化引荷载强度 $\bar{p}$

$\bar{x}$	0	0.5	1.0	1.5	2.0	2.5	3.0	3.5	4.0
$\bar{p}$	19.6	24.4	28.8	32.8	36.7	40.4	44.1	47.6	51.2

（4）根据式（6-121）和式（6-122）计算出各计算点的实际横坐标值 x 和相应的极限荷载强度 P 值，计算结果列于表 6-18 中。

表 6-18　　　　　各计算点的横坐标 x 和极限荷载强度 p 值

x（m）	0	0.1316	0.2632	0.3948	0.5264	0.6580	0.7896	0.9219	1.0528
p（kN/m²）	98.0	122.0	144.0	164.0	183.5	202.0	220.5	238.0	256.0

（5）根据表 6-17 中的 x 和 p 值绘制堤顶极限荷载分布图，如图 6-36 所示。

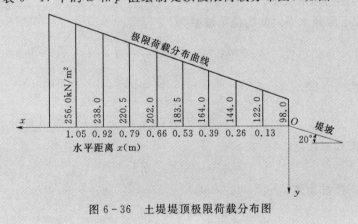

图 6-36　土堤堤顶极限荷载分布图

五、无护面动力稳定边坡的计算

根据试验研究和原型观测得知，无黏性土坡在风浪的作用下经过一段时间以后，就会形成所谓的动力稳定边坡，以后虽然在波浪的爬升和回落运动中个别土粒仍然会沿着边坡随水流上下运动，但是边坡的形状一般保持不变。

动力稳定边坡的形状如图 6-37 所示。

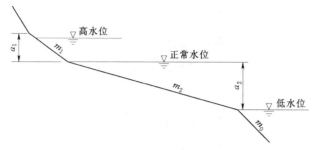

图 6-37　动力稳定边坡

根据试验资料得到以下计算公式。

1. 砂土边坡

风浪冲刷作用的上限为

$$a_1 = (0.3 \sim 0.6)h \tag{6-123}$$

式中　h——波浪高度（m）。

风浪冲刷作用的下限为

$$a_2 = 0.028\left(\frac{h^2 L}{d^{1/2}}\right)^{2/3} \tag{6-124}$$

式中　L——波浪长度（m）；

　　　d——边坡土的平均粒径（m）。

从波浪冲刷上限到水面之间的稳定坡率为

$$m_1 = m_0 + 0.17\left(\frac{h\sqrt[3]{L/h}}{d}\right)^{1/2} \tag{6-125}$$

式中　m_0——自然边坡的坡率。

从波浪冲刷下限到水面之间的稳定坡率为

$$m_2 = m_0 + 0.37\left(\frac{h\sqrt[3]{L/h}}{d}\right)^{1/2} \tag{6-126}$$

2. 黏性土边坡

$$a_1 = 0.5h \tag{6-127}$$

$$a_2 = 3.33h\sqrt{e} \tag{6-128}$$

式中　e——土的孔隙比。

$$m_1 = m_0 + 7e\sqrt{hI} \tag{6-129}$$

式中　I——土的塑性指数。

$$m_2 = m_0 + 50e\sqrt{h} \tag{6-130}$$

【例 6-12】 根据下列数据设计无护面砂性土堤的边坡：

水域的高水位　100.0m

水域的正常水位　96.0m

水域正常水位和高水位时的计算波高（h）　0.9m

计算波长（L）　8.5m

相对波长（L/h） 9.4444

堤坡砂土的平均粒径（d） 0.23mm

砂土的自然坡率（m_0） 2.50

【解】 设计土堤迎水侧的边坡。

水域在高水位和正常水位时由于风的作用产生的水面壅高 $\Delta h = 0.25$m。

在水域为高水位时，波浪的爬高为

$$h_{B,M} = h\sqrt{\frac{L/h}{1+m_1^2}} \tag{6-131}$$

式中 $h = 0.9$m，$L/h = 9.4444$，m_1 按式（6-125）计算：

$$m_1 = m_0 + 0.17\left(\frac{h\sqrt[3]{L/h}}{d}\right)^{1/2} = 2.50 + 0.17\left(\frac{0.9\sqrt[3]{9.4444}}{0.00023}\right)^{1/2} = 17.9603$$

故

$$h_{B,M} = 0.9\sqrt{\frac{9.4444}{1+(17.9603)^2}} = 0.1538\text{m}$$

在水域为正常水位时，波浪的爬高为

$$h_{B,H} = h\sqrt{\frac{L/h}{1+m_2^2}} \tag{6-132}$$

式中 $h = 0.9$m，$L/h = 9.4444$m，m_2 按式（6-126）计算为

$$m_2 = m_0 + 0.37\left(\frac{h\sqrt[3]{L/h}}{d}\right)^{1/2} = 2.50 + 0.37\left(\frac{0.9\sqrt[3]{9.4444}}{0.00023}\right)^{1/2} = 36.1490$$

代入式（6-132）得

$$h_{B,H} = 0.9\sqrt{\frac{9.4444}{1+(36.1490)^2}} = 0.0765\text{m}$$

设计中取 $h_{B,M} = 0.20$m，$h_{B,H} = 0.10$m。

在高水位时波浪冲刷作用的上限为

$$a_{1,M} = h_{B,M} + \Delta h = 0.20 + 0.25 = 0.45\text{m}$$

在正常水位时，波浪冲刷作用的上限为

$$a_{1,H} = h_{B,H} + \Delta h = 0.10 + 0.25 = 0.35\text{m}$$

在正常水位时，波浪冲刷作用的下限为

$$a_2 = 0.028\left(\frac{h^2\frac{L}{h}}{d^{1/2}}\right)^{2/3} = 0.028\left(\frac{0.9^2 \times 9.4444}{(0.00023)^{1/2}}\right)^{2/3} = 1.7746\text{m}$$

（1）堤顶高程 ∇G。

按水域正常水位计算：
$$\nabla G_H = 96.0 + 0.35 = 96.35\text{m}$$

按水域高水位计算：
$$\nabla G_M = 100.0 + 0.45 = 100.45\text{m}$$

由于 $\nabla G_M > \nabla G_H$，故取 ∇G_M，考虑一定的安全加高后，采用堤顶的设计高程 $\nabla G = 101.10$m。

（2）沿堤高，各段堤坡的坡率。

从水域高水位时波浪爬高的顶点（即高程$\nabla G_M = 100.45\text{m}$）到堤顶，由于这一段堤坡不受风浪的作用，故取其坡率为$m'_0 = 1.5m_0 = 1.5 \times 2.50 \approx 4.0$。

由高水位时液浪爬高的顶点高程（即高程100.45m）到水域高水位（即高程100.0m），这一段堤坡的坡率为$m_1 = 17.9603 \approx 18.0$。

由水域高水位（高程100.0m）到正常水位时波浪冲刷作用的下限（即高程96.0－1.7746＝94.2254m≈94.20m），这一段堤坡的坡率为$m_2 = 36.1490 \approx 36.0$。

高程94.20m以下，堤坡的坡率为$m'_0 = 4.0$。

土堤堤坡的设计坡面如图6-38所示。

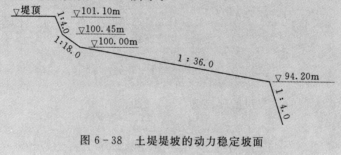

图6-38　土堤堤坡的动力稳定坡面

第四节　斜坡的极限稳定高度

若有如图6-39所示的堤坡，坡面AC与水平面的夹角为α，坡顶为AB，与水平面的夹角为β，坡高为H，坡土的容重为γ，内摩擦角为φ，黏聚力为c，当坡面产生滑动时，滑动面为对数螺旋曲面BC，如图6-39所示。

根据能量理论，当斜坡AC破坏时是围绕转动中心O旋转时，可导得斜坡高度H的表述式为

$$H = \frac{c}{\gamma} \times \frac{\sin\alpha \left[e^{2(\theta_1-\theta_0)\tan\varphi} - 1 \right]}{2\sin(\alpha-\beta)\tan\varphi(f_1 - f_2 - f_3)}$$
$$\times \left[\sin(\theta_1+\beta) e^{(\theta_1-\theta_0)\tan\varphi} - \sin(\theta_0+\beta) \right] \quad (6-133)$$

图6-39　斜坡的极限
稳定高度计算图

其中

$$f_1 = \frac{1}{3(1+9\tan^2\varphi)} \left[(3\tan\varphi\cos\theta_1 + \sin\theta_1) e^{3(\theta_1-\theta_0)\tan\varphi} \right.$$
$$\left. - (3\tan\varphi\cos\theta_0 + \sin\theta_0) \right] \quad (6-134)$$

$$f_2 = \frac{L}{6r_0} \left(2\cos\theta_0 - \frac{L}{r_0}\cos\beta \right) \sin(\theta_0+\beta) \quad (6-135)$$

$$f_3 = \frac{1}{6} e^{(\theta_1-\theta_0)\tan\varphi} \left[\frac{L}{r_0}\sin(\theta_1-\theta_0)\sin(\theta_1+\beta) \right] \times \left[\cos\theta_0 - \frac{L}{r_0}\cos\beta + \cos\theta_1 e^{(\theta_1-\theta_0)\tan\beta} \right]$$
$$(6-136)$$

$$L = \Gamma_0 \left\{ \frac{\sin(\theta_1 - \theta_0)}{\sin(\theta_1 + \beta)} - \frac{\sin(\theta_1 - \alpha)}{\sin(\theta_1 + \beta)\sin(\alpha - \beta)} \times \left[\sin(\theta_1 - \beta) e^{(\theta_1 - \theta_0)\tan\varphi} - \sin(\theta_0 + \beta) \right] \right\}$$

$$(6 - 137)$$

式中　H——斜坡的高度（m）；

c——斜坡土的黏聚力（kPa）；

γ——斜坡土的容重（kN/m³）；

α——斜坡面与水平面的夹角（°）；

β——斜坡顶面 AB（图 6-38）与水平面的夹角（°）；

e——自然对数的底；

Γ_0——矢量半径 OB 的长度（m），如图 6-38 所示；

θ_0——矢量半径 OB 与水平线的夹角（°），如图 6-38 所示；

θ_1——矢量半径 OC 与水平线的夹角（°），如图 6-38 所示；

φ——斜坡土的内摩擦角（°）；

L——斜坡坡顶 AB 的长度（m）；

f_1——函数；

f_2——函数；

f_3——函数。

根据极值条件 $\dfrac{\partial H}{\partial \theta_1} = 0$ 和 $\dfrac{\partial H}{\partial \theta_0} = 0$，将式（6-133）分别对 θ_1 和 θ_0 求一次导数并令其为零，即可求得 θ_1 和 θ_0 的表达式，然后将其代入式（6-133），经整理后，可得斜坡坡高的表达式为

$$H_c \leqslant \frac{c}{\gamma} N_s \qquad (6 - 138)$$

式中　H_c——斜坡的极限稳定坡高（m）；

N_s——斜坡的稳定系数，可根据 α、β 和 φ 值查表 6-19 或图 6-40。

表 6-19　　　　　　　　　　　斜坡的稳定系数 N_s 值

内摩擦角 φ（°）	坡顶倾角 β（°）	土坡坡角 α（°）															
		90	85	80	75	70	65	60	55	50	45	40	35	30	25	20	15
5	0	4.19	4.50	4.82	5.14	5.47	5.81	6.17	6.53	6.92	7.33	7.84	8.41	9.17	10.13	11.67	14.80
	5	4.14	4.44	4.74	5.05	5.37	5.69	6.03	6.38	6.76	7.18	7.19	8.19	8.93	9.82	11.27	14.62
10	0	4.59	4.97	5.38	5.80	6.25	6.73	7.26	7.84	8.52	9.32	10.30	11.61	13.53	16.64	23.14	45.53
	5	4.53	4.91	5.30	5.72	6.15	6.26	7.14	7.72	8.38	9.14	10.13	11.42	13.26	16.37	22.79	45.15
	10	4.47	4.83	5.21	5.61	6.03	6.49	6.98	7.54	8.18	8.93	9.87	11.11	12.97	15.84	21.96	44.56
15	0	5.02	5.50	6.01	6.57	7.18	7.85	8.64	9.54	10.64	12.05	13.97	16.83	21.71	32.11	69.40	
	5	4.97	5.44	5.94	6.49	7.08	7.75	8.52	9.42	10.51	11.91	13.82	16.65	21.50	31.82	69.05	
	10	4.90	5.36	5.85	6.39	6.97	7.63	8.38	9.26	10.34	11.73	13.59	16.38	21.14	31.38	68.26	
	15	4.83	5.27	5.74	6.28	6.83	7.46	8.18	9.05	10.09	11.42	13.23	15.92	20.59	30.25	65.17	

续表

内摩擦角 φ(°)	坡顶倾角 β(°)	土坡坡角 α(°)														
		90	85	80	75	70	65	60	55	50	45	40	35	30	25	20	15
20	0	5.51	6.10	6.75	7.48	8.30	9.25	10.39	11.80	13.63	16.18	20.00	26.66	41.27	94.63		
	5	5.46	6.04	6.68	7.40	8.21	9.16	10.30	11.69	13.51	16.04	19.85	26.49	41.06	94.38		
	10	5.40	5.97	6.60	7.31	8.11	9.04	10.15	11.54	13.35	15.87	19.64	26.23	40.73	93.78		
	15	5.33	5.88	6.50	7.20	7.97	8.89	9.98	11.35	13.12	15.59	19.32	25.82	40.16	92.90		
	20	5.25	5.77	6.37	7.04	7.79	8.68	9.78	11.07	12.79	15.17	18.77	25.01	39.19	88.63		
25	0	6.06	6.79	7.62	8.59	9.70	11.05	12.75	14.97	18.10	22.92	31.33	50.06	120.0			
	5	6.01	6.74	7.56	8.52	9.61	10.96	12.65	14.86	17.98	22.78	31.19	49.89	119.8			
	10	5.96	6.67	7.48	8.41	9.51	10.84	12.54	14.73	17.83	22.60	30.99	49.64	119.5			
	15	5.89	6.58	7.38	8.30	9.38	10.70	12.40	14.55	17.62	22.37	30.69	49.23	118.7			
	20	5.81	6.48	7.26	8.16	9.22	10.51	12.17	14.30	17.33	21.98	30.20	48.50	117.4			
	25	5.71	6.35	7.10	7.97	9.00	10.26	11.80	13.92	16.85	21.35	29.26	46.76	115.5			
30	0	6.69	7.61	8.68	9.96	11.49	13.44	16.11	19.71	25.41	35.83	58.27	144.20				
	5	6.63	7.55	8.61	9.87	11.40	13.35	16.00	19.61	25.30	35.44	58.13	144.01				
	10	6.58	7.48	8.53	9.79	11.30	13.24	15.87	19.48	25.15	35.25	57.92	143.73				
	15	6.53	7.40	8.44	9.67	11.18	13.10	15.69	19.31	24.96	34.99	57.62	143.31				
	20	6.44	7.31	8.32	9.54	11.03	12.93	15.48	19.08	24.68	34.64	57.16	142.54				
	25	6.34	7.19	8.18	9.37	10.83	12.70	15.21	18.74	24.27	34.12	56.30	140.84				
	30	6.22	7.04	8.00	9.15	10.56	12.37	14.81	18.22	23.54	33.08	54.25	134.52				
35	0	7.43	8.58	9.97	11.68	13.86	16.77	20.94	27.45	39.11	65.53	166.38					
	5	7.38	8.52	9.90	11.60	13.77	16.69	20.84	27.34	39.00	65.39	166.22					
	10	7.32	8.49	9.83	11.51	13.68	16.58	20.71	27.22	38.85	65.22	166.00					
	15	7.26	8.38	9.74	11.41	13.56	16.45	20.55	27.05	38.66	65.03	165.72					
	20	7.18	8.29	9.63	11.28	13.42	16.29	20.36	26.84	38.40	64.74	165.19					
	25	7.11	8.18	9.49	11.12	13.23	16.07	20.07	26.53	38.02	64.18	164.30					
	30	6.99	8.04	9.33	10.93	12.99	15.78	19.73	26.07	37.38	63.00	162.32					
	35	6.84	7.86	9.10	10.66	12.64	15.34	19.21	25.27	36.15	60.80	154.98					
40	0	8.30	9.77	11.61	14.00	17.15	21.72	28.99	41.89	71.49	185.60						
	5	8.26	9.71	11.54	13.94	17.07	21.64	28.84	41.78	71.37	185.50						
	10	8.21	9.65	11.47	13.85	16.97	21.53	28.69	41.66	71.23	185.30						
	15	8.15	9.57	11.38	13.72	16.86	21.41	28.54	41.50	71.04	185.00						
	20	8.06	9.49	11.27	13.57	16.72	21.25	28.39	41.29	70.78	184.60						
	25	7.98	9.38	11.15	13.42	16.55	21.05	2816	41.00	70.41	184.00						
	30	7.87	9.25	10.99	13.21	16.33	20.78	27.88	40.58	69.81	183.20						
	35	7.76	9.09	10.78	12.95	16.02	20.39	27.49	39.89	68.73	182.30						
	40	7.61	8.86	10.50	12.83	15.55	19.77	26.91	39.53	66.12	181.10						

表 6-19 中列出了不同 α、β 和 φ 角时的 N_S 值。

图 6-40 为 $\beta=0$ 时稳定系数 N_S 与斜坡坡角 α 的关系曲线。

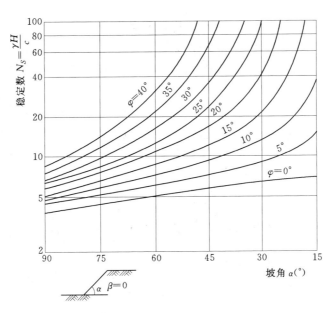

图 6-40　稳定系数 N_S 与土坡坡角 α 的关系曲线

根据式（6-138）可以解决以下问题：

（1）已知土坡的 α、β 角和坡土的 γ、c、φ 值，确定土坡的极限坡高 H_c 值。

（2）已知土坡的 β 角、坡高 H 和坡土的 γ、c、φ 值，确定极限稳定坡角 α 值。

（3）已知土坡的实际坡高 H，并求得土坡的极限坡高 H_c 以后，确定土坡的稳定安全系数 $K = \dfrac{H_c}{H}$。

（4）已知土坡的实际坡角 α，并求得土坡的极限坡角 α_c 以后，确定土坡的稳定安全系数 $K = \dfrac{\alpha_c}{\alpha}$。

【例 6-13】　某土堤的堤坡坡角 $\alpha = 35°$，堤高 $H = 8.0\text{m}$，堤身土的容重 $\gamma = 18.20\text{kN/m}^3$，内摩擦角 $\varphi = 25°$，黏聚力 $c = 4\text{kPa}$，坡顶倾角 $\beta = 0$，试求该土堤堤坡的极限高度和堤坡的稳定安全系数。

【解】　（1）根据 $\varphi = 25°$，$\alpha = 35°$，$\beta = 0$，查表 6-19 得稳定系数 $N_S = 50.06$。

（2）根据 $N_S = 50.06$，$c = 4\text{kPa}$，$\gamma = 18.20\text{kN/m}^3$，按式（6-138）计算堤坡的极限高度 H_c，即

$$H_c = \frac{c}{\gamma} N_S = \frac{4.0}{18.20} \times 50.06 = 11.0022\text{m}$$

（3）计算堤坡的稳定安全系数。

堤坡的稳定安全系数为

$$K = \frac{H_c}{H} = \frac{11.0022}{8.0} = 1.3753$$

【例6-14】 某土堤高 $H=10.0\text{m}$，迎水侧堤坡坡角 $\alpha=25°$，堤身土的内摩擦角 $\varphi=15°$，容重 $\gamma=20.15\text{kN/m}^3$（饱和容重），黏聚力 $c=10.0\text{kPa}$，堤顶水平（$\beta=0$），当迎水侧水域在高水位情况下骤然下降至低水位时，土坡的极限高度 H_c 和堤坡的稳定安全系数是多少？

【解】 （1）根据 $\varphi=15°$，$\alpha=25°$，$\beta=0$，查表6-19得稳定系数 $N_s=32.11$。

（2）当水域水位由高水位骤降至低水位时，迎水侧堤坡土处于饱和状态，故其容重应采用饱和容重。

因此，根据 $N_s=32.11$，$c=10.0\text{kPa}$，$\gamma=20.15\text{kN/m}^3$，按式（6-138）计算堤坡的极限高度 H_c，即

$$H_c=\frac{c}{\gamma}N_s=\frac{10.0}{20.15}\times32.11=15.9355\text{m}$$

（3）计算堤坡的稳定安全系数。

堤坡的稳定安全系数为

$$K=\frac{H_c}{H}=\frac{15.9355}{10.0}=1.5936$$

【例6-15】 某土堤高 $H=8.0\text{m}$，边坡坡角 $\alpha=22°$，土堤顶面水平（$\beta=0$），堤身土的内摩擦角 $\varphi=20°$，黏聚力 $c=3.0\text{kPa}$，容重 $\gamma=16.50\text{kN/m}^3$，试求该土堤边坡的极限稳定坡角 α_c 和边坡的稳定安全系数 K。

【解】 （1）根据 $c=3.0\text{kPa}$，$\gamma=16.50\text{kN/m}^3$，$H=8.0\text{m}$，按式（6-138）计算稳定系数 N_s，即

$$N_s=\frac{\gamma H}{c}=\frac{16.50\times8.0}{3.0}=44$$

（2）根据 $\varphi=20°$，$\beta=0$，$N_s=44$，查表6-19得极限坡角 $\alpha_c=30°$。

（3）土堤堤坡的实际坡角 $\alpha=22°$，极限坡角 $\alpha_c=30°$，故堤坡的稳定安全系数为

$$K=\frac{\alpha_c}{\alpha}=\frac{30°}{22°}=1.3636$$

【例6-16】 某土堤堤身土为砂质壤土，土的容重 $\gamma=16.23\text{kN/m}^3$，内摩擦角 $\alpha=15°$，黏聚力 $c=4.1\text{kN}$，边坡坡角 $\alpha=22°$ 堤顶水平（$\beta=0$），试问该土堤的极限高度是多少？

【解】 （1）根据 $\varphi=15°$，$\alpha=22°$，$\beta=0$，查图6-19得稳定数 $N_s=41.5$。

（2）根据 $N_s=41.50$，$c=4.1\text{kPa}$，$\gamma=16.23\text{kN/m}^3$，按式（6-138）计算极限坡高 H_c，即

$$H_c=\frac{c}{\gamma}N_s=\frac{4.1}{16.23}\times41.50=10.4837\text{m}$$

【例6-17】 某土堤高 $H=7.5\text{m}$，堤顶水平（$\beta=0$），堤身土的内摩擦角 $\varphi=25°$，容重 $\gamma=16.54\text{kN/m}^3$，黏聚力 $c=3.0\text{kPa}$，试问该土堤的极限坡角是多少？若要求边坡的稳定安全系数 $K=1.5$，则该土堤的设计坡角应该是多少？

【解】　（1）根据 $\gamma=16.54\text{kN/m}^3$，$c=3.0\text{kPa}$，$H=7.5\text{m}$，按式（6-138）计算稳定数 N_s，即

$$N_s=\frac{\gamma}{c}H=\frac{16.54}{3.0}\times7.5=41.35$$

（2）根据 $N_s=41.35$ 和 $\varphi=25°$，查图 6-19 得土坡的极限坡角 $\alpha_c=38°$。

（3）根据极限坡角 $\alpha_c=38°$ 及要求的稳定安全系数 $K=1.5$，计算设计坡角 α，即

$$\alpha=\frac{\alpha_c}{K}=\frac{38°}{1.5}=25.3333°\approx25°$$

第七章 土堤的结构

第一节 土堤的剖面

土堤的剖面决定于填筑土料的种类和性质、堤的形式和高度、地基土的性质、施工方法等条件。在一般情况下，堤的基本剖面是一个梯形，堤顶有一定的宽度，迎水面和背水面有一定的边坡。

土堤的边坡应该保证堤身在施工和运用过程中的稳定性，同时应该尽可能地减小堤体的填筑土方量，以节约劳力和降低造价。

从保证边坡稳定性的条件出发，堤愈高则边坡应该愈缓。同样，堤身的填筑土料的物理力学性质愈差，则堤的边坡也应该较缓。在实际设计中常常是参考已建成的并经过长期运用考验的相类似的有关土堤的资料，初步拟定堤身的迎水坡和背水坡，然后用稳定分析的方法来进行校核和修改，最后定出合理的边坡值。

对于高度较低的土堤，可以采用从堤顶到堤底边坡保持不变的一个直线坡度（见图 7-1（a））；对于中等高度和较大高度的土堤，从堤顶到堤底可以采用逐渐放缓的几个不

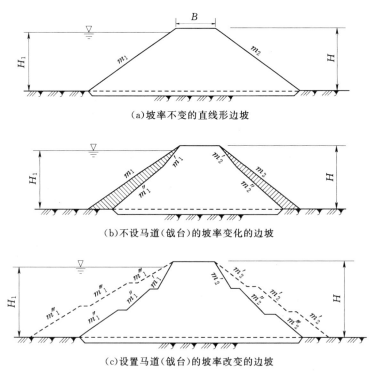

(a)坡率不变的直线形边坡

(b)不设马道（戗台）的坡率变化的边坡

(c)设置马道（戗台）的坡率改变的边坡

图 7-1 土堤的边坡

同的坡度，这样可以节约堤身的一部分填筑方量，如图7-1（b）所示。相邻两级边坡坡率的差值（即m值的差值）一般在0.25～0.5之间。由于在土堤的运用过程中迎水坡经常没于水中，土的抗剪强度较干燥的情况下小，所以迎水边坡往往要比背水边坡来得缓。

对于高度较大的土堤，为了满足施工的需要和运用管理中检修的需要，同时也为了便于排除堤坡上的雨水，常常沿着堤高每隔10～15m设置一条马道。对于边坡自堤顶向下分级变化的土堤，在变坡点处（即边坡坡率改变的地方）可以根据需要，设置或不设置马道。对于背水坡，如果是采用堆石棱体式排水或者是贴坡式排水，则排水体的顶常常就做成最低的一级马道。马道的宽度根据施工和交通要求来决定，在一般情况下可采用1.5～2.0m。

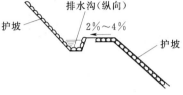

图7-2 马道（戗台）上的排水沟

为了排除雨水，在马道的内侧（即靠堤的一侧）常常设置纵向排水沟（图7-2），此时马道表面做成向迎水侧倾斜的，其坡度约为2%～4%。除了纵向排水沟外，每隔50～100m还要设置横向排水沟，以便使流入纵向排水沟中的雨水经过横向排水沟最后汇集到设在堤坡脚处的排水沟渠内。

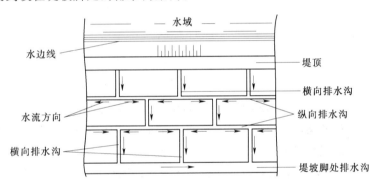

图7-3 背水坡上排水沟的布置

第二节 堤 顶

一、堤顶的宽度和高度

堤顶的宽度应根据交通、防汛、施工条件等因素来确定，一般为3～10m。

当堤顶作为交通道路时，堤顶应铺筑路面，路面通常有沥青混凝土路面、黏土混凝土路面、碎石黏土浆路面、砾石卵石路面、块石路面等，应根据具体情况来选择。图7-4为部分路面的结构形式。

由于一般的土堤的堤顶是不允许漫水的，所以为了保证堤身的安全，堤顶的高程应该在计算静水位以上并有一定的安全超高，堤顶在计算静水位以上的超高值B可按式（1-35）计算。

对于较低的土堤，如果风引起的水位壅高值和风浪的爬高值之和小于0.5m，此时可

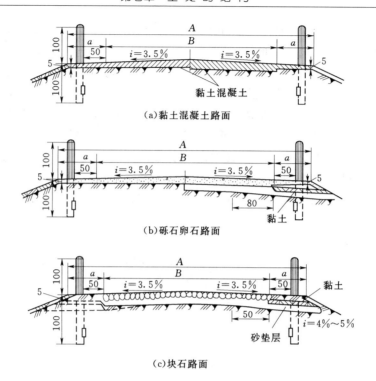

(a)黏土混凝土路面

(b)砾石卵石路面

(c)块石路面

图7-4 堤顶路面的结构形式（单位：cm）

A—堤顶宽度；B—路面宽度；a—路边宽度

不论堤的等级如何，而取堤顶在静水位以上的超高值等于0.5m。

如果堤顶迎水面的路肩线上设置不透水的防浪墙，使防浪墙的顶部高程等于设计的堤顶高程，这时实际的堤顶高程就可以降低，因而就可以使堤身的填筑方量减小，如图7-5所示。如果对因为设置防浪墙而增加的费用和因此而减少的土方量的费用进行比较，就可以定出合理的堤高值，作为设计所采用的堤高值。

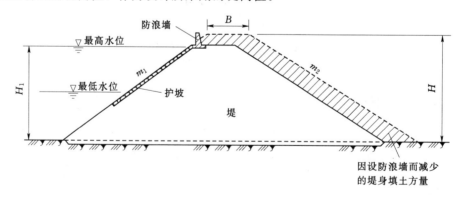

图7-5 在堤顶上设有防浪墙的土堤

二、防浪墙的形式

防浪墙的结构形式是多种多样的。最常采用的材料有混凝土、钢筋混凝土、浆砌石等。根据所采用的材料的不同，防浪墙可以分成整体式的和装配式的两种。防浪墙的形状也可以是各不相同的，图7-6表示用不同材料建造的防浪墙的几种结构形式。比较简单的是将防浪墙做成直墙式的，这时防浪墙在堤顶以上的高度为0.8～1.2m，防浪墙埋于土中的深度决定于墙的稳定性；比较完善的防浪墙形状是将防浪墙的迎水面做成曲线形的，这样可以使风浪背着堤顶的方向（也就是朝着水域方向）溅出去（反射出去），因此对堤顶的运用条件（通行条件）来说是比较有利的。最简单的曲线形状就是做成圆弧形，如图7-7所示，此时圆弧的半径 R 可取其等于堤顶以上防浪墙高度的1/2，即

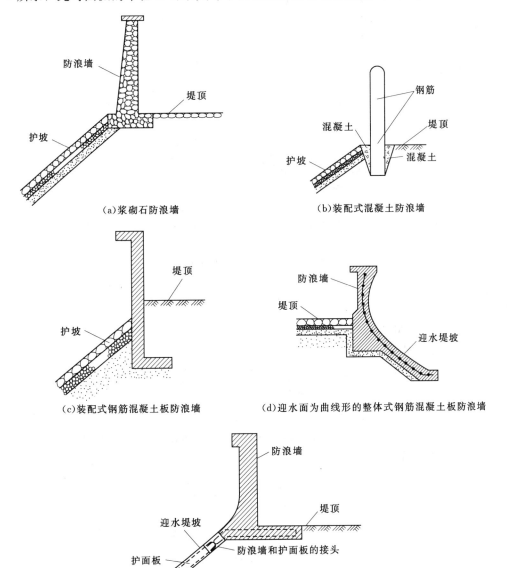

(a)浆砌石防浪墙

(b)装配式混凝土防浪墙

(c)装配式钢筋混凝土板防浪墙

(d)迎水面为曲线形的整体式钢筋混凝土板防浪墙

(e)装配式钢筋混凝土板防浪墙

图7-6 防浪墙的结构形式

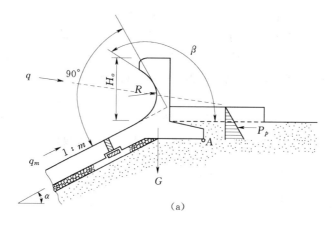

（a）

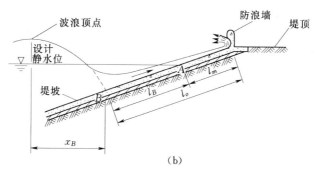

（b）

图 7-7　圆弧形防浪墙的结构

$$R \approx \frac{1}{2}H_0 \tag{7-1}$$

式中　R——圆弧面的半径（m）；

　　　H_0——堤顶以上防浪墙的高度（m）。

圆弧上端点的切线与堤顶水平线的夹角 β（见图 7-7）为

$$\beta = (130° \sim 140°) - \alpha \tag{7-2}$$

式中　α——堤顶处堤坡的坡角（°）。

波浪沿堤坡向上爬升时，遇到防浪墙的阻挡，将对防浪墙产生一个动水压力 q，动水压力 q 可按下式计算：

$$q = 2\frac{\gamma_w}{g}v_0^2 \delta_0 \sin\frac{\beta}{2} \tag{7-3}$$

其中

$$v_0 = \frac{1}{k_\varepsilon}\sqrt{(0.9v_B k_\varepsilon)^2 - 2gl_0\sin\alpha} \tag{7-4}$$

$$\delta_0 = \delta_H \frac{l_{B_0} - l_0}{l_{B_0}} \tag{7-5}$$

$$\delta_H = kh \tag{7-6}$$

$$l_{B_0} = k_H h \sqrt{m^2 + 1} \tag{7-7}$$

$$l_0 = l_B + l_m \tag{7-8}$$

$$l_B = H_B \sqrt{m^2+1} \tag{7-9}$$

$$H_B = h\left(0.47 - 0.023\,\frac{L}{h}\right)\frac{m^2+1}{m^2} - k_B h \tag{7-10}$$

$$v_B = \sqrt{\eta\left[v_A^2 + \left(\frac{gx_B}{v_A}\right)^2\right]} \tag{7-11}$$

$$v_A = n\sqrt{\frac{gL}{2\pi}\tanh\frac{2\pi H}{L}} + h\sqrt{\frac{\pi g}{2L}\coth\frac{2\pi H}{L}} \tag{7-12}$$

$$n = 4.7\,\frac{h}{L} + 3.4\left(\frac{m}{\sqrt{1+m^2}} - 0.85\right) \tag{7-13}$$

$$x_B = \frac{-\dfrac{v_A^2}{m} \pm v_A\sqrt{\dfrac{v_A^2}{m^2} + 2gH_B}}{g} \tag{7-14}$$

$$\eta = 1 - (0.017m - 0.02)h \tag{7-15}$$

式中　　q——动水压力（kN）；

γ_ω——水的容重（kN/m³）；

g——重力加速度（m/s²）；

v_0——在防浪墙处波浪的爬升速度（m/s）；

δ_0——波浪沿堤坡爬升时在防浪墙处的水层厚度（m）；

k，k_H——水分子在堤坡上爬升过程中的动力系数，可根据堤坡坡率 m 由表 7-1 查得。

k_ε——考虑堤坡护面糙率及不透水性的系数，见表 7-3；

h——浪高（m）；

m——堤坡坡率；

l_0——由波浪上边缘撞击堤坡点到防浪墙的斜面（沿堤坡面）距离（m）；

l_m——设计静水面与堤坡交点到防浪墙的斜面距离（沿堤坡面的距离）（m），根据设计要求确定；

l_B——波浪（波舌）上边缘与堤坡撞击点 B 到静水面与堤坡交点的斜面（沿堤坡面）距离（m）；

H_B——波浪（波舌）上边缘与堤坡交点 B 到计算静水面的水深（m）；

k_B——比例系数，可根据堤坡坡率由表 7-2 中查得；

v_B——波浪（波舌）对堤坡 B 点撞击时的最大流速；

v_A——波浪破坏瞬间，波顶处波分子的速度（m/s）；

L——浪长（m）；

n——经验系数；

x_B——波浪顶点到波浪（波舌）上缘与堤坡撞击点的水平距离（m）；

H——堤防前水深（m）；

η——考虑流速减小的系数。

表 7-1 　　　　　　　　　　动力系数 k 和 k_H 值

动力系数		堤坡坡率 m			
		2	3	4	5
k		0.34	0.32	0.29	0.26
k_H	当 $h=1m$ 时	2.15	1.61	1.40	1.20
	当 $h=4m$ 时	3.00	1.75	1.50	1.25

注　表中 h 为浪高（m），当浪高 h 为 1～4m 之间时可按内插法求得 k 及 k_H 值。

表 7-2 　　　　　　　　　　比 例 系 数 k_B

堤坡坡率 m	2	3	3.5	4	5
比例系数 k_B	0.86	0.72	0.64	0.56	0.47

表 7-3 　　　　　　　　　　系 数 k_ε 值

堤坡护面形式	k_ε	堤坡护面形式	k_ε
光滑连续不透水护面（沥青混凝土护面）	1.0	圆形石块的堆石护面	0.60～0.65
混凝土护面	0.9	均匀石块的堆石护面	0.55
砌石（铺石）护面	0.75～0.8	大石块的堆石护面	0.50

防浪墙上的作用力有动水压力 q、墙体自重 G 和堤顶到防浪墙底面高度上填土的土压力 P_P（被动压力），这 3 个作用力对墙底角 A 点所产生的倾覆力矩为 M_c 和稳定力矩为 M_y，则防浪墙的稳定安全系数为

$$K=\frac{M_y}{M_c} \tag{7-16}$$

通常要求 $K\geqslant1.5$。

第三节　土堤的排水（设备）

土堤的排水（设备）是用来降低堤身内的浸润线，防止渗透水流从背水堤坡逸出，以增进堤坡的稳定性。

一、排水应满足的要求

土堤的排水应满足下列要求。

（1）排水应具备足够的排水能力以保证将流向排水体的渗水全部引走，而这种排水能力并不随时间而改变。

（2）不允许随着渗水带走堤身和堤基内的土粒。

（3）保证浸润线的位置不超出背水堤坡，距背水堤坡面的距离应该在当地冰冻深度以下。

（4）排水体应超出背水侧计算水位以上，以保证背水侧水位较高时也能正常工作。

（5）应便于检查和观察排水体的工作情况。

对于高度在 5m 以下的土堤，如果背水堤坡能保证稳定，则可以不设排水体。对于高度比较大的土堤，如若满足下列条件，也可以不设排水体：

（1）土堤位于透水地基上，地基中的地下水位较低；且浸润线位于堤身内，距下游坡面的距离大于冰冻深度。

（2）对于多种土质堤，若堤身下游楔形体的土料与堤身其余部分的土料相比渗透系数

较大，能够起到排水的作用。

（3）在设置防渗体的土堤中，防渗体后面的浸润线位置较低，接近于地面时。

（4）虽然渗透水流从背水堤坡面逸出，但仍能保证不产生渗透变形和背水堤坡的稳定性。

土堤中的排水体一般由两个基本部分所组成：①接受部分：接受渗透水流，保证在渗水流入的同时防止渗透变形的产生；②引出部分：将渗水引出堤身，并输送到背水侧排水沟中。

二、排水的类型

土堤中的排水体有各种各样的形式，根据它在堤身中的位置和结构，可分为内部的、外部的和组合式的几种。

内部排水体由于伸入堤身内较深，因而能有效地降低浸润线，提高下游堤坡的稳定性。但是由于这种排水体伸入在堤身内，因而管理不便，检修比较困难。这种排水体伸入堤内的位置决定于浸润线距下游堤坡的距离（大于冰冻深度），排水体伸入堤身内愈深，则降低浸润线的作用愈大，对冬季情况下（防止冰冻的条件）排水的工作条件愈有利，但此时却增大了排水体附近的渗流梯度，加大了渗透流量。

外部排水体对降低浸润线的作用不如内部排水体，但这种排水体的检修和管理比较方便。

在堤防工程实践中常采用的排水形式有：①棱体排水；②平面排水；③带式排水；④组合式排水（①、②两种排水形式的组合体）；⑤内部石排水；⑥水平的和垂直的管式排水；⑦表面排水等。

每一种排水都有其优缺点，在选用时应该结合堤型、堤身土料、地基的情况、建筑材料的具备情况、施工条件和防护堤的工作条件等具体情况来考虑。在其他条件相同的情况下，排水的形式应该是经济合理的，结构力求简单化，并便于施工。同时应能保证排水在任何情况下（不论是夏季或冬季）都能正常工作，因此在长期冰冻的地区，排水引出部分的出口应采取防寒措施，以保护其免于冰冻。为了更好地将排水中的渗水引走，常常在背水坡脚处设置沿堤轴方向的排水沟，以便将渗水引入排水沟中再排到河道中去。

三、棱体排水

棱体排水是在下游堤坡脚处设置的堆石排水体。

棱体排水是一种使用极广的排水，经验证明，这种排水具有以下优点。

（1）结构比较简单，而且由于它位于堤身的外部，所以施工和检修都比较方便。

（2）由于它位于堤身的背水坡脚处，对堤身起着支撑作用，因此提高了背水坡的稳定性。

（3）在背水侧有水的情况下可防护背水堤坡免于风浪的破坏作用。

（4）不仅对堤身，而且对堤基也都能起到排水作用。

（5）在背水面水位抬高时也能起到排水的作用。

但是棱体排水的体积较大，需要大量的石块和反滤材料，施工工作量也比较大，因此在缺乏石料的地区使用上受到限制。

棱体排水的横断面是一个梯形（图7-8），靠堤一面的边坡坡率一般是1.12～1.5，背堤一侧的坡率是1.5～2.0。实际上排水体靠堤一侧的边坡坡率的选用是不受限制的，主要决定于是否能使浸润线降到所要求的程度，并保证能对堤基起到排水作用，和使施工方便。

棱体排水的顶部宽度应根据结构要求和施工条件来决定，一般取其高度的1/4到1/3，但不小于1m。并应高出背水侧最高计算水位以上（大于风浪爬高），并不小于1m。同时还应保证浸润线距坝坡面的距离大于冰冻深度。

对于棱体排水，应该在两个面上设置反滤滤层，即沿与堤身的接触面和沿地基面。如果堤身与地基的土壤是相同

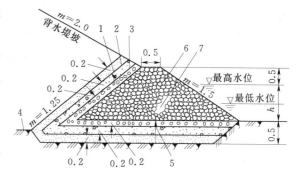

图 7-8 棱体排水（单位：m）

的，则沿这两个面的反滤也是相同的；如果堤身与地基的土壤不同，则沿这两个面的反滤层的层数和相应的颗粒直径（级配）也可以是不相同的。

在缺乏石料的地方，棱体排水也可以采用预制混凝土块体来堆筑。例如明格超乌尔土坝就采用了一种八角形的混凝土预制块来堆筑棱体排水，混凝土预制块的长度为40cm，在预制块横断面的中心有一个直径8cm的圆孔，用来引出渗水。通过该工程数年来的运用认为效果是满意的。

四、平面排水

平面排水也称为褥垫式排水（图 7-9），它是由数层按反滤层的要求平铺在地基面上做成的。

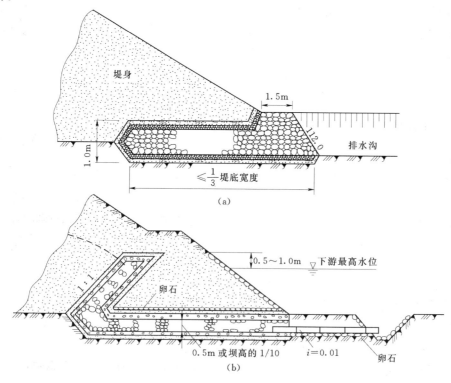

图 7-9 平面排水

这种排水的优点是可以节省石料的用量，而且也较棱体排水的施工简单。因为这种排水是在堤身填筑之前就铺设好的，所以和堤体的填筑不发生干扰，同时还可以在堤体施工的同时就起到排水作用。此外平面排水还可以进行堤基的排水，因此对于黏性土的地基来说，还可以起到降低地基中孔隙水压力的作用。

这种排水特别适用在堤的背水侧无水的情况，但是背水侧发生水位短期抬高的情况下也并不影响到排水的工作，因为在这个时候堤身内的浸润线不会有很大的改变。然而如果背水侧长时间保持有水，则会导致排水失效，因而使浸润线抬高，或者是从堤坡上逸出，从而引起渗透变形和降低了堤坡的稳定性。

水平铺设的平面排水伸入堤身内的深度，一般约为 1/4～1/3 的堤底宽度；排水体的厚度等于各层反滤厚度的总和，考虑到反滤料施工的方便和保证其质量，每层的厚度应不小于 0.15～0.20m。

在水平铺设的平面排水中，实际上起到接受渗水作用的是位于浸润下面的那一部水平排水，而浸润线背水侧的那一部水平排水，只是起到了将渗水引出的作用。根据这个关系，就有可能将后面的一部分水平排水体改成条带状的，于是就变成了图 7-10 所示的带式排水。

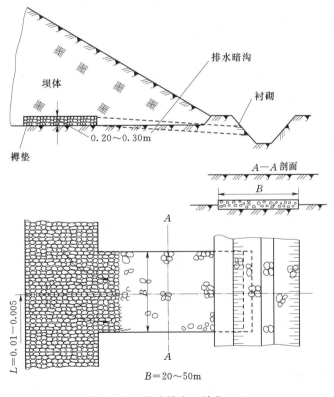

图 7-10 带式排水（单位：m）

因此，带式排水实际上是由纵向排水带（接受部分）和与纵向排水带垂直布置的横向排水带（引出部分）所组成。横向排水带的间距可根据渗水量的大小取其小于或等于 50m，为了能将渗水引出，横向排水带应具有一定的纵坡，而其各层的颗粒组成，可取其与纵向排水带相同。

五、组合式排水

如果将棱体排水和水平排水组合在一起，就成了组合式排水（图7-11）。这种排水具有棱体排水和平面排水两者之优点，因为这种排水的水平排水部分可以伸入到堤身内部，因而对降低浸润线来说是极为有效的，而棱体排水部分又起着支撑背水侧堤坡的作用，改善了堤坡的稳定条件。同时这种组合式排水在背水侧水位增高时也不会使排水的工作中断，因为此时虽然排水体的水平排水部分被淹没，而棱体排水部分仍然可正常工作。

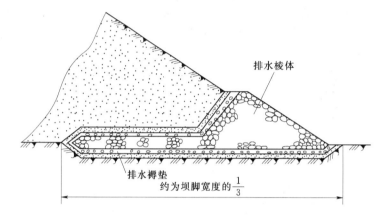

图7-11　组合式排水（棱体排水和平面排水组合）

有时也常将表面排水和棱体排水组合在一起（图7-12），以适应背水侧水位的较大变化。

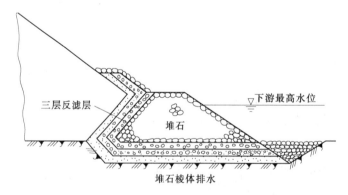

图7-12　表面排水与棱体排水的组合排水

六、水平的管式排水

将带式排水中的纵向排水带和横向排水带用管子来代替，就成了图7-13、图7-14所示的水平的管式排水。

在水平的管式排水中，管子的四周包裹着反滤，以防进入管子中的渗水将堤身土粒同时携入。纵向排水管是平行背水坡坡脚布置的，并与坡脚保持一定距离，这一距离视所需

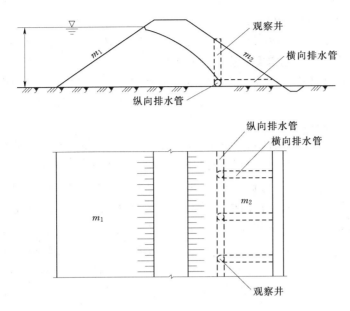

图 7-13 水平管式排水布置图

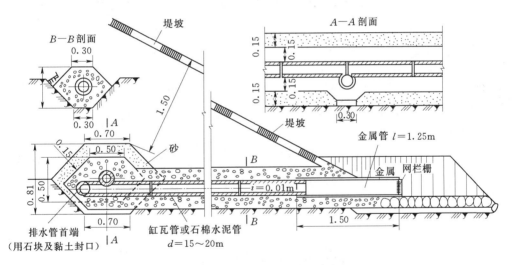

图 7-14 水平管式排水结构图（单位：m）

要降低浸润线的情况而定，并保证浸润线到下游堤坡面的距离大于冰冻深度。横向排水管垂直纵向排水管布置，其间距一般不超过50m。此时，渗透水通过纵向排水管管子四周的孔洞或切口进入管中，当管节较短时，则通过管端接缝进入管中，然后再汇集到横向排水管内，通过横向排水管排出。

管式排水中的管子可采用缸瓦管、混凝土管、钢筋混凝土管、石棉水泥管和木管。采用金属管的比较少，采用石棉水泥管的比较多，因为石棉水泥管比较容易切断和钻孔，价格比较便宜，对腐蚀作用比较稳定，但其缺点是抵抗冲击荷载的能力比较差。

在采用石棉水泥管的情况下，接受管（纵向管）管壁四周的渗水孔的直径一般在1cm以内，采用交错排列的布置方式，在1m管长上孔洞的数目决定于孔洞的直径，一般不少

251

于 60 个。管子的接头则采用套管。

在水平的管式排水中，纵向排水管也应具有一定的纵坡，以利于流水。排水管中的水流都设计成无压流，管中充水度不应超过管径的 80％（即 0.8d），水流速度不大于 3m/s。管子的直径根据水力计算按排洩最大渗水流量来确定。对于纵向排水管来说，沿管长的流量是变化的，最大流量发生在纵向排水管和横向排水管的交叉断面处。最后，管子的直径还应考虑到生产和检修的条件。

当堤的长度较大，且水头超过 10m 时，在纵向排水管和横向排水管的接头处，有时设置直通堤面的垂直观察井。观察井的内径可采用 90～100cm，间距为 50～100m。

在无观察井的情况下，纵向排水管和横向排水管的连接如图 7-14 所示。此时横向引出管放在纵向接受管的下面，在两根管子的接头处设有孔洞，渗透水则通过孔洞由纵向排水管进入横向排水管。在与纵向排水管接头处的横向排水管的端口，可用浆砌块石封堵。在采用石棉水泥管的情况下，考虑到石棉水泥管比较脆，受外力作用易于碎裂，因此在横向引出管伸出堤坡的 2m 长的一段内，采用内径比石棉水泥管的外径大的金属管或钢筋混凝土管，将金属管或钢筋混凝土管套在石棉水泥管上，套合处的环形接缝用不透水填料堵塞。

如若用堆石棱柱体代替管子作为排水体，就变成了内部的石排水，如图 7-15 所示。

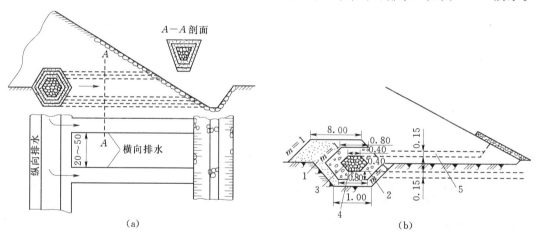

图 7-15 内部石排水（单位：cm）

1—砂；2—砾石；3—卵石或粒径为 80～100cm 的石块；4—纵向排水沟；5—横向排水沟（集水沟）

石棱柱体的四周设有反滤，一般是多层反滤（2～3 层），以防渗水将堤身和地基内的土粒携出，引起渗透变形。在这种排水中，纵向排水和横向排水是在同一个平面内，但各具有一定的纵坡，以利于流水。这种形式的排水的缺点是易于堵塞，且不便于检修。

上述各种设在堤体内的水平排水，都适用在浸润线的位置较低、渗透流量不大以及堤的背水侧无水的情况下。如果堤的背水侧有水，但水位比较稳定，则这种排水应布置在背水侧计算水位以上，以免横向排水的出口被淹没。如果背水侧水位不稳定，而且变化幅度比较大，则这种排水就不适用，因为这时排水往往容易被水淹没而失效。

设在堤身内部的水平排水是一种比较经济的排水形式，适用于中小高度的土堤工程中。

七、表面排水

表面排水又称为贴坡排水，是在土堤的背水边坡上，设置多层反滤（见图 7－16），用以防止堤身土粒随渗水携出。反滤的顶部应超出浸润线在堤坡上的逸出点（也就是浸润线与堤坡的交点）。在背水侧有水，并可能产生风浪的情况下，反滤层的顶部应高于背水侧水位和超出风浪的爬高，并且在反滤层的表面用块石等材料做成护面，加以保护。

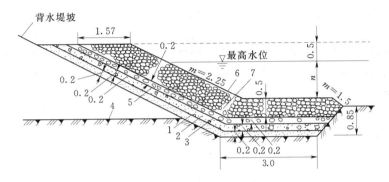

图 7－16　表面排水（单位：m）

1—砂；2—砾石；3—卵石或碎石；4—地基面；5—反滤层；6—表面排水；7—堆石

表面排水对降低堤身浸润线的位置来说不起作用，而只能起到保护堤坡免受下游风浪的作用和不致引起渗透变形。但是这种排水也具有许多优点，例如施工比较方便，造价比较低，在运用过程中便于观察和维修。

八、反滤

在渗透水流进入排水体的范围内，渗流的水力梯度在逐渐增加，为了防止发生渗透变形，排水体（主要是排水的接受部分）的四周要用反滤来进行保护。反滤是用砂、卵砾石或碎石铺筑成的多层的层状体，其粒度的变化是按渗流的方向各层逐渐增大，其颗粒组成应该是渗透水能自由地排出，但被保护的土粒却不能被渗水携出，同时还应使得这一层的反滤料不能通过另一层反滤。

根据渗透水流的排出条件，排水体中所采用的反滤可以分成 3 种类型。

（1）反滤位于被保护土层的下面，被保护土与反滤的接触成水平状的或倾斜状的，渗透水流自上向下流经反滤。

（2）反滤位于被保护土层的上面，被保护土与反滤的接触成水平状的或倾斜状的，渗透水流基本上是自下向上流经反滤。

（3）被保护土与反滤的接触成水平状的或倾斜状的，渗透水流顺着反滤层通过。

排水设备中的反滤料应该是能抗冻的和不溶于水的，一般最好采用火成岩。在砂土及其与卵石和碎石的混合料中，粒径 $d < 0.1mm$ 的颗粒的含量按重量计不应大于 $3\% \sim 5\%$。

对于机械性质相同的土（不均匀系数 $C_u = 1$）用作反滤材料是最理想的，因为用这种材料做的反滤比较容易做到被保护的土的土粒不通过各层反滤。但是，在天然条件下颗粒均匀的土料是很少的，因此往往需要经过人工筛分才能取得。在实际工程中，由于反滤料的用量很大，要通过人工筛选的方法来取得反滤料往往是不可能的，也是不经济的。因此，在一般情况下必须采用由不同粒径的土粒所组成的混合料来修筑反滤，因为这种土料在天然土料场中是比较容易得到的。

第四节　土堤的防渗设备

一、防渗设备的材料和形式

所谓土堤的防渗设备，就是用透水性比较小的材料在堤身和堤基内做成的防渗体，用以减小通过堤身和堤基的渗透流量，降低渗流的水力坡降和堤身内的浸润线位置。

根据防渗设备工作条件的要求，防渗设备应该满足下列条件。

（1）较好的不透水性，以便能起到降低堤身内浸润线位置。一般认为，作为防渗设备的材料的渗透系数应该比堤身其他部分的材料的渗透系数小 50 倍以上，否则就不能有效地起到防渗的作用。

（2）渗流稳定性，特别是在渗流过程中不会产生细小土粒的冲刷。

（3）可塑性，以便能在最大限度内适应堤身和堤基的变形而不至于产生裂缝。

防渗设备的材料通常有塑性材料和刚性材料两种。塑性材料有：黏土、黏壤土、黏土混凝土和泥炭土等；刚材料有：混凝土、钢筋混凝土、浆砌石、木料和金属等。也有将塑性材料和刚性材料结合使用的。

在选择防渗设备的材料时，必须根据因地制宜的原则尽量采用当地材料，只有在附近缺乏适宜的材料（主要是土料）的时候才转而采用其他材料。

作为堤身和堤基的防渗设备通常有：堤身防渗设备——心墙和斜坝；堤基防渗设备——齿槽、板桩墙、铺盖和齿墙及板桩或者铺盖及板桩（或齿墙）的结合形式。对于修建在深度较大的透水地基上的土堤，近来也常采用混凝土防渗墙和灌浆帷幕等防渗措施。

图 7-17 表示地基防渗措施的示意图。

二、土堤的一般防渗设备

土堤堤身和堤基中的防渗设备在大多数情况下都采用塑性材料来修筑。设在堤基中的防渗设备一般沿堤轴线布置或略靠迎水侧一些，但不能靠迎水侧堤脚太近，以免渗流绕过防渗体直接从堤坡面流入堤基。

在透水堤基中设置什么样的防渗设备和设置此种防渗设备的可能性，主要决定于透水层的深度、防渗设备的形式和材料、施工条件和施工设备以及透水地基中土的级配情况等因素。

对于用塑性材料（黏土、黏壤土、黏土混凝土等）做的齿墙（齿槽），一般可以使用在深度为 15～20m 以内的透水地基中，因为深度再大，地基透水土层的开挖和齿墙土的回填都比较困难。但是在近几年的坝工实践中，在我国的某些土坝工程中曾经在深度达 26～27m 的透水地基中也成功地使用过防渗齿墙。

木板桩一般只使用在 5～6m 深度的透水地基中，对于含有大石块的砂卵石地基，使

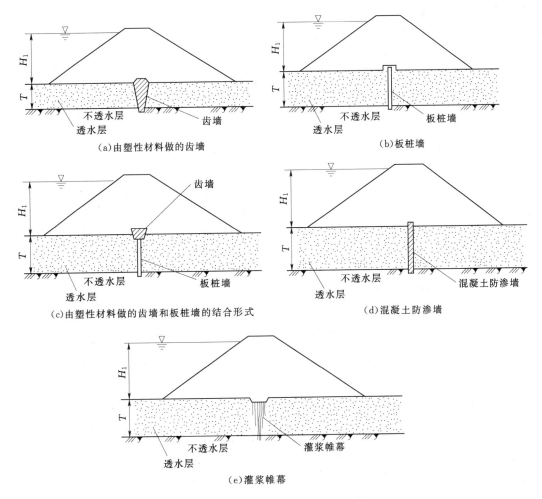

图 7-17　透水地基上土堤的防渗措施图

用木板桩是不适宜的。当透水层的深度较大时，则可以使用钢板桩，这种板桩的使用深度可达 20m 左右。对于透水的岩石地基，则多采用水泥灌浆帷幕的防渗措施。

当透水地基的深度较大，不可能采用上述防渗措施时，也常常采用在透水地基表面敷设铺盖的防渗措施。

齿墙的底部宽度除应满足防渗要求外，还应满足施工时场地宽度的要求，一般要求其水力梯度为 3～5。齿墙的底部应插入不透水层内，其深度不小于 0.5～1.0m。齿墙两侧开挖沟槽的边坡，应满足施工期间的稳定要求。当齿墙和堤身采用不同土料填筑时，若齿墙土料的渗透系数较堤身土料小，则齿墙的顶面应高于堤底面以上，其插入深度应不小于 0.75m。

板桩的底部也应楔入不透水层内，其最小深度为 0.5m。板桩的顶部应伸入堤身内，其深度对于较低的堤为 0.5m，对于较高的堤为 1～1.5m。

塑性心墙一般布置在堤轴线上［图 7-18（a）］，或者是布置在迎水侧堤肩线上［图 7-18（b）］。从降低堤身内的浸润线和增加背水侧堤坡的稳定性来说，心墙轴线愈向迎水侧移动愈好。但是移动距离太大时心墙的顶部就可能超出迎水侧堤坡面，为了避免发生这种情况，也可以将心墙做成折线形的，如图 7-18（c）所示。

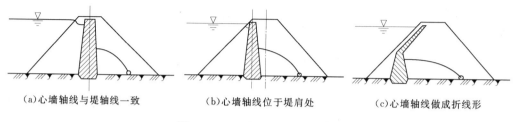

（a）心墙轴线与堤轴线一致　　　　（b）心墙轴线位于堤肩处　　　　（c）心墙轴线做成折线形

图 7-18　心墙在堤身中的位置

心墙的尺寸决定于土料的性质和施工条件。对于中等高度和高度较大的土堤，心墙的尺寸常常用心墙最危险渗流截面（一般近似地取心墙背水面浸润线高程处的心墙截面）的水力梯度来衡量。

心墙的横断面一般是梯形，从顶部向基础部分逐渐加宽。心墙的顶部宽度通常由1.0m（对于较低的堤）到 1.5m（对于较高的堤）。如果筑堤地点附近有足够的适合于修筑心墙的土料，则心墙的尺寸可以适当加宽，以便于施工。因为当心墙尺寸较小时，心墙的施工就需要特别仔细，以至有时需要采用人工夯实的办法，以免心墙两侧的透水土料混杂到心墙中去，影响到心墙的质量，降低了防渗能力。心墙两侧的边坡坡率可以在 $\frac{1}{6}\sim$ $\frac{1}{12}$的范围内，在基础断面处心墙的有效厚度应不小于堤前正常水头的$\frac{1}{6}$。

心墙的底部应伸入不透水地基中，并做成齿槽的结合形式［图 7-19（a）］，其深度

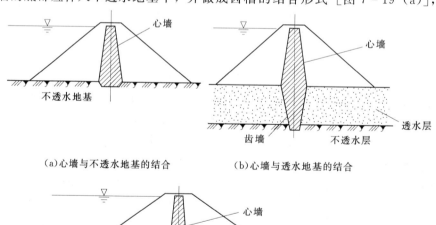

（a）心墙与不透水地基的结合　　　（b）心墙与透水地基的结合

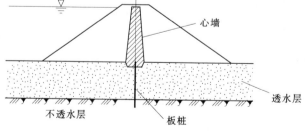

（c）心墙和板桩的组合形式

图 7-19　心墙与地基的结合形式

应不小于 0.5m。如果地基是透水土层，此时应将心墙底部延伸，做成齿墙的形式穿过全部透水层直达不透水层［图 7-19（b）］，其伸入不透水层中的深度应不小于 0.5m。如果地基透水层深度较大，不可能采用修筑齿墙的方式来直达不透水层，此时可采用齿墙与板桩的结合方式［图 7-19（c）］。

心墙与岩基的结合常采用混凝土齿垫的形式，心墙的底部坐落在混凝土齿垫上，因此齿垫的上部宽度应等于心墙的底部宽度，齿垫嵌入岩石的深度决定于岩石的质量，如果基岩表面存在软弱的风化岩层，则齿垫应穿过整个风化岩层而坐落在新鲜岩石上。对于裂隙较多的岩石，在齿垫的底部应进行水泥灌浆，做成防渗帷幕。图 7-20 中表示心墙与基岩的结合方式。

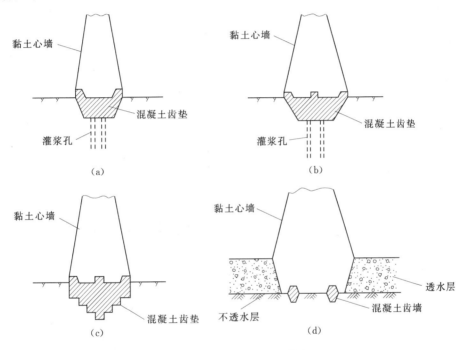

图 7-20 心墙与岩基的结合

心墙的顶部应位于水域最高水位以上，考虑到风浪引起的壅水高度的影响，其超高值，对于较低的堤为 0.3m，对于较高的堤为 0.75m。为了防止心墙顶部由于土的毛细管上升作用而使水渗到堤顶面，心墙的顶部应该用透水性较大的土料（不产生毛细管作用）覆盖，而且心墙顶面到堤顶面的距离应大于冰冻深度，以免心墙因冻溶作用而使土质松软。

斜墙多布置在靠近土堤迎水侧堤坡面处，以降低堤身内浸润线的位置，提高背水侧边坡的稳定性。斜墙的横断面也是做成从顶部向底部逐渐加厚的形式，其尺寸也是根据允许的水力梯度和施工条件等因素来决定。根据结构上的要求，斜墙的顶部厚度（按垂直于斜墙边坡面计算）不应小于 1.0m，底部厚度对于较低的堤不应小于 2m，对于较高的堤不应小于 3m。同时，斜墙的厚度应不小于堤前正常水头的 $\frac{1}{10}$。

考虑到风浪在边坡上爬高的作用，斜墙的顶部应高出水域最高水位，对于较低的堤不应小于 0.5m，对于较高的堤不应小于 1.0m。斜墙顶部距堤顶面的距离应大于冰冻深度。为了保护斜墙免受冰冻和其他机械破坏作用，沿整个斜墙的表面应该用砂土或砂卵石土进行覆盖，在覆盖层的表面再修筑护坡。斜墙表面覆盖层可以做成等厚度的或变厚度的（顶部薄，底部厚），沿垂直边坡面计算，其最小厚度为 1.25～2.50m。

斜墙外坡（迎水坡）的坡率应保证保护层（即覆盖层）沿斜墙表面的滑动稳定性，斜墙内坡（背水坡）坡率应保证斜墙连同保护层沿堤身边坡面的抗滑稳定性。如果斜墙背水侧堤身是大颗粒土，则斜墙和堤身之间应设置反滤过渡层，以防斜墙发生渗透变形。如果堤身是砂土、砂壤土或其他细颗粒土料，则斜墙和堤身之间可以不设反滤。

斜墙和不透水地基的结合多采用齿槽结合［图 7 - 21（a）］，齿槽的深度不小于 0.5m。如果堤基为透水地基，且其深度在实际开挖可达深度范围内，则也可以采用齿槽的结合形式，此时齿槽穿过地基透水层，直达不透水层，并伸入不透水层 0.5m。齿槽的底部宽度应满足施工的要求。

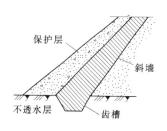

（a）在不透水土基上斜墙与地基的结合

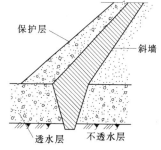

（b）在不深的透水地基斜墙与地基的结合

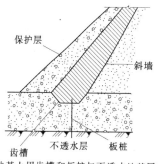

（c）在透水地基上用齿槽和板桩与不透水地基层的结合

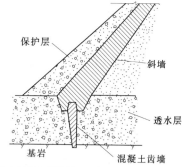

（d）在透水地基上用齿槽和混凝土齿墙与基岩的结合

图 7 - 21 斜墙与地基的结合

如果堤基为透水层，不透水层在实际可达深度，则也可以采用齿槽和板桩的结合形式［图 7 - 21（b）］，或者当不透水层为基岩时采用齿槽和混凝土墙的结合形式［图 7 - 21（c）］，此时板桩和混凝土墙的一端伸入齿槽中，另一端插入不透水层中。混凝土墙伸入齿槽的深度不小于 0.5m，混凝土墙插入基岩的深度视岩石的质量而定，一般不小于 0.5m，如果岩石上部是风化层，则应穿过风化层直达新鲜岩石。

如果堤基透水层较深，采用其他防渗措施有困难时，则常采用水平铺盖来降低透水地基的渗透流量和堤身内的浸润线。铺盖常常和斜墙及心墙结合使用，形成一个连续的不透水层，如图 7-22 所示。

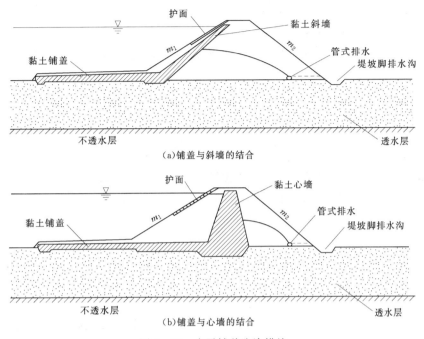

图 7-22 水平铺盖防渗措施

  铺盖的长度决定于堤前水头 H，一般不大于（5~6）H。实践经验指出，铺盖的长度如果超过上述范围继续增加，则其削减水头的作用并不能随铺盖的长度按比例增加。铺盖的厚度应满足结构上的要求，并且不超过允许的水力梯度，根据结构要求，对于较低的堤，铺盖迎水端的厚度不应小于 0.5m，对于较高的堤不应小于 1.0m，允许的水力梯度一般为 4~6。斜墙与铺盖结合的地方应适当加厚，以适应不均匀沉陷的影响。为了保护铺盖免受冰冻影响和其他机械作用的破坏，铺盖的表面应该用砂土或砂卵石土覆盖，覆盖厚度不应小于 1.25~2.5m。当铺盖下面的透水地基为大颗粒的土壤时，为了防止产生渗透变形，铺盖和地基面之间应设置反滤。

  对于修建在多泥沙河流上的土堤，可以考虑采用天然淤积的铺盖作为透水地基的防渗层。实践证明，这种铺盖也能起到良好的防渗效果。

  为了保证塑性材料修筑的防渗体具有一定的不透水性和密度，心墙、斜墙和铺盖的填筑土料应该采用分层填筑辗压的办法进行施工，填土层厚度决定于设计所要求的密度、土的塑性指数和含水量，施工方法和施工设备等条件。对于黏性土料，每层的填筑厚度一般在 0.15~0.3m。对于非黏性土，填筑层厚度比较大，可达 0.5~1.0m，主要决定于土的级配情况。

第五节 堤坡的护面

一、护面的作用及其种类

  土堤的边坡一般都采用护面来进行保护，以防其在各种外界因素的作用下而发生破坏。

外界因素对土堤迎水坡的作用有：

（1）沿堤坡面的纵向水流的作用。

（2）风浪沿堤坡面滚动和卷起时对堤坡面或对护面结构与堤坡接触面以及护面块体接缝中的水流运动。

（3）由于风或者是行船而引起的浪对堤坡面所产生的浪击作用。

（4）风浪沿堤坡面爬升时水中漂浮物和冰块对堤坡的冲击力。

（5）在结冰的情况下由于气温的变化冰盖对堤坡面产生的静压力，以及当冰盖和堤坡面冻结在一起时在水域水位发生变化的瞬间冰的拉脱作用。

对于背水堤坡主要有降雨对堤坡的冲刷作用，温度变化对堤坡的冻融作用和干裂作用，风对堤坡的侵蚀作用。当背水侧有水时还有风浪和冰冻对堤坡的作用等。

上述这些作用力可能单独出现，也可能其中某几个同时出现，在设计护面时就需要考虑这些情况。

对于迎水坡护面，波浪沿堤坡面爬升而遭到破坏时的浪的冲击力和扬压力是基本的作用力。而沿堤坡面的纵向水流、冰的冲击作用等，是属于次要的力。对于寒冷地区，冰的静压力的数值是相当大的，但是如果在结冰时期能在堤坡前保持一个不冻区，那么这一影响就可以不考虑。在设计护面下面的反滤层时，应考虑沿护面接缝和沿护面与堤坡面接触面流动的水的作用。

对于背水坡护面，主要考虑的因素是雨水的冲刷和温度变化的影响。在土堤背水侧有水的情况下，在水位可能变化的范围内，护面的结构可以做得和迎水坡一样，因为在这些部位的受力情况和迎水坡面是一样的。

护面的结构形式不仅影响到所保护的边坡能否免遭破坏，而且也影响到护面本身的耐久性。在堤防建设实践中创造了各种各样的护面形式和结构，护面材料除了石料、混凝土、钢筋混凝土外，近年来沥青混凝土也在堤防建设中得到了逐步推广。对于较低的土堤，也有采用生物护面的。

归结起来，土堤的护面有下列几种：①块石护面；②整体的钢筋混凝土护面；③装配式钢筋混凝土护面；④沥青混凝土护面；⑤生物（草皮和植草）护面；⑥柴排护面；⑦其他护面。

在选择土堤的护面时，必须考虑到护面的实际使用条件，例如由于迎水侧和背水侧堤坡护面的使用条件不一样，所以护面的形式和结构也可以不一样。并且应当尽量采用当地材料，以贯彻节约的精神。此外，护面的结构也应该简单，使得施工比较方便，并且可以加快施工进度。

二、块石护面

块石护面是各种护面形式中使用最广的一种，因为这种护面具有许多优点，例如能够就地取材，可以全年进行施工，不受气候条件的影响；在发生局部破坏时修复工作比较容易；同时这种护面具有一定的柔性，能适应堤身的不均匀沉陷和局部冲刷所引起的变形。此外，在采用堆石形式的护面时还可以在水中进行护面。但是这种护面也存在一些缺点，例如护面往往需要较大的块石，因此搬运和砌筑工作都比较困难；同时这种护面采用机械化施工也比较困难；因此往往需要大量的劳动力和熟练的石工。

块石护面的石料应满足强度、抗冻性和抗水性条件。一般可采用火成岩、变质岩和均质坚实的砂岩。

石料最好采用块状的，形状接近于多边棱体和截锥体。块石的上下面应大致平行，侧面没有突出部分，以便于砌筑时石块和石块之间可以互相贴紧。对于圆滑的石块最好能成卵形，便于立砌。对于堆石，则可采用任何形状的石块，但是最好是石块的侧面没有尖角突出，因为这种石块彼此间不易结合紧密，因此影响到护面本身的稳定性。

根据块石护面中石块的砌筑方法的不同，块石护面可分为：①堆石；②在梢格内堆石；③单层和双层砌石；④在梢格内砌石；⑤在混凝土框格中砌石。

（一）堆石护面

这种护面一般是由未经挑选的石料堆筑成的，所以石料的大小可能是各式各样的，但是在这种石料中，相当于计算所要求的尺寸和大于该尺寸的石料按重量计应占 50%，小于计算尺寸 $\frac{1}{4}$ 的石料占 25%，剩下的是处于上述尺寸之间的石料。

堆石的底面和堤坡面之间应设置单层的或多层的垫层，其规格按反滤层的要求来设计。单层垫层的厚度应不小于 0.2m，多层垫层中每一层的厚度约 0.20～0.30m（图 7-23）。

堆石护面的另一种形式就是在梢格内堆石，这是在堤坡的表面首先用柳梢做成框格，然后在框格内填石。对于高度不大的和砌护面积不大的土堤，采用这种形式的护面是合适的。

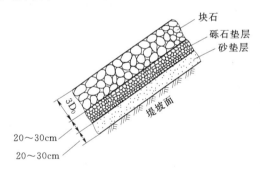

图 7-23 堆石护面

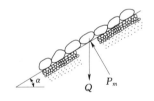

图 7-24 护面石块的作用力图

块石护面的石块尺寸应能抵抗风浪在堤坡面爬升时所产生的拔脱力的作用而保持稳定，如图 7-24 所示，若石块在水中的重量为 Q，作用在石块单位积上的拔脱力为 P_m，则根据平衡条件可得

$$Q\cos\alpha = \omega P_m \tag{7-17}$$

式中 α——坝坡角；

ω——承受拔脱力作用的石块面积；

P_m——作用在单位面积上的拔脱力，对于堆石为 $0.21h$，对于砌石为 $0.178h$（h 为浪高）。

如若石块的体积为 V，石块的容重为 γ_k，水的容重为 γ_ω，则式（7-17）也可写成

$$V(\gamma_k - \gamma_\omega)\cos\alpha = \omega P_m \tag{7-18}$$

或

$$V = \frac{\omega P_m}{(\gamma_k - \gamma_\omega)\cos\alpha} \quad\quad\quad (7-19)$$

当将石块折算成球形时，则 $V = \frac{\pi D_\omega^3}{6}$，$\omega = \frac{\pi D_\omega^2}{4}$。将上述 V 及 ω 值代入式（7-19），则得石块的折算直径 D_ω 为

$$D_\omega = \frac{1.5 P_m}{(\gamma_k - \gamma_\omega)\cos\alpha} \quad\quad\quad (7-20)$$

因为 $\cos\alpha = \frac{m}{\sqrt{1+m^2}}$（式中 m 为堤坡坡率），故式（7-20）又可写成

$$D_\omega = \frac{1.5 P_m}{(\gamma_k - \gamma_\omega)m}\sqrt{1+m^2} \qu\quad\quad (7-21)$$

式（7-21）即为块石护坡中石块的最小直径。

对于采用混凝土板块（小尺寸的混凝土板）的护坡，由于混凝土板块的体积 $V = \omega t$（其中 ω 是板块的面积，t 是板块的厚度），因此混凝土板块的厚度 t 为

$$t = \frac{P_m}{(\gamma_k - \gamma_\omega)m}\sqrt{1+m^2} \quad\quad\quad (7-22)$$

比较式（7-21）和式（7-22）可知，采用石块护面的厚度约为混凝土板块厚度的 1.5 倍。

如果堆石护面中单个石块重量为 Q_k，石块的容重为 γ_k，则石块的折算（成球形的）直径为

$$D_0 = \sqrt[3]{\frac{Q_k}{0.5024\gamma_k}} \quad\quad\quad (7-23)$$

为了保证堆石护面的可靠工作，一些人建议堆石护面的厚度应等于上述折算直径 D_w 的几倍，即如果堆石护面中的石料是采用未经分选的石料，则堆石护面的厚度不应小于 $3D_0$；如果堆石护面中的石料是采用经过分选的石料，则堆石护面的厚度应不小于 $2.5D_0$。

在实际设计工作中，堆石的尺寸常根据经验公式来确定，这些经验公式都是在实验研究的基础上得到的。由于实验方法和条件的不同，因此所得到的公式彼此也是不同的。但是，这些公式的基本结构一般都是采取石块的重量 Q_k 和浪高 h 的三次方成比例的关系式，并且在公式中引入一个数字系数来反映试验的具体条件。

计算堆石护面上层石块重量的经验公式很多，下面列举其中通用的一部分。

第一式：

$$Q_k = 720\gamma_\omega \frac{\gamma_k h^3}{(\gamma_k - \gamma_\omega)^3}\left[\frac{\sqrt{1+m^2}}{m(m+2)}\right]^3 \quad\quad\quad (7-24)$$

式中　Q_k——堆石中单个石块的重量（kN）；

　　　γ_k——石块的容重（kN/m³）；

　　　γ_ω——水的容重（kN/m³）；

　　　h——计算的浪高（m）；

m——堤坡坡率。

当浪长较大，即 $\dfrac{L}{h} > 15$ 时（L 为计算的浪长），应该用系数 850 代替式中 720。

第二式：

$$Q_k = 100\eta\gamma_\omega \dfrac{\mu\gamma_k h^2 L}{(\gamma_k - \gamma_\omega)^3 \sqrt{1+m^3}} \qquad (7-25)$$

式中　Q_k——石块重量（kN）；

μ——系数，对于堆石护面，取 $\mu = 0.017$；对于砌石护面，取 $\mu = 0.025$；

η——安全系数，对于用分选过的石块做的堆石护面，$\eta = 1.5$；对于用未分选过的块石做的堆石护面，$\eta = 2.0$；

γ_k——块石容重（块石重度，kN/m³）；

γ_ω——水的容重（水的重度，kN/m³）；

h, L——计算的浪高和浪长（m）；

m——堤坡坡率。

第三式：

$$Q_k = 30\eta\gamma_\omega \dfrac{\gamma_k h^3}{(\gamma_k - \gamma_\omega)^3 m^{1.83}} \qquad (7-26)$$

式中　η——安全系数，决定于浪高值，按表 7-4 查得。

表 7-4　　　　　　　　　　　安 全 系 数 η 值

浪高 h（m）	0.5 以下	0.5～1.5	1.5～5.0	5.0 以上
安全系数 η	1.2	1.3	1.4	1.5

第四式：

$$Q_k = 250 h^3 \dfrac{\gamma_k}{(\gamma_k - \gamma_\omega)^3} \left(\dfrac{1}{m-0.8} - 0.15\right) \qquad (7-27)$$

第五式：

$$Q_k = 100\mu \dfrac{h^3 \gamma_k}{(\gamma_k - \gamma_\omega)^3} \left(\dfrac{\sqrt{1+m^2}}{m-1}\right)^3 \qquad (7-28)$$

式中　μ——系数，对于堆石护面，$\mu = 0.015$，对于混凝土块体的堆筑护面，$\mu = 0.019$。

第六式：

$$Q_k = \left(\eta d_0 h \dfrac{\gamma_B}{\gamma_k - \gamma_\omega}\right)^3 L\gamma_k \qquad (7-29)$$

式中　η——安全系数，根据建筑物的重要性等级采用：Ⅰ级建筑物为 1.5；Ⅱ级建筑物为 1.4；Ⅲ级建筑物为 1.3；Ⅳ级和Ⅴ级建筑物为 1.2；

d_0——石块的折算尺寸，根据边坡坡率 m 值按表 7-5 采用。

表 7-5　　　　　　　　　　　d_0　值　表

m	2	3	4	5	6
d_0	0.13	0.11	0.10	0.09	0.09

第七式：

$$Q_k = \eta \frac{8-1.4m}{1000}\gamma_w h^2 L \qquad (7-30)$$

式中 η——安全系数，当边坡坡率 m 为 5～2 时，对于用分选过的石块做的堆石护面，η 取 1.0～1.25；对于用未分选过的块石堆筑的堆石护面，η 值应增大两倍。

为了使计算简便起见，上述公式中取决于边坡坡率 m 值的各乘数值列于表 7-6 中。

表 7-6　　　　　　　　　　　　　　取决于 m 的各乘数值

m	1.5	2.0	2.5	3.0	3.5	4.0	5.0
$\dfrac{\sqrt{1+m^2}}{m\,(m+2)}$	0.34	0.28	0.24	0.21	0.19	0.17	0.15
$\left[\dfrac{\sqrt{1+m^2}}{m\,(m+2)}\right]^3$	0.039	0.022	0.014	0.0093	0.0069	0.0049	0.0034
$\dfrac{\sqrt{1+m^2}}{m}$	1.20	1.12	1.07	1.05	1.04	1.03	1.02
$\dfrac{1}{\sqrt{1+m^3}}$	0.48	0.33	0.24	0.19	0.15	0.12	0.09

为了对上述计算公式作一比较，现将在相同原始资料情况下计算得的结果列表 7-7 中。

表 7-7　　　　　　　　　各公式计算得的石块重量对比表　　　　　　　　　　单位：kN

计算公式	边坡坡率 m						
	1.5	2.0	2.5	3.0	3.5	4.0	5.0
第一式	2.45	1.38	0.88	0.58	0.44	0.31	0.21
第二式	1.49	1.08	0.79	0.62	0.48	0.39	0.29
第三式	1.25	0.74	0.49	0.35	0.26	0.21	0.15
第四式	1.92	1.02	0.81	0.46	0.33	0.24	0.13
第五式	6.18	1.48	0.76	0.53	0.40	0.34	0.27
第六式	—	0.97	—	0.59	—	0.44	0.32
第七式	0.88	0.78	0.67	0.57	0.46	0.36	0.15

表 7-7 中所列各计算值均是在 $\gamma_k = 24\text{kN/m}^3$，浪高等于 1m，浪坡率 $\varepsilon = \dfrac{h}{L} = 1/15$，安全系数 $\eta = 1$ 的情况下计算得的。

由表 7-7 中可以看出，在边坡较陡的情况下，各公式计算结果之间的差别就比较大，例如当 $m = 1.5$ 时，第五式和第七式计算得的石块重量相差达 7 倍。随着边坡坡率的逐渐增加，各公式计算结果之间的差别也随之减小，在一般土堤常用的边坡坡率范围内，对于大部分公式来说计算结果之间的差别是不大的。例如在边坡坡率 $m = 2.5$ 和 $m = 3.0$ 时，除第三式外，其余各式的计算结果是不大的。随着坡度逐渐变缓，也就是边坡坡率 $m \geqslant 5$ 时，各式计算得的石块重量的差值又逐渐增大。同时根据各公式的实验条件，大部分公式

适用在边坡坡率 m 为 $2\sim5$ 的范围内。

在设计中选用哪一个公式来计算堆石的石块重量，应该分析和比较具体的条件。例如，由于不仅是浪的高度，而且浪的长度也影响到石块的重量，因此当浪的坡率 ε 变化比较大的水域，计算堆石石块重量时倾向于采用第二式，因为这个公式中考虑了浪的坡率这个因素。

在第六式中，由于石块的重量是与浪高的 4 次方成比例，所以当浪高值较大时计算得的石块重量就偏大一些。

对于第七式，当边坡坡率 m 在 $2.5\sim3.5$ 的范围内时，计算得的石块重量值接近于其他公式的结果，但是由于这一公式在结构上的特点，当边坡坡率 $m>5.71$ 时计算结果就将得到负值，这显然是不合理的。同时，在这一公式中也没有考虑到石块容重这个因素。

在第五式中，由于没有反映出浪坡率的影响，所以一般最好用在浪长较大的情况。

在一般情况下，对于中小高度的土堤，在计算堆石的石块重量时可以采用第一式和第二式。

表 7-8 是国外一些堤坝工程中常用的堆石护面的尺寸。

表 7-8　　　　　　　　　　堆石护面的尺寸

护面部位		最大浪高（m）	最大石块重量（N）	石块折算直径（m）	层厚（m）
堆石层		$0.00\sim0.31$	453.5	0.20	0.31
		$0.31\sim0.61$	907.0	0.25	0.38
		$0.61\sim1.22$	2267.5	0.31	0.46
		$1.22\sim1.83$	6802.5	0.38	0.61
		$1.83\sim2.44$	11337.5	0.46	0.76
		$2.44\sim3.05$	18140.0	0.61	0.91
垫层	单层	$0.00\sim1.22$			15.24
		$1.22\sim2.44$			22.86
		$2.44\sim3.66$			30.48
	双层	每层厚度不小于15cm			

（二）砌石护面

砌石护面是将石块一块一块在堤坡上铺砌而成，因此石块和石块之间彼此挤紧，所以就提高了护面的稳定性，因此这种护面的厚度也较堆石护面为小。

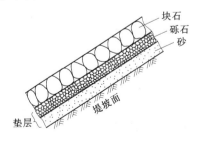

图 7-25　单层砌石护面

砌石护面可以做成单层砌石（图 7-25）和双层砌石，如果护面的计算厚度不大于 0.35m，多采用单层砌石；如果护面的计算厚度大于上述尺寸时，则可采用双层砌石。

砌石护面的石块可采用毛石或块石，石块长短边的比例约为 2:1，这种石块在砌筑时可以使石块的长边垂直于边坡坡面线，以提高护面的稳定性。考虑到砌石护面中如要求所有石块的尺寸都符合计算的尺寸是困难的，因此一般允许有 25％ 的石块可以小于计算尺寸，但是在砌筑时应该使这些小石块沿护面均匀分布，而不能集中在一起。

在砌石层的下面应该设置单层或多层的垫层。实践证明，设置必要的垫层，并保证垫层的施工质量和一定的设计厚度，对提高护面抵抗风浪作用的能力是非常重要的。

对于砌石护面，如果护面中的一两块石块脱落，则会波及到周围石块的稳定，以致使护面发生进一步的破坏。为了避免这一缺点，可以采取在框格中砌石的办法，因为在这种情况下如果护面发生局部脱落和破坏，其影响也只在一个框格之内，而不至于扩大到护面的其他部分。

框格的形状可以做成矩形的、正方形的和边长由 0.8～1.5m 的菱形的。格墙一般布置成与堤肩线成 45° 角，材料可以采用大石块、浆砌石、混凝土、钢筋混凝土或梢料。

采用大石块砌筑的石框格，石块和石块之间应该紧密结合，石块的底部放在垫层以下，并伸入堤身以内有一定的深度。框格范围内的砌石面应与格墙的顶面齐平。

1. 梢料框格

梢料框格是在框格的四角楔入直径 6～8cm 的木桩，楔入的深度为 40～50cm，在角柱的中间每隔 25～30cm 楔入直径较小的木桩，然后在木桩上用柳条编织成格墙，在由格墙所形成的框格中，先铺设垫层，再铺筑砌石层。如果框格采用新砍下来的柳树和榆树一类的树木及其枝条做成，往往会重新发芽和生根，因而也就增加了框格的牢固程度。

图 7－26 中表示在梢料框格中单层砌石护面的结构情况。

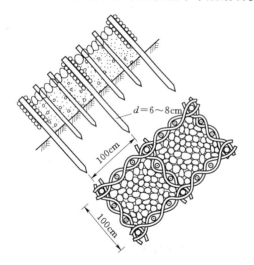

图 7－26 梢格内单层砌石护面

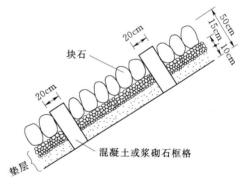

图 7－27 混凝土或浆砌石框格中的单层砌石护面

2. 混凝土和浆砌石框格

如果框格结构采用混凝土或浆砌石砌筑，则成为混凝土（浆砌石）框格的砌石护面；如图 7－27 所示。这种护面的稳定性比较好，因而维修费用比较少，但是造价却比较高。

如果采用装配式钢筋混凝土构件作为框格结构，则可以加速框格式护面的施工进度，但此时对框格沿平面方向和高度方向的装配工作的精度要求较高，否则构件接头处的衔接就会发生困难。

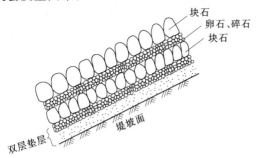

图 7-28 双层砌石护面

在风浪作用比较严重的情况下，如果单层砌石不够时，则可采用双层砌石护面（图7-28）。这种护面是首先在堤坡上铺筑一层或多层垫层，在垫层面上砌筑第一层（底层）砌石层，这一层砌石采用尺寸为 15～20cm 的较小的石块。在第一层砌石层的上面铺筑厚度约 5cm 的小碎石，使表面铺筑平整，然后再在碎石层上铺砌第二层（即表层）砌石层，这层砌石层需采用较大的石块（尺寸为 20～30cm）做成。在这种结构中，两层砌石层中间的碎石层起着改善砌石层接触条件的作用，并且也起到补充反滤层的作用。

双层砌石和单层砌石一样，也可以砌筑在框格内，但是当护面厚度较大时，框格对增加砌石层稳定的作用就降低了，同时在这种情况下框格结构的尺寸就要求比较大，施工也就比较复杂。

砌石层的厚度可通过计算来确定。计算中所采用的公式都是通过实验取得，但是由于实验的条件不同，所以各公式的结构也就不一样。在设计中可以采用下列公式：

第一式：

$$t = 1.7 \frac{\gamma_\omega h}{\gamma_k - \gamma_\omega} \cdot \frac{\sqrt{1+m^2}}{m(m+2)} \tag{7-31}$$

式中　h——浪高（m）；

　　　γ_k——石块的容重（kN/m³）；

　　　γ_ω——水的容重（kN/m³）；

　　　m——坝坡坡率；

　　　t——石块尺寸（m），按垂直坝坡面计算。

在长浪（浪长较大时）的情况下，即当 $\frac{L}{h} > 15$ 时，按式（7-30）计算得到的护面厚度应增加 10%，或者是将式中的系数 1.7 用 1.85 来代替。

第二式：

$$t = \eta \frac{0.178 \gamma_\omega h}{\gamma_k - \gamma_\omega} \cdot \frac{\sqrt{1+m^2}}{m} \tag{7-32}$$

式中　η——安全系数，按建筑物的重要性等级来选用，对于I级建筑物，$\eta=1.5$；对于II级建筑物，$\eta=1.4$；对于III级建筑物，$\eta=1.3$；对于IV级和V级建筑物，$\eta=1.2$。

第三式：

$$t = \frac{0.32 \gamma_\omega h}{\gamma_k - \gamma_\omega} \cdot \frac{\sqrt{1+m^2}}{m} \tag{7-33}$$

第四式：

$$t = 0.303 h \sqrt[3]{\eta \frac{\gamma_\omega}{\gamma_k}} \tag{7-34}$$

式中 η——安全系数，根据堤坡坡率采用 $1.25 \sim 1.5$。

从上述各公式可见，这些公式基本上都是考虑了浪高和护面材料的容重这两个因素，而且护面的厚度（即石块的尺寸）都是和浪高的一次方成比例，因此，在同样的原始资料的情况下，按上述各公式计算得的护面厚度彼此是比较接近的。

在一般情况下，对于中等高度和高度较低的土堤，可以采用第一式来计算护面的砌石尺寸。

除此之外，对于干砌块石和人工块体护坡层的厚度还可按下列公式计算。

1. 干砌块石护坡

在波浪作用下，堤坡干砌块石护坡的护面厚度 t 可按下式计算：

$$t = k_1 \frac{\gamma_\omega}{\gamma_k - \gamma_\omega} \cdot \frac{h}{\sqrt{m}} \sqrt[3]{\frac{L}{h}} \tag{7-35}$$

式中 t——干砌块石护坡的护面厚度（m）；

k_1——系数，对于一般干砌块石，$k_1 = 0.266$；对于砌方石、条石，$k_1 = 0.225$；

γ_k——块石的容重（kN/m^3）；

γ_ω——水的容重（kN/m^3）；

h——计算浪高（m），当 $\frac{d}{L} \geqslant 0.125$ 时取 $h_{4\%}$；当 $\frac{d}{L} < 0.125$ 时取 $h_{13\%}$；

L——浪长（m）；

m——堤坡坡率，$m = \cot\alpha$，α 为边坡坡角（°）。

式（7-35）适用于 $1.5 \leqslant m \leqslant 5.0$ 的情况。

2. 采用人工块体或经过分选的块石作为堤坡护面

在波浪作用下单个块体、块石的重量 Q 和护面层厚度可按下式计算：

$$Q = 0.1 \frac{\gamma_b h^2}{k_D \left(\frac{\gamma_b}{\gamma_\omega} - 1\right)^3 m} \tag{7-36}$$

$$t = nC \left(\frac{Q}{0.1\gamma_b}\right)^{1/3} \tag{7-37}$$

式中 Q——主要护面层的护面块体、块石个体重量（kN），当护面由两层块石组成，则块石质量可在 $0.75Q \sim 1.25Q$ 范围内，但应有 50% 以上的块石质量大于 Q；

γ_b——人工块体或块石的容重（kN/m^3）；

γ_ω——水的容重（kN/m^3）；

h——设计浪高（m），当平均浪高与水深之比值 $\frac{H}{d} < 0.3$ 时，宜采用 $h_{5\%}$；当 $\frac{h}{d} \geqslant 0.3$ 时，宜采用 $h_{13\%}$；

k_D——稳定系数，可按表 7-9 确定；

t——块体或块石护面层厚度（m）；

n——护面块体或块石的层数；

C——系数，可按表 7-10 确定。

式（7-36）适用于 m 为 $1.5 \sim 5.0$ 的情况。

表 7 - 9   稳 定 系 数 k_D

护面类型	构造形式	k_D	说明
块石	抛填二层	4.0	
块石	安放（立放）一层	5.5	
方块	抛填二层	5.0	
四脚锥体	安放二层	8.5	
四脚空心方块	安放一层	14	
扭工字块体	安放二层	18	$h \geqslant 7.5\text{m}$
扭工字块体	安放二层	24	$h < 7.5\text{m}$

表 7 - 10   系   数 C

护面类型	构造形式	C	说明
块石	抛填二层	1.0	
块石	安放（立放）一层	1.3～1.4	
四脚锥体	安放二层	1.0	
扭工字体	安放二层	1.2	定点随机安放
扭工字体	安放二层	1.1	规则安放

3. 在水流作用下，防护工程 护坡、护脚块石保持稳定的抗冲粒径（折算粒径）

抗冲粒径可按下式计算：

$$d = \frac{V^2}{2gC^2 \dfrac{\gamma_k - \gamma_\omega}{\gamma_\omega}} \tag{7-38}$$

$$d = \left(\frac{6s}{\pi}\right)^{1/3} = 1.24\sqrt[3]{S} \tag{7-39}$$

式中 d——折算直径（m），按球形计算；

       S——石块体积（m³）；

       V——水流速度（m/s）；

       g——重力加速度（9.81m/s²）；

       C——石块运动的稳定系数，当水平底坡时，$C = 0.9$；当倾斜底坡时，$C = 1.2$；

       γ_k——石块的容重，可取 $\gamma_k = 26.5\text{kN/m}^3$；

       γ_ω——水的容重，$\gamma_\omega = 10.0\text{kN/m}^3$。

    在缺乏计算尺寸的石料时，也可以采取将波浪爬升范围内（其下部一直到正常高水位以下水深小于计算浪高的两倍）的砌石护面的石块缝隙用砂浆或混凝土填塞，填缝深度约为20cm，以提高砌石护面的强度。根据我国一些水库的运用经验证明，这也是一种十分有效的方法。

    此外，也可以将波浪爬升范围内的一段护面采用钢筋混凝土板，其余部分的护面采用砌石，如图7-29所示。在这种情况下钢筋混凝土护面板与下部砌石护面连接部分（其长度不小于1m）的砌石应该加强，不仅砌石层的厚度要增加，而且石块的尺寸也要适当加大。

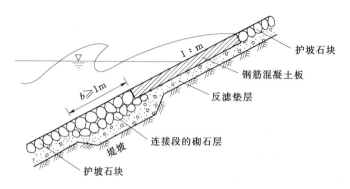

图 7-29　钢筋混凝土护面板与砌石护面的连接

在这种护面结构形式下，连接段砌石护面的工作条件与一般砌石护面就不一样，对于这一段护面，它所受到的拔脱压力是动水压力水头，是在浪的作用下在护面的底面产生的，这一动水压力水头 ΔH 值可以达到 $0.75h$（h 为浪高）。在波浪冲击护面的范围内，拔脱压力可以按下式计算：

$$P'_m = 0.75h - 0.055mh \qquad (7-40)$$

式中 $0.055mh$ 是波浪从坝坡面上卷起时最大浪压力点处的静压力水头。

根据这一关系式，拔脱压力可以取其近似等于 $0.5h$，因此根据平衡条件可以得到连接段砌石护面的厚度（石块尺寸）如下：

$$D_\omega = 0.5h \frac{\gamma_\omega}{\gamma_k - \gamma_\omega} \frac{\sqrt{m^2+1}}{m} \qquad (7-41)$$

对于不同浪高值 h 和边坡坡率 m 按式（7-41）计算得到的石块尺寸（折算成球形的石块直径）如表 7-11 所示。

表 7-11　　　　　　　　　　连接段砌石护面的石块尺寸 D_ω（m）

浪高 h（m）	边坡坡率 m					
	2.0	2.5	3.0	3.5	4.0	5.0
1.00	0.43	0.42	0.41	0.40	0.40	0.39
1.25	0.54	0.52	0.51	0.50	0.50	0.48
1.50	0.63	0.61	0.60	0.59	0.59	0.57
1.75	0.76	0.73	0.72	0.70	0.70	0.68
2.00	0.86	0.84	0.82	0.80	0.80	0.78

三、混凝土和钢筋混凝土护面

（一）混凝土护面

混凝土护面一般可分为两类，即混凝土板护面和混凝土块体护面。混凝土板护面多用于河道堤防的护面，混凝土块体护面则用于水域开阔、风浪较大的湖泊和海岸的堤防边坡的护面。

1. 混凝土板护面

在混凝土板护面中,混凝土板的形状有矩形的、方形的和六角形的,这种护面板一般都是在工厂预制好以后,运到施工现场进行拼装的。

护面板的尺寸决定于风浪的大小,冰的作用和施工条件,对于矩形板,一般有 0.4m ×0.6m,0.6m×1.0m,1.0m×1.5m,1.5m×2.5m 等;对于方形板有 0.5m×0.5m,1.0m×1.0m,1.5m×1.5m,2.0m×2.0m 等;对于六角形板,板的边长为 0.3～0.4m,板的厚度一般为 0.15～0.25m。

在铺设板块时,应先将堤坡平整,然后铺设 1～2 层反滤垫层,每层厚度约 0.15～0.25m,再将板块铺设在垫层上。板块和板块之间应设 0.5～1.0cm 的伸缩缝,缝中嵌填浸过沥青的木板。

图 7-30 所示为矩形混凝土板护面,图 7-31 所示为六角形混凝土板护面。

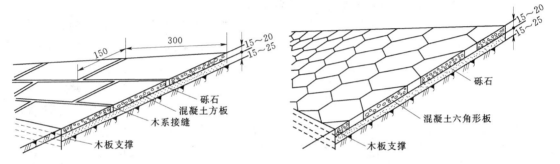

图 7-30 矩形混凝土板护面(单位:cm)　　　　图 7-31 六角形混凝土板护面(单位:cm)

2. 混凝土块体护面

混凝土块体护面中所使用的混凝土块体,其形状有矩形块体、三角形锥体和其他异形块体等。其中矩形块体可砌筑成阶梯形坡式护面和护坡(护岸)墙的形式,如图 7-32 和图 7-33 所示;三角形锥体和其他异型块体则铺筑成坡式护面。

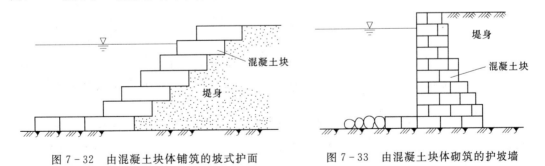

图 7-32 由混凝土块体铺筑的坡式护面　　　　图 7-33 由混凝土块体砌筑的护坡墙

采用混凝土板作为土堤护面时,满足混凝土板整体稳定所需的护面板厚度 t 可按下式计算:

$$t = \eta h \sqrt{\frac{\gamma_w}{\gamma_b - \gamma_w} \cdot \frac{L}{Bm}} \qquad (7-42)$$

式中　　t——混凝土护面板厚度(m);

η——系数，对开缝板可取 0.075，对上部为开缝板，下部为闭缝板可取 0.10；

h——计算浪高（m），取 $h_{1\%}$；

γ_b——混凝土板的容重（kN/m³）；

γ_ω——水的容重（kN/m³）；

L——浪长（m）；

B——沿斜坡方向（垂直于水边线）的护面板长度（m）；

m——斜坡坡率，$m = \cot\alpha$，α 为边坡的块角（°）。

（二）钢筋混凝土板护面

钢筋混凝土板护面是先在堤坡面上设置垫层，然后在垫层上铺设钢筋混凝土板。

钢筋混凝土板可做成整体式的和装配式的两种。装配式的板的接缝又可做成明缝，此时板下垫层中的水可以由接缝中自由流出；也可以做成整体式的暗缝，这样就得到了较大尺寸的板块，称作拼接板，在拼接板之间设置变形缝。

整体式护面是在施工现场浇筑的，因此能够与堤坡土紧密结合，堤坡面不需要进行特别的平整，而且这种护面在使用中也比较可靠，但整体式护面的造价比装配式护面高，而且现场施工的工作量也比较大，对地基的不均匀沉陷的影响也比较敏感。

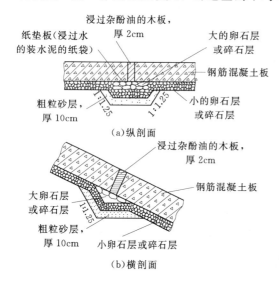

图 7-34 钢筋混凝土板下的条带状反滤垫层

整体式护面板的形状有正方形的和矩形的，边长为 10～20m，在边坡沉降较大时可采用较小的尺寸。板的厚度可根据计算来确定。护面板一般铺筑在单层或多层垫层上，根据施工条件，垫层的厚度不应小于 7～10cm。在板块的尺寸较大时，有时并不沿整个板块底面铺设垫层，而只是铺设在板块的接缝范围内，做成所谓的条带状反滤垫层，如图 7-34 所示。这种垫层可以降低护面的造价，但使护面板的受力条件变差，施工时必须用人工仔细填筑。连续垫层能使板面的压力均匀地分布到堤坡面上，并且能够起到弹性地基的作用，因而改善了护面板在风浪作用下的工作条件。

在整体式板块之间，设有温度变形缝，缝的宽度约 2～3cm，缝中填塞经过防腐处理和浸透沥青的松木板，这种木板在浇筑护面板的混凝土时还起到模板的作用。

图 7-35（a）表示采用木止水的接缝结构，此时在两块护面板接头处的下面设置钢筋混凝土垫，钢筋混凝土垫的顶部和两侧黏贴厚度为 1cm 的沥青玛琋脂，用作接缝的止水。在图 7-35（b）中表示钢筋混凝土护面板接缝止水的另一种形式，即在护面板接缝中埋置橡胶止水带，橡胶止水带的位置大致在护面板厚度的中部。为了使板块四边的橡胶止水带互相连接起来，在护面板的四个角上设置异型橡胶角带，角带和四边的条带胶合在一起，形成一个整体的不透水面。

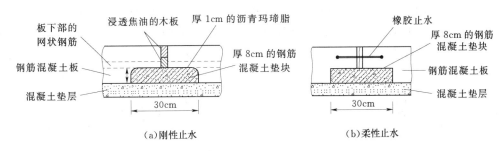

图 7-35 整体式板的接缝止水

装配式钢筋混凝土护面板具有以下优点：

(1) 护面板是在混凝土预制厂中制备的，其质量比在施工现场就地浇筑的板要高。

(2) 护面板的生产可以工业化，并可以缩短施工周期和在一年中的任何时期在堤坡上进行装配。

(3) 适应堤身变形的能力较大，因此可以和堤身施工的同时进行护坡作业。

装配式板的缺点是板的厚度比较大，装配时必须要有可移动的起重设备，而且堤坡必须仔细平整，才能使板块与堤坡面紧密接触。

装配式钢筋混凝土护面板的尺寸决定于运输和提升设备的条件，一般有 1.5m×1.5m～3m×3m。如果是长方形的板，在堤坡上铺装时应当将板的长边布置在水抹线（水边线）的方向。

装配式钢筋混凝土板中一般布置有两层钢筋网，一层在板的上部，另一层在板的下部，其目的是抵抗更迭荷载（变向荷载）的作用。当板的厚度在 10cm 以内时，可只放置一层钢筋在板厚的中间。

装配式护面板的板块之间通常用铰接的方式互相连接起来，铰接的位置可以设在板块的中间和在板块的交角处。图 7-36 表示板块间铰接的结构形式。

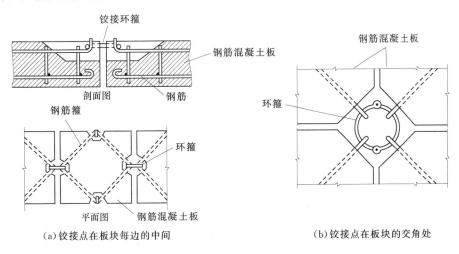

(a)铰接点在板块每边的中间　　　　　　(b)铰接点在板块的交角处

图 7-36 钢筋混凝土装配式板的铰形连接

近年来，也有一种趋势是将装配式钢筋混凝土板块之间的接缝浇筑成整体（图 7-

37），使得板块的尺寸扩大到与整体浇筑的大致相同。此时板块的接缝宽度适当加大，并将板内钢筋伸出焊接在一起，然后在缝中充填混凝土。这种形式的护面板的优点是板块加大以后抵抗风浪作用的能力增强了，但其缺点是要降低板下的扬压力就比较困难，为此又有采用所谓穿孔板的。

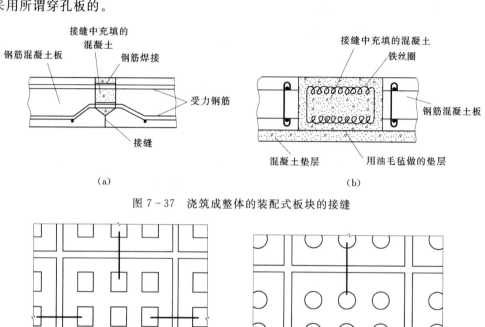

图 7-37 浇筑成整体的装配式板块的接缝

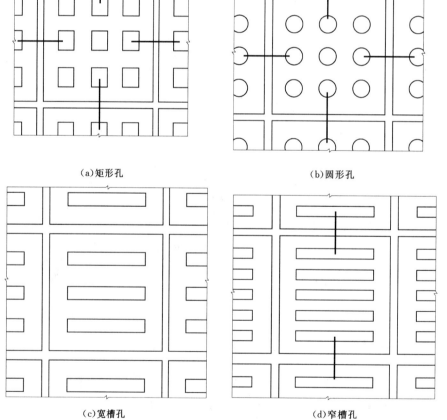

图 7-38 装配式钢筋混凝土穿孔板

图 7-38 表示装配式钢筋混凝土穿孔护面板的结构形式，其中图 7-38（a）是矩形孔，图 7-38（b）中是圆形孔。这种板的接缝做成明缝，而板块和板块之间用环箍或者铁丝拧成的铁丝圈来连接，也就是将环箍或钢丝圈穿入位于板块接面中部处的孔洞中。此时板块铺砌在按反滤设计的连续垫层上，垫层的粒径根据最大颗粒不允许通过板块接缝和孔洞的条件来选择。

穿孔板中的孔洞形状也可以做成宽槽式的［图 7-38（c）］或窄槽式［图 7-38（d）］的，这种形式的孔洞可以减小垫层的粒径。此时板块在堤坡面上铺砌时多使槽孔成倾斜状或对角线布置，以利于垫层中的水排出，从而可以减小作用在板上的扬压力，并因此而减小板的厚度。

钢筋混凝土护面板需要进行稳定和强度计算，稳定计算是根据板的自重能抵抗风浪扬压力而保持稳定这一条件出发，确定一定平面尺寸下的板块厚度。

在试验研究的基础上，根据板保持稳定的原则而导得的计算护面板厚度的计算公式有：

第一式：

$$\delta_n = kh \sqrt{\frac{\gamma_\omega}{\gamma_n - \gamma_\omega} \cdot \frac{L}{mB}} \qquad (7-43)$$

式中　δ_n——护面板的厚度（m）；

　　　k——系数，决定于护面的透水性；当位于堤坡面上的板在水位以上为明缝、水位以下为暗缝时，k 采用 0.11；当整个坝坡面上的板均为明缝时，k 采用 0.075；

　h，L——风浪的高度和长度（m）；

　　　γ_n——护面板材料的容重（kN/m^3）；

　　　γ_ω——水的容重（kN/m^3）；

　　　m——堤坡坡率；

　　　B——垂直于水抹线（水边线）计算的板宽度（m）。

式（7-42）适用于 $2 \leqslant m \leqslant 5$，$10 \leqslant \dfrac{L}{h} \leqslant 20$，$1 \leqslant \dfrac{B}{h} \leqslant 10$ 的情况。

第二式：

$$\delta_n = 0.15h \frac{\gamma_\omega}{\gamma_n - \gamma_\omega} \sqrt[3]{\frac{L}{2(1+B)}} \cdot \frac{\sqrt{m^2+1}}{m} \qquad (7-44)$$

式（7-44）计算所得结果是护面板处于平衡状态时的板厚，有人认为在实际使用时应引入 1.3 的安全系数；也有人认为可以不引入安全系数，而可依靠板块之间彼此挤紧和板块与板块用钢筋连结的办法来保护板的稳定。

当 B 值较大时，式中 $\sqrt[3]{\dfrac{L}{2(1+B)}}$ 一项差不多等于 $\sqrt[3]{\dfrac{L}{2B}}$，所以如若在式（7-44）中引入安全系数 η，则式（7-44）可以写成：

$$\delta_n = 0.07\eta h \frac{\gamma_\omega}{\gamma_n - \gamma_\omega} \sqrt[3]{\frac{L}{B}} \cdot \frac{\sqrt{m^2+1}}{m} \qquad (7-45)$$

式中　η——安全系数，对于整体式板，$n=1$；对于装配式板，$n=1.1$。

第三式：

$$\delta_n = 0.11\eta h \frac{\gamma_\omega}{(\gamma_n-\gamma_\omega)\sqrt{B}} \cdot \frac{\sqrt{m^2+1}}{m} \tag{7-46}$$

式中　η——安全系数，取 1.25～1.50。

式 (7-45) 适用在板块尺寸不大和板下为连续反滤垫层的情况。

第四式：

$$\delta_n = 0.28h \frac{\gamma_\omega}{\gamma_n-\gamma_\omega} \frac{\sqrt{m^2+1}}{m} \tag{7-47}$$

在同样条件的情况下按上述 4 个公式计算得的结果是不相同的，从公式的结构上看，以第二节［式 (7-43)］考虑的因素比较全面，第三式［式 (7-44)］和第四式［式 (7-45)］都只考虑了浪高一个因素，其中第三式的计算结果较其他各式偏低。因此，在实际计算中以使用第二式和第一式比较合适。第一式与第二式相比较，对于大尺寸的板，第一式计算得的板厚较第二式小；对于铺设在较陡边坡上的小尺寸的板，第一式计算得的板厚又较第二式计算得的小。

钢筋混凝土护面板除根据上述公式按稳定条件计算其厚度之外，还应该计算在浪压力、扬压力和水静压力作用下计算护面板的强度。此时应根据这些荷载的最不利组合，绘制总的荷载图，根据总的荷载图来计算板内弯矩和选择钢筋截面。这种板也可以按放置在弹性地基上的板和梁来计算。

对于装配式钢筋混凝土护面板，除按上述方法计算其强度外，还要用考虑动力系数的安装荷载来进行校核，动力系数可采用 1.5。对于大型的装配式钢筋混凝土护面板，板的最终厚度往往是由安装荷载来确定的，并且根据这一荷载来选择钢筋。

四、沥青混凝土护面

从上世纪末开始，沥青混凝土护面在护岸工程中得到了推广，许多国家都进行了试验和研究。例如在美国密西西比河洪水河道的护岸工程中就采用了热沥青护面，在其他一些河道上曾采用了厚度为 15cm 的孔隙沥青混凝土；在荷兰，在对海上防护建筑物的边坡加固时也采用了沥青混凝土护面；俄罗斯曾在伏尔加-顿河运河上的某些工程中进行了一些试验，采用的是 100mm 的粗颗粒的沥青混凝土护面，设在石碴和砂做的垫层上，每层垫层厚 100mm。我国的许多单位也都进行了试验研究。

沥青混凝土是用碎石、砂、矿物粉末和石油沥青拌制的混合物，其中石油沥青是胶结材料。这种材料具有较高的屈服点，因此能适应较大的堤坡变形。在正常工作情况下，沥青混凝土是不透水的，并且由它做成的护面可以不设温度缝。

根据工艺特征，沥青混凝土可分为热沥青混凝土和冷沥青混凝土。热沥青混凝土是直接用拌和机械拌好的热的状态下的沥青混凝土铺筑和压密的，其温度约为 140～170℃；冷沥青混凝土则是在冷的状态下铺筑和压密的，其温度就等于施工时的气温。

根据沥青混凝土中粗颗粒骨料粒径的不同，沥青混凝土可分为 4 种：①大颗粒的：具有粒径达 40mm；②中颗粒的：具有粒径达 25mm；③小颗粒的：具有粒径达 15mm；④细颗粒的（砂质的）：具有粒径达 4mm。

用沥青混凝土做的边坡护面有两种形式：①整体的单层或多层护面（图 7 - 39）；②装配式的加筋沥青混凝土护面板。

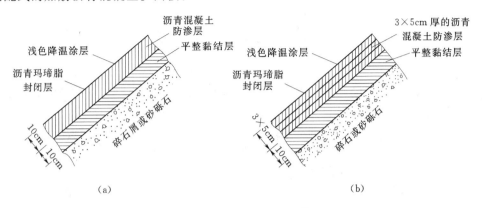

图 7 - 39 简式沥青混凝土护面

整体的沥青混凝土护面是先在堤坡面上铺设石碴和砂做成的垫层，垫层厚度不小于 10cm、然后在平整好的垫层上铺筑厚度为 4~6cm 的热沥青混凝土层。沥青混凝土层先用平板式电动振捣器夯实，在整个边坡上再用重的热滚筒辗压。

砂质的沥青混凝土既可以用来做整体式的护面，也可以覆盖在砌石护面上，以减小护面的厚度和反滤垫层的厚度。

装配式加筋沥青混凝土板是由预制厂做成的预制板块，其尺寸有多种规格如 0.5m×0.5m×0.06m，…，3.9m×2.9m×0.1m，板内配置直径为 5mm 的钢丝网，网格的尺寸为 20cm×20cm。板块铺砌在碎石或卵石垫层上，按错缝布置。板块之间的连接是在板块内预埋直径 16mm 的钢筋，每边 2 根，伸出板块的长度为 10cm，在板块铺砌好以后将相邻板块之间伸出的钢筋焊接，板块接缝之间则充填冷的沥青玛琋脂。

沥青混凝土护面和反滤垫层的总厚度，可以近似地根据边坡上土的允许应力来确定。

如果取护面中的压力按 45°角分布，并且略去护面的自重，则根据平衡条件可得

$$t = \frac{P_B}{2\sigma} \tag{7-48}$$

式中　t——护面的总厚度；

　　P_B——护面 1m 长度上的浪压力的合力（集中力）；

　　σ——边坡土的允许应力。

反滤层的厚度 t_ϕ 可根据计算来确定，因此沥青混凝土的厚度为

$$t_a = t - t_\phi \tag{7-49}$$

为了得到等强度的护面，必须根据护面材料的允许变形模量来选择反滤垫层和沥青混凝土护面的厚度。显然，变形模量愈大，垫层厚度就愈小。

等强度护面的条件可以用下式来表示：

$$t_a^3 E_a = t_{\phi_1} E_1 = t_{\phi_2} E_2 = \cdots = t_{\phi_i} E_i$$

由此得沥青混凝土护面的厚度为：

$$t_a = t_{\phi_1} \sqrt[3]{\frac{E_1}{E_a}} = t_{\phi_2} \sqrt[3]{\frac{E_2}{E_a}} \tag{7-50}$$

式中　E_1，E_2——反滤垫层材料的变形模量；

　　　　E_a——沥青混凝土的变形模量；

　　　　t_{ϕ_1}，t_{ϕ_2}——反滤垫层的厚度。

式（7-49）中沥青混凝土材料和反滤垫层材料的变形模量之比值的三次根约为 $\dfrac{2}{3}\sim\dfrac{1}{2}$。

【例7-1】　浪压力 $P_B=60\mathrm{kN/m^2}$，土的允许应力 $\sigma=150\mathrm{kPa}$，求护面的必要厚度。

【解】　护面的必要厚度可根据式（7-47）求得，即

$$t=\frac{P_B}{2\sigma}=\frac{60}{300}=0.2\mathrm{m}$$

为了使沥青混凝土层和反滤垫层保持等强度的条件，反滤垫层的必要厚度应该采用 12cm，而沥青混凝土护面厚度采用 8cm。

除了上述沥青混凝土护坡之外，还可以用沥青渣油建造沥青渣油块石护坡、预制沥青渣油混凝土板护坡和沥青渣油混凝土护坡，如图 7-40 所示。

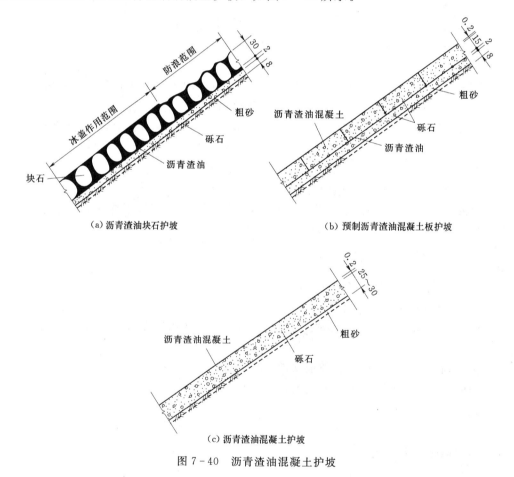

（a）沥青渣油块石护坡　　　　　　　　（b）预制沥青渣油混凝土板护坡

（c）沥青渣油混凝土护坡

图 7-40　沥青渣油混凝土护坡

五、水泥土护面

从 20 世纪 50 年代开始，在国外的一些堤坝工程的护面中采用了水泥土护面（图 7 - 41），水泥土护面是用砂质土掺入一定数量的水泥后，加水拌和，分层压实而成的。经验表明，这种形式的护面既可以起到防渗作用，也可以抵抗风波的冲刷作用，并能保持稳定。例如在彭尼坝上进行的试验，这种护面经受了强烈风暴和巨浪的作用，在第一年里发现水泥土护面的表面上有收缩裂缝和较小的破坏，但以后没有继续发展，10 年后对护面的水泥土试样进行测试，测得其抗压强度是 $1400 \sim 1750 \mathrm{N/cm^2}$，为 28d 龄期强度的 2 倍。

根据一些水库的观测和试验，水泥土护面的渗透系数一般小于 $10^{-5} \mathrm{cm/s}$，抗剪强度平均可达 $100 \mathrm{N/cm^2}$，抗压强度一般可达 $1320 \sim 1620 \mathrm{N/cm^2}$。

在坡面上，水泥土护面的水平宽度一般为 $2.1 \sim 3.0 \mathrm{m}$，根据边坡的坡度，护面的厚度将由 $0.6 \mathrm{m}$ 变到 $1.15 \mathrm{m}$。在美国，大多数坝的水泥土护面的厚度为 $0.6 \sim 0.76 \mathrm{m}$，填筑含水量与最优含水量的差值不大于 1%。

为了节省水泥，水泥土护面中所用的土料一般是砂质土和砾质土，试验表明，不应当使用含有机杂质的土和含有能和水泥中的碱自由反应的矿物的土制备水泥土。土的级配最好是 100% 的土粒都通过 $50.4 \mathrm{mm}$ 孔眼的筛子，一般最大粒径为 $38 \mathrm{mm}$，土中 85% 的颗粒通过 4 号筛（$4.67 \mathrm{mm}$ 筛眼），$10\% \sim 40\%$ 的颗粒通过 200 号筛（$0.074 \mathrm{mm}$ 筛眼）。例如梅里特坝水泥土护面中所采用的土料是，小于 $0.074 \mathrm{mm}$ 的颗粒占 30%。细粒含量增多，水泥土的抗冻性会相应增高，但收缩也相应增大。

水泥土中水泥型号的选择取决于土料的化学性质，其中的主要指标是土中硫酸盐的含量。水泥的用量以干土重的百分数表示，一般为 $7\% \sim 15\%$。水泥用量主要取决于水泥土中土的指标，并且在一定程度上取决于护面的运用条件。对处于冰冻、风波直接作用和浪花溅射区的护面，水泥用量可略大些，一般可增加 2% 以上，对于不受冻融交替作用和风波作用，以及浪花润湿的地段，水泥土中的水泥用量可较标准用量减少 $1\% \sim 2\%$。

水泥土混合料的拌和用水的水质也应加以注意，应尽可能清除其中的有机物质、碱类、盐类和其他杂质。

通常，水泥土护面每隔 $3 \sim 6 \mathrm{m}$ 会出现一些窄缝，但在运用中一般不会扩大。如有必要，在水泥土护面的底面可铺设透水料或安放管式排水设备，以排除渗水。

表 7 - 12 中列出国外部分堤坝水泥土护面的情况。

表 7 - 12　　　　　　　　国外部分堤坝的水泥土护面

堤坝名称	建造时间（年）	堤坝各部分指标					灰土护面厚度（m）	坝坡坡率	灰土护面总工程量（km³）	灰土中水泥占干料重（%）	灰土 90d 龄期的最大抗压强度（kPa）
		坝高（m）	坝长（m）	坝基宽（m）	坝顶宽（m）	方量（km³）					
梅里特	1963	38.4	982	260.6	9.14	1183	0.6	3.0	38.3	14.2±1.4	1570
尤特	1963	—	—	—	—	1380	0.66	4.0	16.2	—	1650
西依	1964	26	7400	—	—	6050	0.75～0.9	—	153	12.7±1.1	1180
西令特	1965	10.4	357	—	—	69	0.6	2.75	3.14	8.0	—

续表

堤坝名称	建造时间（年）	堤坝各部分指标					灰土护面厚度（m）	坝坡坡率	灰土护面总工程量（km³）	灰土中水泥占干料重（%）	灰土90d龄期的最大抗压强度（kPa）
		坝高（m）	坝长（m）	坝基宽（m）	坝顶宽（m）	方量（km³）					
脱彼多	1968	32.9	2576	—	—	6283	0.6~0.76	2.25	92.0	12.0	—
格林	1968	43	4656	—	—	7646	—	—	—	12.2±1.1	980
康安东尼奥	1956	49	1173	—	—	4626	—	32.9	—	—	—
卡哈依达	1971	—	—	—	—	—	0.6~0.76	3.0 10.0	103.5	11.0	1540
卡斯捷依克	1971	126	1580	—	—	33600	0.6	—	191.3	8.0	—
达翁纳斯	1967	27	6035	—	—	1827	—	—	—	12.4±1.4	1380
斯塔尔维依西	1969	61	936	—	—	3697	—	—	—	12.9±0.8	770

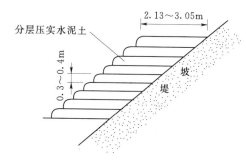

图 7-41　水泥土护面

水泥土护面的施工一般是采用分层填筑压实的方法，每一水平填筑层的通常是压实到厚度 15.24cm（约为 6inch），填筑层的水平宽度为 2.13~3.05m（7~10ft），以便在 1：2~1：3 的边坡上可形成 0.61~0.91m（2~3ft）厚度（垂直坡面的厚度）的水泥土护面层（图 7-41）。

由于分层填筑的原因，水泥土护面的表面多为阶梯形，这种形状对削减风波的爬高是有利的，根据观测，一般可降低风波的爬高达 0.4~0.5m。

六、防波林台护坡

对于受风面积较大而水深不大的土堤，在缺乏石料的情况下，也可以采用防波林台的护坡方法，如图 7-42 所示。所谓防波林台护坡，就是将堤的边坡分成上下两个部分，中间加设一个植有防波林的平台，此时堤的下一级边坡的护面，主要是考虑在较低水位运用时风波的冲刷作用，而在较高水位（如设计洪水位）的情况，则风浪在防波林台上被破碎和被消减大量能量。所以平台的台面高度距设计水位的距离应小于风浪的临界破碎水深，而同时台面以上的水深又能适应树木的生长。平台的宽度至少要在 25m 以上，最好能在 35m 以上，以便能在平台上植树 10 排或 10 排以上，排距和株距约为 1.5~2.0m。平台前端 5m 左右的宽度范围内，应该用石块进行加固，以免受风浪的淘刷而破坏。平台后部的 10m 宽度内，则种植根系不很发育的树木。平台上所种植的树木，以枝叶茂密、耐水性强的灌木为宜，如水柳、杞柳、杨柳、荆条、紫穗槐等。

我国淮河上游的宿鸭湖水库，蓄水面积为 239km²，水面平均宽度 12km，最大宽度 17km，蓄水深 6.0m，水库大坝为均质黏壤土坝，最大坝高 8.0m，坝长 35km，是一座较大型的平原水库。水库的设计水位为 56.04m，相应的风波吹程（风区长度）为 17km，设计风速为 22.6m/s，设计浪高为 1.82m。由于水库附近缺少石料，修建石护面比较困

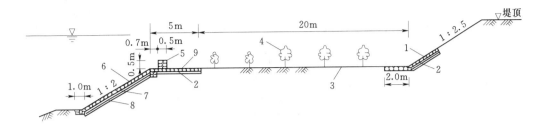

图 7-42 防波林台护坡

1—干砌石护坡，厚 30cm；2—碎石垫层，厚 20cm；3—防浪林台；4—防浪林；5—浆砌块
石防浪墙；6—100 号水泥砂浆砌石，厚 35cm；7—碎石层，厚 20cm；
8—砂层，厚 20cm；9—干砌块石勾缝

难，同时根据试验研究，如果采用无护面坝坡，则边坡坡度应为 1：15.7～1：35，工程
量极大，为此采用了防波林台护坡，林台台面高程为 54.50m，低于设计水位 1.54m，
高于兴利水位 2.0m，林台设计宽度 25m，种植矮柳树 10 排，排距及株距均为 2m，平
台前端 4m 和下面一级边坡的坡面，均用浆砌块石护面，护面设有排水孔、伸缩缝和垫
层，边坡的坡度为 1：2。坝的上一级边坡的坡度为 1：2.5，自平台至高程 56.50m 这
一段高度内，边坡采用浆砌石护面，自高程 56.50m 至坝顶这一段高度内，边坡上则种
植芭茅、荆条等植物。

该工程自 1972 年 12 月完工投入运用以来，效果良好。

七、草皮护面

对于背水侧堤坡，为了防止降雨的冲刷和风的作用，常常采用块石、卵石、碎石或草
皮护坡。

草皮护面（图 7-43）是先在堤坡上铺填一层 20～30cm 厚的腐殖土，然后在腐殖土
层上铺草皮。移植的草皮层的平面尺寸通常为 0.3m×0.5m，草皮层的四边应切成斜面，
以便各块草皮能互相搭接，成一整体。

铺筑草皮的工作一般应在每年的春秋两季进行，不应在夏季施工，因为此时天气比较
炎热，草皮极易风干，如若不大量洒水，草皮即将干枯而死。

草皮护面通常有三种形式：第一种是方格形，即用草皮在堤坡上铺砌成方格，中间留
出 1m 见方的方块不铺草皮，而在其中种植苜蓿、牧草等；第二种形式是平铺式［图 7-
43（a）］，即在整个堤坡上全部用草皮铺砌；第三种形式是阶梯形［图 7-43（b）］，即沿
坝坡自上而下将上一块草皮的下端叠铺在下一块草皮的上端，搭接长度约 8～10cm，形成
一个阶梯形的护面。

在多雨地区，为了排除雨水，常在堤坡面上设置排水沟，排水沟可做成明沟，也可用
卵砾石或碎石铺筑成暗沟。为了减缓沟中流速，防止冲刷，排水沟的轴线常与坝轴线成
45°角，并且交叉布置，将草皮护面切割成菱形。

除了移植草皮之外，也可直接在堤坡上植草（如苜蓿和牧草等），形成草皮护面。

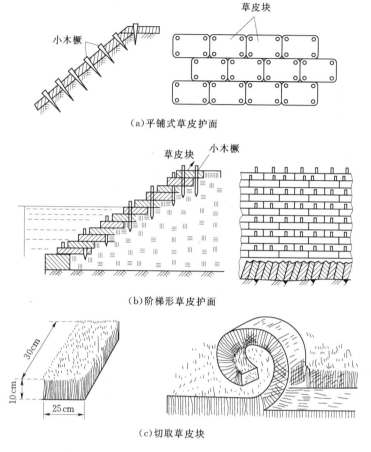

（a）平铺式草皮护面

（b）阶梯形草皮护面

（c）切取草皮块

图 7-43 草皮护面

八、柴排护面

由于柴排护面（图 7-44）是由梢料层与堆石层所组成，梢料在水中将产生向上的浮力，这一浮力必须用堆石的重量来平衡。因此柴排护面的计算在于确定与梢料层相适应的堆石层厚度。如令 t_s 及 t_1 分别代表堆石层及梢料层的厚度，γ_s 及 γ_1 相应地代表其容重，n_s 及 n_1 分别代表其孔隙率，则根据柴排在水中的平衡条件可得

$$t_s(1-n_s)(\gamma_s-\gamma_\omega)=t_1(1-n_2)(\gamma_\omega-\gamma_1)$$

故得

$$t_s=\frac{(1-n_1)(\gamma_\omega-\gamma_1)}{(1-n_s)(\gamma_s-\gamma_\omega)}t_1 \qquad (7-51)$$

引入安全系数 η 后，则得柴排护面堆石层的必要厚度 t_s 为

$$t_s=\eta\frac{(1-n_1)(\gamma_\omega-\gamma_1)}{(1-n_s)(\gamma_s-\gamma_\omega)}t_1 \qquad (7-52)$$

式中 η——安全系数，一般可采用 $1.2\sim1.5$。

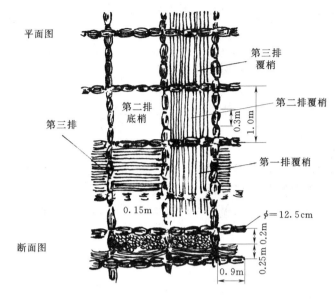

图 7-44　梢料柴排图

第六节　边坡护面下的垫层

沿边坡表面铺设的垫层是边坡护面的一个组成部分，因此正确地选择垫层的粒级直径和厚度对护面的可靠工作影响很大。

一、垫层的种类

根据工作性质的不同，垫层可分为两种：第一种是所谓的平整垫层，用于使边坡具有设计的坡度，并保证护面与边坡的紧密接触，在这种情况下垫层的颗粒组成和厚度不是通过计算来确定，而是根据施工条件来定的；第二种是滤层式垫层，它是通过计算来确定的，这种垫层主要是用来防止渗透变形的。

二、反滤垫层

反滤垫层通常是按照滤层的形式设置成多层的，反滤的粒级直径应该从第一层开始，根据堤坡土粒不通过第一层反滤来选取。以后所有各层反滤的粒级直径都按照这一原则来选取，即一层的颗粒不通过与之相邻的另一层的孔隙。所以反滤垫层一般有 2~4 层，并且最后一层的粒度决定于护面材料孔隙的大小。

要选取同样粒度的反滤材料是困难的，因为这需要进行大量的筛分工作。所以在实际工程中多采用具有不同粒级直径和某一不均匀系数的混合料。近年来，在堤防工程建设实践中也常采用不同粒度的混合料做成的单层垫层。

在一般情况下，多层反滤垫层的厚度不是通过计算来确定的，而是根据施工条件来决定的。

283

在选取多层反滤中各层的粒级直径时可以采用下列不均匀系数值：

$$Cu^{\mathrm{I}}=\frac{D_{60}^{\mathrm{I}}}{D_{10}^{\mathrm{I}}}<5, Cu^{\mathrm{II}}=\frac{D_{60}^{\mathrm{II}}}{D_{10}^{\mathrm{II}}}<5, \cdots \tag{7-53}$$

式中符号右上角的角标，表示反滤层的层号。

在某些情况下，对于块石护面，不均匀系数值可以增大到 $Cu \leqslant 8$。同时层间系数（上层反滤的颗粒的计算粒径与下层反滤的计算粒径之比值）不应大于10，即

$$\xi=\frac{d_n}{d_{n+1}}\leqslant 10 \tag{7-54}$$

式中 d_n——上层反滤颗粒的平均粒径；

d_{n+1}——下层反滤颗粒的平均粒径。

也有人提出按下面的方法来选单层和双层反滤垫层，这个方法的基本计算公式为

$$d_n\leqslant\frac{12}{\varphi}d_{n+1}\mathrm{e}^{0.21\frac{\delta_\phi}{d_n}} \tag{7-55}$$

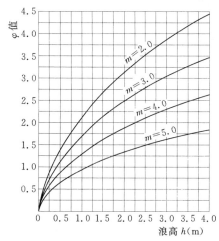

图 7-45 计算系数 φ 的曲线图
（当 $\frac{L}{h}=15$ 时）

式中 d_n——上层反滤中土粒的计算粒径；

d_{n+1}——下层反滤中土粒的计算粒径；

δ_ϕ——反滤垫层的厚度；

φ——系数，根据图 7-45 来确定，此图适用于 $\frac{L}{h}=15$ 时；当 $\frac{L}{h}<15$ 时按图查得的系数 φ 值进行修正。

修正值按下式计算：

$$\varphi_P=\varphi-0.03\left(15-\frac{L}{h}\right) \tag{7-56}$$

如果对式（7-55）取对数，则可得到计算反滤垫层厚度的公式如下：

$$\delta_\phi=11d_n\lg\left(\frac{\varphi}{12}\cdot\frac{d_n}{d_{n+1}}\right) \tag{7-57}$$

在计算单层反滤垫层的厚度时，式（7-57）可写成下列形式（符号见图 7-46）：

$$\delta_1=11d\lg\left(\frac{\varphi}{12}\cdot\frac{d_1}{d_0}\right) \tag{7-58}$$

式中 d_1——单层反滤垫层中土粒的计算粒径；

d_0——边坡土粒的计算粒径。

上面所指的计算粒径 d，都是指的土粒的平均粒径 d_{50}，即 $d=d_{50}$。

对于钢筋混凝土板护面，应该根据垫层土粒不通过护面板接缝的条件来选取 d_1 值。对于接缝为明缝的板块，取

$$d_1\geqslant 1.5b \tag{7-59}$$

式中 b——板块之间明缝的宽度。

对于石护面，则应满足下列条件：

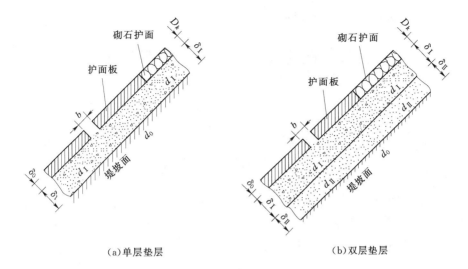

|(a)单层垫层|(b)双层垫层|

图 7 - 46 反滤垫层的布置

$$d_1 \geqslant 0.25 D_k \tag{7-60}$$

式中 D_k——石块的计算尺寸。

在护面石块的计算尺寸 $D_k > 25\text{cm}$ 时，在反滤垫层的上面应该设置由石块做的过渡层，过渡层石块的尺寸 D_P 按下式选用：

$$D_P = (0.20 \sim 0.25) D_k \tag{7-61}$$

式 (7-61) 中的小值用于砌石护面，大值用于堆石护面。

当根据上述公式算得的反滤垫层的厚度很大时，则可采用双层或多层垫层。

在双层反滤垫层的情况下，第一层反滤垫层的厚度 δ_1 一般是根据施工条件定出的，而第一层反滤的土粒的计算粒径 d_1 按式 (7-59) 计算。若已知 δ_1 及 d_1，并确定第二层反滤的土粒的计算粒径 d_{11}，然后根据式 (7-58) 计算第二层反滤垫层的厚度 δ_{11}。如果计算所得的厚度较小，则根据施工条件采用结构上要求的厚度；如果计算所得的厚度较大，则采用三层反滤垫层，计算方法如前。

根据这个方法计算反滤层时，不均匀系数采用下列数值：

(1) 对于单层反滤为 $5 \sim 6$。

(2) 对于双层反滤的上层为 $2 \sim 3$；对于双层反滤的下层为 $6 \sim 8$。

应用式 (7-55) 和式 (7-51) 计算反滤垫层，必须满足下列条件：

$$\frac{d_n}{d_{n+1}} \geqslant \frac{14.8}{\varphi} \tag{7-62}$$

和

$$\lg\left(\frac{\varphi}{12} \cdot \frac{d_n}{d_{n+1}}\right) \geqslant 0.425 \tag{7-63}$$

当不能满足不等式 (7-62) 和式 (7-63) 的条件时，垫层的厚度应该根据结构要求来确定。

应该注意的是，上述计算反滤垫层的方法只适用于由非黏性土料做成的堤坡。当堤坡是黏性土料时，应该在堤坡上预先覆盖一层砂土层。

第七节　钢筋混凝土护面板的强度计算

一、荷载的确定

护面板强度计算时的基本荷载是浪压力，对于寒冷地区还应该考虑冰的静压力和动压力，以及水域水位变化时冰盖对护面板的拔脱作用（表现为拔脱力矩的形式）。此外，堤坡的不均匀沉降在板中可能产生极大的应力，这种应力在计算中也应考虑。

上述荷载均可以按第二章中所述的方法来进行计算。为了简化计算，浪压力图可以用等效的集中荷载来代替，如图 7-47 所示。由于边坡不均匀沉降在护面板内所引起的应力，可按图 7-48 所示的计算图形来计算。

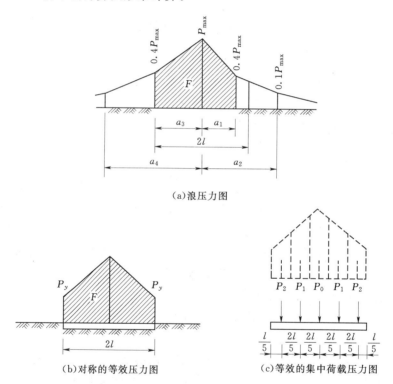

图 7-47　作用在护面板上的浪压力

二、强度计算方法

计算时沿堤长方向板的宽度取 1m，也就是按 1m 宽和 $2l$ 长的板条来计算。在考虑平面变形条件的情况下，可以按照放置在弹性地基上的板条（梁）来进行计算。

此时板和地基的接触是用刚性链杆来代替的，链杆和板与地基的连接是铰接的。链杆之间的距离为 c。

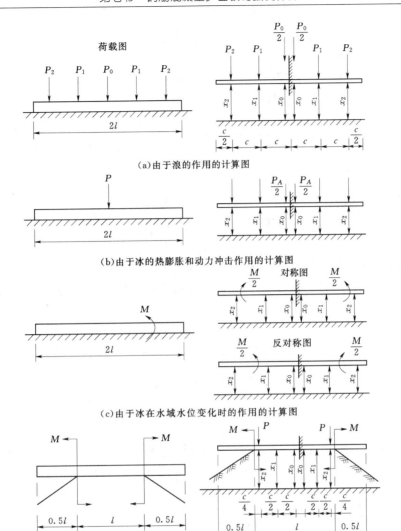

图 7 - 48　边坡护面板上作用荷载和计算图

　　当用内力 x_0，x_1，x_2，…（等于作用在地基上阶状压力图的相应面积）代替链杆以后，就变成了一个静不定体系。此时地基的沉降 y_0 和转角 φ_0 是未知值。

　　在计算中将荷载均化为对称的和反对称的关系，如图 7 - 48 所示。

　　对于图 7 - 48 中所表示的计算图，其法方程式如下：

　　图 7 - 48（a）：由于浪压力的作用，当 $P_0 = \dfrac{1}{2}$，$P_1 = P_2 = 1$ 时，法方程式为

$$
\left.
\begin{aligned}
x_0\delta_{00} + x_1\delta_{01} + x_2\delta_{02} - y_0 &= 0 \\
x_0\delta_{10} + x_1\delta_{11} + x_2\delta_{12} - y_0 + \Delta_{1P} &= 0 \\
x_0\delta_{20} + x_1\delta_{21} + x_3\delta_{22} - y_0 + \Delta_{2P} &= 0 \\
-x_0 - x_1 - x_2 + 2.5 &= 0
\end{aligned}
\right\}
\tag{7-64}
$$

图 7-48（b）：由于冰盖的热膨胀作用所产生的冰压力，当 $P_{\pi}=\dfrac{1}{2}$ 时，法方程式为

$$\left.\begin{aligned}
x_0\delta_{00}+x_1\delta_{01}+x_2\delta_{02}-y_0&=0\\
x_0\delta_{10}+x_1\delta_{11}+x_2\delta_{12}-y_0&=0\\
x_0\delta_{20}+x_1\delta_{21}+x_2\delta_{22}-y_0&=0\\
-x_0-x_1-x_2+\dfrac{1}{2}&=0
\end{aligned}\right\} \tag{7-65}$$

图 7-48（b）和法方程式（7-65）可用来计算冰对护面板的推挤和冲击作用。

图 7-48（c）：由于冰盖的拔脱作用，可以分成两个计算图：对称的和反对称的来计算。

在对称荷载作用时，地基反力等于 0，但是力矩将影响到板的强度。

在反对称荷载作用时，$x_0=0$，因此嵌固端将不产生沉降，即 $y_0=0$，但是将产生转角 φ_0。其法方程为（$M=\dfrac{1}{2}$ 时）

$$\left.\begin{aligned}
x_1\delta_{11}+x_2\delta_{12}-\varphi_0+\Delta_{1P}&=0\\
x_1\delta_{21}+x_2\delta_{22}-\varphi_0+\Delta_{2P}&=0\\
-cx_1-2cx_2+\dfrac{1}{2}&=0
\end{aligned}\right\} \tag{7-66}$$

图 7-48（d）：由于边坡沉降作用，当 $P=1$ 和 $M=1$ 时（这种情况也和对称荷载计算图一样，力矩作用对地基不产生影响，作用在地基上的压力仅由于 P 所产生），法方程式为

$$\left.\begin{aligned}
x_0\delta_{00}+x_1\delta_{01}+x_2\delta_{02}-y_0&=0\\
x_0\delta_{10}+x_1\delta_{11}+x_2\delta_{12}-y_0+\Delta_{1P}&=0\\
x_0\delta_{20}+x_1\delta_{21}+x_2\delta_{22}-y_0+\Delta_{2P}&=0\\
-x_0-x_1-x_2+1&=0
\end{aligned}\right\} \tag{7-67}$$

上述法方程式中的沉降值 y_0 是一个相对值，在板的强度计算中并不需要求出此值，因此如若将上述方程式中的 y_0 消去，则可得到如下所示的新方程式：

$$\left.\begin{aligned}
a_1x_0+b_1x_1+c_1x_2+d_1&=0\\
a_2x_0+b_2x_1+c_2x_2+d_2&=0\\
-x_0-x_1-x_2+\sum P&=0
\end{aligned}\right\} \tag{7-68}$$

其中 $\sum P$ 值如下：①对于图 7-48（a）$\sum P=2.5$；②对于图 7-48（b）$\sum P=\dfrac{1}{2}$；③对于图 7-48（d）$\sum P=1$。

对于上述法方程式，如应用行列式便可立即求得各未知值如下：

$$x_0 = \frac{D_0}{D}; \quad x_1 = \frac{D_1}{D}; \quad x_2 = \frac{D_2}{D} \tag{7-69}$$

$$\left.\begin{array}{l}
D = \begin{vmatrix} a_1 & b_1 & c_1 \\ a_2 & b_2 & c_2 \\ -1 & -1 & -1 \end{vmatrix} \quad
D_0 = \begin{vmatrix} -d_1 & b_1 & c_1 \\ -d_2 & b_2 & c_2 \\ -\sum P & -1 & -1 \end{vmatrix} \\[6mm]
D_1 = \begin{vmatrix} a_1 & -d_1 & c_1 \\ a_2 & -d_2 & c_2 \\ -1 & -\sum P & -1 \end{vmatrix} \quad
D_2 = \begin{vmatrix} a_1 & b_1 & -d_1 \\ a_2 & b_2 & -d_2 \\ -1 & -1 & -\sum P \end{vmatrix}
\end{array}\right\} \tag{7-70}$$

上述方程式中的新的系数值如下：

$$a_1 = \delta_{00} - \delta_{10}; \quad a_2 = \delta_{10} - \delta_{20}; \quad d_1 = -\Delta_{1P}$$
$$b_1 = \delta_{01} - \delta_{11}; \quad b_2 = \delta_{11} - \delta_{12}; \quad d_2 = \Delta_{1P} - \Delta_{12}$$
$$c_1 = \delta_{02} - \delta_{12}; \quad c_2 = \delta_{12} - \delta_{22}$$

其中变位值 δ_{ki} 是由沉降（垂直变位）F_{ki} 和板条的挠度 W_{ki} 两部分所组成，即

$$\delta_{ki} = F_{ki} + \alpha W_{ki} \tag{7-71}$$

F_{ki} 和 W_{ki} 值列于表 7-13 和表 7-14 中。

表 7-13　　　　　　　　　　　　　F_{ki}　　值

x/c	F_{ki}	x/c	F_{ki}	x/c	F_{ki}	x/c	F_{ki}
0	—	6	−6.967	11	−8.181	16	−8.931
1	−3.206	7	−7.276	12	−8.356	17	−9.052
2	−4.751	8	−7.544	13	−8.516	18	−9.167
3	−5.574	9	−7.78	14	−8.664	19	−9.275
4	−6.154	10	−7.991	15	−8.802	20	−9.378
5	−6.602	—	—	—	—	—	—

注　1. 表中所用符号意义如下：x——由计算沉降的点到加荷点的距离（正确的应该是到长度为 c 的计算段的中点，在这一计算段范围内荷载是均匀分布的）；c——将梁（板）分成的计算段的长度。

　　2. 在编制该表时荷载均取为 1，并且均匀地分布在长度为 c 的计算段上。

　　3. 因为对于半无限平面真实的沉降值是不可能求得的，因此仅确定某一点和距离该点为 d 的一点的沉降差，即：$y_{ki} = \frac{1}{\pi E_0}(F_{ki} + C)$。其中，$E_0$ 为地基的变形模量；C 为积分常数，决定于距离 d。

在平面变形情况下，系数 α 按下式确定

$$\alpha = \frac{\pi E_{np} c^3 (1-\mu^2)}{6EJ(1-\mu_0^2)} \tag{7-72}$$

式中　E_{np}——地基土的折算变形模量；

　　μ_0, μ——地基土和护面板材料的泊桑比。

$\dfrac{EJ}{1-\mu^2}$ 为圆筒的刚度，如用符号 D 表示，则式（7-72）可写为

$$\alpha = \frac{\pi E_{np} c^3}{6D(1-\mu_0^2)} \tag{7-73}$$

表 7-14

由于单位集中力所产生的挠度（系数）W值

c \ $a_{i/c}$值	0.5	1	1.5	2	2.5	3	3.5	4	4.5	5	5.5	6	6.5	7	7.5	8	8.5	9	9.5	10
0.5	0.25	0.625	1	1.375	1.75	2.125	2.5	2.875	3.25	3.625	4	4.375	4.75	5.125	5.5	5.875	6.25	6.625	7	7.375
1	—	2	3.5	5	6.5	8	9.5	11	12.5	14	15.5	17	18.5	20	21.5	23	24.5	26	27.5	29
1.5	—	—	6.75	10.125	13.5	16.875	20.25	23.625	27	30.375	33.75	37.125	40.5	43.875	47.25	50.625	54	57.375	60.75	64.125
2	—	—	—	16	22	28	34	40	46	52	58	64	70	76	82	88	94	100	106	112
2.5	—	—	—	—	31.25	40.625	50	59.375	68.75	78.125	87.5	96.875	106.25	115.625	125	134.375	143.75	153.125	162.5	171.875
3	—	—	—	—	—	54	67.5	81	94.5	108	121.5	135	148.5	162	175.5	189	202.5	216	229.5	243
3.5	—	—	—	—	—	—	85.75	104.125	122.5	140.875	159.25	177.625	196	214.375	232.75	251.125	269.5	287.875	306.25	324.625
4	—	—	—	—	—	—	—	128	152	176	200	224	248	272	296	320	344	368	392	416
4.5	—	—	—	—	—	—	—	—	182.25	212.625	243	273.375	303.75	334.125	364.5	394.875	425.25	455.625	486	516.375
5	—	—	—	—	—	—	—	—	—	250	287.5	325	362.5	400	437.5	475	512.5	550	587.5	625
5.5	—	—	—	—	—	—	—	—	—	—	332.75	378.125	423.5	468.875	514.25	559.625	605	650.375	695.75	741.125
6	—	—	—	—	—	—	—	—	—	—	—	432	486	540	594	648	702	756	810	864
6.5	—	—	—	—	—	—	—	—	—	—	—	—	549.25	612.625	676	739.375	802.75	866.125	929.5	992.875
7	—	—	—	—	—	—	—	—	—	—	—	—	—	686	759.5	833	906.5	980	1053.5	1127
7.5	—	—	—	—	—	—	—	—	—	—	—	—	—	—	843.75	928.125	1012.5	1096.875	1181.25	1265.625
8	—	—	—	—	—	—	—	—	—	—	—	—	—	—	—	1024	1120	1216	1312	1408
8.5	—	—	—	—	—	—	—	—	—	—	—	—	—	—	—	—	1228.25	1336.625	1445	1553.375
9	—	—	—	—	—	—	—	—	—	—	—	—	—	—	—	—	—	1458	1579.5	1701
9.5	—	—	—	—	—	—	—	—	—	—	—	—	—	—	—	—	—	—	1714.75	1850.125
10	—	—	—	—	—	—	—	—	—	—	—	—	—	—	—	—	—	—	—	2000

注

1. 表中所用符号的意义如下：a_i—由梁的嵌固端到加荷点的距离；a_k—由梁的嵌固端到计算挠度的截面的距离；c—梁在计算时的分段长度。

2. 表中所列数值并非挠度u，而是挠度系数W_{ki}，真正的挠度值为 $V_{ki} = \dfrac{c^3}{6EI} W_{ki}$，对于平面变形情况或在计算板时，$V_{ki} = \dfrac{c^3}{6D} W_{ki}$，其中 $D = \dfrac{h^3}{12(1-\mu^3)} E$；$h$ 为梁和板的高度；μ 为梁或板的材料的泊桑系数。

3. 计算中荷载采取等于1。

对于矩形截面

$$D=\frac{1h^3}{12(1-\mu^2)}E \qquad (7-74)$$

式中　h——截面高度（板厚）。

因此，为了解上述方程必须知道板的厚度 h，此值可以按下式初步确定：

$$h=0.21\frac{r^2k}{b}\sqrt[3]{\frac{E}{E_{np}}}P_{\max} \qquad (7-75)$$

式中　r——系数，决定于钢筋百分率、混凝土强度等级及钢的标号；

k——安全系数，取 $k=1.8$；

b——板条的宽度，取 $b=100\text{cm}$；

$P_{\max}$——板中点的最大压力（kN）；

E_{np}——考虑反滤对板的工作的影响的地基的折算变形模量。

板的有效高度 h_{nr} 可以按下式计算：

$$h_{nr}=r\sqrt{\frac{M_P}{b}k} \qquad (7-76)$$

对于　M_P——计算弯矩。

对于平面变形情况：

$$y_{ki}=\frac{(1+\mu_0^2)}{\pi E_0}(F_{ki}+C) \qquad (7-77)$$

式中　μ_0——地基土的泊桑系数。

钢筋混凝土护面板一般都设置在单层的或多层的反滤垫层上。反滤垫层的材料的变形模量与地基土的变形模量不一样，这一点在护面板计算中应加以考虑，也就是在计算中采用折算的变形模量。

确定折算变形模量的方法可以参考有关弹性地基计算的书籍。

土的变形模量 E_0 值见表 7-15。

表 7-15　　　　　　　　　　　　土的变形模量 E_0 值　　　　　　　　　　　单位：N/cm²

土 的 名 称			土的变形模量 E_0	
			密实的	中等密实的
砂土	卵石质的和粗的（与湿度无关）		4800	3600
	中等粗度的（与湿度无关）		4200	3100
	细的	稍湿的	3600	2500
		很湿的和饱和水的	3100	1900
	粉质的	稍湿的	2100	1750
		很湿的	1750	1400
		饱和水的	1400	900

续表

土 的 名 称		土的变形模量 E_0	
		密实的	中等密实的
砂壤土，当孔隙比为	$e=0.5$	1600	900
	$e=0.7$	1250	500
黏土		5900~1600	1600~400
黏壤土		3900~1600	1600~400
粒度为 0.5~25mm 的均质的卵石或碎石土由岩石破碎的碎石		8000	5000

第八节 软弱土地基处理

一、软弱土的特征

软弱土通常是指土质疏松、压缩性高、抗剪强度较低的软黏土、松散砂土和未经处理的填土。

软弱土的成因主要是河湖沉积、沼泽沉积和滨海沉积，以及人工填筑土（如冲填土和杂填土）。堤防工程中常遇到的软弱土主要是沉积土，即软黏土，如淤泥、淤泥质土、夹有淤泥的粉细砂等。这些土层均不宜作天然地基，否则会使建筑物产生严重的沉降和不均匀沉降，并导致裂缝、坍滑等破坏。

（一）淤泥和淤泥质土

1. 淤泥和淤泥质土的物理特性

（1）颜色呈深灰或暗绿色。

（2）含有有机质。

（3）主要由黏粒和粉粒组成，常成絮状结构，一旦受到扰动，其强度显著下降，甚至呈流动状态。

（4）孔隙比较大，孔隙比一般大于 1.0；通常在 1.0~2.0 之间，有的可达 5.8。

（5）含水量高，一般天然含水量为 40%~70%，大于液限。

2. 淤泥和淤泥质土的力学性质

（1）压缩性高，压缩系数 $a_v > 0.0005 m^2/kN$，一般在 $0.0005~0.002 m^2/kN$ 之间，个别甚至可达 $0.0042 m^2/kN$。

（2）强度低，标准贯入击数 $N<5$，其不排水剪切强度小于 20kPa，其大小与土的排水条件有关，在荷载作用下，如果土层的排水条件较好，土的强度将随着有效应力的增大而增加；反之，如果排水条件差，则随着荷载的增大，其强度可能会随着剪切变形的增大而减小。

（3）透水性差，其渗透系数 $k<10^{-5} cm/s$，一般在 $10^{-6}~10^{-8} cm/s$ 之间，所以沉降稳定所需时间较长，土的固结缓慢。

（4）具有明显的流变性，在剪应力不变的情况下，将会连续产生缓慢的剪切变形，并导致抗剪强度的减小。

（二）松散砂土

（1）松散砂土处于松散状态，在压力作用下会产生较大的压缩变形和沉降，在剪应力作用下其体积也会减小。

（2）抗剪强度低，在荷载作用下地基会产生剪切破坏而丧失稳定性。

（3）在水力坡降达到临界值时，粉细砂将会产生流砂现象。

（4）在振动荷载（如地震）作用下，饱和松砂和稍密的粉细砂（包括粉土）由于体积减小，土体中孔隙水压力骤然升高，土粒间的有效应力迅速减小，因而降低了土的抗剪强度，从而导致产生"液化"现象。

（5）砂土的透水性较大，因此地基要采取相应的防渗措施。

（三）冲填土

冲填土具有以下特征：

（1）冲填土的成分主要是黏土和粉砂。

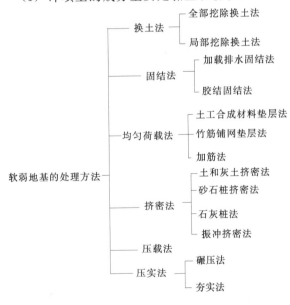

图 7 - 49　处理软弱地基的常见方法

（2）冲填土的颗粒分布是不均匀的，在冲填入口处，沉积的土粒较粗，而在出口处土粒则较细。

（3）土的含水量分布也极不均匀，颗粒愈细，排水愈缓慢，土的含水量也愈大，冲填土的含水量一般大于液限。

（4）冲填土经自然蒸发后表面常形成龟裂，但其下部仍处于流塑状态，一经扰动，即出现触变现象。

（5）冲填土的力学性质与其颗粒组成有密切关系，对于含砂量较多的冲填土，其固结情况和力学性能较好，而对于含黏土颗粒较多的冲填土，则常常是欠固结的，其力学性能也较差。

二、软弱地基的处理方法

软弱地基的处理方法有很多，常用的处理方法可分为 5 类，即换土法、固结法、均匀荷载法、挤密法和压实法。这 5 类方法又可分为图 7 - 49 所示的几种处理方法。

三、换土法

换土法是将基底以下持力层中的软弱土层全部挖除或挖除一部分，然后回填砂、碎石或砾石、素土、灰土等强度较高的土，做成基底垫层。其作用是：

（1）提高持力层的承载能力。

（2）减小地基的沉降量。

（3）加速地基的排水固结。

（4）防止地基土的冻胀作用。

（5）消除或部分消除黄土地基的湿陷性和冻胀性。

（6）改善地基土的抗液化能力。

换土法适用于处理浅层软弱土地基、湿陷性黄土地基（只能用灰土垫层）、膨胀土地基、季节性冻土地基等。

垫层的厚度一般不宜超过 3m，对于砂石垫层，通常采用：

（1）砂垫层厚度 $t=0.5\sim2.0\text{m}$。

（2）碎石或砾石垫层厚度 $t>1.0\text{m}$。

垫层的厚度最终应根据下卧土层的承载能力来确定，即应符合下式要求：

$$p_z+p_{cz}\leqslant f \tag{7-78}$$

式中　p_z——垫层底面处的附加应力（kPa）；

　　　p_{cz}——垫层底面处地基土的自重应力（kPa）；

　　　f——垫层底面处下卧土层的设计允许承载力（kPa）。

垫层底面处的附加应力 p_z 可根据基底应力 p 按式（7-79）和（7-80）计算：

（1）对于条形基础：

$$p_z=\frac{b(p-p_c)}{b+2t\cot\theta} \tag{7-79}$$

式中　p_z——垫层底面处的附加应力（kPa）；

　　　b——条形基础底面宽度（m）；

　　　p——基础底面应力（kPa）；

　　　p_c——基础底面处地基土的自重应力（kPa）；

　　　t——基础底面处垫层的厚度（m）；

　　　θ——地基应力在垫层内的扩散角（°），可按表 7-16 确定。

表 7-16　　　　　　　　　　　　　　地基内的应力扩散角 θ

t/b	垫　层　材　料		
	中砂、粗砂、砾砂、圆砾、角砾、卵石、碎石	粉质黏土和粉土（$8<I_P<14$）	灰土
0.25	20°	6°	30°
≥0.50	30°	23°	30°

注　1. I_P 为土的塑性指数。

　　2. 当 $t/b<0.25$ 时，除灰土垫层取 $\theta=30°$ 外，其他材料均取 $\theta=0°$。

　　3. 当 $0.25<t/b<0.50$ 时，θ 值可用内插法确定。

（2）对于矩形基础：

$$p_z=\frac{bl(p-p_c)}{(b+2t\tan\theta)(l+2t\tan\theta)} \tag{7-80}$$

式中 b——矩形基础底面的宽度（m）；

l——矩形基础底面的长度（m）；

其他符号与上式相同。

垫层的宽度应满足基底应力扩散的要求，即应符合下式要求：

$$B \geqslant b + 2t\tan\theta \qquad (7-81)$$

式中 B——垫层底面宽度（m）；

t——垫层厚度（m）；

θ——垫层内应力扩散角（°）。

四、固结法

（一）加载排水固结法

加载排水固结法是在软弱地基表面堆土加压，加速地基的排水固结，以增加地基的抗剪强度和承载能力。

目前在加载排水固结方法中，改善地基排水条件的措施有以下几种。

1. 砂石垫层法

在软弱地基表面铺设砂石垫层，在砂石垫层上修筑堤防，利用堤防的自身重量使地基土中的水分通过砂石垫层排出，以加速地基土的固结（图7-50）。

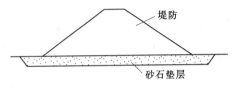

图 7-50 砂石垫层

垫层的厚度应有利于地基土中水分的排出，通常采用：

（1）对于砂垫层，一般垫层厚度 t 为 0.5～1.0m。

（2）对于碎石、砾石垫层，一般垫层厚度 t 为 1.0～2.0m。

砂石垫层所用的材料，宜为颗粒级配良好，质地坚硬的中砂、粗砂、砾砂、碎石、卵石、石屑或其他工业废粒料，人工级配的砂石应拌和均匀。所用砂石材料不应含有草根、垃圾等有机杂物，碎石及卵石的最大粒径不宜大于50mm。

施工时应首先挖去地基下设计深度范围内的软弱土层，然后分层换填砂石，并采用振动碾和振动压实机进行压实。垫层的每层铺设厚度及压实遍数如表7-17所示。

表 7-17　垫层每层铺设厚度及压实遍数

压实机具	每层虚铺厚度（mm）	每层压实遍数（次）	适 用 情 况
平碾（8～12t）	200～300	6～8	软弱土，素填土
羊足碾（5～16t）	200～350	8～16	软弱土
振动碾（8～15t）	600～1500	6～8	砂土、湿陷性黄土，碎石土等
振动压实机	1200～1500	10	
插入式振动器	200～500		
平板式振动器	150～250		

压实机具	每层虚铺厚度（mm）	每层压实遍数（次）	适 用 情 况
重锤夯 （1000kg 落距 3~4m）	1200~1500	7~12	非饱和黏性土，湿陷性黄土，砂土
蛙式夯（200kg）	250	3~4	狭窄场地
人工夯 （50~60kg 落距 50cm）	180~220	4~5	

　　砂石垫层法的优点是砂石用量少，施工方便，较经济；但其缺点是排水速度慢，特别是当软弱土层厚度较大时，处于较深部位的土排水较困难。因此砂石垫层法适用在软弱土层厚度不大，当地缺乏砂石材料的情况。

　　如若砂垫层作用在地基表面的压力为 p（kN/m^2），在 p 的作用下，地基表面以下深度 z 处计算点 a 处的固结压力（即附加应力）为 σ_a，而在地基压缩层固结过程中 a 点处 t 时刻的有效固结压力为 σ'_a，即

$$\sigma'_a = \sigma_a - u_a \tag{7-82}$$

式中　u_a——a 点处 t 时刻的孔隙水压力。

　　那么 t 时刻 a 点处地基土的固结度为

$$U_t = \frac{\sigma_a - u_a}{\sigma_a} = \frac{\sigma'_a}{\sigma_a} \tag{7-83}$$

式中　U_t——地基土在 t 时刻 a 点处的固结度。

　　因此，在 t 时刻 a 点处地基土由于固结而增长的强度可按下式计算：

$$\Delta\tau_f = \sigma'_a \tan\varphi = \sigma_a U_t \tan\varphi \tag{7-84}$$

式中　φ——地基土 a 点处的内摩擦角,通过固结不排水剪切试验测定,也可根据天然地基十字板剪切试验测定,或根据 a 点处地基土自重压力的比值来决定。

　　t 时刻土层的平均固结度 U_t 可按下式计算：

$$U_t = 1 - \frac{8}{\pi^2}\left(e^{-\frac{\pi^2}{4}T_v} + \frac{1}{9}e^{-9\frac{\pi^2}{4}T_v} + \cdots\right) \tag{7-85}$$

其中

$$T_v = \frac{C_v}{H^2}t \tag{7-86}$$

$$C_v = \frac{k(1+e_1)}{\alpha_v \gamma_w} \tag{7-87}$$

式中　π——圆周率，等于 3.1416；

　　　e——自然对数的底；

　　　T_v——时间因数；

　　　H——地基饱和压缩土层的厚度（m）；

　　　t——地基饱和压缩土层的固结时间（s）；

C_v——地基饱和压缩土层的固结系数（cm^2/s）；

k——地基土的渗透系数（cm/s）；

e_1——地基土的初始（受压前）孔隙比；

α_v——地基土的压缩系数（m^2/kN），通过压缩试验确定；

γ_w——水的容重（重度）（kN/m^3）。

为了计算方便起见，土的平均固结度 U 也可以根据时间因数 T_v 和压缩土层顶面处的固结压力 σ_1 和底面处的固结压力 σ_2 的比值 $\alpha\left(\alpha=\dfrac{\sigma_1}{\sigma_2}\right)$ 由图 7-51 中查得。

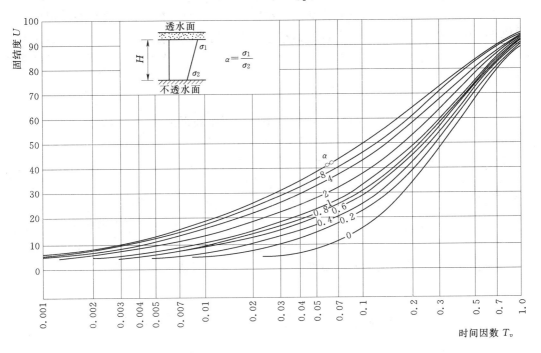

图 7-51　平均固结度 U 与时间因数 T_v 的关系曲线

2. 砂井法

砂井法是在软弱地基上构筑砂井，便于地基土中水分的排出，同时在砂井的顶部（即地基表面）铺设砂垫层，以利于砂井中的水分通过砂垫层排出。

砂井法的优点是改善了软弱地基土的排水条件，加速深处地基土的排水固结；其缺点是砂井和砂垫层的用砂量较大，而且砂井的施工比较困难，特别当砂井细又长的情况下，很容易产生中间折断、缩颈，不能保持连续，影响排水效果。这种方法适用在当地有足够砂源的情况下。

砂井的尺寸和布置常取决于施工机具，一般可采用下列数据。

（1）砂井的直径 d。

d 的取值根据以下情况确定：

1）当砂井在水面以上施工时，砂井直径可采用 20～30cm。

2）当砂井在水面以下施工时，砂井直径可采用 30～40cm。

（2）砂井的间距 a。一般可取 $2\sim4m$。

（3）砂井的长度。砂井的长度取决于软弱土层的厚度，当软弱土层厚度不大时，砂井一般穿透整个软弱土层；当软弱土层的厚度较大时，若土层中夹有砂层或分布范围较大的砂砾透镜体，则砂井可打至透镜体。砂井长度除考虑地基土排水要求外，还应结合考虑地基沉降和稳定性的要求，但一般不宜超过 $20m$。

（4）砂井的井径比 n。砂井的井径比 $n=\dfrac{d_e}{d}$，其中 d_e 为砂井的有效排水直径，与砂井的平面布置有关；d 为砂井的直径。砂井的井径比一般为 $4\sim12$。

（5）砂井的平面布置。砂井在平面上的布置一般有三角形布置和正方形布置两种，在工程实践中常采用正三角形布置。砂井的布置将影响到砂井的有效排水直径，当砂井为三角形布置时，砂井的有效排水直径 $d_e=1.05a$；当砂井为正方形布置时，砂井的有效排水直径 $d_e=1.128a$。

（6）砂垫层的尺寸。

1）砂井顶面铺设的砂垫层厚度 t，当砂垫层位于水面以上时，可取 t 为 $0.5\sim1.0m$；当砂垫层位于水面以下时，一般取 t 为 $1.0\sim2.0m$。

2）砂垫层的宽度应大于建筑物底部宽度，两侧应有 $1.0\sim2.0m$ 的富余。

图 7 - 52　塑料排水板

3. 塑料板法

塑料板法是用如图 7 - 52 所示的中空塑料板来代替砂井，塑料板中的排水材料系采用耐腐蚀、耐酸碱、不膨胀、透水性好的多孔高分子材料。

塑料排水板换算为普通砂井的换算直径 d_P 可按下式计算：

$$d_P=\alpha\frac{2(b+\delta)}{\pi} \tag{7-88}$$

式中　d_P——塑料排水板的换算直径（m）；

b——塑料板的宽度（m）；

δ——塑料板的厚度（m）；

α——换算系数，一般可取 $0.75\sim1.0$。

4. 袋装砂井法

袋装砂井法是将砂预先装在透水袋中，然后在地基软弱土层中钻孔将砂袋放入钻孔中，以代替普通砂井。透水袋一般采用透水性能好，有足够抗拉强度和抗弯曲能力强的麻布袋、布袋、合成纤维编织袋等，砂料应采用洁净的中粗砂，含泥量小于 3%，应用干砂灌袋，并灌装密实。

袋装砂井的直径一般为 $6\sim7cm$，间距 a 为 $1.0\sim1.5m$，砂井长度应根据沉降和稳定计算确定，一般为 $10\sim20m$。砂袋放入井中后应使砂袋相互紧密，并使砂袋高出井口约 $0.2m$，以便埋入砂垫层中，使袋装砂井与砂垫层紧密连接。

砂井排水的固结时间可按下式计算：

$$t=\frac{d_e^2}{C_h}T_h \tag{7-89}$$

式中　t——地基土固结所需时间（s）；

d_e——砂井的有效排水直径（m）；

C_h——土的水平方向固结系数（cm²/s）；

T_h——时间系数，与砂井的间距 a 与其直径 d 之比 $\left(\dfrac{a}{d}\right)$ 有关。

（二）胶结固结法

胶结固结法是利用胶结剂、加固料或化学溶液通过压力灌注将土粒黏结在一起，或通过化学作用、机械拌和等方法，改善土的性质，提高地基的承载力。

胶结固结法一般可分为硅化法、高压喷射注浆法、水泥浆浆法、深层搅拌法等。

胶结固结法适用于处理砂土、黏性土、粉土、湿陷性黄土等地基，特别适用于对已建工程的事故处理。

1. 硅化法

硅化法是在要加固的软弱地基土中埋设一组多孔金属管和滤水管，如图 7-53 所示，将多孔金属管作为灌注管，管中灌注水玻璃（硅酸钠）及氯化钙溶液，然后用电线将灌注管与滤水管相连，并以灌注管为阳极，滤水管为阴极，在电线中通入直流电，利用直流电的作用，使溶液产生电渗和电解现象，不断地在土中均匀渗透并加速凝结和脱水，在土中形成硅胶，使土颗粒胶结在一起，起到增强土的抗剪强度和不透水性，从而使地基得到加固。

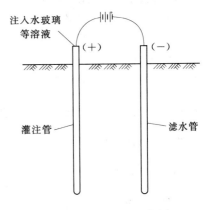

图 7-53　硅化法示意图

硅化法的加固半径一般为 30～50cm，经加固的土其无侧限抗压强度，对于砂土可达 1500～3000kPa；对于粉砂可达 500kPa；对于渗透系数 $k > 10^{-5}$ mm/s 的黏性土，可达 300～600kPa。当渗透系数过小时，则加固效果较差。所以硅化法适用于渗透系数 k 大于 10^{-2}～10^{-3} mm/min 的砂性土地基。

由于硅化法加固地基所需的费用较高，所以目前仅用于重要工程和已建工程的地基加固。

2. 高压喷射注浆法

高压喷射注浆法是用钻机钻孔至所需深度后，用高压脉冲泵通过安装在钻杆下端的喷嘴将化学浆液高压喷出，破坏周围土的原有结构，使浆液与土混合，经一定时间凝结，形成凝固体，同时钻杆以一定速度边旋转边提升，这样就在地基中形成一根根圆柱状的固结体，使地基得以加固。

高压喷射注浆法按其喷射方式的不同，可分为旋转喷射、定向喷射、摆动喷射等3种。

高压喷射注浆法浆液所用材料主要有水泥、水玻璃等，常用的是水泥，浆液中不可加入速凝剂、防冻剂和掺合料等。

高压喷射法适用于砂土（标准贯入击数 $N < 10$）、黏性土（标准贯入击数 $N < 5$）、粉土、湿陷性黄土和人工填土地基。

3. 深层搅拌法

深层搅拌法是用水泥或石灰作为固化剂，通过特制的搅拌机上围绕纵轴旋转的多个螺旋状叶片将地基深处的软黏土或松散砂土与固化剂强制拌合，并通过固化剂在硬化过程中与土产生的一系列物理化学作用（如离子交换、硬凝反应等），在地基中形成许多柱状、壁状或块状等不同形状的固结体，与天然地基形成复合地基，共同承担地基上作用的荷载。

加固土的物理力学性质与固化剂的种类、配合比、土的颗粒组成、土的含水量、拌合方式和养护方法的不同而各不相同。通常，加固土的容重较加固前略有增加；土的含水量则有较大降低，因为土中的水与水泥发生化学反应消耗一部分水量，所以加固土的含水量较加固前地基土的含水量可降低达 80% 以上；固化剂的添加量一般为土的干密度的 30%，如深层拌合中采用水泥浆，则水泥浆的水灰比一般为 0.6～1.0；固化剂与土的拌合程度对土的加固效果影响很大，而拌合程度又与拌合时间有关，通常拌合开始阶段土的强度增加很快，到某一时间以后，强度上升速度就减慢，对于用粉状水泥做加固剂的情况，根据试验资料，随着拌合时间的增加（超过 3min），加固土的强度反而下降；试验表明，加固土的抗剪强度约为其无侧限抗压强度的 $\frac{1}{2}～\frac{1}{3}$，掺粉状水泥的加固土的强度为掺水泥浆的加固土的强度的 2～3 倍。

五、均匀荷载法

根据采用材料的不同，均匀荷载法可分为土工合成材料垫层法、竹筋铺网垫层法和加筋法 3 种。

（一）土工合成材料垫层法

土工合成材料垫层法是用一种由高密度聚合物做成的网状材料，铺设在软弱地基上，它可以起到下列作用：①提高地基上的抗剪强度和承载力；②增强地基的稳定性；③起到排水滤层的作用。

1. 土工合成材料及其特性

目前用于地基加固中的土工合成材料产品主要有土工格栅、土工织物和塑料衬垫等。

土工合成材料的特性与聚合物的种类、产品的类型、结构特点和加工工艺等因素有关，一般具有下列特性。

（1）土工合成材料的比重（相对密度）。土工合成材料的比重实际上就等于聚合物原材料的比重。常用的聚合物比重为：聚丙烯为 0.91；聚酯为 1.22～1.38；聚酰铵为 1.05～1.14；聚乙烯为 0.92～0.95；聚乙烯醇为 1.26～1.32；聚氯乙烯为 1.4；氯丁橡胶为 1.23；丁基橡胶为 0.91；玻璃丝为 2.54。

（2）土工合成材料的厚度。土工合成材料的厚度，对于土工织物一般为 0.1～5.0mm；对于土工膜，其厚度一般为 0.25～0.75mm，最大可达 2～4mm；对于土工格栅，其厚度随部位的不同而不同，其肋厚一般为 0.5mm 到几毫米。

（3）单位面积质量。土工织物的质量一般为 100～1200g/m²，土工膜的质量则与其厚度及原材料的比重成正比。

（4）产品尺寸。土工合成材料产品大多数是成卷出厂的，目前各厂家生产的土工织物，幅宽由 1m 左右到 5～6m；土工膜的幅宽一般由 1m 左右到 10m，有的可达 15m。

（5）握持强度。土工织物的握持强度反映了土工织物分散集中荷载的能力。根据 ASTM 的规定，握持强度的试验是用宽度为 10cm、长度为 20cm 的试样，夹具的宽度为 2.5cm，两个夹具间的距离为 7.5cm，夹具只夹住试样中间部分，以 30cm/min 的速度进行拉伸直至破坏（图 7 - 54）。根据试验，土工织物的握持强度的一般值为 400～5000N。

（6）梯形撕裂强度。土工织物在铺放过程中常常要承受一种撕裂力，撕裂力的试验目前都采用梯形撕裂法，即在一块长度为 L、宽度为 B 的试样上画一个梯形，梯形的高度也为 B，上底宽为 d_2，下底宽为 d_1，在上底中部剪出长度为 C 的缺口，用宽度为 b 的夹具沿梯形的两个斜边将试样夹住，然后加荷，直至缺口被撕裂扩大为止，相应的最大荷载就是梯形撕裂强度（图 7 - 55）。

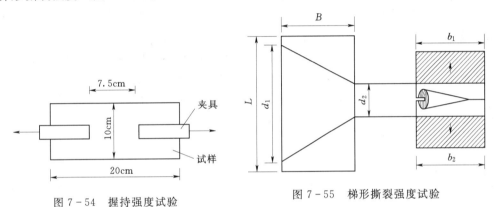

图 7 - 54　握持强度试验　　　　图 7 - 55　梯形撕裂强度试验

根据试验，土工织物的梯形撕裂强度的一般值为 200～1500N。

（7）顶破强度。顶破强度反映了土工织物抗御垂直于织物平面的压力的能力，这种压力使织物呈双向受拉的状态。

试验方法是根据 ASTM D－3786 的建议，利用直径为 10cm 的圆形试样，在试样内侧铺放一块橡皮膜试样并与橡皮膜共同夹在内径为 3cm（1.22inch）的环状夹具内，橡皮膜在水压力作用下被冲胀（图 7 - 56），充水速率为 95mL/min，直到织物被顶破为止，此时最大水压力即为织物的顶破强度。

根据试验，土工织物的顶破强度一般为 267～2320N/cm（150～1300Ib/in）。

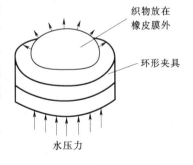

图 7 - 56　顶破强度试验

（8）刺破强度。土工织物的刺破强度反映织物抵抗带有棱角的石子或树枝刺破的能力。根据 ASTM D－3787 的规定，试验时是将土工织物夹在环形夹具内，用金属杆顶在织物上（图 7 - 57），金属杆的直径为 5/16in（8mm），杆端呈半圆形，环形夹具的直径是 1.75in（4.5cm），将金属杆以 12in/min 的速度压在试样中心，测定破裂时的荷载，此荷载即为土工织物的刺破强度。

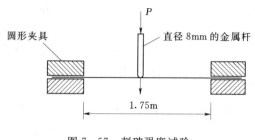

图 7-57 刺破强度试验

根据试验，土工织物的刺破强度一般为 $200\sim1500$N。

（9）土与土工织物之间的摩擦角。土与土工织物之间的黏结力很小，一般可以不计。土与土工织物之间的摩擦角，则与土的颗粒大小、形状、密实度和土工织物的种类、孔径及厚度等因素有关，并且也与试验的正压力有关，根据国外的试验结果，对于细颗粒土，如细砂、砂壤土等（其粒径小于织物孔径），以及疏松的中等颗粒的土（如松砂等），土与织物之间的摩擦角接近土本身的内摩擦角；对于粗颗粒的土，如粗砂、砾石（其粒径大于织物的孔径），以及密实的中细砂等，土与织物之间的摩擦角小于土的内摩擦角。一般，土与针刺无纺织物之间的摩擦角较大，土与有纺织物或热黏无纺织物之间的摩擦角则较小。

（10）土工织物的蠕变特性。土工织物具有明显的蠕变特性，织物在长期荷载作用下，即使荷载不变，应力低于断裂强度，变形仍然会不断增大，甚至导致破坏。

1982 年，Shrestha 和 Bell 根据三参数蠕变原理，提出计算土工织物蠕变量的经验公式如下：

$$\varepsilon_t = \varepsilon_1 + \frac{A}{1-m} e^{a\bar{\sigma}} (t^{1-m} - 1) \qquad (7-90)$$

其中
$$\bar{\sigma} = \frac{\sigma}{\sigma_{\max}} \qquad (7-91)$$

式中　　ε_t——在时间为 t 时土工织物的总应变量；

ε_1——在 $t=1$（单位时间）时的应变量；

$\bar{\sigma}$——应力水平；

A, a, m——参数，通过试验确定；

σ——施加的应力；

$\sigma_{\max}$——断裂应力。

当 $m=1$ 时，式（7-90）变为

$$\varepsilon_t = \varepsilon_1 + A e^{a\bar{\sigma}} \ln t \qquad (7-92)$$

根据 Shrestha 利用 6 种丙纶有纺和无纺织物所进行的试验，得出 A, a, m 三参数的值为：A 为 $0.01\sim0.85$；m 为 $0.61\sim0.84$；a 为 $1.18\sim4.67$。其中，A 值的变化辐度较大，这是因为受到土工织物结构不同的影响。

土工织物的蠕变除受织物的结构影响外，还受聚合物种类的影响，对于涤纶、锦纶和丙纶 3 种材料，涤纶蠕变量最小，锦纶次之，丙纶最大。

有人建议，土工织物的设计抗拉强度不应超过土工织物的蠕变极限，根据对不同土工织物的试验资料的统计，在无约束条件下，蠕变极限约为断裂强度的 1/3。

（11）土工膜的力学特性。土工膜的力学特性与土工膜的结构形式和材料有很大关系。

1）屈服抗拉强度。屈服抗拉强度是土工膜的一项重要指标，对于厚度为 0.75mm 的

CPE（氯化聚乙烯）无筋土工膜和有筋土工膜，试验结果如下：

a. 对于无筋 CPE 土工膜，屈服强度为 35.4N/cm（20Ib/in），当应力达到屈服点时，延伸率（应变）达到 185%，屈服与断裂几乎同时发生。

b. 对于加筋 CPE 土工膜，屈服强度为 107N/cm（60Ib/in），屈服时的延伸率（应变）为 15%。屈服点以后应力骤然下降，而延伸率却继续增加，断裂时的强度只有 8.8N/cm，延伸率却达到 135%。

一般以土工膜的屈服强度作为其抗拉强度。

2）弹性模量。根据厚度为 0.75mm 的 CPE 土工膜的试验结果，土工膜的弹性模量 $E=27/0.6=45$N/cm，若以土工膜的厚度 0.0075cm 相除，则得弹性模量 $E=45/0.075=600$N/cm^2；而对于厚度为 0.9mm 的有筋土工膜，其弹性模量为 $E=107/0.15=710$N/cm，若以厚度 0.09cm 相除，则得 $E=710/0.09=7500$N/cm^2。

3）刺破或穿透强度。土工膜的功能主要是防渗，故其抵御刺破或穿透的能力极为重要。土工膜愈厚，其抵御刺破或穿透的能力也越大。

根据试验的结果，无筋土工膜的刺破强度为 50～500N，有筋土工膜为 250～2500N。

4）接缝强度。土工膜的接缝强度一般小于膜本身的强度。

5）土与土工膜和土工膜与土工织物之间的摩擦角。土与土工膜之间的摩擦力反映了土工膜抵抗其沿土坡面滑动的能力，这与土与土工膜之间的摩擦角有直接关系。土与土工膜之间的摩擦角与土的种类和土工膜表面的光滑程度有关，一般小于土本身的内摩擦角。

土与土工膜和土工膜与土工织物之间摩擦角的试验结果如表 7-18 所示。

表 7-18　　　　　　　　土与土工膜和土工膜与土工织物之间的摩擦角

土工膜的种类	砂　　料		土　工　织　物		
	中砂 （内摩擦角为 30°）	细砂 （内摩擦角为 26°）	丙纶针刺 （CE600）	丙纶热黏 （Typer3410）	丙纶有纺 （Pelyfilter）
乙烯、丙烯、二烯三烯聚合物（EPDM）	24°	24°	23°	18°	17°
聚氯乙烯（PVC）粗糙型	27°	25°	23°	20°	11°
聚氯乙烯（PVC）光滑型	25°	21°	21°	18°	10°
氯硫化聚乙烯（CSPE）	25°	23°	15°	21°	9°
高密度聚乙烯（HDPE）	18°	17°	8°	11°	6°

2. 土工织物的强度核算

在工程建设中，土工织物常常被放置在细粒土与粗粒土之间，受到土的挤压作用，因此必须核算土工织物在 4 个方面的强度，即顶破强度、刺破强度、握持强度和撕裂强度。

（1）顶破强度计算。

若土工织物放置在粗颗粒的砾石、碎石或卵石与细颗粒土料之间，当上面受到压力作用时，在反力作用下细颗粒土将会把土工织物压入粗颗粒材料的孔隙中，使织物承受一种顶破应力。此时土工织物必须具有足够的抗顶破强度，才能避免被顶破。

土工织物所应具有的顶破强度可按下式计算：

$$p_s = 0.4k \frac{d_a}{d_s} p \qquad (7-93)$$

式中　p_s——土工织物应具有的顶破强度（N/cm² 或 kPa）；

　　　d_a——石料的平均直径（mm）；

　　　d_s——Mullen 顶破试验仪器的直径，一般为 30mm；

　　　p——织物所承受的平均压力（kN/cm² 或 kPa，包括静压力和动压力）。

土工织物实际应具有的顶破强度为

$$p_d = p_s \cdot F \qquad (7-94)$$

式中　F——安全系数，一般选用 1～3，当仅作用静荷载时可选用小值，当作用动荷载时则应选用大值。

（2）刺破强度计算。

土工织物常用作粗粒料与细粒料之间的隔离层，在土工织物与带有尖角的石块或碎石接触处，石块的尖角常常会将织物刺破，所以土工织物应具有抗刺破的能力。

土工织物所应具有的刺破强度可按下式计算：

$$R_p = k p d_a^2 \qquad (7-95)$$

式中　R_p——土工织物应具有的刺破强度（kg 或 N）；

　　　p——作用在土工织物上的平均压力（N/cm² 或 kPa）；

　　　d_a——粒料的平均直径（cm 或 m）；

　　　k——安全系数，一般采用 1.5～3.0，如织物上面是较厚的填土或静荷载，则选用较小的安全系数；如果是动荷载或上部填土较薄，则选用较大的安全系数。

土工织物的抗刺破能力不仅决定于刺破强度，还决定于织物的疏松程度及延伸率的大小，织物愈疏松，断裂时延伸率就愈大，也就越不容易被刺破。通常针刺型的无纺织物具有较高的延伸率，因此也具有较高的抗刺破能力；热黏型无纺织物的延伸率则低于针刺型无纺织物，而有纺织物的延伸率则更低一些，大约只有无纺织物的 20%，故抗刺破的能力也更低一些。

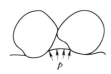

图 7-58　土工织物被压入粒料空隙

（3）握持抗拉强度计算。

当土工织物放置在粗粒料和细粒料之间时，在压力作用下，织物会被地基反力 p 压入（顶入）粒料的空隙之中，如图 7-58 所示，此时粗粒料的底面压在土工织物上，阻止土工织物被压入粒料的空隙，因此在织物内产生拉伸力 T，拉伸力 T 可按下式计算：

$$T = p b^2 f(\varepsilon) \qquad (7-96)$$

式中　T——拉伸力（N 或 kN）；

　　　p——地基压应力（N/cm² 或 kPa）；

　　　b——空隙宽度，可近似地取其等于粒料的直径 d_a（m）；

　$f(\varepsilon)$——织物应变量的函数，当织物断裂时，ε 值等于织物的延伸率。

　$f(\varepsilon)$ 值可根据表 7-19 求得。

表 7-19						函 数 $f(\varepsilon)$ 值						
ε（%）	0	2	4	6	10	15	20	30	40	45～70	75	100	120
$f(\varepsilon)$	∞	1.47	1.08	0.9	0.73	0.64	0.58	0.53	0.51	0.50	0.51	0.53	0.55

此时土工织物为了抵抗这一拉伸力，所应具有的握持抗拉强度为

$$R_g = kT = kpd_a^2 f(\varepsilon) \tag{7-97}$$

式中　R_g——土工织物的握持抗拉强度（N 或 kN）；

　　　d_a——粒料直径（cm 或 m）；

　　　k——安全系数。

按照土工织物延伸率的大小，根据式（7-97）和表 7-19，可得土工织物的握持抗拉强度为：

1）对于无纺织物和一部分延伸率较大的有纺织物，ε 为 25%～125%，故其握持抗拉强度应为

$$R_g \geqslant 0.55pd_a^2 \tag{7-98}$$

2）对于一般有纺织物，ε 为 12%～20%，故其握持抗拉强度应为

$$R_g \geqslant (0.6\sim0.7)pd_a^2 \tag{7-99}$$

3）对于比较坚韧的土工织物，如玻璃丝布等，ε 为 2%～5%，故其握持抗拉强度应为

$$R_g \geqslant (1.0\sim1.5)pd_a^2 \tag{7-100}$$

土工织物愈坚韧，变形模量愈大，延伸率越小，所要求的握持抗拉强度就越大。

（4）撕裂强度计算。

当土工织物被刺破后，粒料的尖角将穿入被刺破的孔洞内（图 7-59），若此时继续施加荷载，特别是动荷载，则粒料夹角将会使孔洞继续扩大，而织物则将承受一种撕裂力。粒料尖角作用在孔洞上的撕裂力可按下式计算：

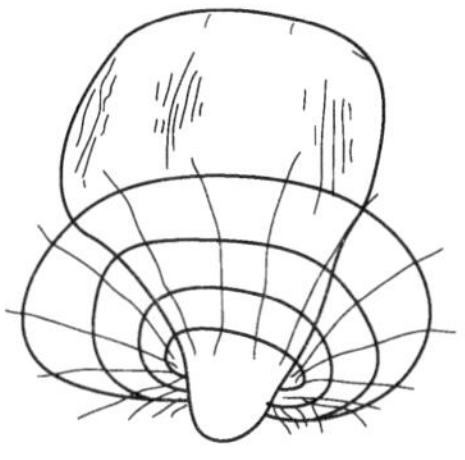

$$T_i = 0.1\eta pd_a^2 \tag{7-101}$$

图 7-59　粒料尖角
刺破土工织物

式中　T_i——作用在织物上的撕裂力（N 或 kN）；

　　　p——地基的平均压应力（N/cm² 或 kPa）；

　　　d_a——粒料的平均直径（cm 或 m）；

　　　η——形状系数，其值在 0.1～0.45 之间，0.45 是属于最危险情况。

因此土工织物所应具有的撕裂强度为：

$$R_i = kT_i = 0.045kpd_a^2 \tag{7-102}$$

式中　k——安全系数，可采用 1.0～1.5。

土工织物应具有的撕裂强度 R_i 也可以用柯耶纳（Koerner）公式计算：

$$R_i = \xi\pi d_i d_a p \tag{7-103}$$

式中　ξ——形状系数，对于碎石 $\xi = 0.6$；

　　　d_i——土工织物的平均孔径（cm 或 m）；

　　　d_a——粒料的平均直径（cm/m）；

p——地基的平均压应力（N/cm² 或 kPa）。

3. 施工阶段对土工织物强度的要求

施工阶段对土工织物的强度要求决定于地基的平整状况、填料的种类和粒径、施工机械的种类和类型、施工工艺等条件。参照国外资料列出施工阶段对土工织物强度的要求，见表7-20。

表 7-20　　　　　　　　　　　施工阶段对土工织物的强度要求

施工条件	对土工织物强度的最低要求					
	极限抗拉强度 (N/cm)	割线模量 (N/cm)	刺破强度 (N)	顶破强度 (N/cm²)	抗磨能力（%） (抗拉强度剩余值)	梯形撕裂强度 (N)
差	540	1800	900	430	300	300
较差	360	1080	570	290	300	220
中等	90	450	340	140	200	180
好	45	180	230	70	150	130

表 7-20 中的"施工条件"的含意如下。

（1）施工条件"差"：是指地基极不平整（有树根，树桩或大卵石等杂物残留，地面下凹深度大于 45cm，或有旧河道及孔洞等），填料为带有棱角的碎石，粒径大于 $\frac{1}{2}$ 填筑层的厚度。

（2）施工条件"较差"：

1）地基比较平整，填料主要是带棱角的碎石，粒径大于 $\frac{1}{2}$ 填筑层厚度。

2）地基不太平整，填料为碎石，粒径大于 5cm，但小于 $\frac{1}{2}$ 填筑层厚度。

（3）施工条件"中等"：

1）地基光滑平整，填料的粒径大于 5cm，但小于 $\frac{1}{2}$ 填筑层厚度。

2）地基不太平整（有小的树枝、石子等残留物体，或地面下凹深度大于 15cm 但小于 45cm），填料为粒径小于 5cm 的砂或卵砾石。

（4）施工条件"好"：是指地基表面光滑平整（除草皮树叶外，其他残留物一概清除，地面凸起的高度或下凹的深度不超过 15cm，填平一切深坑及孔洞），织物上部的填料为粒径小于 5cm 的砂或卵砾石。

软弱地基铺设土工织物或土工格栅后的抗滑稳定安全系数按下式计算：

$$K=\frac{r\sum\{c_il_i+[g_i\cos\alpha_i-K_Hg_i\sin\alpha_i+T_f\sin(\alpha_i+\theta)]\tan\varphi_i\}}{\sum[rg_i\sin\alpha_i+y_iK_Hg_i\cos\alpha_i-rT_f\cos(\alpha_i+\theta)]} \tag{7-104}$$

式中　r——滑动圆弧半径（m）；

　　　c_i——第 i 土条底面处土的黏聚力（kPa）；

　　　l_i——第 i 土条底面滑动面的长度（m）；

　　　g_i——第 i 土条的重力（kN）；

α_i——第 i 土条底面与水平面的夹角（°）；

K_H——水平方向地震系数；

T_f——地基土处于极限状态时土工合成材料所受的拉力（kN）；

θ——土工合成材料铺设方向与水平面的夹角（°）；

φ_i——第 i 土条底面的内摩擦角（°）；

y_i——第 i 土条重心到滑动圆弧圆心的竖直距离（m）。

（二）竹筋铺网垫层法

竹筋铺网垫层法是将竹筋铺设在填土层的下面，以增强其抗剪强度。

竹材要选用韧性好的，将其在地基上排列成网状，间距约为 1m，接头部位的搭接长度为 2m，每隔 60cm 用 10 号铁丝绑扎一道，在竹筋网格上再铺设一层土工织物，土工织物与竹筋之间也用 10 号铁丝绑扎固定。

然后在竹筋铺网上铺筑砂石层，做成竹筋铺网垫层。

根据日本使用的经验，这种方法对荷载分散的效果较好，可以使重型施工机械能进入原来无法进入的软弱地基进行铺砂施工；同时竹筋网格在荷载作用下将发生的变形呈圆滑的挠曲曲线状，可以避免土工织物被地基反力局部压力砂石空隙中而产生较大的局部拉力；同时，在荷载作用下竹筋铺网的错动变形很小，所以竹筋搭接处也不会发生断裂或拉脱现象。

日本曾将此法用于加固泥炭土和沼泽土地基，效果良好。

（三）加筋法

加筋法是在地基表面以上，堤防的底部铺设拉筋条，如图 7-60 所示，用以增加土的抗拉能力，提高地基的承载能力。

加筋材料应选用具有较大抗拉能力，并能随地基变形产生较大拉应变，而且拉筋产生的拉应力正好与土和拉筋间的作用力相当。为了使加筋材料与填土形成一个整体，提高拉筋在填土自重作用下的锚固作用，加筋材料宜采用薄板状、带状和网状材料，一般多采用软钢、中碳钢之类的带钢或合成树脂材料等。

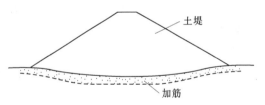

图 7-60 加筋法示意图

加筋材料的铺设，一般是用载重汽车将预先加工成所需长度的带钢卷运到施工场地，然后将带钢卷沿横断面方向展开，边展开边铺设，铺设间距约为 50~60cm。待钢铺设好以后，再进行填土施工。

在软弱地基上铺设加筋条，可以起到约束地基侧向位移的作用，因而也就起到提高地基承载力的作用。

六、挤密法

挤密法是用桩管打入或振入软土地基中，使地基土产生横向挤密作用，以提高其抗剪强度。

挤密法按其填入材料的不同可分为土桩法、灰土桩法、砂石桩法、石灰桩法、碎石桩法等。

1. 土和灰土挤密法

土和灰土挤密法是在软土地基中形成素土或灰土挤密桩，将地基挤密，并组成复合地基。这种方法适用于地下水位以上的湿陷性黄土、素填土、杂填土地基的加固处理。

桩孔内的填料应进行夯实，当用素土回填时，压实系数 α_c 不宜小于 0.95；当用灰土回填时，压实系数 α_c 不宜小于 0.97。灰土的体积比一般为 2：8 或 3：7。

桩孔直径通常为 0.3~0.6m，按等边三角形布置，孔距可按下式计算：

$$S = 0.95d \sqrt{\frac{\bar{\alpha}_c \rho_{\max}}{\bar{\alpha}_c \rho_{\max} - \bar{\rho}_d}} \tag{7-105}$$

式中　S——桩孔间距（m）；

　　　d——桩孔直径（m）；

　　　$\bar{\alpha}_c$——桩间土的平均压实系数，一般取 $\bar{\alpha}_c = 0.93$；

　　　$\rho_{\max}$——桩间土的最大干密度（kg/m³）；

　　　$\bar{\rho}_d$——地基挤密前的平均干密度（kg/m³）。

2. 砂石桩挤密法

砂石桩法是在桩孔中填入砂、碎石，并通过锤击或振动形成砂桩或碎石桩，同时将周围地基土挤压密实，形成复合地基，可提高地基的承载力、减小沉降，并可防止地基的振动液化。

砂石桩的直径通常为 30~80cm，呈等边三角形或正方形布置，桩的长度决定于所要加固处理的地基软弱土层的厚度。地基加固处理的宽度应超出基础宽度，每边最少应超出 1~3 排孔；当用于防止液化时，每边最少超出液化土层厚度的 1/2，并不小于 5m。桩距一般不超过桩径的 4 倍。

砂石桩所用材料，应为粗砂、中砂、圆砾、角砾、卵石碎石等。

砂石桩法适用于加固处理松散砂土、素填土、杂填土和饱和黏性土地基。

3. 石灰桩法

石灰桩法是将封口尖头套管用打桩机打入软弱地基中，使周围的土得到挤密，然后将套管拔出，在孔内分层填入生石灰，再用封口尖头套管击实，做成石灰桩。

石灰桩在土中会吸收周围土中的水分并发热，使一部分水分汽化脱水，同时石灰桩吸水后会产生体积膨胀，使石灰桩周围的土受到压密作用，而且石灰溶液渗入土中后，将与土产生物理化学作用生成胶结体，使土颗粒胶结起来，从而达到增强土的抗剪强度和承载能力的作用。

石灰桩的桩径取决于套管的直径，一般套管直径为 20~40cm，故若桩径取为 30cm，桩距通常为 1.0~1.2m；若桩径取为 40cm，则柱桩距为 1.2~1.4m。

石灰桩的长度一般为所要加固的软弱深度，但如仅为满足地基承载力的要求，则桩长可取 5~6m 即可。

石灰桩复合地基的抗剪强度 τ_f 可按下式计算：

$$\tau_f = (1-\beta)c_0 + a\tau_p \tag{7-106}$$

式中 τ_f——石灰桩复合地基的抗剪强度（kN/m²）；

$\quad\quad \beta$——系数；

$\quad\quad c_0$——复合地基桩间土的黏聚力（kN/m²）；

$\quad\quad a$——石灰桩吸水膨胀后的面积分担比。

a 值决定于桩的布置，当石灰桩按等边三角形布置时：

$$a = \frac{\pi}{2\sqrt{3}} \cdot \frac{d^2}{L^2} \tag{7-107}$$

当石灰桩按正方形布置时：

$$a = \frac{\pi d^2}{4L^2} \tag{7-108}$$

式中 d——石灰桩吸水膨胀后的桩径（m）；

$\quad\quad L$——桩距（m）。

石灰复合桩地基的承载力 p_u 可按下式计算：

$$p_u = 5\tau_f \left(1 + 0.2\frac{b}{l}\right)\left(1 + 0.2\frac{D}{b}\right) + \gamma D \tag{7-109}$$

式中 p_u——石灰桩复合地基的极限承载力（kN/m²）；

$\quad\quad \tau_f$——石灰桩复合地基的抗剪强度（kN/m²）；

$\quad\quad b$——基础的宽度（m）；

$\quad\quad l$——基础的长度（m）；

$\quad\quad D$——基础的埋置深度（m）；

$\quad\quad \gamma$——基础埋置深度范围内土的容重（重度，kN/m³）。

4. 振冲挤密法

振冲挤密法又称振动冲水挤密法，是用振冲器边振动边冲水，利用振冲器产生的高频振动，对周围的土体产生 40～90kN 的水平振动力使周围土体被振密实；利用振冲器端部和侧面冲水是为了帮助振冲器在土中钻进成孔，并在成孔后进行清孔。当振冲器达到设计加固深度后，关闭下喷水口，开启上喷水口，利用循环水带出孔中稠泥浆后，再向振动形成的孔中逐段填入粗砂、砾石或碎石，每段填料在振冲器振动下被挤密，达到要求的密实度以后提起振冲器，如此一段一段地填筑，最后在地基中形成一根一根的砂、砾石或碎石桩，从而使松软地基得到加固。

振冲挤密法每 1m³ 地基所需填灌的砂量可按下式估算：

$$V = \frac{(1+e_1)(e_0-e)}{(1+e_0)(1+e)} \tag{7-110}$$

式中 V——地基每 m³ 所需填灌的砂石量（m³）；

$\quad\quad e_1$——所用砂石料的填筑孔隙比；

$\quad\quad e_0$——地基土原有的孔隙比；

$\quad\quad e$——地基经加固后要求达到的孔隙比。

地基加固后实际达到的孔隙比可按下式估算：

$$e_p = \frac{\alpha S^2(h+\Delta)}{\dfrac{\alpha S^2 h}{1+e_0} + \dfrac{v}{1+e_1}} - 1 \tag{7-111}$$

式中 e_p——地基加固后实际达到的孔隙比;

α——面积系数,当桩孔为等边三角形布置时,$\alpha = 0.866$;当桩孔为正方形布置时,$\alpha = 1.0$;

S——砂石桩的间距(m);

h——加固土层的厚度(m);

Δ——地基表面凸出量(+)或下沉量(-)(m);

e_0——地基土原有的孔隙比;

e_1——所用砂石料的填筑孔隙比;

v——每根砂石桩的填灌量(m^3)。

砂石桩的间距 S 可按下式估算:

$$S = \beta \sqrt{\frac{\omega}{W}} \qquad (7-112)$$

式中 S——振冲挤密法砂石桩的间距(m);

β——系数,与桩孔的布置有关,当桩孔为三角形布置时,$\beta = 1.075$;当桩孔为正方形布置时,$\beta = 1.0$;

ω——砂石桩每 1m 长度的可能灌砂量,通常 ω 取 $0.3\sim0.7m^3$;

W——地基每 $1m^3$ 所需填灌量(m^3)。

振冲挤密法砂石桩的间距一般为 $1.5\sim2.5m$,砂石桩的直径为 $0.7\sim1.2m$,一般为 $0.8m$。砂石桩的长度,当软弱土层较厚时一般为 $6\sim8m$,最深可达 $10m$。振冲法加固地基的范围,通常应超出基础边缘 $1\sim2$ 个桩位。

单纯的振冲挤密法适用于松砂地基,而砂石桩振冲挤密法则可用于软黏性土、粉土、饱和黄土、人工填土等地基。

5. 强夯法

强夯法是利用大型吊车将质量为 $10\sim30t$,底面积为 $2\sim4m^2$ 的重锤,提升到 $10\sim30m$ 高度处自由落下,使地基土在重锤的巨大冲击力和振动力作用下产生振密和压缩,从而使软弱土地基得到加固,加固深度可达 $10\sim20m$。

夯锤重是取决于使土层受到夯实影响的深度,通常可按下式计算:

$$D = \alpha \sqrt{WH} \qquad (7-113)$$

式中 D——强夯的影响深度(m);

α——系数,决定于土层情况,约为 $0.5\sim0.7$;

W——锤重(kN);

H——落锤高度(m)。

根据实践经验,用强夯法处理的地基,其承载能力可提高 $2\sim5$ 倍,压缩性可降低 $50\%\sim90\%$,一般适用于碎石土、砂土、低饱和度的砂土和黏性土、湿陷性黄土、杂填土、素填土等地基。

表 7-21 为某些工程用强夯法加固地基的效果。

表 7-21　　　　　　　　　　强夯法加固地基的效果

地基土的名称	锤击条件		加固后地基土的指标		备　注
	锤击能量 N (kN·m/m²)	锤击遍数 n	变形横量 E (N/cm²)	极限压力 p (N/cm²)	
碎石	2000～4000	2～3	3000～4000	—	
砂砾	2000～4000	2～3	1500～3000	200～300	
砂质土	1000～3000	2～3	1000～2000	100～300	
黏性土	5000 左右	3～8	—	—	
泥炭土	3000～5000	3～5	50～100	—	可降低残余沉降量
杂填土	2000～4000	2～3	—	50～100	对气体排出有效

强夯法的优点是：①适用范围广，施工速度快；②加固效果好；③费用低。

强夯法的缺点是：①噪声大；②对周围产生的振动大；③目前尚无完整的设计计算方法。

七、压载法

在软弱土地基上修建土堤，堤脚处常常会隆起，甚至堤坡会产生塌陷。为了防止这种现象的出现，通常采用的方法是在堤身的迎水侧和背水侧修筑加载（也叫戗台或反压马道），如图 7-61 所示，用以平衡地基所受的荷载，防止地基土从堤身两侧被挤出，用以保持地基的稳定。

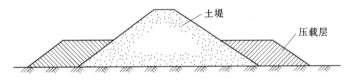

图 7-61　压载法示意图

压载层的厚度和宽度一般先根据工程经验确定，然后根据圆弧滑动面的稳定分析来校核，如果所求的稳定安全系数过大，说明压载层的尺寸过大，可以减小；如果所求的稳定安全系数过小，说明原来选定的压载层的尺寸过小，应当加大压载层的厚度和宽度，直至计算得的稳定安全因素值满足要求为止。

压载层的厚度 t 一般可采用 $\left(\frac{1}{6.5}～\frac{1}{3.0}\right)H$，$H$ 为土堤的设计高度。

压载层的宽度 B 可以采用 (2.0～3.0)H。

压载的材料一般采用当地材料，即土、砂、砂砾石等。

在天然松软地基上用连续施工方法修建土石堤时，要控制荷载的施加量，允许施加的荷载可按下式计算：

$$p=5.52\frac{c_0}{K} \tag{7-114}$$

式中　p——允许施加的荷载（kN/m²）；

c_0——天然地基不排水抗剪强度，由无侧限三轴不排水剪切试验或原位十字板试验测定（kN/m^2）；

K——安全系数，宜采用 1.1～1.5。

压载法的优点是：①施工简便；②压载材料可以就地取材；③迎水侧压载层可同时起到防浪的作用；背水侧的压载层，在汛期可用作防汛的工作场地。

压载法的缺点是：①土方量大；②占地面积大；③增大了地基的沉降量。

八、压实法

压实法是用碾压或夯实的方法使地基表层土得以密实固结的方法，是工程建设中一种常用的方法。

压实法分为碾压法和夯实法两种。碾压法是用牵引车带动碾子将土压实，土的压实程度决定于土的种类及含水量，以及碾子的重量、碾压的遍数，一般通过室内击实试验和室外现场试验来确定。夯实法则是通过夯锤将土击实，可分为机械夯实和人工夯实两种，夯实的效果决定于土的种类、含水量、夯锤重量和夯击遍数，通常也应通过试验来确定。

压实法适用于处理浅层的砂性土、含水量不高的黏性土和填土地基。

第八章 防 洪 墙

第一节 防洪墙的结构形式

如前所述，防洪墙基本上可分为重力式、悬臂式、扶壁式和板桩墙式4类。防洪墙的建筑材料则有混凝土、钢筋混凝土、石料等。

用混凝土建造的防洪墙，其结构形式通常有4种，即迎水面直立、背水面斜坡式，迎水面斜坡、背水面直立式，迎水面阶梯式和迎水面曲线式。①迎水面直立、背水面斜坡式［图8-1（a）］，是防洪墙常用的一种结构形式，它有利于防洪墙在荷载作用下的水平抗滑稳定性；②迎水面斜坡、背水面直立式［图8-1（b）］，也是防洪墙常用的一种结构形式，它有利于防洪墙在荷载作用下的抗倾覆稳定性；③迎水面阶梯式［图8-1（c）］有利于对波能的消杀；④迎水面曲线式［图8-1（d）］能够对波浪起到折射作用，减小波浪对墙体的冲击作用。

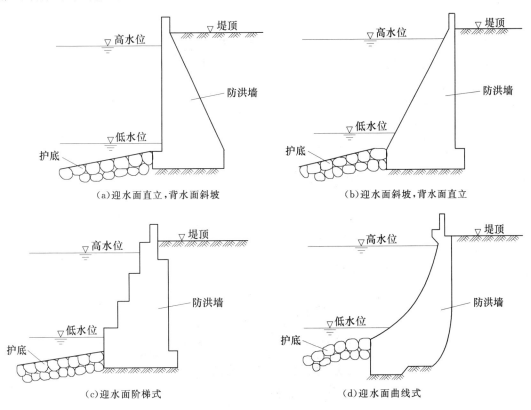

（a）迎水面直立，背水面斜坡　　　　　　（b）迎水面斜坡，背水面直立

（c）迎水面阶梯式　　　　　　（d）迎水面曲线式

图8-1　防洪墙的结构形式

用干砌石修建的防洪墙通常用在风浪较小的地区和级别较低的防洪墙，它常用的结构形式有：①迎水面直立式，如图8-2（a）所示；②迎水面斜坡式，如图8-2（b）所示。

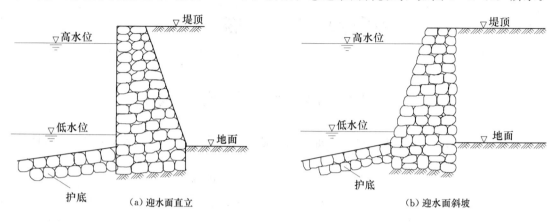

（a）迎水面直立　　　　　　　　　　　（b）迎水面斜坡

图8-2　干砌石防洪墙

浆砌石防洪墙可分为浆砌块石防洪墙和浆砌条石防洪墙两种，其中浆砌条石防洪墙常用于级别较高的防洪墙。这种防洪墙的结构形式通常有下列3种：①迎水面直立式，如图8-3（a）所示；②迎水面斜坡式，如图8-3（b）所示；③迎水面曲线式，如图8-3（c）所示。

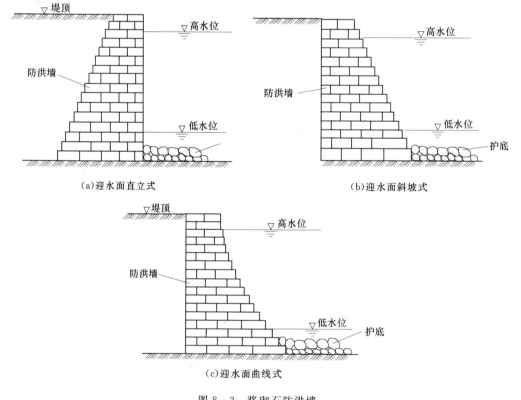

（a）迎水面直立式　　　　　　　　　　　（b）迎水面斜坡式

（c）迎水面曲线式

图8-3　浆砌石防洪墙

314

防洪墙也可以用板桩填石的方式来建造，如图8-4所示，将板桩的下部揳入土中，上部用锚杆或锚筋固定，然后在墙后填石，即形成板桩填石防洪墙。

人工块体防洪墙（图8-5）是用混凝土块体建造的防洪墙，其结构形式多为重力式，但也有做成斜坡式的。混凝土块体多做成长方形，用干砌的方式建造，但混凝土块体也有做成异形体形状的，以增强块体的稳定性。

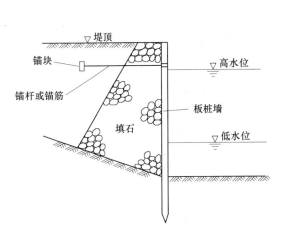

图8-4 板桩填石防洪墙

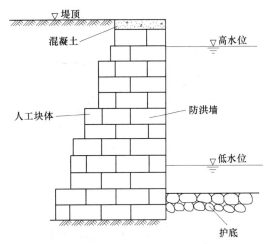

图8-5 人工块体防洪墙

防洪墙的结构形式应根据防洪的要求，防洪墙的级别、使用条件、材料状况等因素，通过技术经济比较来确定。

为了减小防洪墙背面所受到的地下水水压力，在防洪墙的背面常设置反滤排水，并在墙体内设排水管，如图8-6所示，以降低地下水位。

由于风浪的作用，防洪墙迎水面的地基常常会产生淘刷，影响防洪墙的安全，为此，通常采用下列3种措施：

（1）设置防冲板桩。板桩可设置在防洪墙迎水面的墙前［图8-7（a）］，或设置在迎水面墙底面［图8-7（b）］。

（2）设置防冲齿墙。防冲齿墙设置在防洪墙底面迎水面的地基中，并与防洪墙墙体连接在一起，如图8-8所示。

（3）设置防冲铺砌。防冲铺砌设置在防洪墙迎水面墙前地基面上，如图8-9所示，

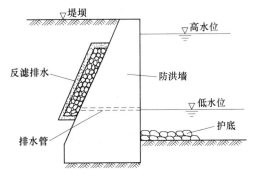

图8-6 防洪墙背面的反滤排水

通常采用块石铺砌；当风浪较大时，也常采用混凝土板、钢筋混凝土板或石笼铺砌。

根据交通和防汛要求，堤防的顶部可设置路面。为了防止雨水渗入堤内，堤顶应设置坡度i为2%～4%的横向坡度，并在靠防洪墙顶处设置纵向集水排水沟，同时每隔40～50m设置排水孔，将集水排水沟中的雨水排出堤外，如图8-10所示。

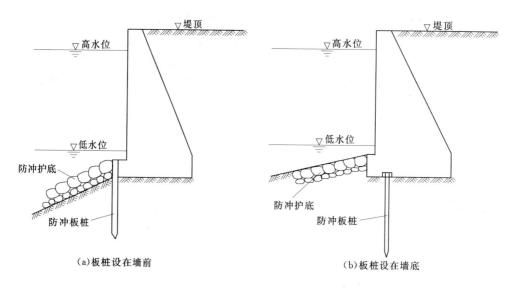

（a）板桩设在墙前　　　　　　　　（b）板桩设在墙底

图 8-7　防冲板桩

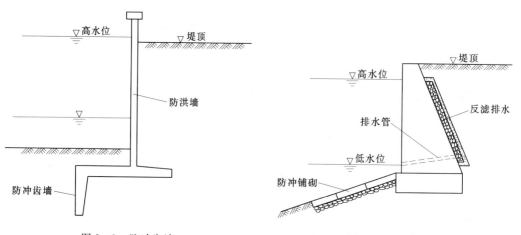

图 8-8　防冲齿墙　　　　　　　　　图 8-9　防冲铺砌

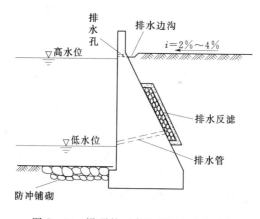

图 8-10　堤顶的雨水边沟（排水边沟）

第二节 土压力计算

防洪墙的主要荷载之一就是土压力,土压力一般分为主动土压力、静止土压力和被动土压力3种:主动土压力是防洪墙墙体向背离填土方向产生微小变形时填土对墙体产生的土压力;静止土压力是墙体静止不动时填土对墙体产生的土压力;被动土压力是墙体向填土方向产生微小变形时填土对挡土墙产生的土压力。通常,在防洪墙设计中所计算的土压力主要是主动土压力。

土压力的计算方法很多,但在设计实践中常用的方法仍然是朗肯土压理论和库仑土压理论两种。

一、按朗肯土压理论计算土压力

朗肯土压力计算时的基本假定是:

(1) 墙面是竖直的和光滑的。

(2) 墙背面填土是均质同性的。

(3) 墙背填土表面是水平的。

(4) 墙体的长度是无限的。

(一) 无黏性土的主动土压力计算

1. 填土表面无荷载作用的情况

填土表面以下深度 z 处作用在墙面上一点处的土压力强度为

$$p_z = \gamma z K_a \tag{8-1}$$

其中

$$K_a = \tan^2\left(45° - \frac{\varphi}{2}\right) \tag{8-2}$$

式中 p_z——填土表面以下深度 z 处的土压力强度(kPa 或 kN/m²);

γ——填土的容重(重度,kN/m³);

z——填土表面以下计算点的深度(m);

K_a——主动土压力系数;

φ——填土的内摩擦角(°)。

作用在防洪墙上的总土压力(即作用在整个防洪墙上的土压力)为

$$P = \frac{1}{2}\gamma H^2 K_a \tag{8-3}$$

式中 H——防洪墙底面以上填土的高度(m),若填土表面与防洪墙顶部齐平,则 H 即为墙高。

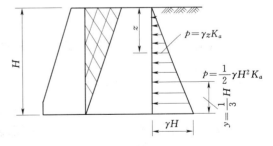

图 8-11 填土表面无荷载作用时墙上的土压力

土压力沿墙的高度呈三角形分布,如图 8-11 所示,故土压力 P 的作用点距底面的高度为

$$y = \frac{1}{3}H \tag{8-4}$$

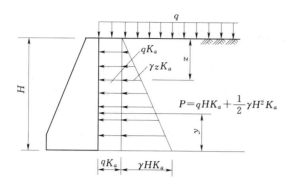

图 8-12 填土表面作用均布荷载时墙上的土压力

2. 填土表面有均布荷载作用的情况

当填土表面作用均布荷载 q（kN/m²）时，作用在填土表面以下深度 z 处墙面一点上的土压力强度为

$$p_z = (\gamma z + q)K_a \qquad (8-5)$$

作用在防洪墙上的总土压力为

$$P = \left(\frac{1}{2}\gamma H^2 + qH\right)K_a \qquad (8-6)$$

此时土压力沿墙高的分布为梯形，如图 8-12 所示，总土压力 ρ 的作用点距墙底面的高度为

$$y = \frac{qH + \frac{1}{3}\gamma H^2}{2q + \gamma H} \qquad (8-7)$$

【例 8-1】 某防洪墙高度 $H=6.0\text{m}$，墙面竖直光滑，填土表面水平，作用均布荷载 $q=10\text{kN/m}^2$。填土为无黏性砂土，土的容重（重度）$\gamma=18.5\text{kN/m}^3$，内摩擦角 $\varphi=30°$，计算作用在墙上的总土压力 P 及其作用点距墙底的高度 y。

【解】 （1）根据式（8-2）计算主动土压力系数为

$$K_a = \tan^2\left(45° - \frac{\varphi}{2}\right) = \tan^2\left(45° - \frac{30°}{2}\right) = 0.3333$$

（2）根据式（8-6）计算作用在墙上的总土压力 P 为

$$P = \left(\frac{1}{2}\gamma H^2 + qH\right)K_a = \left(\frac{1}{2}\times18.5\times6.0^2 + 10.0\times6.0\right)\times0.3333 = 130.9869\text{kN}$$

（3）根据式（8-7）计算总土压力作用点距墙底的高度 y 为

$$y = \frac{qH + \frac{1}{3}\gamma H^2}{2q + \gamma H} = \frac{10.0\times6.0 + \frac{1}{3}\times18.5\times6.0^2}{2\times10.0 + 18.5\times6.0} = 2.1527\text{m}$$

3. 填土表面以下深度 H_1 处有地下水的情况

当填土表面以下深度 H_1 处有地下水时（图 8-13），作用在地下水面高程处的土压力强度为

$$p_{H_1} = \gamma H_1 K_a \qquad (8-8)$$

式中　γ——填土表面以下至地下水面之间高度 H_1 范围内填土的容重（重度），按填土的湿容重（湿重度）计算。

作用在墙底面处一点上的土压力强度为

$$p_H = (\gamma H_1 + \gamma' H_2)K_a \qquad (8-9)$$

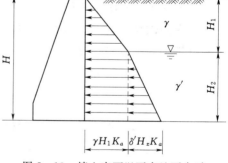

图 8-13 填土表面以下有地下水时作用在墙上的土压力

式中　γ'——填土的浮容重（浮重度），即填土在水中的有效单位体积重量；

　　　H_2——地下水面至墙底的高度（m）。

此时作用在防洪墙上的总土压力为

$$P=\left(\frac{1}{2}\gamma H_1^2+\gamma H_1 H_2+\frac{1}{2}\gamma' H_2^2\right)K_a \qquad (8-10)$$

总土压力作用点距墙底面的高度为

$$y=\frac{\gamma H_1^2\left(\frac{1}{3}H_1+H_2\right)+\gamma H_1 H_2^2+\frac{1}{3}\gamma' H_2^2}{\gamma H_1^2+2\gamma H_1 H_2+\gamma' H_2^2} \qquad (8-11)$$

【例 8-2】 某防洪墙高 $H=6.0\text{m}$，在填土表面以下 $H_1=2.0\text{m}$ 处有地下水，填土的内摩擦角 $\varphi=30°$，地下水面以上填土的湿容重（湿重度）$\gamma=18.5\text{kN/m}^3$，地下水面以下填土的浮容重（浮重度）$\gamma'=10.2\text{kN/m}^3$，计算作用在防洪墙上的土压力 P 及其作用点距墙底的高度 y。

【解】 （1）根据式（8-2）计算主动土压力系数 K_a 为

$$K_a=\tan^2\left(45°-\frac{\varphi}{2}\right)=\tan^2\left(45°-\frac{30°}{2}\right)=0.3333$$

（2）根据式（8-10）计算作用在墙上的总土压力 P 为

$$P=\left(\frac{1}{2}\gamma H_1^2+\gamma H_1 H_2+\frac{1}{2}\gamma' H_2^2\right)K_a$$

$$=\left[\frac{1}{2}\times18.5\times2.0^2+18.5\times2.0\times(6.0-2.0)+\frac{1}{2}\times10.2\times(6.0-2.0)^2\right]\times0.3333$$

$$=266.6000\text{kN}$$

（3）根据式（8-11）计算总土压力 P 的作用点距墙底的高度 y 为

$$y=\frac{\gamma H_1^2\left(\frac{1}{3}H_1+H_2\right)+\gamma H_1 H_2^2+\frac{1}{3}\gamma' H_2^2}{\gamma H_1^2+2\gamma H_1 H_2+\gamma' H_2^2}$$

$$=\frac{18.5\times2.0^2\times\left(\frac{1}{3}\times2.0+4.0\right)+18.5\times2.0\times4.0^2+\frac{1}{3}\times10.2\times4.0^2}{18.5\times2.0^2+2\times18.5\times2.0\times4.0+10.2\times4.0^2}$$

$$=\frac{1991.7333}{533.2000}=1.860\text{m}$$

（二）黏性土的主动土压力计算

1. 填土表面无荷载作用的情况

在填土表面无荷载作用的情况下，填土表面以下深度为 z 处的土压力强度 p_z 可按下式计算：

$$p_z=\gamma_z z K_a-2c\sqrt{K_a} \qquad (8-12)$$

式中　γ——填土的容重（重度，kN/m^3）；

　　　z——填土表面以下计算点的深度（m）；

　　　c——填土的黏聚力（kPa）；

　　　K_a——主动土压力系数，按式（8-2）计算。

式（8-12）中的 $\gamma_z z K_a$ 是由填土自重产生的土压强，是压应力的强度，沿墙高呈三角形分布（见图 8-14 中三角形 abf）；式（8-12）中的 $2c\sqrt{K_a}$ 是由填土的黏聚力所产生的土压强，是拉应力的强度，沿墙高呈矩形分布（其值沿墙高不变，见图 8-14 中矩形 $abcd$）。在图 8-14 中，$abce$ 为以上两种土压强（压应力和拉应力）互相抵消的部分；三角形 abe 为黏聚力产生的土压强，是拉应力，但是填土与墙面在拉应力作用下将相互脱开，因此，这部分拉应力实际上也是不存在的

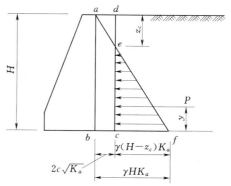

图 8-14 黏性土无荷载作用时墙上的土压力

所以实际上作用在墙面上的土压力是沿墙高呈三角形分布的 ecf 部分，如图 8-14 所示。其中在 e 点处土压强 $\gamma_z z K_a$ 和 $2c\sqrt{K_a}$ 正好相等，作用在墙面上的土压强为零。因此根据式（8-12），令 $p_z=0$，可解得 e 点距填土表面的深度 z_c，即

$$0=\gamma z_c K_a - 2c\sqrt{K_a}$$

故

$$z_c=\frac{2c}{\gamma\sqrt{K_a}} \tag{8-13}$$

所以，对于黏性土，作用在墙面上的土压力是从填土表面以下深度 z_c 处开始，按三角形分布，因此作用在墙上的总土压力为

$$P=\frac{1}{2}\gamma(H-z_c)^2 K_a \tag{8-14}$$

此时土压力 P 的作用点距墙底面的高度为

$$y=\frac{1}{3}(H-z_c) \tag{8-15}$$

【例 8-3】 某防洪墙高 $H=8\text{m}$，墙面竖直、光滑，填土表面水平，填土的容重（重度）$\gamma=18.6\text{kN/m}^3$，内摩擦角 $\varphi=25°$，黏聚力 $c=10\text{kPa}$，计算作用在防洪墙上的土压力及其作用点的位置。

【解】 （1）根据式（8-2）计算主动土压力系数 K_a 为

$$K_a=\tan^2\left(45°-\frac{\varphi}{2}\right)=\tan^2\left(45°-\frac{25°}{2}\right)=0.4059$$

（2）根据式（8-13）计算 z_c 值为

$$z_c=\frac{2c}{\gamma\sqrt{K_a}}=\frac{2\times10.0}{18.6\times\sqrt{0.4059}}=1.6877\text{m}$$

（3）根据式（8-14）计算作用在墙上的总土压力 P 为

$$P=\frac{1}{2}\gamma(H-z_c)^2 K_a=\frac{1}{2}\times18.6\times(8.0-1.6877)^2\times0.4059=150.4102\text{kN}$$

（4）根据式（8-15）计算总土压力 P 的作用点距墙底的高度 y 为

$$y=\frac{1}{3}(H-z_c)=\frac{1}{3}\times(8.0-1.6877)=2.1041\text{m}$$

2. 填土表面作用均布荷载的情况

当填土表面作用均布荷载 q 时（图 8-15），作用在墙上的主动土压力可分下列两种情况来计算，即 $qK_a > 2c\sqrt{K_a}$ 和 $qK_a < 2c\sqrt{K_a}$。

（1）当 $qK_a > 2c\sqrt{K_a}$ 时，此时填土表面以下深度为 z 处，主动土压强为

$$p_z = qK_a + \gamma_z z K_a - 2c\sqrt{K_a} \qquad (8-16)$$

式中，qK_a 为均布荷载产生的土压强，沿墙高均匀分布；$\gamma_z z K_a$ 为填土自重所产生的土压强，沿墙高三角形分布；$2c\sqrt{K_a}$ 为填土黏聚力产生的土压强，沿墙高均匀分布，如图 8-15（a）所示。

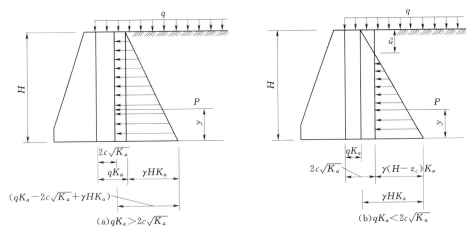

图 8-15　黏性土有均布荷载作用时墙上的土压力

因此，作用在墙上的总土压力为

$$P = qHK_a + \frac{1}{2}\gamma H^2 K_a - 2cH\sqrt{K_a} \qquad (8-17)$$

总土压力作用点距墙底面的高度为

$$y = \frac{qH + \frac{1}{3}\gamma H^2 - \dfrac{2cH}{\sqrt{K_a}}}{2q + \gamma H - \dfrac{4c}{\sqrt{K_a}}} \qquad (8-18)$$

【例 8-4】　防洪墙高 $H = 5.0\text{m}$，墙面竖直、光滑，墙背面填土表面水平，土的容重（重度）$\gamma = 19.0\text{kN/m}^3$，内摩擦角 $\varphi = 24°$，黏聚力 $c = 5\text{kPa}$，填土表面作用均布荷载 $q = 8.0\text{kN/m}^2$，计算作用在墙上的总土压力 P 及其作用点距墙底的高度 y。

【解】　（1）根据式（8-2）计算主动土压力系数 K_a 为

$$K_a = \tan^2\left(45° - \frac{\varphi}{2}\right) = \tan^2\left(45° - \frac{24°}{2}\right) = 0.4217$$

（2）根据式（8-17）计算作用在墙上的总土压力 P 为

$$P = qHK_a + \frac{1}{2}\gamma H^2 K_a - 2cH\sqrt{K_a}$$

$$=8.0 \times 5.0 \times 0.4217 + \frac{1}{2} \times 19.0 \times 5.0^2 \times 0.4217 - 2 \times 5.0 \times 5.0 \times \sqrt{0.4217}$$

$$=149.4910 \text{kN}$$

（3）根据式（8-18）计算总土压力 P 的作用点距墙底的高度 y 为

$$y = \frac{qH + \frac{1}{3}\gamma H^2 - \frac{2cH}{\sqrt{K_a}}}{2q + \gamma H - \frac{4c}{\sqrt{K_a}}} = \frac{8.0 \times 5.0 + \frac{1}{3} \times 19.0 \times 5.0^2 - \frac{2 \times 5.0 \times 5.0}{\sqrt{0.4217}}}{2 \times 8.0 + 19.0 \times 5.0 - \frac{4 \times 5.0}{\sqrt{0.4217}}}$$

$$= \frac{113.0040}{98.0123} = 1.1530 \text{m}$$

（2）当 $qK_a < 2c\sqrt{K_a}$ 时，此时填土与墙面脱开（或填土表面开裂）的深度 z_c ［图 8-15（b）］按下式计算：

$$z_c = \frac{2c}{\gamma} \frac{1}{\sqrt{K_a}} - \frac{q}{\gamma} \qquad (8-19)$$

作用在墙上的总土压力为

$$P = \frac{1}{2}\gamma(H - z_c)^2 K_a \qquad (8-20)$$

总土压力 P 的作用点距墙底面的高度为

$$y = \frac{1}{3}(H - z_c) \qquad (8-21)$$

【例8-5】 如例8-4所述的防洪墙，若土的黏聚力 $c = 15 \text{kPa}$，其他数据不变，计算作用在墙上的总土压力及其作用点距墙底面的高度 y。

【解】 此时首先要确定计算情况是属于 $qK_a > 2c\sqrt{K_a}$，还是 $qK_a < 2c\sqrt{K_a}$。

（1）根据式（8-2）计算主动土压力系数 K_a 为

$$K_a = \tan^2\left(45° - \frac{\varphi}{2}\right) = \tan^2\left(45° - \frac{24°}{2}\right) = 0.4217$$

（2）比较 qK_a 和 $2c\sqrt{K_a}$ 值。

1）计算 qK_a 和 $2c\sqrt{K_a}$ 值。

$$qK_a = 8.0 \times 0.4217 = 3.3736 \text{kPa}$$

$$2c\sqrt{K_a} = 2 \times 15.0 \times \sqrt{0.4217} = 19.4815 \text{kPa}$$

2）比较 qK_a 和 $2c\sqrt{K_a}$ 值。

$$qK_a = 3.3736 < 2c\sqrt{K_a} = 19.4815 \text{kPa}$$

因此本例应按 $qK_a < 2c\sqrt{K_a}$ 的情况来计算土压力。

（3）根据式（8-19）计算填土开裂深度 z_c 为

$$z_c = \frac{2c}{\gamma\sqrt{K_a}} - \frac{q}{\gamma} = \frac{2 \times 15.0}{19.0 \times \sqrt{0.4217}} - \frac{8.0}{19.0} = 2.0104 \text{m}$$

（4）计算作用在墙上的总土压力 P 为

$$P = \frac{1}{2}\gamma(H - z_c)^2 K_a = \frac{1}{2} \times 19.0 \times (5.0 - 2.0104)^2 \times 0.4217$$

$$= 84.9082\text{kN}$$

（5）根据式（8-21）计算总土压力 P 的作用点距墙底面的高度 y 为

$$y = \frac{1}{3}(H - z_c) = \frac{1}{3} \times (5.0 - 2.0104) = 0.9965\text{m}$$

3. 填土表面以下深度 H_1 处有地下水的情况

当填土表面以下深度 H_1 处有地下水时（图8-16），此时通常近似地假定地下水面以上和地下水面以下填土的黏聚力 c 和内摩擦角 φ 保持不变；而填土的容重（重度）。在地下水面以上采用湿容重（湿重度）γ，地下水面以下则采用浮容重（浮重度）。

此时填土表面开裂的深度 z_c 按下式计算：

$$z_c = \frac{2c}{\gamma \sqrt{K_a}} \tag{8-22}$$

式中　K_a——主动土压力系数，按式（8-2）计算。

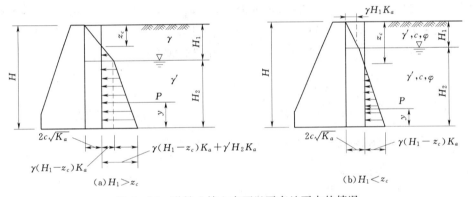

图8-16　黏性土填土表面以下有地下水的情况

此时作用在防洪墙上的土压力可分为3部分来计算。

（1）当 $H_1 > z_c$ 时：

1）上层填土（地下水面以上部分填土）自重使上层填土产生的土压力 P_1 为

$$P_1 = \frac{1}{2}\gamma(H_1 - z_c)^2 K_a \tag{8-23}$$

2）上层填土自重使下层填土（地下水位以下部分填土）产生的土压力 P_2 为

$$P_2 = \gamma(H_1 - z_c)H_2 K_a \tag{8-24}$$

式中　H_2——地下水位以下部分填土的厚度（m）。

3）下层填土自重产生的土压力 P_3 为

$$P_3 = \frac{1}{2}\gamma' H_2^2 K_a \tag{8-25}$$

因此，作用在墙上的总土压力为

$$P = P_1 + P_2 + P_3 = \frac{1}{2}\gamma(H - z_c)^2 K_a + \gamma(H - z_c)H_2 K_a + \frac{1}{2}\gamma' H_2^2 K_a \tag{8-26}$$

323

总土压力作用点距墙底面的高度为

$$y = \frac{P_1\left[\frac{1}{3}(H_1 - z_c) + H_2\right] + P_2 \frac{1}{2} H_2 + P_3 \frac{1}{3} H_2}{P} \qquad (8-27)$$

（2）当 $H_1 < z_c$ 时：此时填土表面开裂的深度 z_c 按下式计算：

$$z_c = \frac{2c}{\gamma'\sqrt{K_a}} - \frac{\gamma - \gamma'}{\gamma'} H_1 \qquad (8-28)$$

作用在墙身上的总土压力 P 则按下式计算：

$$P = \frac{1}{2} \gamma' (H - z_c)^2 K_a \qquad (8-29)$$

总土压力 P 的作用点距墙底面的高度为

$$y = \frac{1}{3}(H - z_c) \qquad (8-30)$$

【例 8 - 6】 某防洪墙高 $H = 8.0\text{m}$，墙面竖直、光滑，墙后填土表面水平，填土表面以下深度 $H_1 = 3.0\text{m}$ 处为地下水面，地下水面以上填土的容重（重度）$\gamma = 19.0\text{kN/m}^3$，内摩擦角 $\varphi = 25°$，黏聚力 $c = 5.0\text{kPa}$；地下水面以下填土的容重 $\gamma' = 10.3\text{kN/m}^3$ 内摩擦角 $\varphi = 25°$，黏聚力 $c = 5.0\text{kPa}$，计算作用在防洪墙上的土压力 P 及其作用点距墙底的高度。

【解】 （1）根据式（8-22）计算填土表面开裂的深度 z_c 为

$$z_c = \frac{2c}{\gamma\sqrt{K_a}}$$

其中 $c = 5.0\text{kPa}$，$\gamma = 19.0\text{kN/m}^3$，$K_a$ 为主动土压力系数，按下式计算：

$$K_a = \tan^2\left(45° - \frac{\varphi}{2}\right) = \tan^2\left(45° - \frac{25°}{2}\right) = 0.4059$$

故填土表面开裂深度为

$$z_c = \frac{2 \times 5.0}{19.0 \times \sqrt{0.4059}} = 0.8261\text{m}$$

由于 $H_1 = 3.0\text{m} > z_c = 0.8261\text{m}$，故本例所述防洪墙的土压力计算属于 $H_1 > z_c$ 的情况。

（2）根据式（8-23）计算上层填土自重产生的土压力 P_1 为

$$P_1 = \frac{1}{2} \gamma (H_1 - z_c)^2 K_a$$
$$= \frac{1}{2} \times 19.0 \times (3.0 - 0.8261)^2 \times 0.4059$$
$$= 18.2231\text{kN}$$

（3）根据式（8-24）计算上层填土自重使下层填土产生的土压力 P_2 为

$$P_2 = \gamma (H_1 - z_c) H_2 K_a$$
$$= 19.0 \times (3.0 - 0.8231) \times (8.0 - 3.0) \times 0.4059$$
$$= 83.8267\text{kN}$$

（4）根据式（8-25）计算下层填土自重产生的土压力 P_3 为

$$P_3 = \frac{1}{2}\gamma' H_2^2 K_a = \frac{1}{2} \times 10.3 \times (8.0-3.0)^2 \times 0.4059 = 52.2596 \text{kN}$$

（5）根据式（8-26）计算作用在墙上的总土压力 P 为

$$P = P_1 + P_2 + P_3 = 18.2231 + 83.8267 + 52.2596 = 154.3094 \text{kN}$$

（6）根据式（8-27）计算总土压力作用点距墙底面的高度 y 为

$$y = \frac{P_1\left[\frac{1}{3}(H_1-z_C)+H_2\right] + P_2\frac{1}{2}H_2 + P_3\frac{1}{3}H_2}{P}$$

$$= \frac{18.2231 \times \left[\frac{1}{3}(3.0-0.8261)+5.0\right] + 83.8267 \times \frac{1}{2} \times 5.0 + 52.2596 \times \frac{1}{3} \times 5.0}{154.3094}$$

$$= \frac{400.9866}{154.3094} = 2.5986 \text{m}$$

（三）无黏性土的被动土压力

当防洪墙墙体在外力或填土的作用下向着填土方向位移和变形，而且位移和变形达到一定值时，墙后填土即处于被动极限平衡状态，此时水平方向的正应力 σ_x 为大主应力 σ_1，竖直方向的正应力 $\sigma_z = \gamma z$（γ 为填土的容重，z 为计算点距填土表面的深度）为小主应力 σ_3，因此可得填土表面以下深度 z 处的被动土压力为

$$p_p = \sigma_1 = \sigma_3 \tan^2\left(45° + \frac{\varphi}{2}\right) \qquad (8-31)$$

式中　　p_p——填土表面以下深度 z 处的被动土压强（kN/m²）；

σ_1,σ_3——填土在被动极限平衡状态下的大主应力和小主应力（kN/m²）；

φ——填土的内摩擦角（°）。

由于

$$\sigma_3 = \gamma z$$

式中　　γ——填土的容重（重度，kN/m³）；

z——填土表面以下计算点的深度（m）。

所以填土表面以下深度 z 处作用在墙面上的被动土压力强度为

$$p_{pz} = \gamma z \tan^2\left(45° + \frac{\varphi}{2}\right) = \gamma z K_p \qquad (8-32)$$

其中

$$K_p = \tan^2\left(45° + \frac{\varphi}{2}\right) \qquad (8-33)$$

式中　　K_p——朗肯被动土压力系数。

作用在1m长度防洪墙上的总被动土压力为

$$P_p = \int_0^H \gamma z K_p \mathrm{d}z = \frac{1}{2}\gamma H^2 K_p \qquad (8-34)$$

式中　　P_p——作用在1m墙长上的被动土压力（kN）。

被动土压力 P_p 沿墙的高度呈三角形分布，如图8-17所示，所以总被动土压力 P_p 的作用点距墙底面的高度为

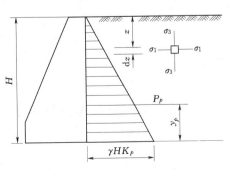

图8-17　被动土压力计算图

$$y_p = \frac{1}{3}H \tag{8-35}$$

【例8-7】 某防洪墙高度 $H=6m$，墙面光滑竖直，墙背面填土为无黏性土，填土表面水平，填土的容重 $\gamma=16.8kN/m^3$，内摩擦角 $\varphi=30°$，计算作用在墙上的被动土压力 P_p 及其作用点距墙底的高度 y_p。

【解】 （1）根据式（8-33）计算被动土压力系数 K_p 为

$$K_p = \tan^2\left(45° + \frac{\varphi}{2}\right) = \tan^2\left(45° + \frac{30°}{2}\right)$$

$$= 3.0$$

（2）根据式（8-34）计算被动土压力 P_p 为

$$P_p = \frac{1}{2}\gamma H^2 K_p = \frac{1}{2} \times 16.8 \times 6.0^2 \times 3.0 = 907.20kN$$

（3）被动土压力 P_p 的作用点距墙底的高度为

$$y_p = \frac{1}{3}H = \frac{1}{3} \times 6.0 = 2.0m$$

（四）黏性土的被动土压力

当填土为黏性土时，作用在填土表面以下 z 深度处的被动土压力强度为

$$p_{pz} = \gamma z K_p + 2c\sqrt{K_p} \tag{8-36}$$

式中　γ——填土的容重（重度，kN/m^3）；

　　　z——计算点在填土表面以下的深度（m）；

　　　c——填土的黏聚力（kPa）；

　　　K_p——被动土压力系数。

此时作用在墙上的总被动土压力为

$$P_p = \int_0^H (\gamma z + 2c\sqrt{K_p})dz = \frac{1}{2}\gamma H^2 K_p + 2cH\sqrt{K_p} \tag{8-37}$$

式中　P_p——作用在1m墙长上的总被动土压力（kN）；

　　　H——从填土表面到墙底面的高度（m）。

总被动土压力 P_p 的作用点距墙底面的高度为

$$y_p = \frac{\frac{1}{3}\gamma H^2 + \left(\frac{2cH}{\sqrt{K_p}}\right)}{\gamma H + \left(\frac{4c}{\sqrt{K_p}}\right)} \tag{8-38}$$

二、按库仑土压理论计算土压力

库仑土压理论的基本假定是：

（1）墙背面填土是均质的无黏性土体，沿墙长方向是无限延伸的。

（2）当墙体产生位移或变形后，墙背面填土中形成滑裂体，滑裂体处于极限平衡

状态。

（3）滑动面是一个通过墙踵的平面。

（4）土压力可以按平面问题来计算。

（一）主动土压力

若有如图 8-18 所示的防洪墙，墙面与竖直线之间的夹角为 α，墙背面填土为一向上倾斜的平面，填土与水平面之间的夹角为 β。当墙体产生背离（远离）填土方向的位移或变形，形成滑裂土体 ABD，滑裂土体的滑动面为 BD 平面，与水平面之间的夹角为 θ。此时滑动面以上的土体（即滑裂土体）处于极限平衡状态，作用在滑裂土体 ABD 上的作用力有：滑裂土体的自重 G，作用方向竖直向下；滑动面上的反力 R，作用在滑动面法线的下方，与该法线的夹角为 φ（填土的内摩擦角），如图 8-18（b）所示；防洪墙墙面的反力 P（即填土对防洪墙的土压力），作用在墙面法线的下方，与墙面法线成 δ 角（填土与墙面之间的摩擦角）。

由于滑裂土体在上述力的作用下处于平衡状态，故作用在滑裂土体上的为将形成一个闭合三角形 abc，如图 8-18（c）所示。

若从墙踵 B 点作直线 BC 与水平线成 φ 角，并与填土表面 AK 线相交于 C 点，则 BD 线与 BC 线的夹角 $\angle DBC = \theta - \varphi$。然后再从 D 点作直线 DE 与直线 BC 线相交于 E 点，并使 $\angle BED = 90° - \alpha - \delta$［见图 8-18（d）］，因而在三角形 BDE 中，$\angle BDE = \gamma = 90° - \theta + \alpha + \delta + \varphi$。

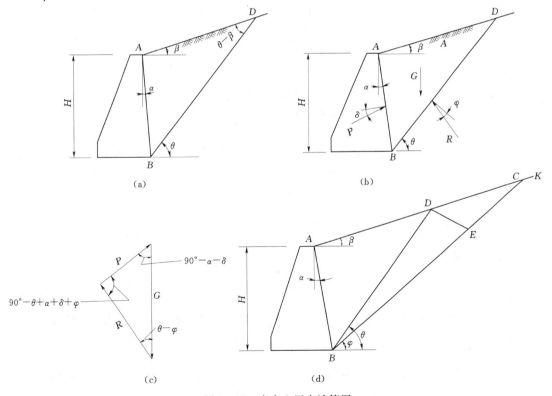

图 8-18 库仑土压力计算图

327

将图 8-18（d）中三角形 EDB 和图 8-18（c）中三角形 abc 相比较可知，三角形 EDB 和三角形 abc 是相似的。由这两个三角形相似的几何关系可得

$$\frac{P}{G}=\frac{\overline{DE}}{\overline{BE}}$$

即

$$P=G\cdot\frac{\overline{DE}}{\overline{BE}}\qquad(8-39)$$

式中　P——填土对防洪墙的（主动）土压力（kN）；

　　　　G——滑裂土体 ABD 的重量（kN）；

　　　$\overline{DE}$——DE 线的长度［图 8-18（d）］；

　　　$\overline{BE}$——BE 线的长度［图 8-18（d）］。

由图 8-18（d）中可见，滑裂体的重量 G 等于三角形 ABD 的面积乘以填土的容重 γ（计算宽度等于 1m），即

$$G=\gamma A$$

式中　A——三角形 ABD 的面积（m^2）。

由图 8-18（d）中的几何关系可知，滑裂体 ABD 的面积为

$$A=\frac{1}{2}\overline{AB}\cdot\overline{AD}\cdot\sin(90°+\alpha-\beta)$$

式中　$\overline{AB}$——AB 线段的长度［图 8-18（a）］；

　　　$\overline{AD}$——AD 线段的长度［图 8-18（a）］。

所以滑裂土体的重量 G 可以写成

$$G=\gamma A=\frac{1}{2}\gamma\overline{AB}\cdot\overline{AD}\cdot\sin(90°+\alpha-\beta)\qquad(8-40)$$

将式（8-40）代入式（8-39），则得填土对墙的土压力为

$$P=\frac{1}{2}\gamma\frac{\overline{AB}\cdot\overline{AD}\cdot\overline{DE}\cdot\sin(90°+\alpha-\beta)}{\overline{BE}}\qquad(8-41)$$

由图 8-18（d）中的几何关系可知，$\overline{AD}$ 和 $\overline{DE}$ 是随 $\overline{BE}$ 而变化的，因此它们都可转化为 $\overline{BE}$ 的函数，所以式（8-41）可以简写为

$$P=\frac{1}{2}\gamma f(\overline{BE})\qquad(8-42)$$

式中　$f(\overline{BE})$——$\overline{BE}$ 的函数值。

根据极限条件

$$\frac{dP}{d\overline{BE}}=0$$

可解得 $\overline{BE}$ 值，然后将其代入式（8-42），并经过三角函数变换后，可得填土对墙的土压力的表达式为

$$P=\frac{1}{2}\gamma H^2\frac{\cos^2(\varphi-\alpha)}{\cos^2\alpha\cos(\alpha+\delta)\left[1+\sqrt{\dfrac{\sin(\varphi+\delta)\sin(\varphi-\beta)}{\cos(\alpha+\delta)\cos(\alpha-\beta)}}\right]^2}\qquad(8-43)$$

令

$$K_a = \frac{\cos^2(\varphi-\alpha)}{\cos^2\alpha\cos(\alpha+\delta)\left[1+\sqrt{\dfrac{\sin(\varphi+\delta)\sin(\varphi-\beta)}{\cos(\alpha+\delta)\cos(\alpha-\beta)}}\right]^2} \qquad (8-44)$$

式中　K_a——库仑主动土压力系数。

因此，式（8-43）可以简写为

$$P = \frac{1}{2}\gamma H^2 K_a \qquad (8-45)$$

式中　H——墙底面以上填土的高度（m）。

土压力沿墙高呈三角形分布，故土压力作用点距墙底面的高度填土与防洪墙之间的摩擦角 δ 可根据墙面的粗糙程度，墙背面的排水情况，按表8-1采用。

表8-1　　　　　　　　　　　　土对防洪墙墙面的摩擦角 δ

防洪墙情况	填土与墙面间摩擦角 δ
墙背面平滑，排水不良	$(0\sim0.33)\varphi$
墙背面粗糙，排水良好	$(0.33\sim0.50)\varphi$
墙背面很粗糙，排水良好	$(0.50\sim0.67)\varphi$
墙背面与填土间不可能滑动	$(0.67\sim1.00)\varphi$

注　表中 φ 为填土的内摩擦角。

为了计算方便起见，表8-2中列出了库仑主动土压力系数 K_a 值。

表8-2　　　　　　　　　　　　库仑主动土压力系数 K_a 值

δ	α	β	土的内摩擦角 φ							
			15°	20°	25°	30°	35°	40°	45°	50°
0°	0°	0°	0.589	0.490	0.406	0.333	0.271	0.217	0.172	0.132
		5°	0.635	0.524	0.431	0.352	0.284	0.227	0.178	0.137
		10°	0.704	0.569	0.462	0.374	0.300	0.238	0.186	0.142
		15°	0.933	0.639	0.505	0.402	0.319	0.251	0.194	0.147
		20°		0.833	0.573	0.441	0.344	0.267	0.204	0.154
		25°			0.821	0.505	0.379	0.288	0.217	0.162
		30°				0.750	0.436	0.318	0.235	0.172
		35°					0.671	0.369	0.260	0.186
		40°						0.587	0.303	0.206
		45°							0.500	0.242
		50°								0.413
	10°	0°	0.652	0.560	0.478	0.407	0.343	0.288	0.238	0.194
		5°	0.705	0.601	0.510	0.431	0.362	0.302	0.249	0.202
		10°	0.784	0.655	0.550	0.461	0.384	0.318	0.261	0.211
		15°	1.039	0.737	0.603	0.498	0.411	0.337	0.274	0.221
		20°		1.015	0.685	0.548	0.444	0.360	0.291	0.231
		25°			0.977	0.628	0.491	0.391	0.311	0.245
		30°				0.925	0.566	0.433	0.337	0.262
		35°					0.860	0.502	0.374	0.284
		40°						0.785	0.437	0.316
		45°							0.703	0.371
		50°								0.614

续表

δ	α	β	土的内摩擦角 φ							
			15°	20°	25°	30°	35°	40°	45°	50°
0°	20°	0°	0.736	0.648	0.569	0.498	0.434	0.375	0.322	0.274
		5°	0.801	0.700	0.611	0.532	0.461	0.397	0.340	0.288
		10°	0.896	0.768	0.663	0.572	0.492	0.421	0.358	0.302
		15°	1.196	0.868	0.730	0.621	0.529	0.450	0.380	0.318
		20°		1.205	0.834	0.688	0.576	0.484	0.405	0.337
		25°			1.196	0.791	0.639	0.527	0.435	0.358
		30°				1.169	0.740	0.586	0.474	0.385
		35°					1.124	0.683	0.529	0.420
		40°						1.064	0.620	0.469
		45°							0.990	0.552
		50°								0.904
	−10°	0°	0.540	0.433	0.344	0.270	0.209	0.158	0.117	0.083
		5°	0.581	0.461	0.364	0.284	0.218	0.164	0.120	0.085
		10°	0.644	0.500	0.389	0.301	0.229	0.171	0.125	0.088
		15°	0.680	0.562	0.425	0.322	0.243	0.180	0.130	0.090
		20°		0.785	0.482	0.353	0.261	0.190	0.136	0.094
		25°			0.703	0.405	0.287	0.205	0.144	0.098
		30°				0.614	0.331	0.226	0.155	0.104
		35°					0.523	0.263	0.171	0.111
		40°						0.433	0.200	0.123
		45°							0.344	0.145
		50°								0.262
	−20°	0°	0.497	0.380	0.287	0.212	0.153	0.106	0.070	0.043
		5°	0.535	0.405	0.302	0.222	0.159	0.110	0.072	0.044
		10°	0.595	0.439	0.323	0.234	0.166	0.114	0.074	0.045
		15°	0.809	0.494	0.352	0.250	0.175	0.119	0.076	0.046
		20°		0.707	0.401	0.274	0.188	0.125	0.080	0.047
		25°			0.603	0.316	0.206	0.134	0.084	0.049
		30°				0.498	0.239	0.147	0.090	0.051
		35°					0.396	0.172	0.099	0.055
		40°						0.301	0.116	0.060
		45°							0.215	0.071
		50°								0.141
5°	0°	0°	0.556	0.465	0.387	0.319	0.260	0.210	0.166	0.129
		5°	0.605	0.500	0.412	0.337	0.274	0.219	0.173	0.133
		10°	0.680	0.547	0.444	0.360	0.289	0.230	0.180	0.138
		15°	0.937	0.620	0.488	0.388	0.308	0.243	0.189	0.144
		20°		0.886	0.558	0.428	0.333	0.259	0.199	0.150
		25°			0.825	0493	0.369	0.280	0.212	0.158
		30°				0.753	0.428	0.311	0.229	0.168
		35°					0.674	0.363	0.255	0.182
		40°						0.589	0.299	0.202
		45°							0.502	0.388
		50°								0.415

δ	α	β	土的内摩擦角 φ							
			15°	20°	25°	30°	35°	40°	45°	50°
5°	10°	0°	0.622	0.536	0.460	0.393	0.333	0.280	0.233	0.191
		5°	0.680	0.579	0.493	0.418	0.352	0.294	0.243	0.199
		10°	0.767	0.636	0.534	0.448	0.374	0.311	0.255	0.207
		15°	1.060	0.725	0.589	0.486	0.401	0.330	0.269	0.217
		20°		1.035	0.676	0.538	0.436	0.354	0.286	0.228
		25°			0.996	0.622	0.484	0.385	0.306	0.242
		30°				0.943	0.563	0.428	0.333	0.259
		35°					0.877	0.500	0.371	0.281
		40°						0.801	0.436	0.314
		45°							0.716	0.371
		50°								0.626
	20°	0°	0.709	0.627	0.553	0.485	0.424	0.368	0.318	0.271
		5°	0.781	0.682	0.597	0.520	0.452	0.391	0.335	0.285
		10°	0.887	0.755	0.650	0.562	0.484	0.416	0.355	0.300
		15°	1.240	0.866	0.723	0.614	0.523	0.445	0.376	0.316
		20°		1.250	0.835	0.684	0.571	0.480	0.402	0.335
		25°			1.240	0.794	0.639	0.525	0.434	0.357
		30°				1.212	0.746	0.587	0.474	0.385
		35°					1.166	0.689	0.532	0.421
		40°						1.103	0.627	0.472
		45°							1.026	0.559
		50°								0.937
	−10°	0°	0.503	0.406	0.324	0.256	0.199	0.151	0.112	0.080
		5°	0.546	0.434	0.344	0.269	0.208	0.157	0.116	0.082
		10°	0.612	0.474	0.369	0.286	0.219	0.164	0.120	0.085
		15°	0.850	0.537	0.405	0.308	0.232	0.172	0.125	0.087
		20°		0.776	0.463	0.339	0.250	0.183	0.131	0.091
		25°			0.695	0.390	0.267	0.197	0.139	0.095
		30°				0.607	0.321	0.218	0.149	0.100
		35°					0.518	0.255	0.166	0.108
		40°						0.428	0.195	0.120
		45°							0.341	0.141
		50°								0.259
	−20°	0°	0.457	0.352	0.267	0.199	0.144	0.101	0.067	0.041
		5°	0.496	0.376	0.282	0.208	0.150	0.104	0.068	0.042
		10°	0.557	0.410	0.302	0.220	0.157	0.108	0.070	0.043
		15°	0.787	0.466	0.331	0.236	0.165	0.112	0.073	0.044
		20°		0.688	0.380	0.259	0.178	0.119	0.076	0.045
		25°			0.586	0.300	0.196	0.127	0.080	0.047
		30°				0.484	0.228	0.140	0.085	0.049
		35°					0.386	0.165	0.094	0.052
		40°						0.293	0.111	0.058
		45°							0.209	0.068
		50°								0.137

续表

δ	α	β	土的内摩擦角 φ							
			15°	20°	25°	30°	35°	40°	45°	50°
10°	0°	0°	0.533	0.447	0.373	0.309	0.253	0.204	0.163	0.127
		5°	0.585	0.483	0.398	0.327	0.266	0.214	0.169	0.131
		10°	0.664	0.531	0.431	0.350	0.282	0.225	0.177	0.136
		15°	0.947	0.609	0.476	0.379	0.301	0.238	0.185	0.141
		20°		0.897	0.549	0.420	0.326	0.254	0.195	0.148
		25°			0.834	0.487	0.363	0.275	0.209	0.156
		30°				0.762	0.423	0.306	0.226	0.166
		35°					0.681	0.359	0.252	0.180
		40°						0.596	0.297	0.201
		45°							0.508	0.238
		50°								0.420
	10°	0°	0.603	0.520	0.448	0.384	0.326	0.275	0.230	0.189
		5°	0.665	0.566	0.482	0.409	0.346	0.290	0.240	0.197
		10°	0.759	0.626	0.524	0.440	0.369	0.307	0.253	0.206
		15°	1.089	0.721	0.582	0.480	0.396	0.326	0.267	0.216
		20°		1.064	0.674	0.534	0.432	0.351	0.284	0.227
		25°			1.024	0.622	0.482	0.382	0.304	0.241
		30°				0.969	0.564	0.427	0.332	0.258
		35°					0.901	0.503	0.371	0.281
		40°						0.823	0.438	0.315
		45°							0.736	0.374
		50°								0.644
	20°	0°	0.695	0.615	0.543	0.478	0.419	0.365	0.316	0.271
		5°	0.773	0.674	0.589	0.515	0.448	0.388	0.334	0.285
		10°	0.890	0.752	0.646	0.558	0.482	0.414	0.354	0.300
		15°	1.298	0.872	0.723	0.613	0.522	0.444	0.377	0.317
		20°		1.308	0.844	0.687	0.573	0.481	0.403	0.337
		25°			1.298	0.806	0.643	0.528	0.463	0.360
		30°				1.268	0.758	0.594	0.478	0.388
		35°					1.220	0.702	0.539	0.426
		40°						1.155	0.640	0.480
		45°							1.074	0.572
		50°								0.981
	−10°	0°	0.477	0.385	0.309	0.245	0.191	0.146	0.109	0.078
		5°	0.521	0.414	0.329	0.258	0.200	0.152	0.112	0.080
		10°	0.590	0.455	0.354	0.275	0.211	0.159	0.116	0.082
		15°	0.847	0.520	0.390	0.297	0.224	0.167	0.121	0.085
		20°		0.773	0.450	0.328	0.242	0.177	0.127	0.088
		25°			0.692	0.380	0.268	0.191	0.135	0.093
		30°				0.605	0.313	0.212	0.146	0.098
		35°					0.516	0.249	0.162	0.106
		40°						0.426	0.191	0.117
		45°							0.339	0.139
		50°								0.258

续表

δ	α	β	土的内摩擦角 φ							
			15°	20°	25°	30°	35°	40°	45°	50°
10°	−20°	0°	0.427	0.330	0.252	0.188	0.137	0.096	0.064	0.039
		5°	0.466	0.354	0.267	0.197	0.143	0.099	0.066	0.040
		10°	0.529	0.388	0.286	0.209	0.149	0.103	0.068	0.041
		15°	0.772	0.445	0.315	0.225	0.158	0.108	0.070	0.042
		20°		0.675	0.364	0.248	0.170	0.114	0.073	0.044
		25°			0.575	0.288	0.188	0.122	0.077	0.045
		30°				0.475	0.220	0.135	0.082	0.047
		35°					0.378	0.159	0.091	0.051
		40°						0.288	0.108	0.056
		45°							0.205	0.066
		50°								0.135
	0°	0°	0.518	0.434	0.363	0.301	0.248	0.201	0.160	0.125
		5°	0.571	0.471	0.389	0.320	0.261	0.211	0.167	0.130
		10°	0.656	0.522	0.423	0.343	0.277	0.222	0.174	0.135
		15°	0.966	0.603	0.470	0.373	0.297	0.235	0.183	0.140
		20°		0.914	0.546	0.415	0.323	0.251	0.194	0.147
		25°			0.850	0.485	0.360	0.273	0.207	0.155
		30°				0.777	0.422	0.305	0.225	0.165
		35°					0.695	0.359	0.251	0.179
		40°						0.608	0.298	0.200
		45°							0.518	0.238
		50°								0.428
15°	10°	0°	0.592	0.511	0.441	0.378	0.323	0.273	0.228	0.189
		5°	0.658	0.559	0.476	0.405	0.343	0.288	0.240	0.197
		10°	0.760	0.623	0.520	0.437	0.366	0.305	0.252	0.206
		15°	1.129	0.723	0.581	0.478	0.395	0.325	0.267	0.216
		20°		1.103	0.679	0.535	0.432	0.351	0.284	0.228
		25°			1.062	0.628	0.484	0.383	0.305	0.242
		30°				1.005	0.571	0.430	0.334	0.260
		35°					0.935	0.509	0.375	0.284
		40°						0.853	0.445	0.319
		45°							0.763	0.380
		50°								0.668
	20°	0°	0.690	0.611	0.540	0.476	0.419	0.366	0.317	0.273
		5°	0.774	0.673	0.588	0.514	0.449	0.389	0.336	0.287
		10°	0.904	0.757	0.649	0.560	0.484	0.416	0.357	0.303
		15°	1.372	0.889	0.731	0.618	0.526	0.448	0.380	0.321
		20°		1.383	0.862	0.697	0.579	0.486	0.408	0.341
		25°			1.372	0.825	0.655	0.536	0.442	0.365
		30°				1.341	0.778	0.606	0.487	0.395
		35°					1.290	0.722	0.551	0.435
		40°						1.221	0.659	0.492
		45°							1.136	0.590
		50°								1.037

续表

δ	α	β	土的内摩擦角 φ							
			15°	20°	25°	30°	35°	40°	45°	50°
15°	−10°	0°	0.458	0.371	0.298	0.237	0.186	0.142	0.106	0.076
		5°	0.503	0.400	0.318	0.251	0.195	0.148	0.110	0.078
		10°	0.576	0.442	0.344	0.267	0.205	0.155	0.114	0.081
		15°	0.850	0.509	0.380	0.289	0.219	0.163	0.119	0.084
		20°		0.776	0.441	0.320	0.237	0.174	0.125	0.087
		25°			0.695	0.374	0.263	0.188	0.133	0.091
		30°				0.607	0.308	0.209	0.143	0.097
		35°					0.518	0.246	0.159	0.104
		40°						0.428	0.189	0.116
		45°							0.341	0.137
		50°								0.259
	−20°	0°	0.405	0.314	0.240	0.180	0.132	0.093	0.062	0.038
		5°	0.445	0.338	0.255	0.189	0.137	0.096	0.064	0.039
		10°	0.509	0.372	0.275	0.201	0.144	0.100	0.066	0.040
		15°	0.763	0.429	0.303	0.216	0.152	0.104	0.068	0.041
		20°		0.667	0.352	0.239	0.164	0.110	0.071	0.042
		25°			0.568	0.280	0.182	0.119	0.075	0.044
		30°				0.470	0.214	0.131	0.080	0.046
		35°					0.374	0.155	0.089	0.049
		40°						0.284	0.105	0.055
		45°							0.203	0.065
		50°								0.133
20°	0°	0°			0.357	0.297	0.245	0.199	0.160	0.125
		5°			0.384	0.317	0.259	0.209	0.166	0.130
		10°			0.419	0.340	0.275	0.220	0.174	0.135
		15°			0.467	0.371	0.295	0.234	0.183	0.140
		20°			0.547	0.414	0.322	0.251	0.193	0.147
		25°			0.874	0.487	0.360	0.273	0.207	0.155
		30°				0.798	0.425	0.306	0.225	0.166
		35°					0.714	0.362	0.252	0.180
		40°						0.625	0.300	0.202
		45°							0.532	0.241
		50°								0.440
	10°	0°			0.438	0.377	0.322	0.273	0.229	0.190
		5°			0.475	0.404	0.343	0.289	0.241	0.198
		10°			0.521	0.438	0.367	0.306	0.254	0.208
		15°			0.586	0.480	0.397	0.328	0.269	0.218
		20°			0.690	0.540	0.436	0.354	0.286	0.230
		25°			1.111	0.639	0.490	0.388	0.309	0.245
		30°				1.051	0.582	0.437	0.338	0.264
		35°					0.978	0.520	0.381	0.288
		40°						0.893	0.456	0.325
		45°							0.799	0.389
		50°								0.699

续表

δ	α	β	土的内摩擦角 φ							
			15°	20°	25°	30°	35°	40°	45°	50°
20°	20°	0°			0.543	0.479	0.422	0.370	0.321	0.277
		5°			0.594	0.520	0.454	0.395	0.341	0.292
		10°			0.659	0.568	0.490	0.423	0.363	0.309
		15°			0.747	0.629	0.535	0.456	0.387	0.327
		20°			0.891	0.715	0.592	0.496	0.417	0.349
		25°			1.467	0.854	0.673	0.549	0.453	0.374
		30°				1.434	0.807	0.624	0.501	0.406
		35°					1.379	0.750	0.569	0.448
		40°						1.305	0.685	0.509
		45°							1.214	0.615
		50°								1.109
	−10°	0°			0.291	0.232	0.182	0.140	0.105	0.076
		5°			0.311	0.245	0.191	0.146	0.108	0.078
		10°			0.337	0.262	0.202	0.153	0.113	0.080
		15°			0.374	0.284	0.215	0.161	0.117	0.083
		20°			0.437	0.316	0.233	0.171	0.124	0.086
		25°			0.703	0.371	0.260	0.186	0.131	0.090
		30°				0.614	0.306	0.207	0.142	0.096
		35°					0.524	0.245	0.158	0.103
		40°						0.433	0.188	0.115
		45°							0.344	0.137
		50°								0.262
	−20°	0°			0.231	0.174	0.128	0.090	0.061	0.038
		5°			0.246	0.183	0.133	0.094	0.062	0.038
		10°			0.266	0.195	0.140	0.097	0.064	0.039
		15°			0.294	0.210	0.148	0.102	0.067	0.040
		20°			0.344	0.233	0.160	0.108	0.069	0.042
		25°			0.566	0.274	0.178	0.116	0.073	0.043
		30°				0.468	0.210	0.129	0.079	0.045
		35°					0.373	0.153	0.087	0.049
		40°						0.283	0.104	0.054
		45°							0.202	0.064
		50°								0.133
25°	0°	0°				0.296	0.245	0.199	0.160	0.126
		5°				0.316	0.259	0.209	0.167	0.130
		10°				0.340	0.275	0.221	0.175	0.136
		15°				0.372	0.296	0.235	0.184	0.141
		20°				0.417	0.324	0.252	0.195	0.148
		25°				0.494	0.363	0.275	0.209	0.157
		30°				0.828	0.432	0.309	0.228	0.168
		35°					0.741	0.368	0.256	0.183
		40°						0.647	0.306	0.205
		45°							0.552	0.246
		50°								0.456

续表

δ	α	β	土的内摩擦角 φ							
			15°	20°	25°	30°	35°	40°	45°	50°
25°	10°	0°				0.379	0.325	0.276	0.232	0.193
		5°				0.408	0.346	0.292	0.244	0.201
		10°				0.443	0.371	0.311	0.258	0.211
		15°				0.488	0.403	0.333	0.273	0.222
		20°				0.551	0.443	0.360	0.292	0.235
		25°				0.658	0.502	0.396	0.315	0.250
		30°				1.112	0.600	0.448	0.346	0.270
		35°					1.034	0.537	0.392	0.295
		40°						0.944	0.471	0.335
		45°							0.845	0.403
		50°								0.739
	20°	0°				0.488	0.430	0.377	0.329	0.284
		5°				0.530	0.463	0.403	0.349	0.300
		10°				0.582	0.502	0.433	0.372	0.318
		15°				0.648	0.550	0.469	0.399	0.337
		20°				0.740	0.612	0.512	0.430	0.360
		25°				0.894	0.699	0.569	0.469	0.387
		30°				1.553	0.846	0.650	0.520	0.421
		35°					1.494	0.788	0.594	0.466
		40°						1.414	0.721	0.532
		45°							1.316	0.647
		50°								1.201
	−10°	0°				0.228	0.180	0.139	0.104	0.075
		5°				0.242	0.189	0.145	0.108	0.078
		10°				0.259	0.200	0.151	0.112	0.080
		15°				0.281	0.213	0.160	0.117	0.083
		20°				0.314	0.232	0.170	0.123	0.086
		25°				0.371	0.259	0.185	0.131	0.090
		30°				0.620	0.307	0.207	0.142	0.096
		35°					0.534	0.246	0.159	0.104
		40°						0.441	0.189	0.116
		45°							0.351	0.138
		50°								0.267
	−20°	0°				0.170	0.125	0.089	0.060	0.037
		5°				0.179	0.131	0.092	0.061	0.038
		10°				0.191	0.137	0.096	0.063	0.039
		15°				0.206	0.146	0.100	0.066	0.040
		20°				0.229	0.157	0.106	0.069	0.041
		25°				0.270	0.175	0.114	0.072	0.043
		30°				0.470	0.207	0.127	0.078	0.045
		35°					0.374	0.151	0.086	0.048
		40°						0.284	0.103	0.053
		45°							0.203	0.064
		50°								0.133

1. 不同情况下的主动土压力系数

不同情况下库仑主动土压力系数 K_a 也可以按下列公式计算。

(1) 填土表面水平 ($\beta=0$) 时

1) 当 $\alpha=\delta\neq0$ 时

$$K_a=\frac{\cos^2(\varphi-\alpha)}{\cos^2\alpha\cos(\alpha+\delta)\left[1+\sqrt{\dfrac{\sin(\varphi+\delta)\sin\varphi}{\cos(\alpha+\delta)\cos\alpha}}\right]^2} \tag{8-46}$$

2) 当 $\alpha\neq0$，$\delta=0$（墙面光滑）时

$$K_a=\frac{\cos^2(\varphi-\alpha)}{\cos^3\alpha\left[1+\dfrac{\sin\varphi}{\cos\alpha}\right]^2} \tag{8-47}$$

(2) 墙面竖直 ($\alpha=0$) 时

1) 当 $\beta=\delta\neq0$ 时

$$K_a=\frac{\cos^2\varphi}{\cos\delta\left[1+\sqrt{\dfrac{\sin(\varphi+\delta)\sin(\varphi-\beta)}{\cos\delta\cos\beta}}\right]^2} \tag{8-48}$$

2) 当 $\delta\neq0$，$\beta=0$（填土表面水平）时

$$K_a=\frac{\cos^2\varphi}{\cos\delta\left[1+\sqrt{\dfrac{\sin(\varphi+\delta)\sin\varphi}{\cos\delta}}\right]^2} \tag{8-49}$$

(3) 墙面光滑 ($\delta=0$) 时

当 $\alpha=\beta\neq0$ 时

$$K_a=\frac{\cos^2(\varphi-\alpha)}{\cos^3\alpha\left[1+\sqrt{\dfrac{\sin\varphi\sin(\varphi-\beta)}{\cos\alpha\cos(\alpha-\beta)}}\right]^2} \tag{8-50}$$

(4) 填土表面水平 ($\beta=0$)、墙面竖直光滑 ($\alpha=\delta=0$) 时

$$K_a=\frac{\cos^2\varphi}{(1+\sin\varphi)^2}=\frac{1-\sin\varphi}{1+\sin\varphi}=\tan^2\left(45°-\frac{\varphi}{2}\right) \tag{8-51}$$

由式 (8-51) 可见，当墙面竖直光滑、填土表面水平时，库仑主动土压力系数与朗肯主动土压力系数完全相同。

【例 8-8】 某防洪墙高度 $H=6.0\text{m}$，墙面倾斜，$\alpha=10°$，墙面与填土之间的摩擦角 $\delta=15°$，填土为砂土，土的容重（重设）$\gamma=18.5\text{kN/m}^3$，内摩擦角 $\varphi=32°$，填土表面倾斜，$\beta=10°$，计算填土作用在防洪墙上的土压力。

【解】 (1) 根据式 (8-44) 计算主动土压力系数 K_a：

$$K_a=\frac{\cos^2(\varphi-\alpha)}{\cos^2\alpha\cos(\alpha+\delta)\left[1+\sqrt{\dfrac{\sin(\varphi+\delta)\sin(\varphi-\beta)}{\cos(\alpha+\delta)\cos(\alpha-\beta)}}\right]^2}$$

$$=\frac{\cos^2(32°-10°)}{\cos^210°\cos(10°+15°)\left[1+\sqrt{\dfrac{\sin(32°+15°)\sin(32°-10°)}{\cos(10°+15°)\cos(10°-10°)}}\right]^2}$$

$$=0.4072$$

（2）根据式（8-45）计算作用在墙上的土压力 P：

$$P=\frac{1}{2}\gamma H^2 K_a=\frac{1}{2}\times 18.5\times 6.0^2\times 0.4072=135.5976\text{kN}$$

【例 8-9】 如例 8-7 的防洪墙，若墙后填土水平（$\beta=0$），其他数据不变，计算填土作用在墙上的土压力 P 及其作用点距墙底面的高度 y。

【解】 （1）根据式（8-46）计算主动土压力系数 K_a：

$$K_a=\frac{\cos^2(\varphi-\alpha)}{\cos^2\alpha\cos(\alpha+\delta)\left[1+\sqrt{\dfrac{\sin(\varphi+\delta)\sin\varphi}{\cos(\alpha+\delta)\cos\alpha}}\right]^2}$$

$$=\frac{\cos^2(32°-10°)}{\cos^2 10°\cos(10°+15°)\left[1+\sqrt{\dfrac{\sin(32°+15°)\sin 32°}{\cos(10°+15°)\cos 10°}}\right]^2}=0.3554$$

（2）根据式（8-45）计算作用在墙上的土压力 P：

$$P=\frac{1}{2}\gamma H^2 K_a=\frac{1}{2}\times 18.5\times 6.0^2\times 0.3554=118.2482\text{kN}$$

（3）由于土压力沿墙高为三角形分布，故土压力 P 的作用点距墙底面的高度 y 为

$$y=\frac{1}{3}H=\frac{1}{3}\times 6.0=2.0\text{m}$$

【例 8-10】 防洪墙高度 $H=6.0\text{m}$，墙面竖直（$\alpha=0$），填土为砂土，内摩擦角 $\delta=30°$，土与墙面的摩擦角 $\delta=20°$，填土表面水平（$\beta=0$），填土表面以下 1.5m 处有地下水，地下水面以上填土的容重（湿重度）为 $\gamma=18.5\text{kN/m}^3$，地下水面以下填土的浮容重（浮重度）$\gamma'=10.3\text{kN/m}^3$，计算填土作用在墙上的土压力及其作用点距墙底面的高度。

【解】 由于地面以下 1.5m 处有地下水，水面以上和水面以下土的容重（重度）并不相同，水上 $\gamma=18.5\text{kN/m}^3$，水下 $\gamma'=10.3\text{kN/m}^3$，所以填土为非均质，与库仑理论的假定不相符，所以严格说，本例情况不能应用库仑土压力公式来计算土压力。但是为了能近似地应用库仑公式来计算土压力，可将水上和水下的容重（重度）用加权平均的方法求出平均容重（平均重度），将土转化为均质土，然后再按库仑土压力公式来计算土压力。

（1）用加权平均法计算填土的平均容重（重度）γ_c：

$$\gamma_c=\frac{\gamma H_1+\gamma'(H-H_1)}{H}$$

将 $H_1=1.5\text{m}$，$H=6.0\text{m}$，$\gamma=18.5\text{kN/m}^3$，$\gamma'=10.3\text{kN/m}^3$ 代入上式，得平均容重（重度）为

$$\gamma_c=\frac{18.5\times 1.5+10.3\times(6.0-1.5)}{6.0}=12.530\text{kN/m}^3$$

（2）根据式（8-49）计算主动土压力系数 K_a：

$$K_a=\frac{\cos^2\varphi}{\cos\delta\left[1+\sqrt{\dfrac{\sin(\varphi+\delta)\sin\varphi}{\cos\delta}}\right]^2}$$

$$=\frac{\cos^2 30°}{\cos 20°\left[1+\sqrt{\dfrac{\sin(30°+20°)\sin 30°}{\cos 20°}}\right]^2}=0.2973$$

（3）根据式（8-45）计算作用在墙上的土压力 P：

$$P=\frac{1}{2}\gamma_cH^2K_a=\frac{1}{2}\times12.530\times6.0^2\times0.2973=66.8925\text{kN}$$

（4）计算土压力 P 的作用点距墙底的高度 y：

$$y=\frac{1}{3}H=\frac{1}{3}\times6.0=2.0\text{m}$$

2. 填土表面水平其下深度 H_1 处有地下水

当填土表面水平，其下深度 H_1 处有地下水时，作用在防洪墙上的土压力可用下述近似方法来确定。

如图 8-19 所示，当填土表面水平，其下深度 H_1 处有地下水，若此时地下水面以上部分土体的容重（重度）为 γ_1，摩擦角为 φ_1，土与防洪墙墙面的摩擦角为 δ_1；地下水面以下部分土体的容重（重度）为 γ_2，内摩擦角为 φ_2，土与墙面的摩擦角为 δ_2。

首先将墙后填土看作是力学指标为 γ_1、φ_1、δ_1 的同一种均质土，按式（8-44）和式（8-45）计算出作用在防洪墙

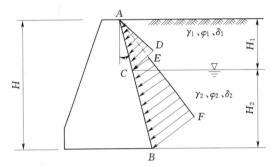

图 8-19 有地下水时作用在墙上的土压力

上的土压力，这一土压力沿墙高是三角形分布，压力强度线与墙面的法线成 δ_1 的夹角。在地下水面线与墙面交点 C 处，作与墙面法线夹角为 δ_1 的直线 CD，将三角形分布的土压力图形分为两部分，保留这一土压力的上面部分，即图 8-19 中的三角形 ACD。

其次，再将墙后填土看作全部是力学指标为 γ_2、φ_2、δ_2 的同一种均质土，同样按式（8-44）和式（8-45）计算作用在防洪墙上的土压力，这一土压力沿墙高是三角形分布，压力强度线与墙面法线的夹角为 δ_2。在地下水面与墙面交点 C 处，作与墙面的法线夹角为 δ_2 的直线 CE，将三角形 ABF 分布的土压力图形分为两部分，即三角形 ACE 和梯形 $CEFB$，然后舍去三角形 ACE，保留梯形部分。

则墙后填土中有地下水时，作用在防洪墙上的土压力 P 分为两部分，在地下水面以上，为三角形分布的 ACD；在地下水面以下，为梯形分布的 $CEFB$，如图 8-19 所示。

（二）被动土压力

若有如图 8-20 所示的防洪墙，按前面所讲的原理，可以求得作用在墙上的被动土压力为

$$P_p=\frac{1}{2}\gamma H^2K_p \qquad (8-52)$$

其中

$$K_p=\frac{\cos^2(\varphi+\alpha)}{\cos^2\alpha\cos(\alpha-\delta)\left[1-\sqrt{\dfrac{\sin(\varphi+\delta)\sin(\varphi+\beta)}{\cos(\alpha-\delta)\cos(\alpha-\beta)}}\right]^2} \qquad (8-53)$$

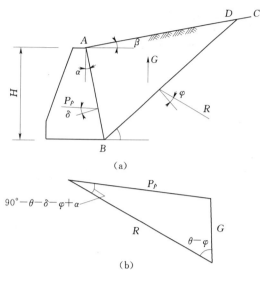

图 8-20 库仑被动土压力计算图

式中 P_p——作用在墙上的被动土压力（kN）；

γ——填土的容重（重度，kN/m^3）；

H——填土表面到墙底面的高度（m）；

K_p——库仑被动土压力系数；

φ——填土的内摩擦角（°）；

α——墙面与竖直线的夹角（°）；

β——填土表面与水平面的夹角（°）；

δ——填土与墙面的摩擦角（°）。

被动土压力 P_p 沿墙高呈三角形分布，故被动土压力 P_p 的作用点到墙底面的高度为

$$y_p = \frac{1}{3}H \tag{8-54}$$

研究表明，按库仑理论计算得的被动土压力，通常较实际压力偏大约 $\frac{1}{3}$，因此按式（8-52）计算得的被动土压力 P_p 应乘以折减系数。

第三节 防 洪 墙 的 计 算

一、防洪墙的基本结构和作用荷载

防洪墙的尺寸应根据防洪墙底面的基底应力、抗滑稳定性和抗倾覆稳定性来确定。

防洪墙的类型分为重力式、悬壁式和扶壁式3种。

位于土基上的重力式防洪墙，一般适用在高度为6m以内的情况，当高度超过6m时，多采用悬壁式或扶壁式防洪墙。

对于重力式防洪墙，当防洪墙用块石砌筑时，防洪墙的顶部宽度一般不小于0.4～0.5m；当防洪墙用混凝土建造时，防洪墙的顶部宽度一般不小于0.2～0.3m。重力式防洪墙的底部宽度通约为墙高 H 的0.4～0.5。

为了增加防洪墙的抗滑稳定性，重力式防洪墙的底面可做成如图8-21所示的逆坡形式。对于土质地基，墙底逆坡不宜大于1:10；对于岩质地基，墙底逆坡不宜大于1:5。

重力防洪墙的基础应埋置在地基内一定深度，主要根据水流的冲刷程度、地基的承载能力、岩石裂隙发育程度和风化程度而定，在寒冷地区还应考虑地基冻胀的影响。通常，在土质地基中，防洪墙的基础埋置深度不宜小于0.5m；在软质岩地基中，基础埋置深度不宜小于0.5m。

重力式防洪墙应每隔 10～20m 设置一道伸缩缝，当地基性质有变化时宜加设沉降缝。

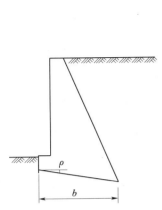

图 8-21　防洪墙底面的逆坡

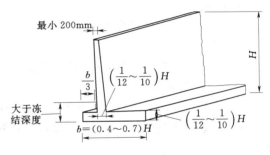

图 8-22　扶壁式防洪墙

扶臂式防洪墙是由立板、扶壁和底板所组成（图 8-22），悬臂式防洪墙则仅由立板和底板所组成（图 8-23）。立板位于填土的外侧，扶壁和底板则埋设在土中。立板起着挡土的作用，也就是承受侧向土压力；扶壁与立板成固定连接起着拉住和固定立板的作用；底板则承受填土的竖直向压力，以保持墙体的整体稳定性，即保证墙体的抗滑稳定性和抗倾覆稳定性。

图 8-23　悬壁式防洪墙

扶壁式防洪墙和悬臂式防洪墙通常用钢筋混凝土建造，混凝土的强度等级应不小于 C20，受力钢筋的直径不小于 12mm，间距不大于 250mm；立板的厚度从顶部向下逐渐增大，顶部的厚度一般不小于 20cm，底部厚度视墙高 H 而定，一般可取 $\left(\dfrac{1}{14} \sim \dfrac{1}{12}\right)H$，但不应小于 30cm；底板的厚度一般也为 $\left(\dfrac{1}{14} \sim \dfrac{1}{12}\right)H$，扶壁的厚度可采用 30～40cm，或采用 $\left(\dfrac{1}{8} \sim \dfrac{1}{6}\right)H$，顶部的宽度应不小于 40cm，底部的宽度应与底板齐平，两扶壁之间的间距可采用（0.3～0.6）H。对于较大的扶壁式防洪墙和悬臂式防洪墙，沿墙的长度方向每隔 15～20m 应设置伸缩缝，以防因温度收缩和不均匀沉降而产生裂缝。

对于扶壁式防洪墙和悬臂式防洪墙，为了增加墙体抗倾覆的能力，常将底板向前伸出立板一定长度（一般为 30～40cm）。为了防止水流对地基的冲刷，同时也为了增强墙底的抗滑能力，在底板迎水面的前端底部可设置齿墙。

二、作用在防洪墙上的荷载

作用在防洪墙上的荷载可分为两类，即基本荷载和特殊荷载，

（一）作用荷载

1. 基本荷载

基本荷载包括：

（1）防洪墙的墙体自重。

（2）设计洪水水位时（或多年平均洪水位）的静水压力。

（3）防洪墙墙底面的扬压力。

（4）风浪压力。

（5）冰压力。

（6）其他出现机会较多的荷载。

2. 特殊荷载

特殊荷载包括：

（1）地震荷载。

（2）其他出现机会较少的荷载。

（二）荷载组合

防洪墙设计的荷载组合可分为正常运用条件和非常运用条件两类。

1. 正常运用条件

正常运用条件的荷载组合由基本荷载组合而成。

2. 非常运用条件

非常运用条件的荷载组合由基本荷载和一种或几种特殊荷载组合而成。

在进行防洪墙设计时，应根据各种荷载同时出现的可能性，选择最不利的情况进行计算。

三、防洪墙的基底应力

防洪墙在荷载作用下的基底应力 p 可按式（5-6）或式（5-9）和式（5-10）计算，即

$$\begin{aligned}p_{max}\\p_{min}\end{aligned}=\frac{F}{A}\pm\frac{M}{W}$$

或者

$$p_{max}=\frac{F}{b}\left(1+\frac{6e}{b}\right)$$

$$p_{min}=\frac{F}{b}\left(1-\frac{6e}{b}\right)$$

其中，偏心距 e 可按下式计算：

$$e=\frac{M}{F} \tag{8-55}$$

式中　M——防洪墙上所有作用力对防洪墙底面中心点的力矩（kN·m）；

F——作用在防洪墙上所有竖直力的合力（kN）。

防洪墙在各种荷载组合的情况下，基底的最大压应力应小于地基的允许承载力 f_p，即

$$p_{max}<f_p \tag{8-56}$$

式中　f_p——地基的允许承载力（kPa）。

（一）土基上的防洪墙的基底应力

基底压应力的最大值 p_{max} 与最小值 p_{min} 之比的允许值，应满足下列条件：

1. 对于黏性土地基

$$\frac{p_{max}}{p_{min}} \leqslant 1.5 \sim 2.5 \tag{8-57}$$

2. 对于砂土地基

$$\frac{p_{max}}{p_{min}} \leqslant 2.0 \sim 3.0 \tag{8-58}$$

（二）岩基上的防洪墙的基底应力

防洪墙的基底最大应力 p_{max} 应小于地基的承载力 f_p，同时地基度最小应力不应为拉应力，即

$$p_{min} \geqslant 0 \tag{8-59}$$

地基的允许承载力 f_p 可根据土的物理力学指标、野外特征或标准贯入试验锤击数查表来确定。

表 8-3～表 8-16 中列出了不同土的承载力值。当防洪墙底面的有效宽度大于 3m 或墙基埋置深度大于 1.5m 时，从表 8-3～表 8-16 查得的地基承载力值应按下式进行修正：

$$f_p = f_{p0} + m_b \gamma_1 (b-3) + m_d \gamma_2 (d-1.5) \tag{8-60}$$

式中　f_p——修正后的地基允许承载力（kPa）；

　　　f_{p0}——直接从表中查得的地基允许承载力值（kPa）；

　　　γ_1——防洪墙基础底面以下土的容重（重度），水下用浮容重（kN/m³）；

　　　γ_2——防洪墙基础底面以上土的容重（重度），水下用浮容重（kN/m³）；

　　　m_b——基础宽度的修正系数（见表 8-16）；

　　　m_d——基础埋置深度的修正系数（见表 8-16）；

　　　b——防洪墙基础底面宽度（m）；

　　　d——防洪墙基础的埋置深度（m）。

表 8-3　　　　　　　　　　　　碎石土允许承载力 f_p　　　　　　　　　　　单位：kPa

土的名称＼密实度＼tanδ	密　实			中　密			稍　密		
	0	0.2	0.4	0	0.2	0.4	0	0.2	0.4
卵石	784～980	627～784	490～588	490～784	392～627	294～490	294～392	235～314	196～245
碎石	686～882	549～706	417～539	392～686	314～549	245～412	196～294	157～235	118～196
圆砾	490～686	392～549	294～490	294～490	235～392	196～294	196～294	157～235	118～196
角砾	392～588	314～470	245～353	196～392	157～314	147～198	147～196	118～157	98～118

注　1. 表中数值适用于骨架空隙全部由中砂、粗砂或硬塑、坚硬状态的黏土所充填。

　　2. 当粗颗粒为中等风化或强风化时，可按其风化程度适当降低允许承载力；当颗粒间呈半胶结状时，可适当提高允许承载力。

　　3. 表中 tanδ 表示荷载的倾斜度，即 $\tan\delta = \dfrac{E}{F}$，$E$ 为水平荷载，F 为竖直荷载。

表 8-4 一般黏性土的允许承载力 f_p 单位：kPa

e	$\tan\delta$	$I_P \leqslant 10$			$I_P > 10$					
	I_L	0	0.5	1.0	0	0.25	0.50	0.75	1.00	1.20
0.5	0	343	304	274	441	402	363	(333)		
	0.2	265	235	216	343	314	284	(253)		
	0.4	206	186	167	255	235	216	(196)		
0.6	0	294	255	225	372	333	304	274	(245)	
	0.2	225	206	186	294	255	235	216	(196)	
	0.4	176	157	137	225	196	186	167	(147)	
0.7	0	245	206	186	304	274	245	225	196	157
	0.2	196	167	147	235	216	196	186	157	123
	0.4	147	122.5	113	186	167	147	137	118	93
0.8	0	196	167	147	255	225	206	186	157	127
	0.2	157	127	118	206	186	167	147	123	98
	0.4	118	98	88	157	137	123	113	93	78
0.9	0	157	137	118	216	196	176	157	127	98
	0.2	122.5	108	96	176	157	137	123	98	78
	0.4	93	83	74	127	118	108	93	73	59
1.0	0		118	98	186	167	147	127	108	
	0.2		93	78	147	127	118	98	88	
	0.4		74	59	113	98	88	78	69	
1.1	0					147	127	108	98	
	0.2					118	98	88	78	
	0.4					88	78	69	59	

注 1. 括号内的数仅供内插用。

2. I_L 为液性指数，I_P 为塑性指数，e 为天然孔隙比。

3. 一般黏性土是指第四纪全新世（Q_4）形成的黏性土。

4. $\tan\delta$ 为荷载的倾斜度，$\tan\delta = \dfrac{E}{F}$。

表 8-5 老黏性土允许承载力 f_p 单位：kPa

$\tan\delta = E/F$	相对含水量 $D_\omega = \omega/\omega_L$				
	0.4	0.5	0.6	0.7	0.8
0	686	568	490	421	372
0.2	529	441	372	323	294
0.4	412	343	294	245	216

注 1. 相对含水量 $D_\omega = \dfrac{\omega}{\omega_L}$，$\omega$ 为天然含水量，ω_L 为液限。

2. $\tan\delta$ 为荷载倾斜度，$\tan\delta = E/F$，E 为水平荷载，F 为竖直荷载。

3. 本表适用于压缩模量 $E_s > 14700 \text{kN/m}^2$ 的老黏性土。

4. 老黏性土是指第四纪晚更新世（Q_3）及其以前形成的黏性土。

表 8-6　　　　　　　　　　沿海淤泥和淤泥质土的允许承载力 f_p　　　　　　　　单位：kPa

$\tan\delta$ $=E/F$	天然含水量 ω						
	36	40	45	50	55	65	75
0	98	88	78	69	59	49	39
0.2	78	69	59	54	49	39	29
0.4	59	54	49	39	34	29	25

注　1. ω 为原状土的天然含水量。

　　2. 内陆淤泥和淤泥质土可参照使用。

　　3. 对这类土，应采用较小加荷速率或采取其他适当措施，以防施工时发生失稳现象。此外，应计算建筑物
　　　沉降。

表 8-7　　　　　　　　　　　　砂土的允许承载力 f_p　　　　　　　　　　　单位：kPa

荷载倾斜度 $\tan\delta$	标准贯入试验锤击数 $N_{63.5}$		
	50～30	30～15	15～10
0	500～340	340～180	180～140
0.2	400～280	280～150	150～120
0.4	300～220	220～120	120～100

注　1. $N_{63.5}$ 是指触探试验锤重为 63.5kg 的锤击数。

　　2. 荷载倾斜度 $\tan\delta = \dfrac{E}{F}$，$E$ 为水平荷载，F 为竖直荷载。

　　在没有试验资料的情况下，砂土的允许承载力也可以根据砂土的密实度按表 8-8
估计。

表 8-8　　　　　　　　　　　　砂土的允许承载力 f_p　　　　　　　　　　单位：kPa

土的名称		土的密实程度		
		密实	中密	稍密
砾砂、粗砂、中砂		400	240～340	160～220
细砂、粉砂	稍湿	300	160～220	120～160
	很湿	200	130～160	

表 8-9　　　　　　　　　　　　红黏土的允许承载力 f_p　　　　　　　　　单位：kPa

相对含水量 D_ω	0.50	0.55	0.60	0.65	0.70	0.75	0.80	0.85	0.90	0.95	1.00
承载力 f_p	350	300	260	230	210	190	170	150	130	120	110

注　1. 相对含水量 $D_\omega = \dfrac{\omega}{\omega_L}$，$\omega$ 为土的天然含水量，ω_L 为液限。

　　2. 本表适用于广西、云南、贵州地区的红黏土；对母岩、成因类型、物理力学性质相似的其他地区的红黏土，
　　　可参照使用。

表 8-10　　　　　　　　　　黏性素填土的允许承载力 f_p　　　　　　　　　单位：kPa

压缩模量 E_s（kN/m²）	70	50	40	30	20
承载力 f_p	150	130	110	80	60

注　1. 本表适用于堆填时间超过十年的黏土和亚黏土，以及超过 5 年的轻亚黏土。

　　2. 压缩模量 E_s 可用室内压缩试验确定。

表 8-11   老黏性土和一般黏性土的允许承载力 f_p 单位：kPa

标准贯入试验锤击数 $N_{63.5}$	3	5	7	9	11	13	15	17	19	21	23
承载力 f_p	120	160	200	240	280	320	360	420	500	580	650

表 8-12   一般黏性土的允许承载力 f_p 单位：kPa

轻便触探试验锤击数 N_{10}	15	20	25	30
承载力 f_p	100	140	180	220

注　N_{10} 是指触探试验锤重为 10kg 的锤击数。

表 8-13   黏性素填土的允许承载力 f_p 单位：kPa

轻便触探试验锤击数 N_{10}	10	20	30	40
承载力 f_p	80	110	130	150

注　N_{10} 是指触探试验锤重为 10kg 的锤击数。

表 8-14   岩石的允许承载力 f_p 单位：kPa

岩石类别	岩石风化程度		
	微风化	中等风化	强风化
硬质岩石	≥4000	1500～2000	500～1000
软质岩石	1500～2500	700～1200	200～500

注　对于微风化的硬质岩石，其允许承载力如取用大于 4000kN/m² 时，应另行研究确定。

表 8-15   填土地基的允许承载力 f_p 单位：kPa

填土类别	压实系数 γ	承载力 f_p
碎石、卵石		196～294
砂夹石（其中碎石、卵石占全重 30%～50%）	0.94～0.97	196～245
土夹石（其中碎石、卵石占全重 30%～50%）		147～196
黏性土（$8<I_P<14$）		127～176

注　1. 压实系数 γ 是填土压实后控制干容重（干重度）与最大干容重的比值。

　　2. 当填土为黏性土及砂土时，其最大干容重 γ_{max} 宜采用击实试验确定。当无试验资料时，可按 $\gamma_{max}=\eta\dfrac{\gamma_\omega d_s}{1+\omega_0 d_s}$

　　计算，其中 η 为经验系数，对于黏土取 0.95，亚黏土取 0.96，轻亚黏土取 0.97；γ_ω 为水的容重（重度 kN/ m³）；d_s 为土颗粒的比重（土颗粒的相对密度）；ω_0 为最优含水量（%），可按当地经验确定，或取 $\omega_P+ 2\%$；ω_P 为土的塑限。

　　3. 当填土为碎石或卵石时，其最大干容重（最大干重度）可取 19.62～21.58kN/m³。

表 8-16 基础宽度和深度修正系数 m_b、m_d

编号	土 的 种 类		荷载倾斜度 $\tan\delta$					
			0		0.2		0.4	
			m_b	m_d	m_b	m_d	m_b	m_d
1	黏性土	淤泥和淤泥质土；e 和 I_L 均大于 0.9 的一般黏性土	0	1.0	0	1.0	0	1.0
		老黏性土和一般黏性土 黏土、亚黏土	0.4	1.5	0.3	1.2	0.2	1.0
		轻亚黏土	0.7	2.0	0.5	1.6	0.3	1.2
2	砂土	细砂、粉砂（不包括 $N<15$ 的细砂和粉砂）	2.0	3.0	1.6	2.5	1.2	2.0
		砾砂、粗砾、中砂	4.0	5.0	3.5	4.5	3.0	4.0
3	碎石土		5.0	6.0	4.0	5.0	3.0	4.0

注 表中 N 指触探锤击数。

四、防洪墙的抗滑稳定性

防洪墙在荷载作用下应具有抗滑移的能力。根据防洪墙底面的结构特点，防洪墙的抗滑稳定性计算可分为平面抗滑稳定性、斜面抗滑稳定性、有抗滑齿墙时的抗滑稳定性。

（一）平面抗滑稳定性计算

当防洪墙与地基接触面为水平面时，可按下式验算防洪墙的抗滑稳定性：

$$K_e = \frac{fF}{E} \geqslant [K_c] \qquad (8-61)$$

式中　K_c——防洪墙的抗滑稳定安全系数；

F——防洪墙上所有作用力的竖直向分力的合力（kN）；

E——防洪墙上所有作用力的水平分力的合力（kN）；

f——防洪墙与地基接触面的摩擦系数，可根据地基土的类别查表 8-17；

$[K_c]$——允许的防洪墙抗滑稳定安全系数，可根据计算时所采用荷载组合查表 8-18。

表 8-17 防洪墙基底与地基的摩擦系数 f

土 的 类 别		摩 擦 系 数 f
黏性土	可塑	0.25~0.30
	硬塑	0.30~0.35
	坚硬	0.35~0.45
粉土		0.30~0.40
中砂、粗砂、砾砂		0.40~0.50
碎石土		0.40~0.60
软质岩		0.40~0.60
表面粗糙的硬质岩		0.65~0.75

注　1. 对易风化的软质岩和塑性指数 $I_P>22$ 的黏性土，防洪墙基底摩擦系数应通过试验确定。

2. 对碎石土，可根据其密实程度、填充物状况、风化程度等确定。

表 8 - 18

防洪墙抗滑稳定安全系数 $[K_c]$

地 基 性 质		岩 基					土 基				
堤防工程级别		1	2	3	4	5	1	2	3	4	5
安全系数 K_c	正常运用条件	1.15	1.10	1.05	1.05	1.00	1.35	1.30	1.25	1.20	1.15
	非常运用条件	1.05	1.05	1.00	1.00	1.00	1.20	1.15	1.10	1.05	1.05

（二）斜面抗滑稳定性计算

当防洪墙底面为具有逆坡的斜面时（图 8-24），可按下式验算防洪墙的抗滑稳定性。

$$K_c = \frac{f(F\cos\rho + E\sin\rho)}{E\cos\rho - F\sin\rho} \geqslant [K_c] \qquad (8-62)$$

式中　K_c——防洪墙的抗滑稳定安全系数；

　　　f——防洪墙与地基面的摩擦系数，可查表 8-17；

　　　F——防洪墙上所有作用力的竖直向分力的合力（kN）；

　　　E——防洪墙上所有作用力的水平分力的合力（kN）；

　　　ρ——防洪墙基底面与水平面的夹角（°）；

　　$[K_c]$——允许的防洪墙抗滑稳定安全系数，见表 8-18。

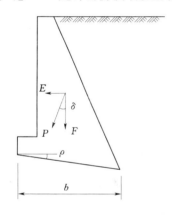

图 8-24　防洪墙基底面为
斜面时的情况

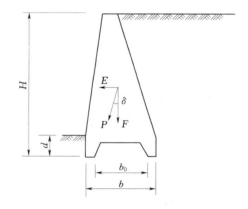

图 8-25　防洪墙基底面
具有阻滑齿墙的情况

（三）防洪墙基底两端具有阻滑齿墙时的抗滑稳定性计算

当防洪墙基底迎水面和背水面均设有阻滑齿墙时（图 8-25），防洪墙的抗滑稳定性可按下式进行验算：

$$K_c = \frac{f_0 F + c b_0}{E} \geqslant [K_c] \qquad (8-63)$$

其中

$$f_0 = \tan\varphi \qquad (8-64)$$

式中　f_0——地基土的抗剪摩擦系数；

　　　c——地基土的黏聚力（kPa）；

　　　b_0——防洪墙基底面两齿墙内缘之间的水平距离（m）；

　　　φ——地基土的内摩擦角（°）。

五、防洪墙的抗倾覆稳定性

防洪墙在荷载作用下应具有一定的抗倾覆能力，也就是墙体不会绕墙趾 O 点（图 8 - 26）产生倾覆。为了保证防洪墙的抗倾覆稳定性，要求作用在防洪墙上的所有力对 O 点产生的抗倾覆力矩 M_1 大于倾覆力矩 M_2，即要求两者的比值 $\dfrac{M_1}{M_2}$ 满足下列条件：

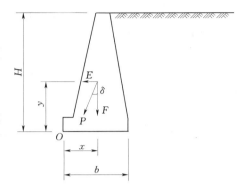

图 8 - 26 防洪墙抗倾覆稳定计算图

$$K_y = \frac{M_1}{M_2} = \frac{Fx}{Ey} \geqslant [K_y] \qquad (8 - 65)$$

式中　K_y——防洪墙的抗倾覆安全系数；

M_1——防洪墙上所有作用力对墙趾 O 点产生的抗倾覆力矩之和（kN·m）；

M_2——防洪墙上所有作用力对墙趾 O 点产生的倾覆力矩之和（kN·m）；

F——防洪墙上所有竖直向作用力之和（kN）；

E——防洪墙上所有水平作用力之和（kN）；

x——防洪墙上所有竖直作用力的合力对墙趾 O 点的力臂（m）；

y——防洪墙上所有水平作用力的合力对墙趾 O 点的力臂（m）；

$[K_y]$——防洪墙允许的抗滑倾覆稳定安全系数，可根据堤防的级别和计算的荷载组合按表 8 - 19 采用。

表 8 - 19　　　　　　　　　　防洪墙抗倾覆稳定安全系数 $[K_y]$

堤 防 工 程 级 别		1	2	3	4	5
安全系数 $[K_y]$	正常运用条件	1.60	1.55	1.50	1.45	1.40
	非常运用条件	1.50	1.45	1.40	1.35	1.30

六、防洪墙与地基的整体抗滑稳定性

对于防洪墙式的堤防，除了要计算堤身沿基底面的抗滑稳定性外，还应核算堤身与地基整体滑动（也称为深层滑动）的抗滑稳定性。

防洪墙与地基的整体抗滑稳定性计算的方法目前主要有圆弧滑动面法和组合滑动面法两类，其中圆弧滑动面法是假定地基的滑动面是一个圆弧，而组合滑动面法是假定地基破坏时的滑动面由直线滑动面和对数螺旋曲线滑动面所组成。

（一）圆弧滑动面法

圆弧滑动面法假定在极限状态时防洪墙与地基土层一起产生滑动，滑动面是一个圆弧，圆弧的起点可以是防洪墙墙踵点，也可以是防洪墙底面上的任意一点。

1. 无黏性土地基

图 8 - 27 是滑动圆弧通过防洪墙底面墙踵的整体滑动的图形。首先将防洪墙作用在地基面上的力 P 分解为竖直力 F 和水平力 E，将 F 力沿其作用线移至与圆弧滑动面的交点

处，然后分解为两个力，一个与滑动面正交的力 N_1，另一个与滑动面相切的力 T_1，如图 8-27 所示。

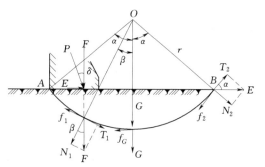

图 8-27　圆弧滑动面法稳定分析图

由图 8-27 中的几何关系可知：

$$N_1 = F\cos\beta$$

$$T_1 = F\sin\beta$$

式中　β——将 F 力的作用线和圆弧的交点与圆心 O 作连线，该连线和竖直线的夹角即为 β 角（°）。

将水平力 E 沿地基表面（即沿 E 力作用线移至与滑动圆弧相交点 B，然后分解为两个力，一个与滑动面正交的力 N_2，一个与滑动面相切的力 T_2，由图 8-27 中的几何关系可知：

$$N_2 = E\sin\alpha$$

$$T_2 = E\cos\alpha$$

式中　α——滑动圆弧中心角的一半（°）。

与滑动面正交的作用力 N_1 和 N_2 在沿滑动面切线方向将产生摩擦力 f_1 和 f_2，即

$$f_1 = N_1\tan\varphi = F\cos\beta\tan\varphi \tag{8-66}$$

$$f_2 = N_2\tan\varphi = E\sin\alpha\tan\varphi \tag{8-67}$$

此外滑动土体的重力 G 可按下式计算：

$$G = \gamma\left(\frac{\alpha\pi}{180°} - \sin\alpha\cos\alpha\right)r^2 \tag{8-68}$$

式中　γ——滑动土体的容重（重度），当滑动土体处于地下水面以下时，应采用浮容重（浮重度，kN/m^3）；

r——滑动圆弧的半径（m）。

滑动土体的重力 G 沿滑动面也产生一个摩擦力 f_G，即

$$f_G = \gamma\left(\frac{\alpha\pi}{180°} - \sin\alpha\cos\alpha\right)r^2\tan\varphi \tag{8-69}$$

作用在滑动面上的力将围绕圆心 O 产生滑动力矩 M_c 和抗滑力矩 M_y，即

$$M_c = T_1 r + T_2 r$$

$$= (F\sin\beta + E\cos\alpha)r \tag{8-70}$$

$$M_y = f_1 r + f_2 r + f_G r = \left[F\cos\beta + E\sin\alpha + \gamma\left(\frac{\alpha\pi}{180°} - \sin\alpha\cos\alpha\right)r^2\right]\tan\varphi \cdot r \tag{8-71}$$

抗滑力矩 M_y 与滑动力矩 M_c 的比值，即为防洪墙连同地基的整体抗滑稳定性的安全系数，即

$$K = \frac{M_y}{M_c} = \frac{\left[F\cos\beta + E\sin\alpha + \gamma\left(\frac{\alpha\pi}{180°} - \sin\alpha\cos\alpha\right)r^2\right]\tan\varphi}{(F\sin\beta + E\cos\alpha)} \tag{8-72}$$

假定一系列滑动面按式（8-72）计算出每一滑动面相应的抗滑稳定安全系数 K，其

中的最小值 K_{min} 即代表防洪墙连同地基的整体抗滑稳定安全系数值。

对于不均质地基，如图 8 - 28 所示，可以采用条分法进行计算，计算原理相同。

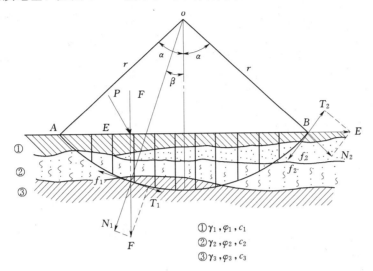

图 8 - 28　非均质地基的稳定性计算图

2. 黏性土地基

对于黏性土地基，由于地基土具有黏聚力 c，故滑动面上增加了由黏聚力产生的抗滑力

$$C = \frac{c\pi\alpha}{90°}r \qquad (8-73)$$

式中　C——滑动面上的总黏聚力产生的抗滑力（kN）；

　　　c——地基土的黏聚力（kPa）。

所以此时式（8-72）所表示的抗滑稳定系数变为

$$K = \frac{\left[F\cos\beta + E\sin\alpha + \gamma\left(\frac{\alpha\pi}{180°} - \sin\alpha\cos\alpha\right)r^2\right]\tan\varphi + \frac{c\pi\alpha}{90°}r}{F\sin\beta + E\cos\alpha} \qquad (8-74)$$

（二）组合滑动面法

1. 解析计算法

由极限平衡理论可知，建筑物连同地基一起产生整体滑动时，滑动面由平面和对数螺旋曲面所组成，如图 8-29 所示，滑动面由 AB、BD 和 DE 组成。此时滑动土体 $ABDEC$ 可分为 3 个部分，即主动区 ABC、过渡区 BCD 和被动区 CDE 三部分。

AB 面与 BC 面的夹角为 $\frac{\pi}{2} - \varphi$，AB 面与 AC 面的夹角为 α，BC 面与 AC 面的夹角为 β，BC 面与 DC 面的夹角为 θ，CD 面与 DE 面的夹角为 $\frac{\pi}{2} + \varphi$，CD 面与 CE 面的夹角为 η，DE 面与 CE 面的夹角为 η。

AC 面与 AB 面的夹角 α 可由极限平衡理论求得，即

$$\alpha = \frac{1}{2}\left[\arccos\left(\frac{\sin\delta}{\sin\varphi}\right) + \varphi - \delta\right] \qquad (8-75)$$

式中　φ——地基土的内摩擦角（°）；

δ——作用在地基上的倾斜荷载作用线与竖直线的夹角（°）。

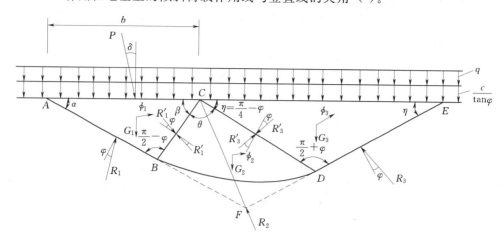

图 8-29　组合滑动面法计算图

其他各个角度可按下列公式计算：

$$\beta=\frac{\pi}{2}+\varphi-\alpha \tag{8-76}$$

$$\theta=\pi-(\beta+\eta) \tag{8-77}$$

或

$$\theta=\frac{3\pi}{4}-\left(\beta-\frac{\varphi}{2}\right) \tag{8-78}$$

$$\eta=\frac{\pi}{4}-\frac{\varphi}{2} \tag{8-79}$$

将基础埋置深度以上的地基土层重量 $q=\gamma d$ 作为超载作用在地基计算表面上〔其中 γ 为地基土的容重（即重度），d 为基础的埋置深度〕。

对于黏性土地基，土的抗剪强度公式可写成：

$$\tau=\sigma\tan\varphi+c=\left(\sigma+\frac{c}{\tan\varphi}\right)\tan\varphi \tag{8-80}$$

式中　σ——作用在计算点上的正应力（kPa）；

c——地基土的黏聚力（kPa）。

由式（8-80）可知，土的黏聚力 c 可以看作是一种内结构压力，从而将黏性土转化为无黏性土来看待。因此将土的内结构压力 $\frac{c}{\tan\varphi}$ 也作为超载作用在地基计算表面上，如图 8-29 所示。

此时，在主动区 ABC 的 AC 面上，作用有超载 q、土的内结构压力 $\frac{c}{\tan\varphi}$ 和极限荷载 P_u；在 AB 面上作用有反力 R_1，与 AB 面的法线成 φ 角；在 BC 面上作用有反力 R_1'，与 BC 面的法线成 φ 角；在 ABC 的形心处作用有 ABC 土体的重力 G_1 和渗流力 ϕ_1。在过渡区 BCD 的 BC 面上作用有反力 R_1'，与 BC 面的法线成 φ 角；在 DC 面上作用有反力 R_3'，与 DC 面的法线成 φ 角；在 BCD 的形心处作用有 BCD 的重力 G_2 和渗流力 ϕ_2；在 BD 面上作用有反力 R_2，

R_2 的作用方向可以这样来确定：将 AB 线和 ED 线向下延长并相交于 F 点，将 C 点与 F 点连线，则 CF 线即为反力 R_2 的作用线。在被动区 CDE 的形心处作用有 CDE 土体的重力 G_3 和渗流力 ϕ_3；在 CD 面上作用有反力 R'_3，与 CD 面的法线成 φ 角；在 DE 面上作用有反力 R_3，与 DE 面的法线成 φ 角；在 CE 面上作用有超载 q 和内结构压力 $\dfrac{C}{\tan\varphi}$。

（1）计算超载、土的内结构压力和土体重力。

根据图 $8-29$ 上主动区 ABC、过渡区 BCD 和被动区 CDE 的几何关系，可计算得作用在各个区域上的超载、土的内结构压力和土体重力。

1）主动区 ABC。

超载：

$$G_{q1}=q \cdot b=\gamma db \tag{8-81}$$

式中　G_{q1}——作用在 ABC 区域 AC 面上的总超载（kN）；

q——作用在地基表面上的均布超载（kN/m²），即 $q=\gamma d$；

γ——地基上的容重（重度，kN/m³）；

d——基础埋置深度（m）；

b——基础的底面宽度（m）。

土的内结构压力：

$$G_{C1}=\frac{c}{\tan\varphi}b \tag{8-82}$$

土体 ABC 的重力：

$$G_1=\frac{1}{2}\gamma b^2 \frac{\sin\alpha\sin\beta}{\cos\varphi} \tag{8-83}$$

2）过渡区 BCD。

土体 BCD 的重力为

$$G_2=\frac{\gamma b^2\sin\alpha}{4\tan\varphi\cos^2\varphi}(e^{2\theta\tan\varphi}-1) \tag{8-84}$$

3）被动区 CDE。

超载：

$$G_{q3}=q \cdot \overline{CE}=\frac{\gamma db\sin\alpha}{\sin\eta}e^{\theta\tan\varphi} \tag{8-85}$$

式中　G_{q3}——作用在被动区 CDE 的 CE 面上的总超载（kN）；

$\overline{CE}$——CE 边的长度（m）。

土的内结构压力：

$$G_{C3}=\frac{c}{\tan\varphi} \cdot \overline{CE}=\frac{cb\sin\alpha}{\tan\varphi\sin\eta}e^{\theta\tan\varphi} \tag{8-86}$$

式中　G_{C3}——作用在被动区 CD 面上的总内结构压力（kN）。

土体 CDE 的重力：

$$G_3=\frac{1}{2}\gamma b^2 \frac{\sin^2\alpha}{\cos\varphi\sin\eta}e^{2\theta\tan\varphi} \tag{8-87}$$

（2）计算渗流力。

根据地基渗流的流网图可计算出作用在每一个流网网格上的渗流力：

$$f_i = \gamma_\omega i_i \cdot \omega_i \qquad (8-88)$$

式中 γ_ω——水的容重（kN/m^3）；

i_i——第 i 个网格的渗透水力坡降；

ω_i——第 i 个流网网格的面积（m^2）。

将作用在主动区 ABC、过渡区 BCD 和被动区 CDE 中各网格上的渗流力 f_1，f_2，f_3，…，f_i，f_{i+1}，…，f_n 按一定比例尺绘制各区域渗流力的力多边形 1，2，3，…，n，将渗流力的首尾用直线 $1n$ 连接，这一连线 $1n$ 的长度 $\overline{1n}$（按比例尺）即为作用在该区域上的总渗流力 ϕ。由此，可求得作用在主动区、过渡区和被动区上的总渗流力 ϕ_1、ϕ_2、ϕ_3，同时还可从上述力多边形（图 8-30）上量出各区域总渗流力 ϕ_1、ϕ_2、ϕ_3 分别与竖直线的夹角 ζ_1、ζ_2、ζ_3，从而确定各渗流力的作用方向。

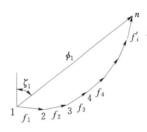

（a）主动区各网格渗流力的力多边形　（b）过渡区各网格渗流力的力多边形　（c）被动区各网格渗流力的边多边形

图 8-30　渗流力的多边形

（3）计算竖直力与渗流力的合力。

按下列公式分别计算作用在各个区域上的竖直力与渗流力的合力 W（图 8-31）。

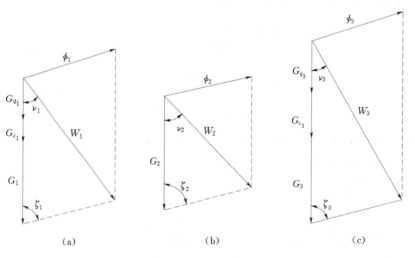

（a）　　　　　　　（b）　　　　　　　（c）

图 8-31　各区域竖直力与渗流力的合成

1）主动区 ABC。作用在 ABC 区域上的总竖直力为

$$G_1' = G_{q1} + G_{c1} + G_1 \qquad (8-89)$$

G'_1 与 ϕ_1 的合力按下式计算：

$$W_1 = \phi_1 \sqrt{1 + \left(\frac{G'_1}{\phi_1}\right)^2 - 2\left(\frac{G'_1}{\phi_1}\right)\cos\zeta_1} \qquad (8-90)$$

2）过渡区 BCD。

G_2 与 ϕ_2 的合力为

$$W_2 = \phi_2 \sqrt{1 + \left(\frac{G_2}{\phi_2}\right)^2 - 2\left(\frac{G_2}{\phi_2}\right)\cos\zeta_2} \qquad (8-91)$$

3）被动区 CDE。作用在 CDE 区域上的总竖直力为

$$G'_3 = G_{q3} + G_{c3} + G_3 \qquad (8-92)$$

G'_3 与 ϕ_3 的合力按下式计算：

$$W_3 = \phi_s \sqrt{1 + \left(\frac{G'_3}{\phi_3}\right)^2 - 2\left(\frac{G'_3}{\phi_3}\right)\cos\zeta_3} \qquad (8-93)$$

同时按下列公式分别计算 W_1、W_2、W_3 与竖直线的夹角：

$$\nu_1 = \text{arc}\,\sin\left(\frac{\phi_1}{W_1}\sin\zeta_1\right) \qquad (8-94)$$

$$\nu_2 = \text{arc}\,\sin\left(\frac{\phi_2}{W_2}\sin\zeta_2\right) \qquad (8-95)$$

$$\nu_3 = \text{arc}\,\sin\left(\frac{\phi_3}{W_3}\sin\zeta_3\right) \qquad (8-96)$$

（4）计算地基极限承载力。

地基滑动土体 $ABDEC$ 在上述各力作用下处于极限平衡状态，因此可绘制出如图 8-32 所示的力多边形 $abdfgec$。

由图 8-32 中三角形 efg 的几何关系可知，地基的极限承载力为

$$P_u = \overline{fe}\frac{\sin\left(\frac{\pi}{2} + \varphi - \varepsilon\right)}{\sin(\alpha - \varphi + \delta)} \quad (8-97)$$

其中

$$\varepsilon = \arcsin\left[\frac{W_1}{\overline{fe}}\sin(\beta - \varphi - \nu_1)\right]$$

$$(8-98)$$

式中　P_u——地基的极限荷载（kN）；

$\quad\overline{fe}$——图 8-32 中三角形 efg 的 fe 线的长度（kN）；

$\quad\varepsilon$——图 8-32 中 de 线与 fe 线的夹角（°）；

$\quad\delta$——极限荷载 P_u 的倾角（°）。

由图 8-32 中三角形 def 的几何关

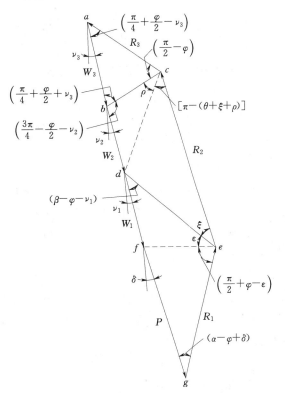

图 8-32　滑动土体 $ABDEC$ 上作用力的闭合多边形

系可知：

$$\overline{fe}=\overline{de}\sqrt{1+\left(\frac{W_1}{\delta e}\right)^2-2\left(\frac{W_1}{\delta e}\right)\cos(\beta-\varphi-\nu_1)} \qquad (8-99)$$

式中 $\overline{de}$——图 8-32 中 de 线的长度（kN）。

在三角形 cde 中，根据正弦定律可得：

$$\overline{de}=\overline{dc}\frac{\sin[\pi-(\theta+\xi+\rho)]}{\sin\xi} \qquad (8-100)$$

式中 $\overline{dc}$——图 8-32 中线段 dc 的长度（kN）；

ρ——图 8-32 中 bc 线与 dc 线的夹角（°）；

ξ——在图 8-32 中 ce 线与 de 线的夹角（°）。

$\overline{dc}$ 值可按下式计算：

$$\overline{dc}=\overline{bc}\sqrt{1+\left(\frac{W_2}{bc}\right)^2-2\left(\frac{W_2}{bc}\right)\cos\left(\frac{3\pi}{4}-\frac{\varphi}{2}-\nu_2\right)} \qquad (8-101)$$

式中 $\overline{bc}$——图 8-32 中 bc 线的长度（kN）。

由图 8-32 中三角形 abc 的几何关系可知：

$$\overline{bc}=W_3\frac{\sin\left(\frac{\pi}{4}+\frac{\varphi}{2}-\nu_3\right)}{\cos\varphi} \qquad (8-102)$$

ρ 值可按下式计算：

$$\rho=\arcsin\left[\frac{W_2}{\overline{dc}}\sin\left(\frac{3\pi}{4}-\frac{\varphi}{2}-\nu_2\right)\right]$$

$$(8-103)$$

ξ 可根据图 8-32 中的几何关系求得：

$$\xi=\text{arccot}\left(\frac{e^{\theta\tan\varphi}-\cos\theta}{\sin\theta}\right) \qquad (8-104)$$

根据上面所推导得到的计算公式，用组合滑动面法计算地基极限倾斜荷载 P_u 的步骤如下：

1）根据式（8-75）、式（8-76）、式（8-77）或式（8-78）计算角度 α、β、θ。

2）根据地基渗流的流网图计算出作用在 ABC、BCD 和 CDE 土体上的渗流力 ϕ_1、ϕ_2、ϕ_3，以及各渗流力与竖直线的夹角 ζ_1、ζ_2、ζ_3。

3）根据式（8-83）、式（8-84）和式（8-85）计算 ABC、BCD 和 CDE 土体的重力 G_1、G_2 和 G_3。同时根据式（8-81）、式（8-82）、式（8-85）和式（8-86）计算 G_{q1}、G_{c1}、G_{q3}、G_{c3}。

4）根据式（8-90）、式（8-91）和式（8-93）计算渗流力与竖直力的合力 W_1、W_2、W_3。同时根据式（8-94）、式（8-95）、式（8-96）计算 W_1、W_2、W_3 与竖直线的夹角 ν_1、ν_2、ν_3。

5）根据式（8-102）计算 $\overline{bc}$ 值。

6）根据式（8-101）计算 $\overline{dc}$ 值。

7）根据式（8-104）和式（8-103）计算角度 ξ 和 ρ。

(8) 根据式（8-100）计算 $\overline{de}$ 值。

(9) 根据式（8-99）计算 $\overline{fe}$ 值。

(10) 根据式（8-98）计算角度 ε 值。

(11) 根据式（8-97）计算极限荷载 P_u。式（8-97）中极限荷载的倾角 δ 按下式计算：

$$\delta = \arctan\left(\frac{E}{F}\right) \tag{8-105}$$

式中　E——作用在基础底面的所有水平力的合力（kN）；

　　　　F——作用在基础底面的所有竖直力的合力（kN）。

实际作用在基础底面上的倾斜荷载为

$$P = \sqrt{F^2 + E^2} \tag{8-106}$$

则建筑物连同地基一起整滑动的抗滑安全系数为

$$K = \frac{P_u}{P} \geqslant [K] \tag{8-107}$$

式中　K——整体抗滑稳定安全系数；

　　　　P_u——地基的极限倾斜荷载（kN）；

　　　　P——实际作用在地基上的倾斜荷载（kN）；

　　　$[K]$——允许的抗滑稳定安全系数。

【例 8-11】　某防洪墙的底面宽度 $b=5.0\text{m}$，作用在地基面上的倾斜力（荷载）$P=893.2363\text{kN}$，倾斜力的倾角 $\delta=15°$，地基土的容重（重度）$\gamma=10.50\text{kN/m}^3$（浮容重），黏聚力 $c=5.0\text{kN/kPa}$，内摩擦角 $\varphi=30°$，超荷载 $q=10\text{kN/m}^2$。根据流网图计算得滑动土体 ABC、BCD 和 CDE 上的渗流力 $\phi_1=192.05\text{kN}$，$\phi_2=311.79\text{kN}$，$\phi_3=315.85\text{kN}$，以及渗流力与竖直线之间的夹角 $\zeta_1=37°$，$\zeta_2=43°$，$\zeta_3=35°$，并计算得角度 $\nu_1=7°13'$；$\nu_2=9°5'$，$\nu_3=5°36'$，计算防洪墙连同地基整体滑动时的抗滑安全系数 K。

【解】　(1) 根据式（8-75）、式（8-76）、式（8-79）和式（8-78）计算角度 α、β、η 和 θ。

$$\alpha = \frac{1}{2}\left[\arccos\left(\frac{\sin\delta}{\sin\varphi}\right) + \varphi - \delta\right] = \frac{1}{2}\left[\arccos\left(\frac{\sin15°}{\sin30°}\right) + 30° - 15°\right] = 36°55'$$

$$\beta = \pi - \left(\frac{\pi}{2} - \varphi + \alpha\right) = 180° - (90° - 30° + 36°55') = 83°5'$$

$$\eta = \frac{\pi}{4} - \frac{\varphi}{2} = 45° - \frac{30°}{2} = 30°$$

$$\theta = \pi - (\beta + \eta) = 180° - (83°5' + 30°) = 66°55'$$

(2) 根据式（8-83）、式（8-84）和式（8-87）计算重力 G_1、G_2 和 G_3。

$$G_1 = \frac{1}{2}\gamma b^2 \frac{\sin\alpha\sin\beta}{\cos\varphi} = \frac{1}{2} \times 10.50 \times 5^2 \times \frac{\sin36°55'\sin83°5'}{\cos30°} = 90.362\text{kN}$$

$$G_2 = \frac{\gamma b^2 \sin\alpha}{4\tan\varphi\cos^2\varphi}(e^{2\theta\tan\varphi} - 1)$$

$$= \frac{10.5 \times 5^2 \times \sin36°55'}{4 \times \tan30°\cos^2 30°}(e^{2 \times \frac{\pi \times 83°5'}{180°} \times \tan30°} - 1) = 155.895\text{kN}$$

$$G_3 = \frac{1}{2}\gamma b^2 \frac{\sin^2\alpha}{\cos\varphi\sin\eta}e^{2\theta\tan\varphi}$$

$$= \frac{1}{2}\times10.50\times5^2\times\frac{\sin36°55'}{\cos30°\sin30°}e^{2\times\frac{\pi\times83°5'}{180°}\times\tan30°} = 210.566\text{kN}$$

(3) 根据式（8-81）、式（8-82）、式（8-85）和式（8-86）计算 G_{q1}、G_{c1}、G_{q3}、G_{c3}。

$$G_{q1} = qb = 10\times5 = 50.00\text{kN}$$

$$G_{c1} = \frac{c}{\tan\varphi}b = \frac{5\times5}{\tan30°} = 43.3013\text{kN}$$

$$G_{q3} = qb\frac{\sin\alpha}{\sin\eta}e^{\theta\tan\varphi} = \frac{10.0\times5\times\sin36°55'}{\sin30°}e^{\frac{\pi\times83°5'}{180°}\tan30°}$$
$$= 127.8876\text{kN}$$

$$G_{c3} = \frac{cb}{\tan\varphi}\cdot\frac{\sin\alpha}{\sin\eta}\times e^{\theta\tan\varphi} = \frac{5\times5\times\sin36°55'}{\tan30°\sin30°}e^{\frac{\pi\times83°5'\times\tan30°}{180°}}$$
$$= 882.5732\text{kN}$$

(4) 计算滑动土体各区域的总竖直力。

$$G_1' = G_{q1}+G_{c1}+G_1 = 50.00+43.3013+90.362 = 183.6633\text{kN}$$

$$G_2 = 155.895\text{kN}$$

$$G_3' = G_{q3}+G_{c3}+G_3 = 127.8876+882.5732+210.566 = 1221.0268\text{kN}$$

(5) 根据式（8-90）、式（8-91）和式（8-93）计算 W_1、W_2 和 W_3。

已知：$\phi_1 = 192.05\text{kN}$，$\phi_2 = 311.79\text{kN}$，$\phi_3 = 315.85\text{kN}$，$G_1' = 183.6633\text{kN}$，$G_2 = 155.895\text{kN}$，$G_3' = 1221.0268\text{kN}$，$\zeta_1 = 37°$，$\zeta_2 = 43°$，$\zeta_3 = 35°$

$$W_1 = \phi_1\sqrt{1+\left(\frac{G_1'}{\phi_1}\right)^2-2\left(\frac{G_1'}{\phi_1}\right)\cos\zeta_1} = 192.05\times\sqrt{1+\left(\frac{183.6633}{192.05}\right)^2-2\times\left(\frac{183.6633}{192.05}\right)\cos37°}$$
$$= 119.4806\text{kN}$$

$$W_2 = \phi_2\sqrt{1+\left(\frac{G_2}{\phi_2}\right)^2-2\left(\frac{G_2}{\phi_2}\right)\cos\zeta_2} = 311.79\times\sqrt{1+\left(\frac{155.895}{311.790}\right)^2-2\times\left(\frac{155.895}{311.790}\right)\cos43°}$$
$$= 224.5421\text{kN}$$

$$W_3 = \phi_3\sqrt{1+\left(\frac{G_3'}{\phi_3}\right)^2-2\left(\frac{G_3'}{\phi_3}\right)\cos\zeta_3} = 315.85\times\sqrt{1+\left(\frac{1221.0268}{315.85}\right)^2-2\times\left(\frac{1221.0268}{315.85}\right)\cos35°}$$
$$= 979.2023\text{kN}$$

(6) 根据式（8-102）计算 $\overline{bc}$。

$$\overline{bc} = W_3\frac{\sin\left(\frac{\pi}{4}+\frac{\varphi}{2}-\nu_3\right)}{\cos\varphi} = 979.2023\times\frac{\sin(45°+\frac{30°}{2}-5°36')}{\cos30°}$$
$$= 919.3612\text{kN}$$

(7) 根据式（8-101）计算 $\overline{dc}$。

$$\overline{dc} = \overline{bc}\sqrt{1+\left(\frac{W_2}{\overline{bc}}\right)^2-2\left(\frac{W_2}{\overline{bc}}\right)\cos\left(\frac{3\pi}{4}-\frac{\varphi}{2}-\nu_2\right)}$$

$$=919.3612 \times \sqrt{1+\left(\frac{224.5421}{919.3612}\right)^2 - 2 \times \left(\frac{224.5421}{919.3612}\right) \cos\left(135° - \frac{30°}{2} - 9°5'\right)}$$

$$=1021.2949\text{kN}$$

(8)根据式(8-103)计算角度 ρ。

$$\rho = \arcsin\left[\frac{W_2}{dc} \sin\left(\frac{3\pi}{4} - \frac{\varphi}{2} - \nu_2\right)\right]$$

$$= \arcsin\left[\frac{224.5421}{1021.2949} \times \sin\left(135° - \frac{30°}{2} - 9°5'\right)\right] = 11°51'4''$$

(9)根据式(8-104)计算角度 ξ。

$$\xi = \operatorname{arccot}\left(\frac{e^{\theta\tan\varphi} - \cos\theta}{\sin\theta}\right)$$

$$= \operatorname{arccot}\left(\frac{e^{\frac{\pi \times 66°55'}{180°}\tan 30°} - \cos 66°55'}{\sin 66°55'}\right) = 30°21'36''$$

(10)根据式(8-100)计算 $\overline{de}$。

$$\overline{de} = \overline{dc}\frac{\sin[\pi - (\theta + \xi + e)]}{\sin\xi} = 1021.2949 \times \frac{\sin[180° - (66°55' + 30°21'36'' + 11°51'4'')]}{\sin 30°21'36''}$$

$$= 1909.0790\text{kN}$$

(11)根据式(8-99)计算 $\overline{fe}$。

$$\overline{fe} = \overline{de}\sqrt{1+\left(\frac{G_1'}{de}\right)^2 - 2\left(\frac{G_1'}{de}\right)\cos(\beta - \varphi)}$$

$$= 1909.0790 \times \sqrt{1+\left(\frac{183.6633}{1909.0790}\right)^2 - 2\left(\frac{183.6633}{1909.0790}\right)\cos(83°5' - 30°)}$$

$$= 1804.7447\text{kN}$$

(12)根据式(8-98)计算角度 ε。

$$\varepsilon = \arcsin\left[\frac{G_1'}{fe} - \sin(\beta - \varphi)\right] = \arcsin\left[\frac{183.6633}{1804.7447}\sin(83°55' - 30°)\right]$$

$$= 4°40'1''$$

(13)根据式(8-97)计算地基的极限荷载 P_u。

$$P_u = \overline{fe}\frac{\sin\left(\frac{\pi}{2} + \varphi - \varepsilon\right)}{\sin(\alpha - \varphi + \delta)} = 1804.7447 \times \frac{\sin(90° + 30° - 4°40'1'')}{\sin(36°55' - 30° + 15°)} = 4370.1483\text{kN}$$

(14)防洪墙连同地基一起的整体抗滑稳定安全系数 K。

$$K = \frac{P_u}{P} = \frac{4370.1483}{893.2363} = 4.8925$$

故防洪墙在与地基整体抗滑稳定方面是安全的。

2. 查表计算法

若有如图8-33所示地基,地基一侧作用均布荷载(超载)$q = \gamma d$,另一侧作用(无限延伸的)倾斜荷载 p(荷载作用线与竖直线的夹角为 δ)的情况,根据极限平衡理论的分析,得到这种情况下地基极限荷载竖直分量 P_v 的计算公式如下:

$$P_v = N_\gamma \gamma b + N_q q + N_c c \tag{8-108}$$

其中
$$q = \gamma d \qquad (8-109)$$

式中　P_v——地基极限荷载的竖直分量（kN）；

γ——地基土的容重（重度，kN/m³）；

b——荷载作用面宽度（基础底面宽度，m）；

q——作用在地基计算面上的均布超载（kN/m²）；

c——地基土的黏聚力（kPa）；

N_γ，N_q，N_c——地基极限荷载竖直分量系数，可根据地基土的内摩擦角 φ 和荷载的倾角 δ 查表 8-20；

d——基础埋置深度（m）。

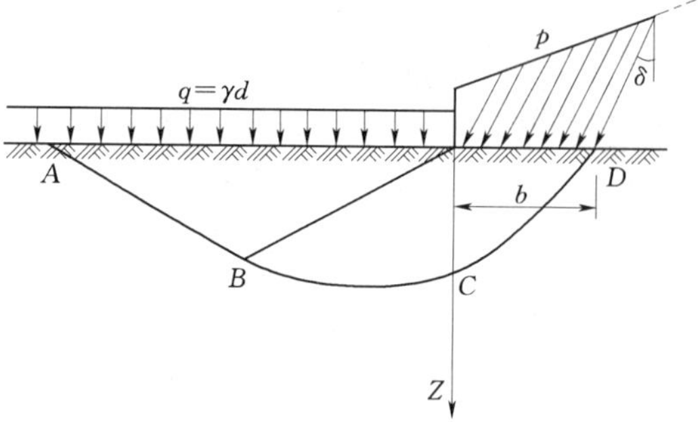

图 8-33　地基极限荷载计算图

表 8-20　　　　　地基极限荷载竖直分量系数 N_γ、N_q、N_c 表

荷载倾斜角 δ（°）	系数	内 摩 擦 角 φ（°）								
		0	5	10	15	20	25	30	35	40
0	N_γ	0.00	0.17	0.56	1.40	3.16	6.92	15.32	35.19	86.46
	N_q	1.00	1.57	2.47	3.94	6.40	10.70	18.40	33.30	64.20
	N_c	5.14	6.49	8.34	11.00	14.90	20.70	30.20	46.20	75.30
5	N_γ	—	0.09	0.38	0.99	2.31	5.02	11.10	24.38	61.38
	N_q	—	1.24	2.16	3.44	5.56	9.17	15.60	27.90	52.70
	N_c	—	2.72	6.56	9.12	12.50	17.50	25.40	38.40	61.60
10	N_γ	—	—	0.17	0.62	1.51	3.42	7.64	17.40	41.78
	N_q	—	—	1.50	2.84	4.65	7.65	12.90	22.80	42.40
	N_c	—	—	2.84	6.88	10.00	14.30	20.60	31.40	49.30
15	N_γ	—	—	—	0.25	0.89	2.15	4.93	11.34	27.61
	N_q	—	—	—	1.79	3.64	6.13	10.40	18.10	33.30
	N_c	—	—	—	2.94	7.27	11.00	16.20	24.50	38.50
20	N_γ	—	—	—	—	0.32	1.19	2.92	6.91	16.41
	N_q	—	—	—	—	2.09	4.58	7.97	13.90	25.40
	N_c	—	—	—	—	3.00	7.68	12.10	18.50	29.10
25	N_γ	—	—	—	—	—	0.38	1.50	3.85	9.58
	N_q	—	—	—	—	—	2.41	5.67	10.20	18.70
	N_c	—	—	—	—	—	3.03	8.09	13.20	21.10
30	N_γ	—	—	—	—	—	—	0.43	1.84	4.96
	N_q	—	—	—	—	—	—	2.75	6.94	13.10
	N_c	—	—	—	—	—	—	3.02	8.49	14.40

荷载倾斜角 δ (°)	系数	内 摩 擦 角 φ (°)								
		0	5	10	15	20	25	30	35	40
35	N_γ	—	—	—	—	—	—	—	0.47	2.21
	N_q	—	—	—	—	—	—	—	3.08	8.43
	N_c	—	—	—	—	—	—	—	2.97	8.86
40	N_γ	—	—	—	—	—	—	—	—	0.49
	N_q	—	—	—	—	—	—	—	—	3.42
	N_c	—	—	—	—	—	—	—	—	2.88

七、防洪墙的地震力

地震对防洪墙的影响通常采用拟静力分析方法，也就是地震时将在防洪墙上产生一个水平地震惯性力 Q。水平地震惯性力可按下式计算：

$$Q = K_H C_z F G \tag{8-110}$$

式中　Q——水平地震惯性力（kN）；

K_H——水平向的地震系数，其值等于地震时地面最大水平加速度的统计平均值与重力加速度的比值，可根据地震设计烈度按表 8-21 采用；

C_z——包括地基影响在内的综合影响系数，我国水工建筑物抗震设计规范中建议采用 $\frac{1}{4}$；

F——地震惯性力系数，它反映按动力分析法计算出的总地震惯性力比静力法计算得的结果增大的倍数，可按表 8-22 采用；

G——防洪墙的重力（kN）。

表 8-21　　　　　地 震 系 数 表

地 震 系 数	地 震 设 计 烈 度		
	7	8	9
K_H	0.1	0.2	0.4
$K_C = K_H C_Z$	$\frac{1}{40}$	$\frac{1}{20}$	$\frac{1}{10}$

表 8-22　　　　地 震 惯 性 力 系 数 沿 高 度 的 分 布

地震惯性力方向	竖直向	水平向	
防洪墙高度 H (m)	≤150	≤30	30＜H≤70
地震惯性力系数 F	1.5	1.1	1.3
惯性力分布系数 Δ_i			

对于较高的防洪墙，或者是结构较复杂的防洪墙，计算时常将墙体划分为几块，将每一块的质量集中在一个质点，质点位于每一块的形心处。因此，此时沿墙的高度作用于质点 i 的地震惯性力 Q_i 为

$$Q_i = \frac{G_i \Delta i}{\sum\limits_{i=1}^{n} G_i \Delta_i} G \qquad (8-111)$$

式中　G_i——集中在质点 i 的重力（kN）；

　　　Δi——位于质点 i 高度处的惯性力分布系数，由表 8-22 中的图上查得。

第九章 堤防的养护维修与观测

第一节 堤防的检查和养护

一、堤防的检查

堤防在运用过程中要经常进行检查，以便及时发现问题，随时进行修理，确保堤防能始终发挥其正常功能。

堤防的检查可分为外部检查和内部检查两方面，外部检查又分为经常性检查、临时性检查和定期检查；内部检查则根据其检查方法的不同分为人工锥探检查和机械锥探检查两种。

（一）外部检查

1. 经常性检查

经常性检查包括平时检查和汛期检查两方面。

（1）平时检查主要是检查以下方面的情况：

1）堤防的险工地段的情况及其变化。

2）堤防有无坍塌、滑坡、裂缝、渗漏、雨水冲沟、洞穴、浪窝、冲蚀，以及堤基有无管涌和流土现象。

3）堤防上的涵闸有无位移、沉降、倾斜和裂缝。

4）与涵闸连接地段的堤防有无淘刷、冲蚀、沉陷、漏水等现象。

5）涵闸的引水渠有无冲刷和淤积。

6）涵闸的闸门上是否附着水生物、杂草和污物，闸门是否锈蚀。

7）涵闸的启闭机械是否开启和关闭自如。

（2）汛期检查应着重检查以下几方面：

1）河道内的水流流态，有无阻水障碍物，水流是否顺畅，有无旋涡等情况。

2）堤防有无沉陷、位移、滑坡、塌坑、裂缝等现象。

3）堤坡和堤基有无异常渗漏，如有无大面积湿润或出现浑水，有无管涌和流土的迹象。

4）堤防内的输水涵管有无裂缝、漏水等现象。

2. 临时性检查

临时性检查包括大雨、台风、地震后的检查，检查内容包括：

（1）与平时检查内容基本相同。

（2）重点主要检查有无沉陷、崩塌、裂缝、渗漏、边坡及坡脚淘刷、边坡雨水冲沟等现象。

3．定期检查

定期检查包括汛前、汛后或大潮前后的检查，在有溜冰的河道还应进行溜冰期检查。

（1）汛前或大潮前检查。检查的内容主要包括以下方面：

1）对工程进行全面检查。

2）对河势变化进行检查。

3）防汛物料准备情况。

4）防汛组织、人员安排、通信设备等的准备情况。

（2）汛后或大潮后检查。主要是对工程进行详细、全面地检查、测量，查清堤防损坏情况。

（3）对有防冰凌任务的河道在溜冰期要观测河道内水位和冰凌情况，是否产生冰凌堵塞和冰坝，水位抬高情况等。

（二）内部检查

内部检查主要是检查堤防内部是否存在隐患，以便及时发现进行处理。

1．内部检查的方法

内部检查的方法有人工锥探和机械锥探两种。

（1）人工锥探。人工锥探是我国黄河修防工人创造的一种比较简单的钻探方法，它是利用直径 12～19mm、长度 6～10m 的钢锥，用人工打入堤身或堤坡内，凭感觉和音响来辨别下面的情况，如不同土层、砖头、石块、树根等。

人工锥探时锥眼位置一般布置成梅花形，孔距约 0.5m，锥眼应竖直，以保证以后灌浆处理时能畅通无阻。

（2）机械锥探。机械锥探一般采用打锥机。按打锥时操作方法的不同，可分为以下 3 种方法。

1）锤击法。将锥杆立在孔位上，用打锥机吊起吊锤，将锥杆打入堤身内。这种方法适用于坚硬土层。

2）挤压法。是用打锥机将锥杆直接压入堤身中，达到要求深度后再起锥，更换孔位。这种方法适用于一般土层中。

3）冲击法。是先用锤击法将锥头击入土中几十厘米深，然后使锥与锤联合动作（即同时提起锥和锤），进行冲击锥进，达到要求深度时为止。这种方法适用于比较坚硬的土层。

2．内部检查的内容

内部检查主要是检查堤防内部存在的隐患，包括以下方面：

（1）动物的洞穴。

（2）白蚁的巢穴。

（3）暗沟和修堤时局部夯压不实，或施工时留有分界缝，或雨水或河水渗入堤身后形成的渗流通道（暗沟）等。

（4）人为洞穴，主要包括排水沟、防空洞、地窖、宅基、废井、废窑、坟墓等。

（5）腐木空穴，主要是由树干、树根腐烂后形成的洞穴。

（6）虚土裂缝。

（7）接触渗漏。

（8）堤内渊塘。

二、堤防的养护

（一）堤防的防护

（1）堤顶应尽量避免放置和行驶超标准的机械设备和车辆。

（2）不得在堤身附近进行对堤防安全有影响的爆破活动。

（3）不得在堤身附近任意挖坑、取土、打井和其他影响堤防安全的工作。

（4）堤坡面的排水设施应保持完好，以保证堤坡面上不积水、无雨水冲沟和冲坑。

（5）堤防附近如有较大漂浮物，如树木等，应及时打捞，以防风浪时撞击堤坡。

（6）不得在堤顶或堤坡上修建渠道。

（7）如需在堤身上敷设水管，必须保证管子接头严密，不致产生漏水并渗入堤内。

（8）不得在堤身上种植农作物，牧放牲畜和铲草皮。

（9）如发现堤身上的白蚁穴、兽洞等，应及时处理。

（10）在寒冷地区，堤面排水系统中如有积水，应在入冬前清除干净。

（11）在寒冷地区，如冰凌可能破坏堤坡时，应采取破冰措施。

（二）堤防的保养

（1）堤面应保持平整，如有坑洼易于积水时，应及时填平。

（2）堤顶道路如因车辆行驶而损坏时，应及时修整。

（3）堤身上的排水沟如有裂缝漏水或局部损坏，应及时修复。

（4）堤坡上的砌石护坡如有松动、翻动和损坏，应按设计要求及时翻修。

（5）混凝土护坡和浆砌石护坡的伸缩缝内填料如有流失，应将缝内杂物冲洗干净，按设计要求填入同样的填料。

（6）堆石护坡或碎石护坡的石料如有滚动、缺损，厚薄不一，应及时进行修整。

（7）草皮护坡如有局部破坏或局部缺草，应在适宜季节进行补植或更换。

（8）对于无护面堤坡，如有凹凸不平，应进行填补平整，如有冲沟应及时修复。

（9）堤顶防浪墙和砌石如有损坏，应及时修复。

除此之外，堤防的养护还应注意以下几点：

（1）预留适当宽度的护坡地，以保护堤身及防渗导渗设施，以及营造防浪林带和护堤林带。同时也为堤防工程的防汛抢险、维修、加设围堤提供必要的场地。

（2）禁止在堤身上耕种，放牧，挖窖，禁止在坡脚附近挖坑取土。

（3）无路面堤段雨后禁止车辆通行。

（4）及时消除隐患，当发现堤身有蚁穴、兽洞、坟墓和窖洞时应及时进行开挖、回填或灌浆处理。

（5）堤身一般应进行植草护坡。

（6）确保江、河行洪能力：

1）禁止在河道内倾倒垃圾、渣土、碎石、矿渣等废弃物，以防堵塞河道，污染水流。

2）禁止在河道内任意修建堤坝，修筑道路、高渠、鱼塘等有碍河道行洪的建筑物。

3）在河道上修建桥梁或码头，必须保证不影响河道行洪能力，并经有关部门批准。

4）禁在河道内或行洪区内任意围垦。

5）河道中有碍行洪的树木、芦苇、杂草应彻底清理干净。

6）河道中凡影响行洪的阻水障碍物，如桥梁、码头、排灌站、房屋、废堤等应及时拆除、迁移或改建。

7）河滩上应按规定宽度植树、种草。种植矮杆农作物时，必须用畦田与河道平行耕种。

第二节　堤防的修理和加固

一、岸坡崩塌的防治

堤防边坡处的滩地河岸常常因主流顶冲和水流及风浪的冲刷形成陡壁或坍塌，这将影响到堤防的安全。

防止岸坡崩塌的措施，一般有以下几种。

1. 抛石护岸

抛石护岸适用于不同崩塌程度的河岸，能适应河床的变形，自动调整石块的位置，并可分期进行加固。

抛石护岸应具有一定的坡度，对于无严重顶冲的河段，一般不宜大于 1：1.5；对于水流顶冲较严重的河段，则不宜大于 1：1.8。

抛石护岸应选用无风化、坚硬的岩石，石块的直径约为 20～40cm，重量为 300～1200N 左右。

抛石的厚度应根据水流顶冲和冲刷的程度而定，在长江的中下游，一般规定：在离岸较远的深泓部位，抛石厚度不小于 0.8～1.5m；在近岸部位，一般为 0.4～0.8m。

2. 干砌石护坡

干砌石护坡是在土坡上铺设一层直径 20～35cm 的块石，干砌石层下面铺设垫层，垫层可分为单层和双层两种，如图 9-1 所示。垫层可用石渣、碎石、卵砾石和砂砾石做成，每层厚度约 15～20cm。

3. 浆砌石护坡

浆砌石护坡是在土坡上用水泥砂浆铺砌一层块石或条石面层，用以抵抗风浪的淘刷，如图 9-2 所示。浆砌石护坡由于护坡坚固，表面较光滑，因此能抵御较大的风浪。

4. 干砌石墙护岸

在沿海地区的海堤，为了防止台风潮的冲击和淘刷，常常采用干砌石墙护坡，如图 9-3 所示。由于干砌石墙的石块相互叠压，故不易被风浪吸出，因此抵抗风浪冲刷的能力较强，效果较好。

5. 浆砌石墙护岸

对于受洪水顶冲或风浪冲击和淘刷的堤防，特别是海堤，也常采浆砌块石或浆砌条石护岸墙的方式来保护堤防的安全，如图 9-4 所示。

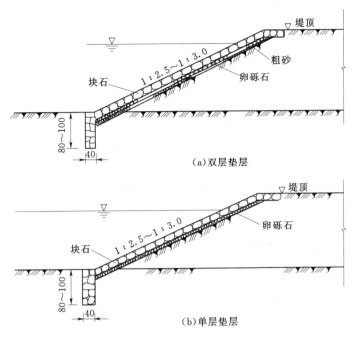

图 9-1 干砌石护坡（单位：cm）

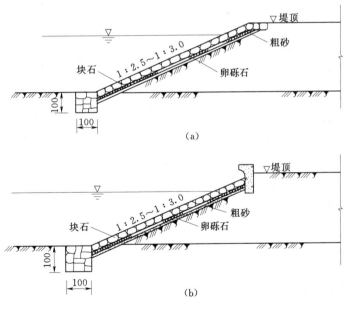

图 9-2 浆砌块石护坡（单位：cm）

6．石笼护岸

石笼护岸是用铅丝、竹篾、荆条等材料编制成网状的笼体，内填石块、卵石、砾石，将其沉入水中，以保护岸坡，防止水流的冲刷。石笼的形状一般为六面体方形或圆筒形，直径为 0.7～1.0m，长度为 2.5～3.0m。石笼由于重量大，入水后位移小，能适应河床变

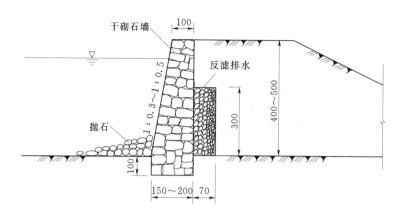

图 9 - 3　干砌石墙护岸（单位：cm）

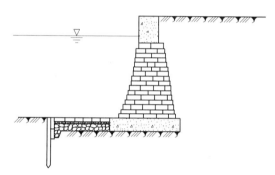

图 9 - 4　浆砌石护岸

形的影响，故多用于水流流速较大的河段。

7. 丁坝护岸

丁坝适用于河槽宽阔、含沙量较大的河道，它可以起到束窄河槽、挑流导流、加速边滩淤积的作用，因此对保护河岸、防止崩塌起到显著作用。

丁坝的护岸作用主要取决于丁坝的长度、丁坝轴线的方向和丁坝的间距，一般应通过水工模型试验并结合实践经验来确定。

8. 防护林带护岸

在堤防迎水面的河滩地上种植防护林带，可以增强堤防抵御高水位时风浪的冲击。防风林带的消浪能力与林带的宽度、株行间距、枝叶疏密、树冠高矮等因素有关。

林带的宽度与河道的宽窄、风浪的大小、堤防的长度、土壤的性质、树木的品种及相应的经济指标等因素有关，通常对较大湖泊，如洞庭湖、洪泽湖、高宝湖等，一般为 5cm 左右；对于大江大河，一般为 30～50m，如长江、淮河等一般为 20～30m。林带的行距与树木的品种有关，对于柳树，一般行距为 3m，株距为 2m，呈梅花形布置。

二、堤防护坡的修理

（一）护坡破坏的原因

（1）护坡厚度不足或石块过小，在风浪作用下石块松动、脱落，底部垫层失去保护，受到淘刷，而造成大面积崩塌。

（2）护坡施工质量差，砌体不紧密，在风浪的作用下垫层被淘出，造成护坡的破坏。

（3）护坡局部破坏后未及时修复，破坏面继续扩大，上部护坡失去支撑，呈悬空状态，在风浪的冲击下产生滑移。

（4）由于堤身沉陷，使护坡石块架空或底部形成凹坑，因而在风浪作用下产生脱落而破坏。

（5）在寒冷地区，由于水域的水面形成冰盖，在冰盖压力作用下使护坡隆起而产生挤压破坏。

（6）浆砌石或钢筋混凝土护坡由于底部排水不良，当水域水位骤降时，护坡在渗透压力作用下产生局部鼓胀以至破裂。

（7）在寒冷地区，由于堤身土体表层冻胀，使护坡产生鼓胀以至破坏。

（二）护坡破坏的修理

1.填补翻修

（1）干砌块石护坡。

1）如果是因为护坡石块尺寸过小而造成破坏的，则应重新选择符合设计要求的石块进行修补。

2）如果是因为垫层级配不符合要求，滤料流失，而造成护坡塌陷破坏的，此时：①如冲坑不深，则可直接用符合级配要求的垫层材料将冲坑填平后，再铺砌护坡石，如图9-5（a）所示；②如果冲坑较深，则应先用石渣或砂砾石将冲坑填平，再铺设符合级配要求的垫层，然后再修复砌石层，如图9-5（b）所示。

（2）浆砌块石护坡。修补前先将松动的块石拆除，并将灌浆缝冲洗干净，根据砌筑位置的形状选择尺寸大小合适的块石用坐浆法砌筑，对个别不满浆的缝隙，再向缝中填浆，并予捣固后用高一级的砂浆对缝口进行勾缝。

为了防止护坡局部破坏后导致上部护坡产生整体下滑，应在护坡的底部，沿堤坡每隔3～5m设一道平行堤防长度方向的阻滑齿墙，如图9-6所示。

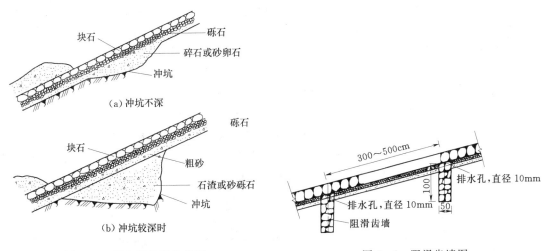

图9-5　干砌石护坡的修复　　　　　　　图9-6　阻滑齿墙图

（3）堆石护坡。首先应将冲刷破坏的垫层按滤料级配要求铺设好，其厚度不应小于30cm，然后再采用抛石法修补堆石层，抛填的石料中最少应有一半以上的石块尺寸达到设计的直径，最小石块的直径不应小于设计要求直径的1/4。抛填石块时，应先抛填小石块，后抛大石块，表面石块的尺寸越大越好。抛石完成后应稍加整理，用小石填塞空隙，防止石块松动。堆石层的厚度应为0.6～1.0m。

（4）混凝土护坡。

1）就地浇筑的混凝土护坡。对于原来是就地浇筑的混凝土护坡，应将原护坡破坏部位凿毛清洗干净，然后再重新浇筑损坏部位的混凝土护坡，混凝土的等级可与原来混凝土的等级相同或高一级。

2）混凝土板护坡。若原来是用预制的混凝土板铺设的混凝土护坡，可将损坏的混凝土板更换后重新坐浆砌筑；如果因为混凝土板尺寸过小而遭风浪破坏，可将小块混凝土板砌成较大的整体；如果因为混凝土板的厚度较薄而遭风浪破坏，可先按设计要求铺设垫层，再将混凝土板铺设平整，然后沿堤坡自下而上浇筑混凝土盖面。

（5）草皮护坡。首先应将冲坑回填土料夯实，然后再重新铺设草皮；对于砂土堤坡，应先在堤坡上铺设一层厚度约 10～30cm 的腐殖土，然后再铺设草皮。

（6）沥青渣油护坡。沥青渣油护坡常见的破坏现象是冰冻裂缝，剥蚀和局部隆起。

1）冰冻裂缝的修补。对于缝宽为 1～2mm 的细小的非贯穿性裂缝，由于天气暖和时一般都能自行闭合，所以不必进行处理，对于宽度较大的裂缝，应在每年 1～2 月份缝口张开最大时，将泥沙清除干净后，灌入热沥青渣油液。

2）剥蚀破坏的修补。先将剥蚀破坏部分冲洗干净并风干后，先洒一层热沥青渣油浆液，然后再用沥青渣油混凝土填补。

3）鼓胀隆起的修补。应先将鼓胀隆起部分凿开，清理干净后，先洒一层热沥青渣油浆液，然后再用沥青渣油混凝土填补。为了适应温度变形，还应在纵横方向每隔 3～5m 增设一条伸缩缝。

2．框格加固

框格加固适用于护坡石块较小或砌筑质量较差的干砌石护坡的修复和加固，根据框格所用材料的不同可分为以下两种。

（1）浆砌石框格。浆砌石框格可用原干砌石护坡中尺寸较小的块石浆砌而成，框格的面积一般为 20～50m²，框格的厚度为 0.3～0.5m，埋入堤身内的深度应不小于 0.3m，框格在堤坡面以上的高度等于护坡的设计厚度，用强度等级为 M50 的水泥石灰砂浆砌筑。框格砌好后，先在框格内铺填垫层，然后按规定干砌块石，填满框格。

（2）混凝土框格。混凝土框格可分为现场浇筑和预制两种，框格的厚度一般为 0.1～0.3m，埋设在堤身内的深度应不小于 0.3m，在堤坡面以上的高度应与设计要求的护坡厚度齐平，混凝土的强度等级应不低于 C10。框格完成后，按设计要求铺筑垫层，然后再干砌块石。

3．沥青渣油护坡

当护坡损坏严重，修复时又缺乏其他适宜的护坡材料，而沥青渣油材料又容易解决时，则可采用沥青渣油护坡。

沥青渣油护坡根据其结构和材料的不同，可分为沥青渣油混凝土护坡、沥青渣油块石护坡和沥青渣油混凝土预制板护坡 3 种。

通常沥青渣油中应掺入适当的石油沥青，以提高其软化点、黏度和延伸度，增强其稳定性。骨料宜采用粒径小于 25mm 的碱性砂石，砂料需坚硬耐风化，加热后不变质。矿粉应能通过 200 目筛孔，无杂质。

在铺筑沥青渣油混凝土之前，应先将堤坡压实平整，铺筑时在垂直堤轴线方向分条，自下而上铺筑，每条宽度约为 1.0～2.0m，每层铺筑厚度约为 6～10cm，压缩比为 0.75。一次铺筑面积不宜过大，应视温度而定，一般在温度为 80℃时开始用平滚碾压至 60℃时终止，平滚重量约为 15～20kN，铺筑厚度一般由 2～3 层组成，层与层之间，每 1m² 面积上应喷洒 5～7.5N 的沥青渣油浆液，上下层的接缝应错开。压实完毕后，沥青渣油混凝土的干容重（干重度）应在 21～23kN/m³ 之间。

对于沥青渣油块石护坡和沥青渣油混凝预制板护坡，在铺筑块石或预制板块之前，应先将堤坡压实平整，然后在堤坡上铺设一层厚度约 8～10cm 的沥青渣油混凝土垫层，在垫层上铺筑一层沥青渣油砂浆，然后再铺筑块石或预制板，块石与块石之间或预制板块与板块之间预留 2～3cm 宽的间隙，以便充填沥青渣油砂浆或沥青渣油混凝土，并加以捣实。

三、堤防滑坡的处理

1. 对于因堤身填土碾压不实，浸润线过高而造成的背水坡滑坡

对于因堤身填土压实不密，致使堤内浸润线过高，而造成背水侧堤坡产生滑坡时，处理的原则是堤身迎水侧防渗，背水侧导渗压坡。

（1）堤身迎水侧处理的措施：

1）当水域无水或水域水位降至堤基以下时，在堤身迎水面增筑黏土斜墙，以达到防渗、降低堤身浸润线的目的，如图 9-7 所示。

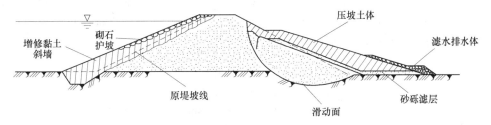

图 9-7　防渗、导渗压坡处理滑坡图

2）如果水域水位始终较高，无法修建黏土斜墙，此时也可以采取以下措施，以达到增强堤防渗的目的：①在堤身迎水坡面抛撒黏土或采取放淤的办法，使黏土沉积后在堤身迎水坡面上形成黏土防渗层；②在堤身中增筑竖直的混凝土防渗墙。

（2）堤身背水侧处理的措施：

1）在滑坡土体的下部修筑压坡土体，如图 9-7 所示，以起到压坡固脚的作用。压坡体一般应采用砂、石料填筑，在缺乏砂石料的情况下，也可以用土料分层回填压实。压坡体的尺寸大小应通过稳定分析来确定，通常其高度不应小于滑坡体高度的一半，其边坡可为 1：3.5～1：5.0。

2）在压坡体和滑坡土体接触面上应铺设一层厚度为 50～100cm 的砂砾层，其高度应超出浸润线的逸出点，并略低于压坡体顶面，以起到排水导渗的作用。

3）在压坡体的底面应设水平滤层，该滤层应与压坡体和滑坡体之间的砂砾排水层相连，同时也应与堤坡脚处的堆石排水体相连接，如图 9-7 所示，以起到导渗排水的作用。

4）滑坡体上部已松动的土体应全部挖除，并重新按设计的堤坡线分层回填夯实，并做好护坡。

2. 对于因堤身有压实不密的松软夹层或抗剪强度较低的土层而且堤坡较陡，因而造成的背水坡滑坡

对于因堤身有松弱夹层和堤坡较陡而引起的背水坡滑坡，处理的原则是导渗压坡。

1）将滑坡体上部已松动的土体应全部挖除，然后按设计堤坡线分层回填夯实。

2）在滑坡体上开挖导渗沟，导渗沟的形式如图9-8所示。

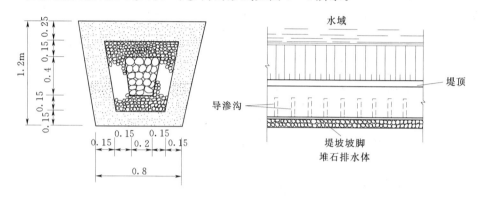

图9-8　导渗沟（单位：m）

3）在滑坡体下部增筑堆石压重台，如图9-9所示，压重台的尺寸应根据稳定计算来确定，一般压重台的宽度约为5～10m，厚度为2～5m。压重台的底部与堤坡面和堤基面之间应设置反滤层，其厚度不应小于80cm。

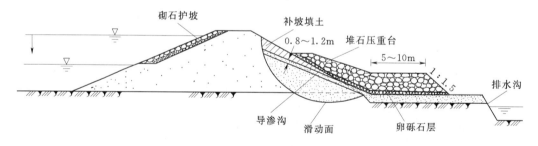

图9-9　导渗压坡处理滑坡图

3. 对于因地基中存在软弱夹层或易液化的均匀细砂层而造成的滑坡

对于因地基中存在软弱夹层或易液化的均匀细砂层而导致背水坡滑坡，处理的原则是清除软弱层，并进行压坡固脚。

1）首先在堤坡坡脚以外适当距离将地基中的淤泥、黄土、细砂等软弱土层挖除，回填块石，做成一道固脚齿槽，如图9-10所示。开挖时应分段进行，开挖一段，回填一段，不得同时全线开挖。

2）在固脚齿槽与地基接触面之间应设反滤层。

3）在滑坡体下部和固脚齿槽上填筑压重台，如图9-10所示，在压重土体与滑坡体和固脚齿槽接触面之间，也应设置滤水层，以便起到导渗排水的作用。

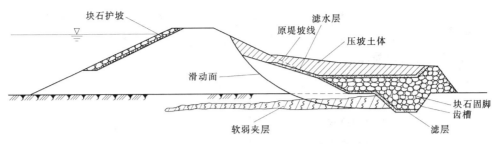

图 9-10　软弱夹层地基引起滑坡的处理

4. 对于因水域水位降落而引起的滑坡

对于因水域水位降落而引起的迎水堤坡的滑坡，处理的原则是放缓堤坡，压坡固脚。

1）在滑坡体下部堤坡脚处修筑堆石体，以起到固脚的作用。

2）将滑坡体上部已松动的土体全部清除，并将原来堤坡上的护坡也全部清除，然后在堤坡和滑坡体上用分层回填压实的方法增筑压坡体，如图 9-11 所示。压坡体的尺寸应根据稳定计算来确定。

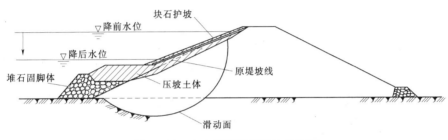

图 9-11　水位降落引起滑坡的处理

3）在压坡体表面重新铺筑护坡。

4）在压坡体和滑坡体与固脚堆石体接触面间设置滤水层。

如果水域水位较高，无法进行上述施工，则可采取先用潜水员在水下摸清滑坡体轮廓和周围情况，然后在水面做好标志，再采用抛石、抛砂石袋的方法修筑压坡固脚体。

5. 对于因排水设施堵塞而造成的滑坡

对于因排水设施堵塞，致使堤身内浸润线抬高，而引起背水堤坡产生的滑坡，处理的原则是恢复排水设施效能，并进行压坡固脚。

1）恢复排水设施效能的方法，可以采取在堤坡（或滑坡体）上修筑导渗沟、导渗墙，并在原坡脚排水体下侧用块石重新修筑堆石排水体，同时使导渗沟、导渗槽与排水体连接，以恢复排水功能。

2）将滑坡体上部已松动的土体全部清除，然后在滑坡体下部用分层回填压实的方法修筑压坡体，压坡体的尺寸通过稳定计算确定。

四、堤防渗漏的处理

堤防渗漏处理的原则是"前封"、"后排"，"前封"是指在堤防的迎水侧封堵渗漏的入口，防止渗入；"后排"是指在堤防的背水侧采取措施，排走已渗入堤防的渗水，并防止其带走堤身的土颗粒。通常，"前封"的措施主要是在堤防的迎水侧修筑竖直和水平防渗设施，如截水槽（截水墙）、防渗墙、防渗帷幕、水平铺盖等；"后排"的措施主要是在堤防背水侧修筑导渗、滤水设施，如导渗沟、反滤排水体、排水盖重体等。

（一）抛土和放淤处理

1. 适用情况

（1）堤身裂缝漏水 [图 9 - 12 （a）]。

（2）原有斜墙和铺盖裂缝漏水 [图 9 - 12 （b）]。

（3）作为天然铺盖的堤基破坏漏水 [图 9 - 12 （c）]。

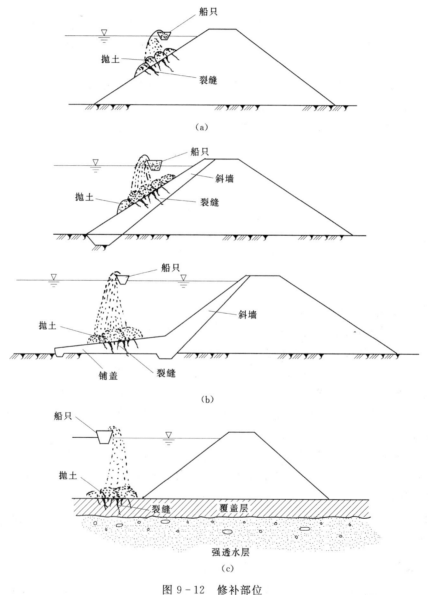

图 9 - 12　修补部位

2. 处理措施

（1）确定漏水部位。

374

（2）将土料用船只、浮筏等运至漏水部位，倒入水中。或者用水力机械将泥浆沿坡放淤。

（3）对于有集中渗漏的入渗口，应先抛砂袋或梢捆堵塞孔洞后抛土防渗。

（4）抛土厚度决定于渗透水头的大小，一般应为 1～3m。

（二）修筑黏土斜墙

1. 适用情况

（1）堤身施工质量差，渗漏严重。

（2）原有黏土斜墙裂缝漏水（图 9-13）。

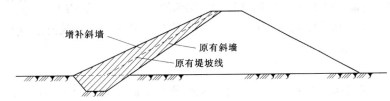

图 9-13　黏土斜墙裂缝

2. 处理措施

（1）应按设计要求选择合适的土料。

（2）填筑范围应超过需修补面积之外 3～5m。

（3）填筑前应将堤坡清理干净，并进行凿毛，以便新老填土紧密结合。

（4）斜墙的断面应自上而下随水头的增加而逐渐加厚。

（5）斜墙的厚度与土料性质和堤的高度有关，一般顶部厚度不小于 0.5m，底部厚度不小于 1/10 水头，并且不小于 2.0m。

（三）黏土铺盖

1. 适用情况

（1）原黏土铺盖损坏，漏水严重。

（2）作为天然铺盖的堤基覆盖层损坏，造成渗漏，且下部透水层较深，如图 9-14 所示。

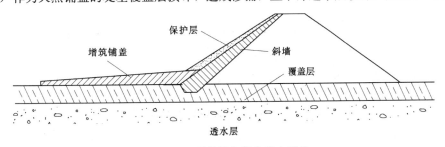

图 9-14　覆盖层上增筑黏土铺盖

2. 处理措施

（1）填筑土料的渗透系数应不大于 1×10^{-5} cm/s；含水量应大于最优含水量 1%～2%。

（2）铺盖长度决定于水头大小和透水层深度，通常对于水头较小和透水层深度不大的情况，铺盖长度约为水头的 5～8 倍；对于水头较大、透水层较深的情况，铺盖的长度约为水头的 8～10 倍。

（3）铺盖的厚度应保证铺盖不致产生渗透破坏，通常应满足下列要求：

$$t \geqslant \frac{h}{J} \tag{9-1}$$

式中　t——沿铺盖长度方向任一截面上的铺盖厚度（m）；

　　　h——相应截面处铺盖上、下面的水头差（m）；

　　　J——铺盖土料的允许水力坡降，对于压实良好的填土，轻壤土 $J=3～4$；壤土 $J=4～6$；黏土 $J=5～8$。

通常，铺盖首部的厚度约为水头的 1/10，端部的厚度约为水头的 1/4，但不小于 2.0m。

（4）若地基为透水性较强的砂卵石层，在铺盖与地基之间应铺筑滤水过渡层。

（四）黏土截水墙

1. 适用情况

（1）堤基透水层深度不大的时候，为了截断透水层的渗流［图 9-15（a）］。

（2）为了防止堤身与堤基接触面的渗漏［图 9-15（b）］。

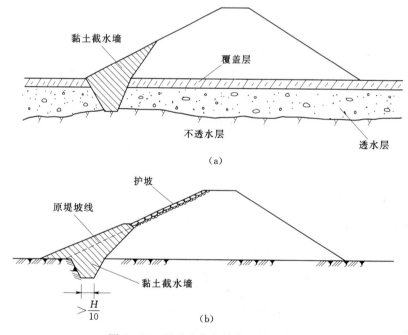

图 9-15　用黏土截水墙处理堤基渗漏

2. 处理措施

（1）截水墙土料应选用渗透系数不大于堤身防渗土料渗透系数的土料。

（2）截水槽的开挖坡度决定于地基土料的类别，可参照表 9-1 采用。

表 9-1　　　　　　　各种堤基的开挖坡度

堤基土的种类	细砂	粗砂、砾石、河卵石	亚砂土	砂壤土	黏土
开挖坡度	1:1.5	1:1.25	1:1.0	1:0.75	1:0.5

（3）回填前基坑应进行渗水处理，并将基坑内渗水抽干。

（4）回填土应按要求分层填筑并压实。

（5）截水墙的底部宽度除应满足施工要求外，当用重壤土回填时不应小于水头的1/10；当用轻壤土或中壤土回填时不应小于水头的1/5。

（6）截水墙的深度应将透水层全部截断，并伸入不透水层0.5～1.0m，以保证截水墙底部不发生接触冲刷。

（五）混凝土防渗墙

1. 适用情况

（1）堤身施工质量差产生渗漏和堤身防渗体破坏产生渗漏，而水域水位较高的情况［图9-16（a）、（b）、（c）］。

（2）堤基透水层较深的情况［图9-16（c）、（d）］。

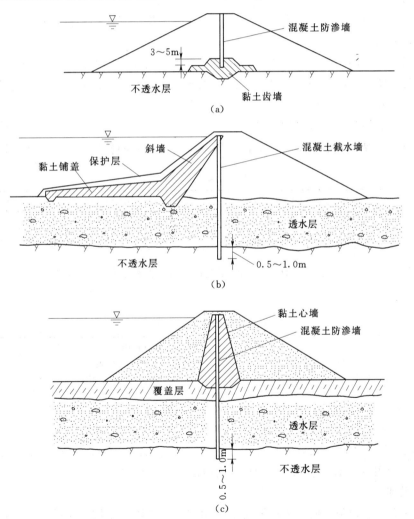

图9-16（一） 用混凝土防渗墙处理渗漏

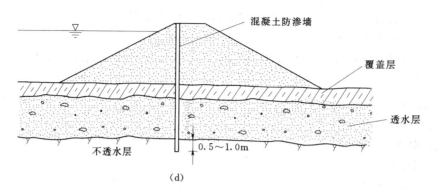

图 9-16（二）　用混凝土防渗墙处理渗漏

2. 处理措施

（1）混凝土防渗墙按其造孔方法的不同，可分为槽孔式和连锁圆柱式两种，目前多采用槽孔式防渗墙。

（2）混凝土防渗墙的轴线一般布置在略靠堤轴线的迎水侧前方。

（3）防渗墙的顶部应高于水域设计洪水位或直达堤顶，底部则应伸入不透水地层或相对不透水地层 0.5～1.0m。

（4）防渗墙的厚度一般采用 0.6～0.8m。

（5）施工时要用泥浆固壁，以保证孔壁的稳定，泥浆的质量要求如表 9-2 所示。

表 9-2　　　　　　　　　　固 壁 泥 浆 质 量 指 标

密度 (g/cm³)	黏度 (s)	1min 静切力 (mg/cm²)	10min 静切力 (mg/cm²)	含砂率 (%)	30min 析水量 小于 (cm³)	泥皮厚 (mm)	胶体率 (%)	稳定性 (g/cm³)	pH 值
1.1～1.2	18～25	20～30	50～100	≤5	20～30	2～4	≥96	≤0.03	7～9

（6）造孔完成并清孔后，在水下浇筑混凝土，混凝土的配比和技术指标如表 9-3 所示。

表 9-3　　　　　　　　　　混 凝 土 的 配 比 和 技 术 指 标

配比（参考）				水灰比	加气剂 (‰)	坍落度 (cm)	扩散度 (cm)	7d 抗压强度 (MPa)	28d 抗压强度 (MPa)	抗渗等级	弹性模量 (MPa)	硅酸盐水泥或矿渣水泥
水泥	砂	碎石	黏土									
1	1.5	2.9	0.2～0.3	0.6～0.7	0.1～0.25	18～22	34～38	2～3	8～10	≥W_6	15000～25000	C40 以上

（7）浇筑混凝土时，用导管在泥浆下浇筑，导管底部出口应埋在混凝土面以下 1～6m，混凝土上升速度宜大于每小时 1m，槽内混凝土面高差不大于 0.5m。

（六）灌浆

灌浆主要用于砂砾石地基的渗漏防治。根据灌注浆液的不同，可分为黏土灌浆（包括黏土水泥灌浆）、水泥灌浆和化学灌浆 3 种。

地基能否进行灌浆，一般可以用可灌比来判断，即

$$M=\frac{D_{15}}{d_{85}} \tag{9-2}$$

式中 M——可灌比；

D_{15}——为地基土颗粒级配曲线上含量占 15％的粒径（mm）；

d_{85}——为灌注材料颗粒级配曲线上含量占 85％的粒径（mm）。

当 $M<5$ 时，一般认为不太可能进行灌浆，即没有可灌性，当 $M\geqslant5$ 时，才有可灌性，但 M 为 5～10 时，可灌性不一定很好，只有在 $M\geqslant10$ 时可灌性才是好的。

一般认为，当 $M\geqslant15$ 时可灌注水泥浆。

对于中砂、细砂和粉砂层的地基，可进行硅化和丙凝等化学灌浆。

当可灌比 $M\geqslant10$，或地基中粒径小于 0.1mm 的颗粒含量小于 5％时，可灌注黏土水泥浆。

也有人提出按地基渗透系数 k 的大小来进行判断，即：

（1）当 $k=800m/d$ 时，可灌加入细砂的水泥浆。

（2）当 $150m/d<k<800m/d$ 时，可灌纯水泥浆。

（3）当 k 为 100～200m/d 时，可灌加塑化剂的水泥浆。

（4）当 k 为 80～100m/d 时，可灌加 2～5 种活性掺合料的水泥浆。

（5）当 $40m/d<k\leqslant80m/d$ 时，可灌黏土水泥浆。

1. 灌浆材料

（1）水泥应采用强度等级为 C40 以上的水泥。

（2）黏土可采用膨润土或普通黏土，黏土的塑性指数在 20 以上，黏粒含量大于 40％，0.1mm 以上的砂粒含量不超过 6％，二氧化硅与三氧化二铝含量的比值等于 3～4。一般情况，黏土的质量指标应符合表 9-2 的要求。

2. 灌浆孔的布置

（1）灌浆帷幕的位置一般设置在堤底中心部位或略靠迎水坡。当堤防设有防渗体时，应使帷幕与防渗体相结合。

（2）灌浆帷幕一般是上部厚，下部薄。

（3）灌浆孔的排数一般应通过现场灌浆试验和截渗要求进行综合分析后确定。首先在预定位置布置第一排孔，如有必要，再在迎水侧增加灌浆孔排数。

（4）排距一般为 4～6m。

（5）灌浆孔的孔距一般外排为 2～3m，内排为 4～6m。

（6）灌浆孔的深度一般应全部截断强透水层，并伸入相对不透水层 1～5m。

（7）对于多排灌浆孔形成的帷幕，灌浆孔宜采用梅花式布置。

（8）对于砂砾石地基，在表层 5～6m 因不能用高压灌浆，故灌浆质量较差，一般应挖除后回填黏土。

3. 灌浆帷幕的适用情况

（1）黏土（包括黏土水泥）灌浆适用于非岩石地基截渗堵漏。

（2）水泥灌浆适用于岩基破碎地带或石灰岩地区的渗漏处理。

（3）化学浆液黏度较低，可灌入 0.15mm 或更细的粉砂中。

4. 施工程序

（1）布孔。

（2）造孔。

（3）压水试验。

（4）浆液制备：

1）土料准备。

2）浸土料。

3）搅拌、沉淀。

4）加入外加剂和水。

5）搅拌。

（5）安装灌浆管。

（6）进行灌浆，一般是先灌外排，后灌内排，各排都分三序灌浆，逐步加密。

五、堤防裂缝的处理

（一）堤防裂缝的原因

堤防裂缝的原因是多种多样的，主要有以下几方面：

（1）堤基不均匀沉陷和堤身变形过大。

（2）堤身和堤基渗漏。

（3）堤基为湿陷性黄土。

（4）堤坡坍滑。

（5）水域水位骤降。

（6）堤防施工质量差，填土未压实。

（7）堤身土体干缩和冻胀。

（8）地基表面高差悬殊。

（9）堤身排水设施堵塞或损坏，致使排水失效。

（10）堤身堆放重物。

（11）暴雨影响。

（12）地震及其他强烈振动（如爆破等）。

（二）裂缝的种类

（1）按裂缝的部位不同，裂缝可分为：①表面裂缝，如图 9－17 所示；②内部裂缝，如图 9－18 所示。

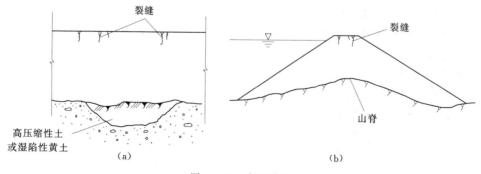

图 9－17 表面裂缝

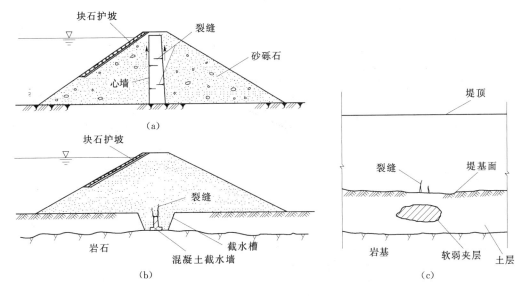

图 9-18　内部裂缝

（2）按裂缝方向的不同，裂缝可分为：①竖直裂缝；②水平裂缝；③纵向裂缝（沿堤轴线方向）；④横向裂缝（垂直堤轴线方向）。

（三）裂缝的处理

对于深度很浅的表面裂缝，如干缩和冰冻裂缝，以及宽度小于 0.5m，深度小于 1.0m 的纵向裂缝，只需填塞缝口，而可不作其他处理。除此之外，其他各种裂缝，特别是贯穿性的横向裂缝、水平裂缝和滑坡裂缝，一经发现，应查明原因，及时进行处理。

裂缝处理的方法一般有下列几种。

1. 开挖回填

开挖回填是将裂缝部位的土体全部挖除，然后重新回填符合要求的土料，并进行分层压实。开挖回填是处理裂缝的一种比较彻底的方法适用于裂缝深度不太大的表层裂缝和堤身防渗部位的裂缝。

（1）挖槽的形状。开挖回填处理时挖槽的形状一般可分为下列 3 种：

1）梯形挖槽［图 9-19（a）］，适用于堤身非防渗部位深度不大的裂缝处理。

2）梯形加盖挖槽［图 9-19（b）］，适用于迎水坡裂缝和斜墙裂缝。

3）梯开十字挖槽［图 9-19（c）］，适用于处理堤身横向裂缝。

（2）处理措施

1）开挖长度应超过裂缝两端 1.0m 以上，挖槽可为梯形或阶梯形，槽底宽度最小应为 0.5m，开挖深度应超过裂缝端部 0.5m。

2）回填土料应根据堤身土料和裂缝性质选用，并应通过物理力学性质试验。对沉陷裂缝应选用塑性较大的土料，填筑含水量应控制在大于最优含水量 1%～2%；对于滑坡、干缩和冰冻裂缝，填筑含水量应控制在低于最优含水量 1%～2%。对于较浅的和细小的裂缝可用堤身土料回填。

3）土料回填时应分层压实，每层填土的厚度为 10～15cm，要求压实为填土厚度的

381

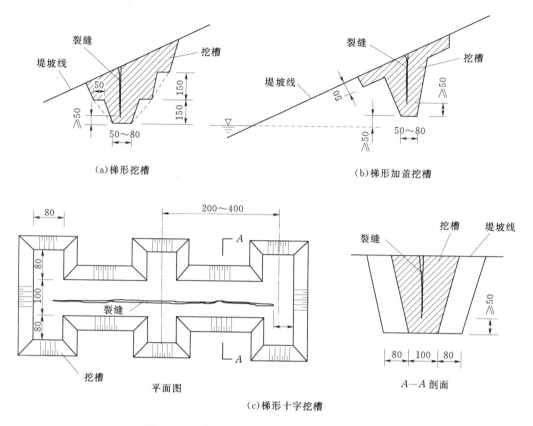

(a)梯形挖槽　　　　　　　　　　(b)梯形加盖挖槽

平面图

(c)梯形十字挖槽

$A—A$ 剖面

图 9-19　裂缝处理时挖槽的形状（单位：cm）

2/3。回填土的容重（重度）应比原来堤身土体的容重（重度）略大一些。

4）填土的压实可用人工夯实，也可以用机械碾压。

5）对较深的挖槽，开挖时通常挖成阶梯形，但在回填时，应将阶阶逐成削成斜坡，并进行刨毛，以便新旧土结合良好。

2.灌浆处理

（1）适用情况：

1）堤内裂缝。

2）较深的非滑动性裂缝。

（2）灌浆方式。裂缝灌浆处理时，灌浆的方式一般有下列两种：

1）重力灌浆。浆液仅靠自重灌入裂缝。

2）压力灌浆。浆液在自重和机械压力作用下灌入裂缝。

（3）浆液种类。浆液一般分为两种，即黏土泥浆和黏土水泥浆。

1）黏土泥浆一般用在浸润线以上部位的裂缝。

2）黏土水泥浆一般用在浸润线以下部位的裂缝。

（4）浆液配比：

1）黏土泥浆的配合比（重量比）一般采用水与固体的比例为 1:1～1:2。

2）黏土水泥浆中的水泥掺量一般为干料的 10％～30％。

对于渗透流速较大的裂缝，为了较好地堵塞渗流通道，灌浆时浆液中可加入适量的砂、木屑、玻璃纤维等掺合物。

（5）灌浆孔的布置：

1）对于一般裂缝，灌浆孔的布置应注意以下事项：①每条裂缝均应布孔；②裂缝两端、裂缝弯转处、裂缝突变处、裂缝密集处均应布孔；③灌浆孔离排水设施和观测设备的距离不应小于 3m。

2）对于内部裂缝，灌浆孔布置应根据裂缝分布的范围、灌浆压力的大小和堤身的结构来决定，一般都采用帷幕式孔：①在堤顶迎水侧布置 1～2 排灌浆孔，必要时可增加排数；②孔距应根据裂缝大小和灌浆压力而定，一般为 3～6m；③灌浆压力应通过试验确定。

3．开挖回填与灌浆结合

（1）适用条件：

1）中等深度的裂缝。

2）水域水位较高，无法采用开挖处理时。

3）开挖有困难的部位。

（2）处理方法：

1）裂缝的上部采用开挖回填。

2）裂缝的下部采用灌浆处理。

六、防洪墙的加固

防洪墙的加固措施应根据原来墙体的结构形式、河道的情况、航运的要求、墙后道路及施工条件等情况进行技术经济比较后确定。

防洪墙的加固通常包括以下几方面。

（1）墙基渗径不足的处理。对于防洪墙渗径不足，处理的措施一般有下列两种：

1）在防洪墙迎水侧的地基面上加修黏土铺盖或混凝土铺盖。

2）在防洪墙迎水侧地基内增设竖直截水墙。

（2）墙体抗滑稳定性不足的处理。若防洪墙整体的抗滑稳定性不足，处理的措施有：

1）在防洪墙的迎水侧或背水侧下面的地基中增设防滑齿墙或在防洪墙的迎水侧或背水侧增设戗台。

2）在防洪墙地基面加修阻滑板。

3）在防洪墙墙基前沿加打钢筋混凝土桩或钢板桩。

（3）墙体强度不足的处理。若防洪墙墙体强度不足，处理的措施有：

1）对防洪墙墙体进行水泥灌浆，以增强墙体强度。

2）对墙体加厚，一般是在墙体迎水面加修混凝土或钢筋混凝土贴面。

a．在原砌石墙体迎水侧加贴钢筋混凝土墙面时，应将原墙面凿毛，并插设锚固钢筋。

b．在加固钢筋混凝土墙体时，应将原墙体迎水面已碳化层清除，新加钢筋与原墙体钢筋应焊接牢固，新加的钢筋混凝土层厚度不应小于 0.2m。

（4）防洪墙墙体及基础变形缝止水破坏失效，应修复或重新设置。

第三节　堤防险情的抢护

汛期堤防可能出现的险情主要包括堤防漫顶、堤坡风浪冲击、地基管涌、堤坡崩塌和滑坡等情况。

一、防堤防漫顶的措施

防堤防漫顶的措施主要是修筑子堤和防浪墙加后戗。

（一）修筑子堤

1. 土料子堤

将堤顶原来的路面和杂草清理干净，将表土刨松，并在子堤底部挖一条宽约 0.2～0.5m，深约 0.2m 的接合槽，然后分层填土夯实，直至所要求的高度。子堤的迎水坡不陡于 1：1.5，背水坡不陡于 1：1。

2. 土袋子堤

土袋子堤是在子堤的迎水面铺砌土袋，土袋的背水侧填土夯实，做成子堤，如图 9 - 20 所示。在填筑子堤之前应将原堤顶清理干净，并且刨松，子堤底面修筑接合槽，然后铺砌土袋，同时在土袋背水侧分层填土夯实，做成子堤。土袋通常用麻袋、草袋、编织袋做成，袋内装土约七成，并扎紧袋口，分层铺筑。

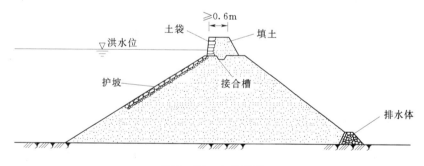

图 9 - 20　土袋子堤

3. 埽捆子堤

先再堤顶距迎水侧堤肩约 0.5～1.0m 处打入一排长度为 1.5～2.0m 的小木桩，木桩入土深度为 0.5～1.0m，桩距约 1.0m。然后在木桩的背水侧用铅丝绑扎埽捆，埽捆的长度约 2～3m，直径约 0.3m。在埽捆的背水侧再分层填土，做成子堤，如图 9 - 21所示。

（二）防浪墙加后戗

如果堤防的顶部设有浆砌石或混凝土的防浪墙，可利用防浪墙做成子堤，即在防浪墙背水侧，将堤顶路面、杂草清理干净，将表面刨松，并挖好接合槽，然后分层填土夯实做成子堤，在防浪墙顶部以上，子堤的迎水坡应铺筑土袋，做成护面，如图 9 - 22所示。

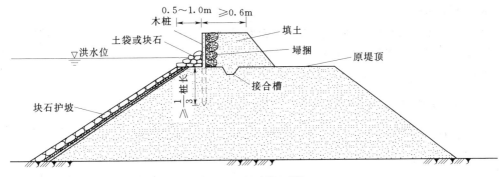

图 9-21 埽捆子堤

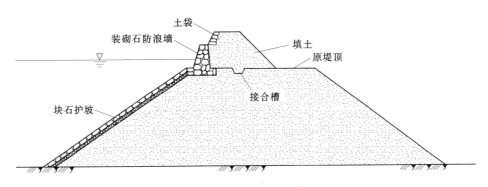

图 9-22 防浪墙加后戗

二、防风浪冲击的措施

防堤防迎水坡受风浪冲击破坏的措施，一般是采用土袋防浪、柴排防浪和挂树防浪的办法。

1. 土袋防浪

土袋防浪是在堤防迎水坡上风浪上下波动的部位，铺筑土袋，以防风浪的冲击。土袋可用麻袋、草袋和编织袋，袋内填装土或砂，袋口应缝口或绑扎紧，铺筑时土袋应相互叠砌，如图 9-23 所示。

2. 柴排防浪

用柳枝、芦苇或其他秸秆绑扎成直径为 0.5～0.8m、长度约 10～30m，中间放置一根缆作芯，沿长度放向每隔 0.5～1.0m 用铅丝捆扎，然后将其放在堤防迎水坡风浪冲击地段，并用绳索将其系在堤顶的小木桩上，随着水位的变化可松紧绳索长度。

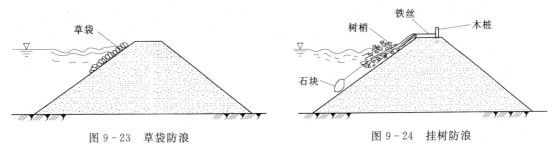

图 9-23 草袋防浪   图 9-24 挂树防浪

385

3. 挂树防浪

挂树防浪是在堤顶楔入木桩，然后将枝叶较多的灌木树梢向下放入水中风浪冲击部位，树枝用绳索系在木桩上，树梢部位可压石块、砂袋，或用铅丝绑扎石块，以保持其不因风浪冲击而上下摆动。

三、管涌的抢护

当堤基发生管涌险情时，一般可采取下列措施进行抢护。

1. 围井滤水

当堤基发生管涌，管涌的范围不大时，可在管涌喷口沙环的外围用土袋修筑一个围井，然后在井内地基表面先铺一层厚度约为 0.2～0.3m 的粗砂，再在粗砂层上铺一层厚度为 0.2～0.3m 的碎石或砾石，最后再在碎石或砾石层上铺填块石，做成滤水层。使管涌部位的渗水可以排入围井内，而地基中的土料却不能随渗水携出，防止管涌的扩大。在填石层表面高程以上的井壁上埋设排水管，将围井中的渗水排出井外。排水管可采用铁管、竹管和塑料管。

如果发现围井井壁漏水，可在围井外围用土袋再修筑一个围井，将原来的围井围在里面，然后在两个围井的井壁之间填土夯实，以防止原围井井壁漏水。

图 9-25 所示为围井滤水的示意图。

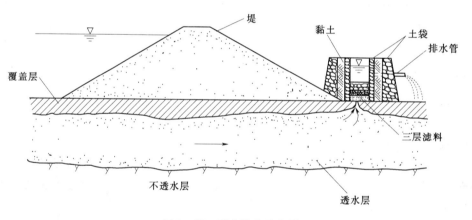

图 9-25　围井滤水示意图

2. 排水盖重

根据盖重材料的不同，排水盖重可分为排水块石盖重和排水填土盖重。

（1）排水块石盖重。排水块石盖重是在发生或即将发生管涌的地段，铺筑厚度为 0.2～0.3m 的粗砂层，在粗砂层上铺设厚度为 0.2m 的卵砾石层，在卵砾石层上铺筑块石层，形成既能排水又能起压渗作用的排水盖重，如图 9-26 所示。排水盖重的颗粒级配应符合滤层要求，排水盖重的宽度应超出管涌范围不小于 3.0～5.0m。

排水盖重的厚度 T 可按下式计算：

$$T = \frac{k\gamma_w h - \gamma_1 t_1}{\gamma_2} \qquad (9-3)$$

式中　T——排水盖重的厚度（m）；

k——安全系数，一般采用1.5；

　γ_ω——水的容重（重度，kN/m^3）；

　　h——计算断面处覆盖层下面的渗透压力水头（m）；

　γ_1——覆盖层的浮容重（浮重度，kN/m^3）；

　t_1——覆盖层的厚度（m）；

　γ_2——压重材料的平均容重（水上、水下容重的加权平均值，kN/m^3）。

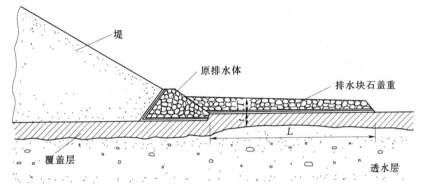

图 9-26　排水块石盖重

　　（2）排水填土盖重。排水填土盖重与排水块石盖重基本相同，首先在发生管涌的地段上的地基表面，铺设一层厚度为 0.2～0.3m 的粗砂层，在粗砂层上铺设厚度为 0.2～0.3m 的卵砾石层，再在卵砾石层上面铺设一层厚度为 0.2～0.3m 的砂层，然后在该砂层上分层填土，修筑压重，如图 9-27 所示。在排水盖重滤层的背水端，应修筑块石排水体。

　　排水填土盖重的长度应超出管涌范围3.0～5.0m，排水填土盖重的厚度可按式（9-3）确定。

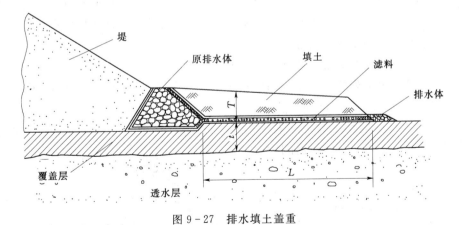

图 9-27　排水填土盖重

四、堤坡脚或岸坡崩塌的处理

由于河道中水流的冲刷、风浪的冲击或水域水位骤降等原因，常常会引起堤坡或岸坡的崩塌，如果不及时采取措施进行防护和修理，将危及堤防的安全。堤坡脚或岸坡崩塌处理的措施，一般有抛石护脚、柳石枕或柴枕护脚和迎水面削坡背水侧帮坡等方法。

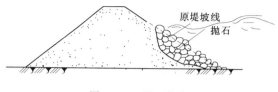

图 9 - 28　抛石护脚

1. 抛石护脚

抛石护脚一般是在堤脚崩塌的部位抛石，填补塌坑，并起着支撑上部堤坡的作用，如图 9 - 28 所示。如果河道水流湍急，也可用抛填石笼的办法来代替抛石。石笼一般用铅丝笼填石做成，有些地方也曾采用竹笼填石。

2. 柴排或柴枕护脚

柴枕或柴排护脚一般多用于缺乏石料的地方。柴枕用柳枝和其他梢料扎成直径 10～15cm 的小枕，将这些小枕围起来中间填石，用铅丝绑扎起来，做成直径粗的大枕，抛于堤脚。也可用这些小枕铺设成柴排，铺筑在堤坡脚处。图 9 - 29 为柴枕护脚示意图。

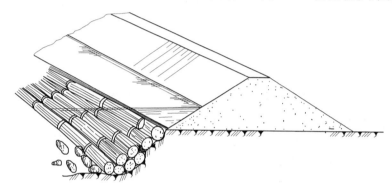

图 9 - 29　柴枕护脚

柴枕护脚应满足下列要求：①柴枕抛护的顶部应在多年平均最低水位处，其上部应加抛接坡石。柴枕外脚应加抛压脚石块或石笼；②柴枕的尺寸应根据防护要求和施工条件决定，一般枕长可为 10～15m，枕径为 0.5～1.0m，柴石体积比宜为 7：3。柴枕可单层抛护，也可根据需要抛护 2 层或 3 层。

柴排护脚应满足下列要求：①采用柴排护脚时，岸坡不应陡于 1：2.5，排体的上端应在多年平均最低水位处；②柴排垂直水流方向的排体长度应满足在河床发生最大冲刷时，在排体下沉后仍能保持缓于 1：2.5 的坡度；③相邻排体之间应互相搭接，其搭接长度宜为 1.5～2.0m。

3. 迎水面削坡，背水侧帮坡

迎水面削坡背水面帮坡护脚，是在

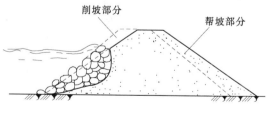

图 9 - 30　迎水面削坡背水侧帮坡图

堤防崩塌处先抛石填坑护脚，然后将抛石体以上部位的堤坡削缓，以增加其稳定性。同时在堤防背水坡帮坡，即背水坡填土培厚，如图 9 - 30 所示。

堤岸防护工程的护脚延伸范围应符合下列要求：

（1）在深泓岸应延伸至深泓线，并满足河床冲刷深度要求。

（2）在水流平顺河段护脚可延伸至坡度为 1：3～1：4 的缓坡河床处。

（3）护脚工程的顶部平台应高于枯水位 0.5～1.0m。

五、滑坡的抢护

当发现滑坡征兆后，应立即进行抢护，抢护的原则是上部减载（即主裂缝部位削坡）下部压重（即堤脚部位压坡）。在缺少石料的地方，可采取土料撑台或柴土还坡的方法。

1. 土料撑台

土料撑台是在滑动土体坡脚处先铺筑一层砂、砾、碎石或芦柴等物料，再在其上叠砌土袋，然后在其上分层填土夯实，在填筑土体的表面再叠砌土袋，进行保护，做成撑台，如图 9-31 所示。一般应在填筑撑台之前，先在撑台底部修筑一条直通坡脚的导渗沟，以便将滑动土体中的渗液导出堤外。撑台的高度约为滑动土体高度的 1/2～2/3，其背水侧边坡可为 1：4～1：6，撑台长度和宽度可视具体情况而定，一般撑台的底宽可取为 3～5m。

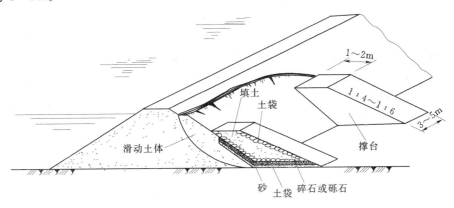

图 9-31　土料撑台

2. 柴土还坡

柴土还坡用于滑动土体含水量较大，滑坡范围较小，且将滑动土体挖除对堤坡稳定性影响不大的情况。此时先将滑动土体挖除，直至未扰动土，然后按要求做好导渗沟，再分层填土夯实，做成新的堤坡。在填土前先铺一层厚约 10cm 的稻草，然后再填土，填土层厚度约 1.0～1.5m，柴土相间。

六、渗漏的处理

如果堤坡出现大面渗漏，用导渗设施无法解决问题时，则可采用贴坡加固的办法。即在堤坡上先铺设一层砂，砂层一直延续到原来的贴坡排水上面，然后在砂层上用分层压实的方法铺筑贴坡土体，并在原贴坡排水体的末端增设块石排水体，如图 9-32 所示。

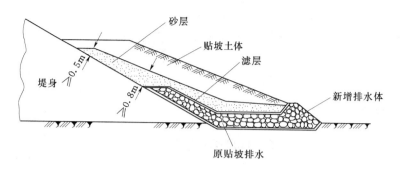

图 9-32　贴坡加固

第四节　堤防的观测工作

为了掌握堤防在运行过程中的工作情况，监控堤防的安全运行，并且为今后堤防工程的设计和施工提供科学依据，应对堤防进行观测。

堤防工程观测的设计和施工应根据工程级别、水文、气象、地形、地质条件、堤防的形式及工程运用的要求，设置必要的观测项目及观测设施。

观测设施的设置应符合有效、可靠、牢固、方便及经济合理的原则。观测设施的设计应符合下列要求：

（1）所选定的观测项目和观测点的布设能反映工程运行的主要工作情况。

（2）观测断面和部位应选择在有代表性的堤段，并应做到一种设施多种用途。

（3）在特殊堤段或地形、地质条件复杂的堤段，如故河道、老溃口、软弱堤基、浅层强透水带、承压水，以及有穿堤建筑物等，可根据需要增加观测项目和观测范围。

（4）选择技术先进、使用方便的观测仪器和设备。

（5）各观测点应具备较好的交通、照明等条件，观测部位有相应的安全保护措施。

堤防工程的观测项目分为一般性观测项目和专门性观测项目两类。

1. 一般性观测项目

堤防工程的一般性观测项目包括以下方面。

（1）堤身竖直位移观测。

（2）水位或潮位观测。

（3）堤身浸润线观测。

（4）堤基渗透压力、渗透流量及水质观测。

（5）表面观测：主要包括裂缝、滑坡、塌陷、隆起、渗透变形及表面侵蚀破坏等的观测。

2. 专门性观测项目

对于 1 级和 2 级堤防，可根据管理运用的实际需要，选取下列专门性观测项目进行观测。

（1）近岸河床冲淤变化的观测。

（2）堤岸防护工程的变位观测。

（3）河道水流形态及河势变化的观测。

（4）滩岸地下水的出逸情况观测。

（5）冰情观测。

（6）防浪林带消浪防冲的效果观测。

（7）堤身水平位移。

一、堤防的位移观测

应根据堤防的特点、等级、地质情况等因素选择有代表性的断面布设测点，并且常常将观测水平位移的测点和观测竖直位移的测点设在同一标点上。

（一）测点的布置

应选择堤高较大、有穿堤建筑物、地形地质变化较大的堤段布置观测断面，观测断面的间距一般为50～100m，每个观测断面上最少布置4个测点，其中迎水坡正常水位以上至少布置一个测点，背水侧堤肩上布置一个测点，背水坡上每隔20～30m布置一个测点，或者在背水坡马道或戗台上布置一个测点。

（二）工作基点的布置

观测竖直位移和水平位移的起测点应布置在便于观测且不受堤防变形影响的岩基或坚实的土基上。为了校核工作基点在垂直堤轴线方向的位移，在每个纵向观测断面的工作基点延长线上设置1～2个校核基点。

（三）观测设备

堤防位移的观测设备包括以下几种。

（1）位移标点。

（2）观测觇标。

（3）起测基点。

（4）工作基点。

（四）观测方法

1. 水平位移观测方法

水平位移的观测方法有以下几种。

（1）视准线法。

（2）小角度法。

（3）前方交会法。

2. 竖直位移的观测方法

竖直位移的观测方法通常采用水准仪观测法。

二、裂缝观测

当缝宽大于5mm，或缝宽虽小于5mm，但缝长和缝深较大，或者是穿过堤防轴线的裂缝，以及弧形缝、竖直错缝等，均应进行观测，以掌握裂缝的现状和发展，便于分析裂缝对堤防的影响和研究裂缝的处理措施。

首先应将裂缝编号，然后分别观测裂缝所在的位置、长度、宽度和深度。

裂缝长度的观测，可在裂缝两端打入小木桩或用石灰水标明，然后用皮尺沿缝迹量出缝的长度。缝宽的观测，可选择有代表性的测点，在裂缝两侧每隔 50m 打入小木桩，桩顶钉有铁钉，用尺量出两侧钉头的距离及钉头距缝边的距离，算出裂缝的宽度。裂缝深度的观测可采用钻孔取土样的方法或采用开挖深坑或竖井的方法。

三、堤防的渗流观测

（一）渗流观测的内容

堤防渗流观测的内容主要包括以下方面。

（1）堤身的渗润线。

（2）堤防的渗流量。

（3）堤基的渗透压力。

（4）导渗设备的工作情况。

（5）渗水的透明度。

（二）浸润线观测

浸润线的观测是在堤身内埋设一定数量的测压管，量测测压管内的水位，根据管内水位的变化，掌握堤身内浸润线的位置和渗流情况。

1. 测压管的布置

测压管的布置决定于堤防的类型、断面尺寸、堤基的地形及地质条件、坝身的防渗设备和排水设备。

测压管的观测断面一般选择在具有代表性的断面，如最大堤高断面、堤身结构有变化的断面和地质情况复杂的断面。断面间距一般为 $100\sim200m$。

在每个断面上测压管的位置和数量应根据堤型、堤身尺寸、防渗设备的尺寸、排水设备的类型、地质情况等因素决定。

（1）对于有堆石排水体的均质土堤，可在迎水侧堤肩、和排水体迎水坡与堤基相交点处各设 1 根测压管，中间可根据具体情况设置 1 根或数根，如图 9-33 所示。

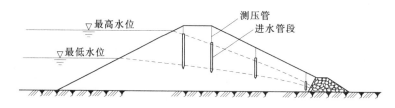

图 9-33　有排水体的均质土堤的测压管布置图

（2）对于心墙土堤，可在心墙内布置 2~3 根测压管，在心墙背水面靠近心墙的透水料中和排水体迎水端各布置 1 根测压管，中间则根据具体情况布置，如图 9-34 所示。如若心墙较窄，可在心墙迎水面、背水面和排水体迎水端各布置 1 根测压管。

（3）对于斜墙土堤，应在紧靠斜墙背水面的底面处布置 1 根测压管，进水管段呈水平并略带坡度，另外在排水体迎水端布置 1 根测压管，其间则根据具体情况布置 1~2 根测压管，如图 9-35 所示。

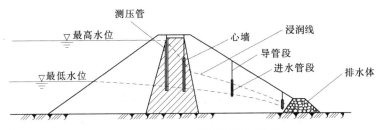

图 9-34 心墙土堤测压管布置图

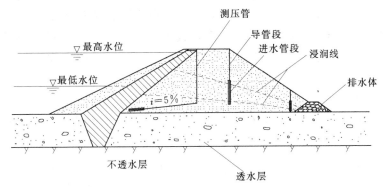

图 9-35 斜墙土堤观测管的布置图

2．测压管的种类和结构

（1）测压管的种类。

测压管有金属管、塑料管、无砂混凝土管等，临时性的测压管则可用木管和竹管。

（2）测压管的结构。

测压管通常由进水管段、导管和管口保护设备组成。

1）进水管段的作用是将堤身内的渗水引入管内，同时又能防止土粗进入管内。所以对于金属的和塑料的进水管，管壁上都钻有交错排列的进水孔，外面包扎两层过滤层，过滤层外再包扎两层麻布，用镀锌铅丝螺旋状环绕扎紧。

2）导管。导管与进水管相连，其材料和直径均与进水管相同，其作用是将测压管引出堤面，以便观测测压管内水位。

3）管口保护设备。管口保护设备安装在测压管管口，用以保护测压管不受人为破坏，避免石块和杂物落入管中，并防止雨水和地表水进入管内。

3．测压管的水位观测

测压管的水位观测常用方法有以下几种。

（1）测深钟法。

（2）电测水位器法。

（3）示数水位器法。

（4）遥测水位器法。

（5）气压 U 形管法。

（三）渗流量观测

堤防渗流量的观测，一般是将堤身和堤基排水设备中的渗水分别引入集水沟，在集水沟中布置量水设备进行观测。

渗流量的观测方法应根据渗流量的大小和渗水汇集条件，采用容积法、量水堰法和测流速法。

（四）堤基渗水压力观测

堤基渗水压力观测的目的是为了了解堤基内覆盖层和透水层中渗水压力的沿程分布，以判断堤基防渗和排水设备的工作效能，防止堤基产生渗透破坏。

堤基渗水压力的观测是通过布置在堤基内的测压管观测管内的水位，以推算出各测点处的渗透压力水头。测压管的构造与浸润线观测中所采用的测压管相同。

测压管的布置决定于堤基土层情况、防渗设备的结构、排水设备的形式和堤基可能产生渗透破坏的部位。对于比较均匀的透水堤基，一般布置 2～3 个断面，每个断面布置 3～5 根测压管。

1. 对于具有水平铺盖的均质土堤

一般布置 4 根测压管，1 根布置在堤顶迎水堤肩处，1 根布置在背水堤坡中部，另外两根分别布置在排水体迎水端和背水端，如图 9-36 所示。

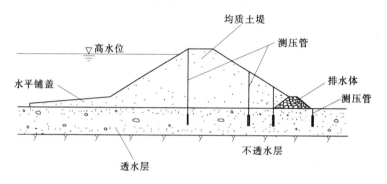

图 9-36　有水平铺盖的均质土堤中测压管的布置

2. 对于具有黏土截水齿墙或防渗帷幕的心墙土堤

对于具有黏土截水齿墙或防渗帷幕的心墙土堤，一般在截水齿墙迎水面和背水面各布置 1 根测压管，在排水体的迎水端和背水端也各布置 1 根，如图 9-37 所示。

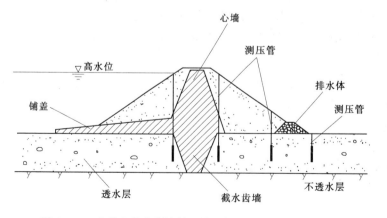

图 9-37　有黏土截水齿墙的心墙土堤堤基内测压管的布置

3. 对于有防渗墙、截水齿墙或灌浆帷幕的斜墙土堤

对于有防渗墙、截水齿墙或灌浆帷幕的斜墙土堤，应在斜墙顶部背水侧处布置 1 根测压管，在排水体的迎水端和背水端各布置 1 根测压管，如图 9-38 所示。

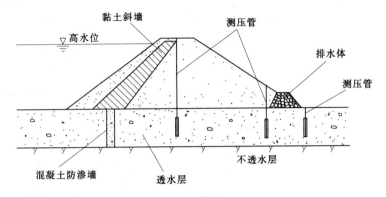

图 9-38　有防渗墙、截水齿墙或灌浆帷幕的斜墙土堤的堤基内测压管的布置

4. 对于有水平铺盖的斜墙坝

对于有水平铺盖的斜墙坝，应在铺盖的首端和末端各布置 1 根测压管，铺盖中部布置 1～2 根，排水体的迎水端和背水端各布置 1 根测压管。

堤基渗水压力的观测通常与浸润线的观测同时进行。

（五）导渗降压设备效能观测

导渗降压设备效能的观测包括进行测压管水位观测、渗流量观测和其他项目的观测（如渗水透明度、淤积量和失效后果的观测等）。

1. 测压管水位观测

当堤的背水侧附近设有排水沟时，应在垂直排水沟的方向布置几个观测断面，在每个观测断面上至少应在沟的迎水侧和背水侧各布置 1 根测压管。

2. 渗流量观测

排水沟的渗流量观测，一般是通过量水堰进行的。

（六）渗水透明度观测

堤身和堤基在水头压力作用下一般都会产生渗漏，如果渗水清澈透明，说明堤身和堤基虽有渗漏，但属正常情况；如果渗水中含有泥沙，水色浑浊不清，或者渗水中含有某种可溶盐成分，说明堤身或堤基中有细小颗粒随渗水带出，或者是堤身或堤基已受到渗水溶蚀，这是产生管涌、内部冲刷或化学管涌等渗透破坏的前兆，必须及时采取措施进行防护和处理，以保证堤防的安全。

渗水透明度的观测通常用透明度管来进行。

参 考 文 献

[1] 国家技术监督局，中华人民共和国住房和城乡建设部 . GB 50286—2013 堤防工程设计规范 [S] . 北京：中国计划出版社，1998.

[2] 中华人民共和国住房和城乡建设部 . GB/T 50805—2012 城市防洪工程设计规范 . 北京：中国计划出版社，2012.

[3] 黄河水利委员会勘测规划设计研究院 . SL 274—2001 碾压式土石坝设计规范 [S] . 北京：中国水利水电出版社，2002.

[4] 中华人民共和国住房和城乡建设部 . GB 5000—2012 建筑地基基础设计规范 [S] . 北京：中国建筑工业出版社，2011.

[5] M. M. 格里申 . 水工建筑物 [M] . 水利水电科学研究院，译 . 北京：中国水利水电出版社，1984.

[6] 钱家欢 . 土力学 [M] . 南京：河海大学出版社，1988.

[7] 冯国栋 . 土力学 [M] . 北京：水利电力出版社，1986.

[8] 中华人民共和国水利电力部 . SL 237—1999 土工试验规程 [S] . 北京：水利电力出版社，1999.

[9] 蒋国澄，刘宏梅 . 砂砾地基上土坝的渗流控制 [J] . 水利学报，1962.

[10] 华东水利学院 . 土工原理与计算：上册 [M] . 北京：水利出版社，1979.

[11] 温特科恩，方晓阳 . 基础工程手册 [M] . 钱鸿缙，叶书麟，译校 . 北京：中国建筑工业出版社，1975.

[12] 工程地质手册编写委员会 . 工程地质手册 [M] . 北京：中国建筑工业出版社，1994.

[13] 孙更生，郑大同 . 软土地基与地下工程 [M] . 北京：中国建筑工业出版社，1984.

[14] 曹健人 . 土石坝观测仪器埋设与测试 [M] . 北京：水利电力出版社，1990.

[15] 中华人民共和国水利部 . SLJ 702—81 水库工程管理通则 [S] . 北京：水利出版社，1981.

[16] 水利电力部水利司 . 水工建筑物观测工作手册 [M] . 北京：水利电力出版社，1978.

[17] 陈惠欣 . 水库防护工程 [M] . 北京：水利电力出版社，1987.

[18] 顾慰慈 . 水利水电工程管理 [M] . 北京：水利电力出版社，1994.

[19] 顾慰慈 . 城镇防汛工程 [M] . 北京：中国建材工业出版社，2002.

[20] 顾慰慈 . 渗流计算原理及应用 [M] . 北京：中国建材工业出版社，2000.

[21] 顾慰慈 . 挡土墙土压力计算 [M] . 北京：中国建材工业出版社，2001.

[22] C. R. 斯科特 . 土力学及地基工程 [M] . 钱家欢，译 . 北京：水利电力出版社，1983.

[23] B. B. 索科洛夫斯基 . 松散介质静力学 [M] . 北京：地质出版社，1959.

[24] W. G. 亨延顿 . 土压力和挡土墙 [M] . 张式深，译 . 北京：人民铁道出版社，1965.

[25] 陈震 . 散体极限平衡理论基础 [M] . 北京：水利电力出版社，1987.

[26] 水利电力部水文水利管理司 . 水工建筑物养护修理工作手册 [M] . 北京：水利电力出版社，1984.

[27] 吴持恭 . 水力学 [M] . 北京：高等教育出版社，1984.

[28] 武汉水利电力学院水力学教研 . 水力学 [M] . 北京：人民教育出版社，1978.

[29] 华东水利学院 . 水力学 [M] . 北京：科学出版社，1979.

[30] 顾慰慈 . 土坝中二维非恒定渗流的实用解法 [J] . 水力发电学报，1991（3）.

[31] 顾慰慈 . 水库水位降落时土坝坝体内自由水面线的计算 [J] . 河北水利水电技术，1993（2）.

［32］ 顾慰慈. 心墙坝的渗透计算［J］. 海河科技，1988（1）.

［33］ M. E. Harr. Groundwater and Seepage［M］. McGraw－Hill，1962.

［34］ J. E. Bowles. Foundation Analysis and Design. 1977.

［35］ Wu Tien－Hsing. Soil Mechanics. Allyn and Bacen Inc. ，1966.

［36］ T. W. Lambe，R. V. Whitman. Soil Mechanics. New York：Willey，1969.

［37］ J. Lysmer. Limit Analysis of Plane Problems in Soil Machanics，Journal of Soil Mechanics and Foundations Division，ASCE，SM4，1970.

［38］ W. F. et. al. Andersons. Overall stability of Geotechnical Engineering，1983（6）.

［39］ В. Г. Березанцев. Расчет Прочность Оснований Сооружении［М］. Госстройизцат，1960.

［40］ И. П. Бутягин. Расчетная прочность пьда В Определениях вепичины ледовых нагрузок на гидросооружения［J］. Гидротехническое строителььство，1961（3）.

［41］ Я. Э. Гугняев，А. И. Ожерельев，Н. В. Прянишников. Плиты с отверстиями，для защиты земляных сооружений от воздействия волн［J］. Железнодорожное строительство，1952（10）.

［42］ М. И. Горбунов－Посадов. Расчет конструкций наупругом основанин［М］. Госстройиздат，1953.

［43］ А. М. Жуквец，Н. Н. Зайцев. Воздействие волнна сооружения отксного типа［М］. Госстройизат，1956.

［44］ М. И. Лупинский. Каменное крепление откосов земляных плотин［J］. Гидротехнческое строительство，1952（5）.

［45］ А. А. Ничипорович. Расчет устойчивости откосов земляных плотин с учетом гидродинамических сил［М］. Изд－е ВНИИ Водгео，1959.

［46］ Н. А. Цытович. Механика грунтов［М］. Гостройиздат，1963.

［47］ П. А. Шанкнн. Расчет обратного фипьтра В уссловиях волнового потока［J］. Гидротехника и Мелиорадия，1958（11）.

［48］ М. И. Гальдштейн. Механическое свойство грунтов［М］. М. ，Стройиздат，1971.

［49］ В. С. Истомина. фипьтрационная устой чивость грунтов［М］. М. ，Стройиздат，1967.

［50］ П. Ф. Чубукин. Дамбы распластаного профиля из несвязных песчаных грутов［J］. Гидротехническое строительство，1963（b）.

［51］ Т. П. Доценко，В. Ф. Канарский. Плотины Идамбы распластанного профиля［М］. М. ，Энергия，1975.

［52］ А. Д. Шабанов. Крепление напорных земляных откосов［М］. М. ，Стройидат，1971.

［53］ А. Д. Шабанов. Крепление напорных земляных откосов［М］. М. ，Стройидат，1967.

［54］ П. И. Яковлев. Стротивление сдвиту нескальных оснований подпорных сооружений. Известия ВНИИГ，Т. 109，1975.

［55］ П. Д. Евдокимов. Прочность оснований иустойчивость гидротехничеких сооружений［М］. М. Л. ，Госэнергоиздат，1956.